普通高等教育“十二五”系列教材（高职高专教育）

高等数学基础

GAODENG SHUXUE JICHU

主　编　孙保炬
副主编　邢益冰　吴福珍
编　写　何百通　何建东
主　审　胡顺田

中国电力出版社
CHINA ELECTRIC POWER PRESS

内 容 提 要

本书为普通高等教育“十二五”系列教材(高职高专教育)。

本书注重从实际问题出发引入基本概念，揭示概念本质，同时注重概念的几何解释，使教学内容形象生动；在选材上注重联系工科实际，有利于培养学生分析、解决问题的能力；书中配有较多的典型例题，以期起到举一反三的作用，每节末配有习题，每章末配有自测题，书末附有习题参考答案，以供参考。

本书可作为高职高专院校工科高等数学课程教材，也可作为其他在职人员学习的参考用书。

图书在版编目（CIP）数据

高等数学基础/孙保炬主编．—北京：中国电力出版社，2012.7(2023.11重印)

普通高等教育“十二五”规划教材．高职高专教育

ISBN 978-7-5123-3229-4

Ⅰ.①高…　Ⅱ.①孙…　Ⅲ.①高等数学—高等职业教育—教材　Ⅳ.①O13

中国版本图书馆 CIP 数据核字（2012）第 142129 号

中国电力出版社出版、发行

（北京市东城区北京站西街 19 号　100005　http：//www.cepp.sgcc.com.cn）

北京盛通印刷股份有限公司

各地新华书店经售

*

2012 年 7 月第一版　2023 年11月北京第十四次印刷

787 毫米×1092 毫米　16 开本　18.75 印张　453 千字

定价 **34.00** 元

前　言

为了适应我国高等职业教育、高等专科教育的迅速发展，满足当前高职教育高等数学课程教学上的需要，我们依据教育部制定的高职、高专数学课程教学基本要求，结合多年的教学经验编写了本教材。

本教材的宗旨是：以提高高等职业教育教学质量为指导思想，以培养高素质应用型人才为总目标，广泛汲取传统教材和其他改革教材的优点，结合教学实际，努力使其成为一部结构合理、难度适中、逻辑清晰、叙述详细、特色鲜明、便于学习的教材。本教材编写具有以下特点：

(1) 根据高职高专高等数学课程教学基本要求，精选教材内容。既考虑到高等数学本学科的科学性，又能针对高职学生的接受能力和理解程度，适当选取教材内容的深度和广度。

(2) 注重从实际问题引入基本概念，揭示概念本质，同时又注重概念的几何解释和物理意义，使教学内容形象生动。

(3) 在阐述概念、定理、公式时，将微积分基本思想融入其中，引导学生学会从量化的角度，用数学的思维方式去思考问题，学会用微积分的观点、方法，认识和处理实际问题。

(4) 在选材上，注意联系工科实际，除经典力学、物理学实例外，还增加了经济管理、医学、农业及日常生活中的实例。培养学生分析问题、解决问题的能力，激发学生创新意识。

(5) 教材中配有较多的典型例题，以期起到举一反三的作用。同时也配有适量的习题，供学生选做；每章的自测题，可供学生自己检查学习效果；书末附有习题参考答案，以供参考。

本书由浙江水利水电专科学校孙保炬担任主编，邢益冰、吴福珍担任副主编。衢州职业技术学院何百通、嘉兴职业技术学院何建东参与了编写。

本书由防灾科技学院胡顺田担任主审，并提出了宝贵意见。此外，本书还参考了一些文献资料。在此一并致谢。

由于水平有限，书中难免出现不妥、错漏之处，恳请广大读者提出宝贵意见。

编　者

2012 年 5 月

目　　录

第1章　函数、极限与连续

函数是近代数学的基本概念之一. 高等数学就是以函数为主要研究对象的一门数学课程,极限是贯穿高等数学始终的一个重要概念,它是这门课程的基本推理工具. 连续则是函数的一个重要性态,连续函数是高等数学研究的主要对象. 本章在简单回顾函数概念与性质的基础上,着重讨论函数的极限、连续等基本概念,以及它们的性质与运算法则.

1.1　函　　数

1.1.1　函数的概念

一个变量的值常常取决于另一个变量的值,如:水的沸点 T 取决于海拔高度 h;你的存款在一年中的增长 L 取决于银行的利率 r;圆面积的大小 A 取决于半径 r.

这种变量之间的单值对应关系抽象化就可得出下面关于函数的概念.

定义1　设 D 为一个非空实数集合,x 和 y 是两个变量,若存在确定的对应规则 f,使得对于数集 D 中的任意一个数 x,按照 f 都有唯一确定的实数 y 与之对应,则称 f 是定义在集合 D 上的函数.

其中 x 称为自变量,y 称为因变量. 自变量 x 的取值范围 D 称为函数 f 的定义域. y 的对应值称为函数值,全体函数值的集合 $M=\{y \mid y=f(x), x\in D\}$ 称为函数 f 的值域. 如果对于自变量 x 的某个确定的值 x_0,因变量 y 能够得到一个确定的值,那么就称函数 f 在 x_0 处有定义,其因变量的值或函数 f 的函数值记为 $y\big|_{x=x_0}$,$f(x)\big|_{x=x_0}$ 或 $f(x_0)$.

【例1】　设函数 $f(x)=x^3+2x-3$,求 $f(0)$,$f(1)$,$f(-a)$,$f\left(\dfrac{1}{a}\right)$,$[f(b)]^2$,$\dfrac{1}{f(c)}$(其中 $a\neq 0$,$f(c)\neq 0$).

解

$$f(0)=0^3+2\times 0-3=-3;$$

$$f(1)=1^3+2\times 1-3=0;$$

$$f(-a)=(-a)^3+2(-a)-3=-a^3-2a-3;$$

$$f\left(\frac{1}{a}\right)=\left(\frac{1}{a}\right)^3+2\left(\frac{1}{a}\right)-3=\frac{1}{a^3}+\frac{2}{a}-3=\frac{1+2a^2-3a^3}{a^3};$$

$$[f(b)]^2=(b^3+2b-3)^2;$$

$$\frac{1}{f(c)}=\frac{1}{c^3+2c-3}.$$

由定义1不难看出,定义域与对应规则确定,则函数也唯一确定. 故我们把函数的定义域与对应规则称为函数的两个要素. 因此,对于两个函数来说,当且仅当它们的定义域和对应规则都分别相同时,才表示同一函数,而与自变量及因变量用什么字母表示无关,例如函数 $y=f(x)$ 也可以用 $y=f(\theta)$ 表示.

正因为如此,我们在给出一个函数时,一般都应标明其定义域,它就是自变量取值的允许范围. 这可由所讨论的问题的实际意义确定;凡未标明实际意义的函数,其定义域是使该式有意义的自变量的取值范围. 例如 $y=x^2$ 的定义域为$(-\infty,+\infty)$.

人们通常用不等式、区间或集合形式表示定义域. 其中有一种不等式,以后会常遇到,满足不等式 $|x-x_0|<\delta$(其中 δ 为大于 0 的常数)的一切 x,称为点 x_0 的 δ 邻域,记作 $U(x_0,\delta)$,它的几何意义表示以 x_0 为中心,δ 为半径的开区间 $(x_0-\delta,x_0+\delta)$,即 $x_0-\delta<x<x_0+\delta$[见图 1-1(a)]. 有时我们要用到去掉中心的邻域,对于不等式 $0<|x-x_0|<\delta$ 称为点 x_0 的 δ 的去心邻域,记作 $U(\hat{x}_0,\delta)$[见图 1-1(b)].

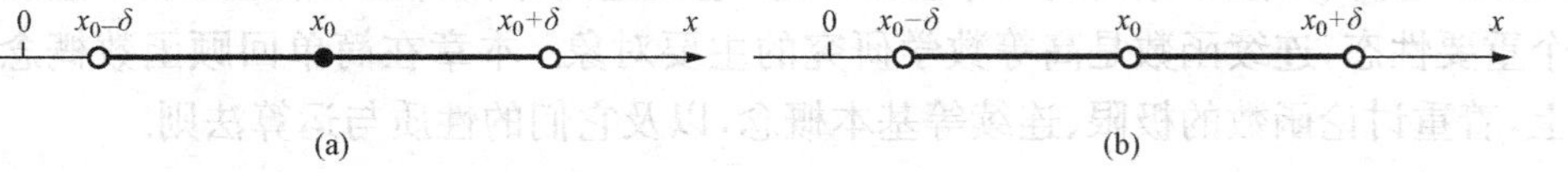

图 1-1

【例 2】 $U\left(2,\dfrac{1}{2}\right)=\left\{x\,\middle|\,|x-2|<\dfrac{1}{2}\right\}$ 是以点 $x_0=2$ 为中心,以 $\dfrac{1}{2}$ 为半径的邻域,即开区间(1.5,2.5).

【例 3】 $U(\hat{2},0.3)=\{x\,|\,0<|x-2|<0.3\}$ 是以点 $x_0=2$ 为中心,以 0.3 为半径的去心邻域,即开区间$(1.7,2)\cup(2,2.3)$.

【例 4】 确定函数

$$f(x)=\frac{1}{\sqrt{x^2+2x-3}}$$

的定义域.

解 显然,其定义域是满足不等式

$$x^2+2x-3>0$$

的 x 值的集合,解此不等式,则得其定义域为

$$x>1 \text{ 或 } x<-3,\text{即}(-\infty,-3)\cup(1,+\infty).$$

也可以用集合形式表示为 $D=\{x\,|\,x>1 \text{ 或 } x<-3\}$.

【例 5】 确定函数

$$f(x)=\sqrt{8+2x-x^2}+\ln(x+2)$$

的定义域.

解 该函数的定义域应为满足不等式组

$$\begin{cases}8+2x-x^2\geqslant 0\\ x+2>0\end{cases}$$

的 x 值的全体,解此不等式组,得其定义域

$$-2<x\leqslant 4,\text{即}(-2,4].$$

也可以用集合形式表示为 $D=\{x\,|-2<x\leqslant 4\}$.

【例 6】 物体在 $t=0$ 时刻从高度为 h 处自由下落(空气阻力忽略不计),设在时刻 t 下落的距离为 s,则 s 是 t 的函数,即

$$s=\frac{1}{2}gt^2.$$

式中:g 是重力加速度(为常数). 物体到达地面的时间为 $t=\sqrt{\dfrac{2h}{g}}$,所以这个函数的定义域为

闭区间 $\left[0, \sqrt{\dfrac{2h}{g}}\right]$.

注意：函数 $y=c$（c 为常数）的定义域为 $(-\infty,+\infty)$，这时不论自变量取何值，对应的函数值均为 c.

由上面例子，我们可以体会到：函数定义中的对应规则 f，就像是一台机器，定义域中的任何一个 x 值进入这台机器后，即以同样的程序加工为值域内的一个函数值 $f(x)$.

【同步练习】求下列函数的定义域：

$$(1)\ y=\frac{x}{\sqrt{x^2-3x-4}};\qquad (2)\ y=\frac{\ln(x-2)}{x-3}.$$

1.1.2　函数的表示法

函数的表示法通常有三种：公式法、表格法和图示法.

(1) 以数学式子表示函数的方法叫做函数的公式表示法，上述例子中的函数都是以公式表示的，公式法的优点是便于理论推导和计算.

(2) 以表格形式表示函数的方法叫做函数的表格表示法，它是将自变量的值与对应的函数值列为表格，如三角函数表、对数表、企业历年产值表等，都是以这种方法表示的函数. 表格法的优点是所求的函数值容易查得.

【例 7】 图 1-2 是某地某一天的气温变化曲线. 根据这条曲线，对这一天从 0 点到 24 点的任何时间 t 都有一个温度 T（℃）对应. 曲线上点 $A(a,b)$，表示在时间 $t=a$ 时，相应的气温 $T=b$.

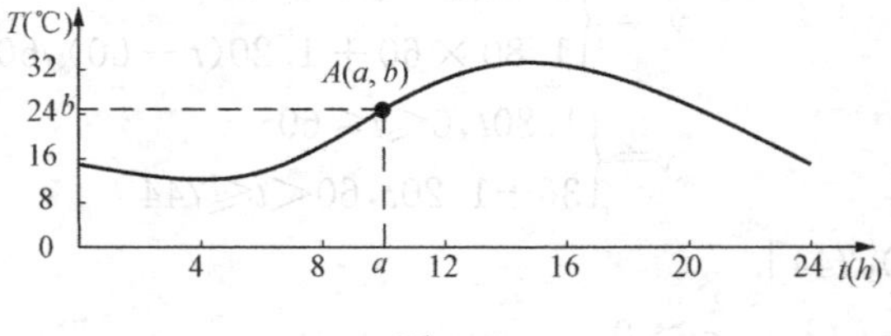

图 1-2

(3) 以图形表示函数的方法叫做函数的图示法. 这种方法在工程技术上应用较普遍，图示法的优点是直观形象，且可看到函数的变化趋势.

【例 8】 为在某河上架桥，从河的一个断面每隔 5m 测得河深 y 见表 1-1.

表 1-1

x/m	0	5	10	15	20	25	30	35	40	45	50	55
y/m	0	1	1.7	2.5	3.2	4.0	4.5	5.3	6.8	7.1	8.2	7.3
x/m	60	65	70	75	80	85	90	95	100	105	110	115
y/m	6.5	4.2	3.8	5.4	5.9	7.8	4.5	2.1	1.6	1.1	0.5	0

从表 1-1 中可看出当 x 取 $\{0,5,10,\cdots,115\}$ 中的任意一个数时，河深 y 都有一个值与之对应.

1.1.3 分段函数

有些函数虽然也是以数学式子表示，但是它们在定义域的不同范围具有不同的表达式. 这样的函数叫做分段函数，分段函数在数学上和工程技术中以及日常生活中都会经常遇到.

【例9】 每位旅客乘坐火车可以免费携带不超过20kg的物品，但超过20kg而不超过50kg的部分每kg需交费a元，超过50kg部分每kg需交费b元. 求运费与携带物品重量的函数关系.

解 设物品重量为x(kg)，应交运费为y元. 由题意可知这时应考虑三种情况.

第1种情况是重量不超过20kg，这时

$$y=0, 0\leqslant x\leqslant 20.$$

第2种情况是重量大于20kg但不超过50kg，这时

$$y=(x-20)\times a, 20<x\leqslant 50.$$

最后是重量超过50kg，这时

$$y=(50-20)\times a+(x-50)\times b, x>50.$$

因此，所求的函数是一个分段函数

$$y=\begin{cases}0, & 0\leqslant x\leqslant 20\\ a(x-20), & 20<x\leqslant 50.\\ a(50-20)+b(x-50), & x>50\end{cases}$$

【例10】 某电信局规定上网收费标准：当月上网时间低于60h，按每小时1.80元收取. 超过60h后的部分按每小时1.20元收取. 这样当月上网费y与上网时间t的函数关系为

$$y=\begin{cases}1.80t, 0\leqslant t\leqslant 60\\ 1.80\times 60+1.20(t-60), 60<t\leqslant 744\end{cases}.$$

即

$$y=\begin{cases}1.80t, 0\leqslant t\leqslant 60\\ 36+1.20t, 60<t\leqslant 744\end{cases}.$$

函数的定义域为$D=[0,744]$.

【例11】 设$f(x)=\begin{cases}1, & x>0\\ 0, & x=0.\\ -1, & x<0\end{cases}$ 求$f(3)$、$f(0)$和$f(-3)$.

解 因为$3\in(0,+\infty)$，$0\in\{0\}$，$-3\in(-\infty,0)$，所以

$$f(3)=1, f(0)=0, f(-3)=-1.$$

在求分段函数的函数值时，应先确定自变量取值的所在范围，再按相应的式子进行计算.

[例11]给出的函数称为符号函数，记为$\mathrm{sgn}x$. 其定义域为$(-\infty,+\infty)$，值域$\{-1,0,1\}$，它的图形如图1-3所示. 我们有时可以运用它将某些分段函数写得简洁一些.

例如，函数

$$f(x)=\begin{cases}-x, x\leqslant 0\\ x, & x>0\end{cases}$$

可以记为

$$f(x)=|x|=x\mathrm{sgn}x.$$

【例12】 函数

$$f(x) = \begin{cases} x^2 - 1, x \leqslant 0 \\ x + 1,\ 0 < x \leqslant 2 \end{cases}$$

为定义在$(-\infty,2]$上的一个分段函数. 对于任何一个 $x \in (-\infty,0]$，其函数值均以 x^2-1 计算；对于任何一个 $x \in (0,2]$，其函数值均以 $x+1$ 计算.

【例 13】 设变量 y 是不超过 x 的最大整数部分，它表示了一个分段函数，常称为"取整函数"，记为 $y=[x]$，即若 $n \leqslant x < n+1$，则 $[x]=n$，其中 n 为整数. 因此其数学表达式为

$$y = [x] = \begin{cases} \cdots, & \cdots \\ -2, & -2 \leqslant x < -1 \\ -1, & -1 \leqslant x < 0 \\ 0, & 0 \leqslant x < 1 \\ 1, & 1 \leqslant x < 2 \\ 2, & 2 \leqslant x < 3 \\ \cdots, & \cdots \end{cases}.$$

它的定义域为$(-\infty,+\infty)$，值域为一切整数，它的图形如图 1-4 所示.

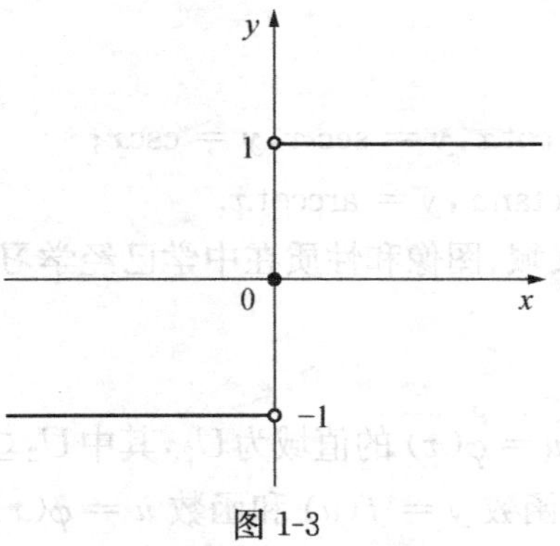

图 1-3

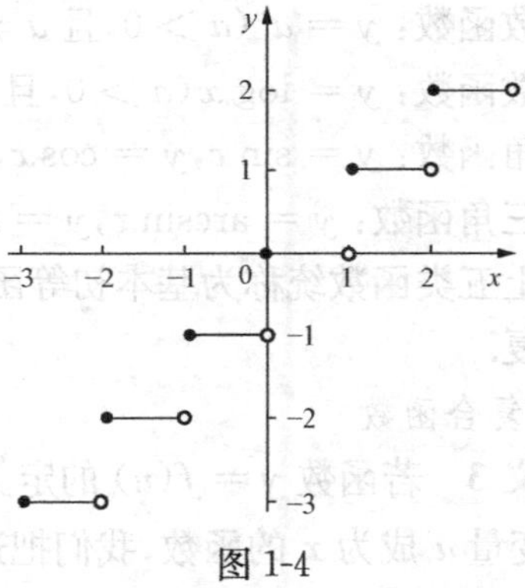

图 1-4

【同步练习】 杭州市普通出租车的收费规定如下：当行程不超过 3 千米(含 3 千米)时，收费 11 元；超过 3 千米但不超过 10 千米时，在收费 11 元的基础上，超过 3 千米的部分每千米收费 2.5 元；超过 10 千米时，超过 10 千米以上的部分每千米收费 3.75 元. 如果不计等候等其他费用，设乘车的里程为 x 千米，所付的车费为 y 元. 请写出 y 关于 x 的函数关系式.

1.1.4　反函数

定义 2　设 $y=f(x)$ 为定义在 D 上的函数，其值域为 W. 若对于数集 W 中的每个数 y，数集 D 中都有唯一的一个数 x 使 $f(x)=y$，这就是说变量 x 是变量 y 的函数. 这个函数称为函数 $y=f(x)$ 的反函数，记为 $x=f^{-1}(y)$.

反函数的定义域为 W，值域为 D. 函数 $y=f(x)$ 与 $x=f^{-1}(y)$ 两者的图形是相同的，而 $y=f(x)$ 称为直接函数.

由于人们习惯于用 x 表示自变量，用 y 表示因变量，为了照顾习惯，我们将函数 $y=f(x)$ 的反函数 $x=f^{-1}(y)$ 用 $y=f^{-1}(x)$ 表示. 注意，这时二者的图形关于直线 $y=x$ 对称.

由函数 $y=f(x)$ 求它的反函数的步骤是：由方程 $y=f(x)$ 解出 x，得到 $x=f^{-1}(y)$；将

函数 $x=f^{-1}(y)$ 中的 x 和 y，分别换为 y 和 x，这样，便得到反函数 $y=f^{-1}(x)$.

【例 14】 求函数 $y=\dfrac{3^x}{3^x+1}$ 的反函数.

解 由 $y=\dfrac{3^x}{3^x+1}$ 可解得 $x=\log_3\dfrac{y}{1-y}$，交换 x、y 的位置，即得所求的反函数

$$y=\log_3\frac{x}{1-x} \text{ 或 } y=\log_3 x-\log_3(1-x),$$

其定义域为(0,1).

应当指出，函数 $y=f(x)$ 与其反函数 $y=f^{-1}(x)$ 之间存在着这样的关系，即

$$f^{-1}[f(x)]=x \text{ 和 } f[f^{-1}(x)]=x.$$

例如：$y=\log_a x$ 的反函数是 $y=a^x$，则

$$\log_a(a^x)=x,\qquad a^{\log_a x}=x.$$

1.1.5 初等函数

1. 基本初等函数

幂函数：$y=x^{\mu}$（μ 为任意实数）；

指数函数：$y=a^x(a>0,\text{且 } a\neq 1)$；

对数函数：$y=\log_a x(a>0,\text{且 } a\neq 1)$；

三角函数：$y=\sin x, y=\cos x, y=\tan x, y=\cot x, y=\sec x, y=\csc x$；

反三角函数：$y=\arcsin x, y=\arccos x, y=\arctan x, y=\operatorname{arccot} x$.

以上五类函数统称为基本初等函数. 它们的定义域、图像和性质在中学已经学习过，这里不再重复.

2. 复合函数

定义 3 若函数 $y=f(u)$ 的定义域为 U_1，函数 $u=\varphi(x)$ 的值域为 U_2，其中 $U_2\subseteq U_1$，则 y 通过变量 u 成为 x 的函数，我们把这个函数称为由函数 $y=f(u)$ 和函数 $u=\varphi(x)$ 构成的复合函数，记为

$$y=f[\varphi(x)],$$

式中：变量 u 称为中间变量.

【例 15】 由物理学知道，质点的动能 E 是速度 v 的函数

$$E=\frac{1}{2}mv^2.$$

其中 m 是质点的质量. 如果考虑物体(质点)上抛运动，把一个质量为 m 的物体以初速度 v_0 垂直上抛，由于地球引力的作用，它就不断减速，这时 $v=v_0-gt$，于是物体的动能 E 通过速度成为时间的函数

$$E=\frac{1}{2}mv^2=\frac{1}{2}m(v_0-gt)^2.$$

$E=\dfrac{1}{2}m(v_0-gt)^2$ 可以看成由 $E=\dfrac{1}{2}mv^2$ 和 $v=v_0-gt$ 复合而成的一个函数.

【例 16】 试求函数 $y=u^3$ 与 $u=\sin x$ 构成的复合函数.

解 将 $u=\sin x$ 代入 $y=u^3$ 中，即为所求的复合函数

$$y=\sin^3 x,$$

其定义域为$(-\infty,+\infty)$.

【例 17】 试求函数 $y=\sqrt{u}$ 与 $u=1-x^3$ 构成的复合函数.

解 容易得到该复合函数

$$y=\sqrt{1-x^3},$$

其定义域为$(-\infty,1]$.

【例 18】 设 $f(x)=\left(\frac{1}{1+x}\right)^2$, $\varphi(x)=\sqrt{\sin x}$, 求 $f[\varphi(x)]$ 和 $\varphi[f(x)]$.

解 (1) 求 $f[\varphi(x)]$ 时,应将 $f(x)$ 中的 x 视为 $\varphi(x)$,因此

$$f[\varphi(x)]=\left(\frac{1}{1+\sqrt{\sin x}}\right)^2.$$

(2) 求 $\varphi[f(x)]$时,应将 $\varphi(x)$中的 x 视为 $f(x)$,因此

$$\varphi[f(x)]=\sqrt{\sin\left(\frac{1}{1+x}\right)^2}.$$

必须注意,不是任何两个函数都可以复合成一个复合函数. 例如: $y=\ln u$ 和 $u=x-\sqrt{x^2+1}$ 就不能复合成一个复合函数,因为 $u=x-\sqrt{x^2+1}$ 的值域是$(-\infty,0)$,与 $y=\ln u$的定义域$(0,+\infty)$的交集为空集,因此不能复合.

复合函数不仅可以由两个函数复合而成,有时一个复合函数可能由三个或更多的函数构成. 比如,由函数 $y=\ln u$, $u=v^2+1$ 和 $v=\sin x$ 可以构成复合函数 $y=\ln(\sin^2 x+1)$,其中 u 和 v 都是中间变量. 复合函数通常是由基本初等函数与常数经过四则运算形成的简单函数复合而成.

与此同时,我们还应掌握复合函数的复合过程,即“分解”复合函数,这对于后面的学习有帮助,读者对此应予重视.

【例 19】 设 $f(x-1)=x^3$,求 $f(2x+1)$.

解 方法一 令 $u=x-1$ 得 $f(u)=(u+1)^3$,再将 $u=2x+1$ 代入,即得复合函数

$$\begin{aligned}f(2x+1)&=[(2x+1)+1]^3\\&=8(x+1)^3.\end{aligned}$$

方法二 因为 $f(x-1)=x^3=[(x-1)+1]^3$,于是问题转化为求 $y=f(x)=(x+1)^3$ 与 $\varphi(x)=2x+1$ 的复合函数 $f[\varphi(x)]$,因此

$$f(2x+1)=[(2x+1)+1]^3=8(x+1)^3.$$

【例 20】 指出 $y=(3x+2)^9$, $y=\sqrt{\log_a(\sin x+3^x)}$, $y=\cos^2(2x+1)$ 是由哪些函数复合而成的.

解 $y=(3x+2)^9$ 是由 $y=u^9$ 和 $u=3x+2$ 复合而成的.

$y=\sqrt{\log_a(\sin x+3^x)}$ 是由 $y=\sqrt{u}$, $u=\log_a v$, $v=\sin x+3^x$ 复合而成的.

$y=\cos^2(2x+1)$ 是由 $y=u^2$, $u=\cos v$, $v=2x+1$ 复合而成的.

3. 初等函数

由基本初等函数及常数经过有限次四则运算和有限次复合构成,并且可以用一个数学公式表示的函数,叫做初等函数.

例如 $y=\sqrt{3^x+\sin^2 x}$，$y=\dfrac{\sqrt[3]{x}+\tan 3x}{x^2\sin x}$，$y=\ln(x+1)$ 等都是初等函数.

本教材中所讨论的函数一般都是初等函数，但分段函数一般不是初等函数.

【同步练习】指出下列函数可分解为哪些简单函数：

$$(1)y=\cos\frac{1}{x+2};\quad (2)y=e^{2x};\quad (3)y=\sin\sqrt{x^2+3}.$$

1.1.6 函数的基本性态

1. 函数的奇偶性

设函数 $y=f(x)$ 的定义域 D 关于原点对称，如果对于定义域 D 中的任何 x，都有 $f(-x)=f(x)$，则称函数 $y=f(x)$ 为偶函数；如果对于定义域 D 中的任何 x，都有 $f(-x)=-f(x)$，则称 $y=f(x)$ 为奇函数. 不是偶函数也不是奇函数的函数，称为非奇非偶函数.

偶函数的图像关于 y 轴对称；奇函数的图像关于原点对称.

【例 21】 证明 $f(x)=\cos x\sin x^3$ 为奇函数.

证 因为 $f(x)=\cos x\sin x^3$ 的定义域为 $(-\infty,+\infty)$，且有

$$f(-x)=\cos(-x)\sin(-x)^3=\cos x(-\sin x^3)=-f(x).$$

所以该函数为奇函数.

【例 22】 证明 $f(x)=x\ln(x+\sqrt{x^2+1})$ 是偶函数.

证 因为该函数的定义域为 $(-\infty,+\infty)$，且有

$$\begin{aligned}f(-x)&=(-x)\ln[-x+\sqrt{(-x)^2+1}]\\&=-x\ln\frac{(\sqrt{x^2+1}-x)(\sqrt{x^2+1}+x)}{\sqrt{x^2+1}+x}\\&=-x\cdot\ln\frac{1}{x+\sqrt{x^2+1}}\\&=-x[-\ln(x+\sqrt{x^2+1})]\\&=f(x).\end{aligned}$$

所以 $f(x)=x\ln(x+\sqrt{x^2+1})$ 是偶函数.

2. 函数的周期性

设函数 $y=f(x)$ 的定义域为 D. 如果存在一个不为零的数 T，使得对于任一 $x\in D$，有 $x\pm T\in D$，且 $f(x+T)=f(x)$ 恒成立，则称 $f(x)$ 为周期函数.

对于每个周期函数来说，定义中的 T 有无穷多个，因为如果 $f(x+T)=f(x)$，那么就有

$$\begin{aligned}f(x+2T)&=f[(x+T)+T]\\&=f(x+T)=f(x),\\f(x+3T)&=f[(x+2T)+T]\\&=f(x+2T)=f(x)\end{aligned}$$

人们规定：若其中存在一个最小正数 l，则规定 l 为周期函数 $f(x)$ 的最小正周期，简称周期. 例如 $y=\sin x$，$y=\tan x$ 的周期分别为 2π、π.

【例 23】 设函数 $y=f(x)$ 是以 ω 为周期的周期函数，试证函数 $y=f(ax)(a>0)$ 是以

$\frac{\omega}{a}$ 为周期的周期函数.

证　要证的是

$$f(ax)=f\left[a\left(x+\frac{\omega}{a}\right)\right],$$

因为 $f(x)$ 以 ω 为周期,所以

$$f(ax)=f(ax+\omega),$$

即 $f(ax)=f\left[a\left(x+\frac{\omega}{a}\right)\right]$. 所以 $f(ax)$是以 $\frac{\omega}{a}$ 为周期的周期函数.

例如 $y=\sin x$, $y=\cos x$ 均以 2π 为周期,所以 $y=\sin 4x$, $y=\cos\frac{x}{2}$ 的周期分别为$\frac{\pi}{2}$ 和 4π.

3. 函数的单调性

设函数 $y=f(x)$ 在区间(a,b)内有定义,如果对于区间(a,b)内的任意两个数 x_1 和 x_2,当 $x_1<x_2$ 时,恒有

$$f(x_1)<f(x_2),$$

则称该函数在区间(a,b)内单调增加,或称递增,(a,b)称为 $f(x)$的单调增加区间;当 $x_1<x_2$ 时,有

$$f(x_1)>f(x_2),$$

则称该函数在区间(a,b)内单调减少,或称递减,(a,b)称为 $f(x)$的单调减少区间.

在区间(a,b)上单调增加或单调减少的函数统称为区间(a,b)上的单调函数,(a,b)称为函数 $f(x)$的单调区间.

例如, $y=\tan x$ 在$\left(-\frac{\pi}{2},\frac{\pi}{2}\right)$内递增, $y=\cos x$ 在$(0,\pi)$内递减.

从几何直观来看,递增函数的图像沿 x 轴正向而上升;递减函数的图像沿 x 轴正向而下降. 例如函数 $y=x^3$ 在定义域$(-\infty,+\infty)$内单调增加;函数 $y=x^2$ 在$(-\infty,0)$内单调减少,在$(0,+\infty)$内单调增加,但在定义域$(-\infty,+\infty)$内, $y=x^2$ 不是单调函数,如图 1-5 所示.

4. 函数的有界性

设函数 $f(x)$在区间 I 上有定义,若存在一个正数 M,当任一 $x\in I$ 时,恒有

$$|f(x)|\leqslant M$$

成立,则称函数 $f(x)$ 为在 I 上的有界函数;如果不存在这样的正数 M,则称函数 $f(x)$为在 I 上的无界函数.

例如,因为当 $x\in(-\infty,+\infty)$时,恒有 $|\sin x|\leqslant 1$,所以函数 $f(x)=\sin x$ 在$(-\infty,+\infty)$内是有界函数. 又如 $f(x)=\sin\frac{1}{2x}$, $f(x)=\arctan 3x$ 在它们的定义域内是有界的,而 $f(x)=\tan x$ 在$\left(-\frac{\pi}{2},\frac{\pi}{2}\right)$内是无界函数.

有的函数可能在定义域的某一部分有界,而在另一部分无界. 例如 $f(x)=\tan x$ 在$\left[-\frac{\pi}{3},\frac{\pi}{3}\right]$上是有界的,而在$\left(-\frac{\pi}{2},\frac{\pi}{2}\right)$内是无界的. 又如函数 $y=x^2$ 在$[-1,1]$内是有界的,但它在$(-\infty,+\infty)$上是无界的. 因此我们说一个函数是有界的或者无界的,应同时指出其自

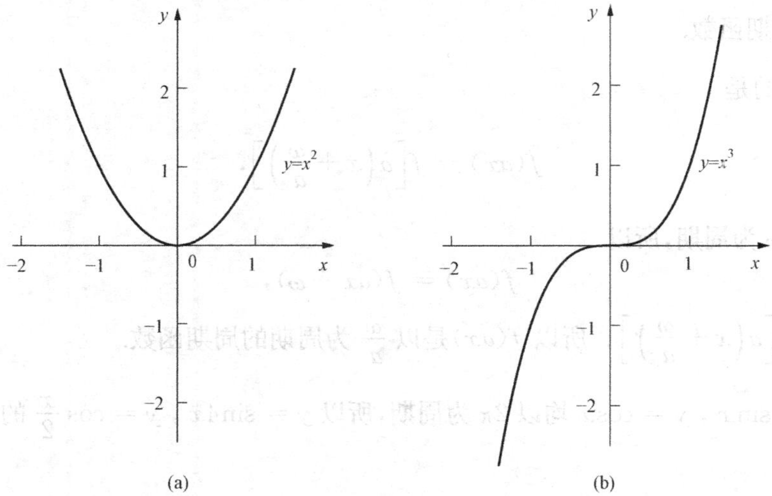

图 1-5

变量的相应范围.

习 题 1-1

1. 下列函数是否相同？为什么？

(1) $f(x)=\lg x^2, g(x)=2\lg x$；　(2) $f(x)=x, g(x)=\sqrt{x^2}$.

2. 设 $f(x)=2x^2-3x+2$，求 $f(0), f(4), f(a), f(x+1)$.

3. 设 $f(x)=\begin{cases}1-x, x\leqslant 0\\ 2^x, \quad x>0\end{cases}$. 求 $f(-2), f(-1), f(0), f(1)$.

4. 设 $f(x)=\begin{cases}\sqrt{1-x}, x\leqslant 1\\ x^2, \quad x>1\end{cases}$. 求 $f(-3), f(0), f(2), f(5)$.

5. 求下列函数的定义域：

(1) $y=\dfrac{1}{x^2+1}$；　(2) $y=\dfrac{1}{\sqrt{x+2}}+\sqrt{x(x-1)}$；

(3) $y=\dfrac{3x}{x^2-3x+2}$；　(4) $y=\dfrac{1}{x}-\sqrt{1-x^2}$；

(5) $y=\arcsin\dfrac{x-1}{2}$；　(6) $y=\arctan(x+1)$；

(7) $y=\lg\dfrac{1}{1-x}+\sqrt{x+3}$；　(8) $y=\sqrt{\cos x}$；

(9) $y=\ln(\ln x)$；　(10) $y=\begin{cases}1-x^2, 1<x<2\\ 1+x^2, 2<x\leqslant 4\end{cases}$.

6. 设 $f(x)$ 的定义域为 $(0,1)$，求 $f(\ln x)$ 的定义域.

7. 判断下列函数的奇偶性：

(1) $y=3^x$；　(2) $y=3x^2-5x^4$；

(3) $y=e^x+e^{-x}$；　(4) $y=x(x+1)(x-1)$；

(5) $y = x\sin x$；　(6) $y = \cos(\sin x)$；

(7) $y = \dfrac{|x|}{x}$；　(8) $y = e^{-x^2} + x$.

8. 求下列函数的反函数，并写出其定义域：

(1) $y = x^2, x \geqslant 0$；　(2) $y = 10^x - 5$；

(3) $y = \dfrac{x}{x-2}$；　(4) $y = 1 + \ln(x-2)$.

9. 设 $f(x) = \dfrac{x}{1-x}$，求 $f[f(x)]$.

10. 如果 $y = u^2, u = \log_3 x$，将 y 表示成 x 的函数.

11. 下列函数式是由哪些简单函数复合而成的？

(1) $y = \sqrt{3x-1}$；　(2) $y = \ln(1+3x)$；

(3) $y = \sqrt{\lg(x^2+1)}$；　(4) $y = e^{\sqrt{x+1}}$；

(5) $y = \sin 5x$；　(6) $y = \lg[\arcsin(x^5)]$；

(7) $y = \cos^3(2x+1)$；　(8) $y = 2^{(x+1)^2}$.

12. 杭州市电力部门规定，居民每月用电不超过 50 度时，电价为 0.538 元/度；当超过 50 度但不超过 200 度时，超过部分的电价为 0.568 元/度；当超过 200 度时，超过部分的电价为 0.638 元/度；试建立居民月用电费 C 与用电量 x 之间的函数关系.

1.2 函数的极限

我们研究物质的运动，仅仅知道有关函数在变化过程中单个取值情况是很不够的，还需要弄清楚函数变化时总的变化趋势，是否隐含着某种"相对稳定"的性质，这就需要极限的概念和方法. 极限是高等数学中最重要的概念之一，是研究微积分的重要工具，是学习微分法、积分法等的理论基础. 因此，我们必须要掌握极限的思想和方法.

下面我们先来看一个例子.

【例 1】 求由曲线 $y = x^2, x = 1$ 及 x 轴所围成的图形[该图形叫做曲边三角形，图 1-6(a) 所示]的面积.

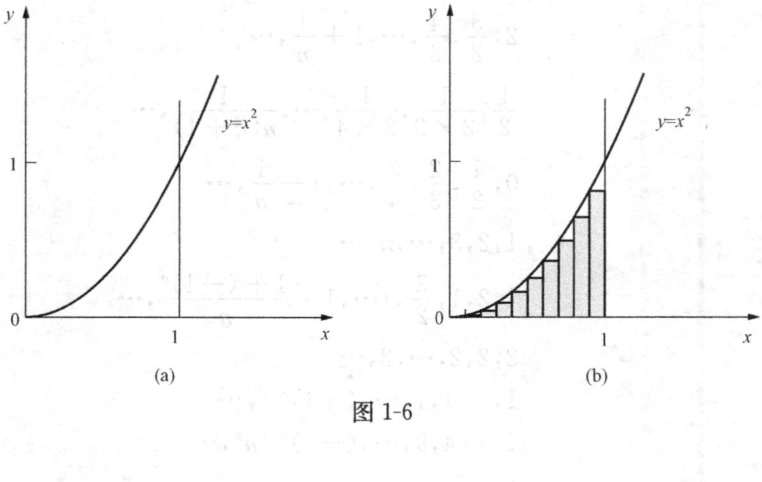

图 1-6

解 将区间[0,1]等分为 n 个小区间 $\left[0,\frac{1}{n}\right],\left[\frac{1}{n},\frac{2}{n}\right],\cdots,\left[\frac{n-1}{n},1\right]$，称为子区间，依次作 n 个内接小矩形如图 1-6(b)，它们的面积分别为

$$\frac{1}{n}\times 0,\frac{1}{n}\times\left(\frac{1}{n}\right)^2,\frac{1}{n}\times\left(\frac{2}{n}\right)^2,\frac{1}{n}\times\left(\frac{3}{n}\right)^2,\cdots,\frac{1}{n}\times\left(\frac{n-1}{n}\right)^2.$$

若将这 n 个小矩形的面积之和 S_n 作为曲边三角形面积 S 的近似值，则有

$$\begin{aligned}S\approx S_n&=\frac{1}{n}\times\left(\frac{1}{n}\right)^2+\frac{1}{n}\times\left(\frac{2}{n}\right)^2+\frac{1}{n}\times\left(\frac{3}{n}\right)^2+\cdots+\frac{1}{n}\times\left(\frac{n-1}{n}\right)^2\\&=\frac{1}{n^3}[1^2+2^2+\cdots+(n-1)^2]\\&=\frac{1}{n^3}\times\frac{n(n-1)(2n-1)}{6}\\&=\frac{1}{6}\times\left(1-\frac{1}{n}\right)\times\left(2-\frac{1}{n}\right).\end{aligned}$$

由图 1-6 不难发现，n 越大，S_n 越接近 S. 显然，当 n 无限地增大时，S_n 就无限地接近或者说趋向于 S. 另一方面分析 S_n 的表达式可知，当 n 无限变大时，S_n 无限地趋向于$\frac{1}{3}$，于是可以断言该曲边三角形的面积 S 为$\frac{1}{3}$.

实际上，这里讨论的是当自变量 n 在无限变大时，函数 S_n 的变化趋势. 这种通过研究函数变化趋势解决问题的方法叫做极限方法.

一般来说，极限概念指的是在自变量的某一变化过程中函数的变化趋势. 下面，我们将就函数在自变量不同变化过程中的变化趋势问题分别加以讨论.

1.2.1 数列的极限

1. 数列的概念

定义 1 设函数 $u_n=f(n)$，其中 n 为正整数，那么按自变量 n 增大的顺序排成的一列数

$$f(1),f(2),f(3),\cdots,f(n),\cdots$$

称为无穷数列，简称为数列，记作$\{u_n\}$或数列 u_n. 数列中的每一个数称为数列的项，第 n 项 u_n 叫做数列的一般项或通项.

例如：

$$2,\frac{3}{2},\frac{4}{3},\cdots,1+\frac{1}{n},\cdots \tag{1}$$

$$\frac{1}{2},\frac{1}{2\times 3},\frac{1}{3\times 4},\cdots,\frac{1}{n(n+1)},\cdots \tag{2}$$

$$0,\frac{1}{2},\frac{2}{3},\frac{3}{4},\cdots,1-\frac{1}{n},\cdots \tag{3}$$

$$1,2,3,\cdots,n,\cdots \tag{4}$$

$$1,2,1,\frac{3}{2},1\cdots,1+\frac{1+(-1)^n}{n},\cdots \tag{5}$$

$$2,2,2,\cdots,2,\cdots \tag{6}$$

$$1,-1,1,\cdots,(-1)^{n-1},\cdots \tag{7}$$

$$1,-4,9,\cdots,(-1)^{n-1}n^2,\cdots \tag{8}$$

数列的有界性、单调性等定义与函数的相应定义基本一致，即对于数列$\{u_n\}$，若存在一个常数$M>0$，使得$|u_n|\leqslant M(n=1,2,\cdots)$恒成立，则称数列$u_n$为有界数列，或称数列有界：如果这样的$M$不存在，则称$\{u_n\}$为无界数列. 若数列$u_n$满足$u_n\leqslant u_{n+1}(n=1,2,\cdots)$，则称$\{u_n\}$为单调递增数列；若数列$u_n$满足$u_n\geqslant u_{n+1}(n=1,2,\cdots)$，则称$\{u_n\}$为单调递减数列. 单调递增数列和单调递减数列统称为单调数列.

如上面数列中，(1)、(2)为单调递减数列，(3)、(4)为单调递增数列. (1)、(2)、(3)、(5)、(6)、(7)是有界数列，(4)、(8)是无界数列.

2. 数列的极限

数列变化趋势即极限问题是本节所关心的. 数列(1)，(3)，(5)都有一种共同的现象，即当n无限变大时，它们都无限地接近于1，这就是极限现象.

由此有下述极限的定义.

定义 2 若当n取自然数无限增大时，数列$\{u_n\}$的项u_n无限接近于某个确定的常数A，则称A为当$n\to\infty$时数列$\{u_n\}$的极限，记作

$$\lim_{n\to\infty}u_n=A \text{ 或 } u_n\to A(\text{当 } n\to\infty \text{ 时}),$$

这时我们说数列u_n是收敛的. 否则，说数列是发散的.

按定义可以得到：数列(1)，(2)，(3)，(5)，(6)的极限可分别表示为

$$\lim_{n\to\infty}\left(1+\frac{1}{n}\right)=1,\quad \lim_{n\to\infty}\frac{1}{n(n+1)}=0,$$

$$\lim_{n\to\infty}\left(1-\frac{1}{n}\right)=1,\lim_{n\to\infty}\left[1+\frac{1+(-1)^n}{n}\right]=1,\lim_{n\to\infty}2=2.$$

并非所有数列都是有极限的，例如数列(4)，(7)，(8)，当$n\to\infty$时，它们均不与一个常数A无限接近，所以这些数列没有极限，是发散数列.

有界数列与收敛数列有什么关系？对初学者讲容易混淆. 先看数列$u_n=(-1)^{n-1}$，它是有界的，但是发散的，所以有界数列不一定是收敛的. 反之是否成立呢？我们有下述定理.

定理 1 若数列收敛，则数列有界.

另外，借助于几何直观，可以建立数列极限存在的一条准则.

定理 2 单调有界数列必有极限.

【同步练习】判断下列数列的敛散性：

$$(1)x_n=\frac{1}{2n+1};\qquad (2)x_n=(-2)^n;\qquad (3)x_n=\sqrt{n+3}.$$

1.2.2 函数的极限

对于一般函数$f(x)(x\in D)$，可以研究在自变量x的绝对值$|x|$无限增大(记为$x\to\infty$)或x无限趋近于某一常数x_0(记为$x\to x_0$)时，函数值$f(x)$的变化趋势. 下面分别来讨论.

1. 当$x\to\infty$时函数$f(x)$的极限

数列是一种特殊形式的函数，把数列极限的定义推广，可以给出函数极限的定义，考察函数$y=\dfrac{1}{x}$[见图1-7].

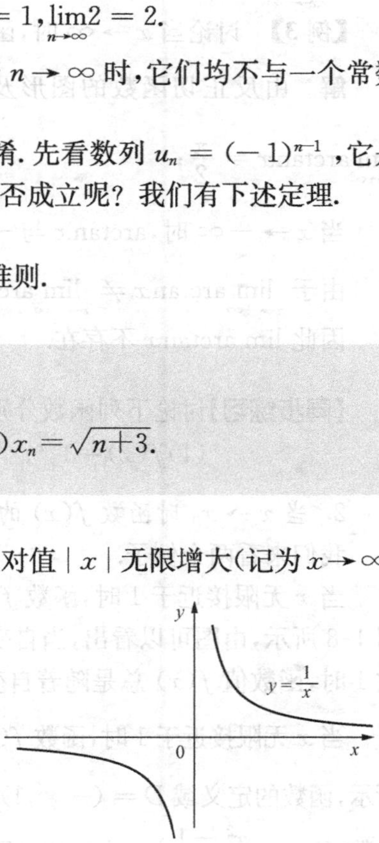

图 1-7

当$|x|$无限增大时($x>0,x\to+\infty$或$x<0,x\to$

$-\infty$)，函数 y 值无限接近于数 0，称 0 为 $y=\dfrac{1}{x}$ 当 $x\to\infty$ 时的极限.

定义 3 设函数 $f(x)$ 在 $|x|>\alpha(\alpha>0)$ 有定义. 若当 $|x|$ 无限增大时，$y=f(x)$ 的值无限接近于某个常数 A，则称 A 为当 $x\to\infty$ 时 $y=f(x)$ 的极限，记作

$$\lim_{x\to\infty}f(x)=A \text{ 或 } f(x)\to A(x\to\infty).$$

如果当 $x>0$ 且无限增大时，函数 $y=f(x)$ 的值无限接近于某个常数 A，则称 A 为当 $x\to+\infty$ 时 $y=f(x)$ 的极限，记作

$$\lim_{x\to+\infty}f(x)=A \text{ 或 } f(x)\to A(x\to+\infty).$$

如果当 $x<0$ 且绝对值无限增大时，函数 $y=f(x)$ 的值无限接近于某个常数 A，则称 A 为当 $x\to-\infty$ 时 $y=f(x)$ 的极限，记作

$$\lim_{x\to-\infty}f(x)=A \text{ 或 } f(x)\to A(x\to-\infty).$$

例如：$\lim\limits_{x\to\infty}\dfrac{1}{x}=0$.

显然，函数 $f(x)$ 在 $x\to\infty$ 时极限与在 $x\to+\infty$，$x\to-\infty$ 时的极限存在以下关系.

定理 3 $\lim\limits_{x\to\infty}f(x)=A$ 的充要条件是 $\lim\limits_{x\to-\infty}f(x)=\lim\limits_{x\to+\infty}f(x)=A$.

【例 2】 讨论当 $x\to-\infty$ 时，函数 $f(x)=2^x$ 的极限.

解 由指数函数的图形及性质可知，当 x 恒为负数且绝对值无限增大时，2^x 无限接近于 0，所以 $\lim\limits_{x\to-\infty}2^x=0$.

【例 3】 讨论当 $x\to\infty$ 时，函数 $f(x)=\arctan x$ 的极限.

解 由反正切函数的图形及性质可知，当 $x\to+\infty$ 时，$\arctan x$ 与 $\dfrac{\pi}{2}$ 无限接近，即

$\lim\limits_{x\to+\infty}\arctan x=\dfrac{\pi}{2}$；

当 $x\to-\infty$ 时，$\arctan x$ 与 $-\dfrac{\pi}{2}$ 无限接近，即 $\lim\limits_{x\to-\infty}\arctan x=-\dfrac{\pi}{2}$，

由于 $\lim\limits_{x\to+\infty}\arctan x\neq\lim\limits_{x\to-\infty}\arctan x$，

因此 $\lim\limits_{x\to\infty}\arctan x$ 不存在.

【同步练习】 讨论下列函数分别在 $x\to\infty$、$x\to+\infty$、$x\to-\infty$ 时的极限：

(1) $f(x)=3^{-x}$； (2) $f(x)=\cos x$； (3) $f(x)=\ln x$.

2. 当 $x\to x_0$ 时函数 $f(x)$ 的极限

我们来看两个例子.

当 x 无限接近于 1 时，函数 $f(x)=x+1$ 的变化趋势怎样？作 $f(x)=x+1$ 的图像，如图 1-8 所示，由图可以看出，当自变量 x 从大于 1 或者小于 1 的两个方向沿 x 轴无限趋向于常数 1 时，函数值 $f(x)$ 总是随着自变量 x 的变化从两个不同的方向无限趋近于常数 2.

当 x 无限接近于 1 时，函数 $f(x)=\dfrac{x^2-1}{x-1}$ 趋向于什么？作 $f(x)=\dfrac{x^2-1}{x-1}$ 的图像，如图 1-9 所示，函数的定义域 $D=(-\infty,1)\cup(1,+\infty)$，虽然函数在 $x=1$ 处没有定义，但当 $x\neq1$ 时，函数 $f(x)=\dfrac{x^2-1}{x-1}=x+1$，故从图像上可以看出，当 x 无限接近于 1 时，函数值就无限趋向于 2.

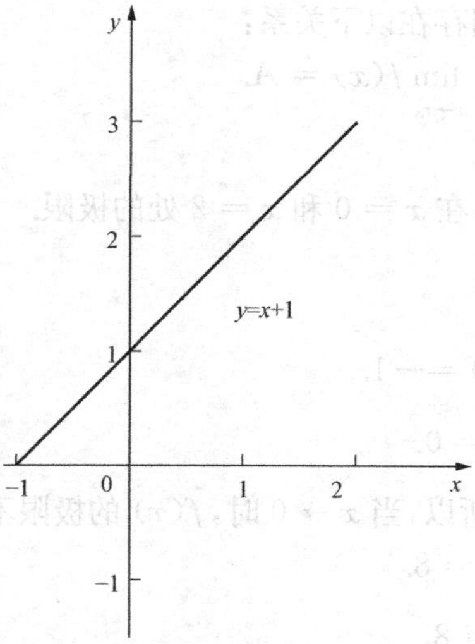

图 1-8

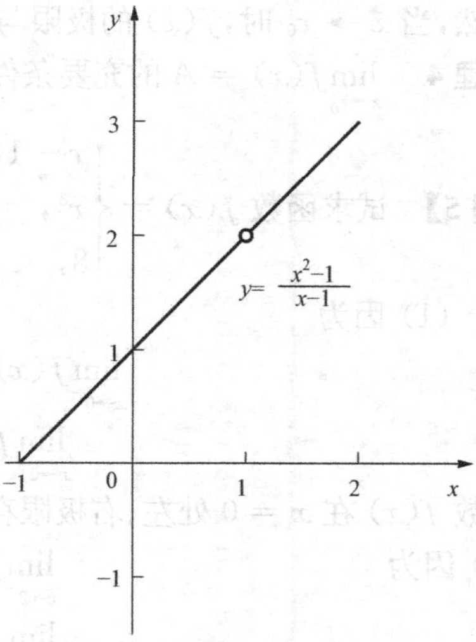

图 1-9

从以上两例可以看出，研究当 $x\to x_0$ 函数 $f(x)$ 的变化趋势时，并不考虑函数在 $x=x_0$ 处是否有定义，只关心函数在 $x=x_0$ 的邻近($x\in U(\mathring{x}_0,\delta)$)的函数值的变化趋势，函数在 $x=x_0$ 处可以有定义，也可以没有定义. 对于此类情况，给出下面定义.

定义 4　设函数 $y=f(x)$ 在点 x_0 的某去心邻域有定义，如果当 x 无限接近于 x_0 时，函数 $f(x)$ 无限趋向于某个常数 A，则称当自变量 x 趋向于 x_0 时，函数 $f(x)$ 以 A 为极限，记作

$$\lim_{x\to x_0}f(x)=A \text{ 或 } f(x)\to A\quad (x\to x_0).$$

需要说明的是：

(1) 定义中 $x\to x_0$ 的方式是指同时从左、右两边趋近于 x_0；

(2) 当 $x\to x_0$ 时，函数 $f(x)$ 在点 x_0 处是否有极限与其在点 x_0 处是否有定义无关.

【例 4】　讨论当 $x\to 0$ 时，函数 $f(x)=\cos x$ 的极限.

解　作出函数 $f(x)=\cos x$ 在原点附近的图像，如图 1-10 所示，由图可以看出 $\lim\limits_{x\to 0}\cos x=1$.

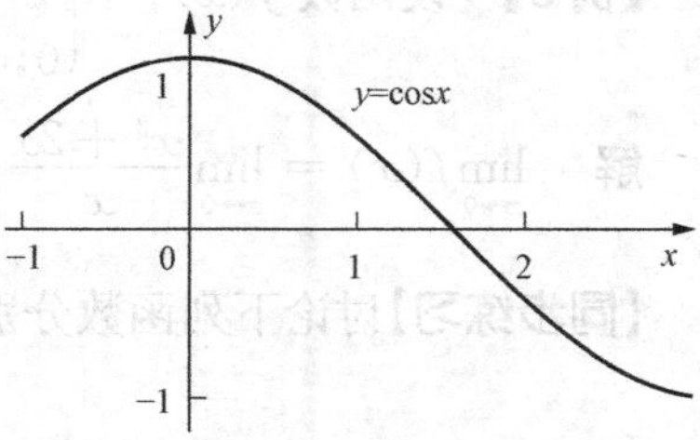

图 1-10

定义 4 可见，$\lim\limits_{x\to x_0}x=x_0$，$\lim\limits_{x\to x_0}c=c$.

有时我们仅需考虑自变量 x 大于 x_0 而趋向于 x_0(或 x 小于 x_0 而趋向于 x_0)时，函数 $f(x)$ 的变化趋势. 于是有以下定义.

定义 5　如果自变量 x 仅从大于 x_0 的一侧趋向于 x_0 时，函数 $f(x)$ 无限趋向于某个常数 A，则称 A 是函数 $f(x)$ 在 x_0 处的右极限，记作

$$\lim_{x\to x_0^+}f(x)=A \text{ 或 } f(x_0+0)=A.$$

如果自变量 x 仅从小于 x_0 的一侧趋向于 x_0 时，函数 $f(x)$ 无限趋向于某个常数 A，则称 A 是函数 $f(x)$ 在 x_0 处的左极限，记作

$$\lim_{x\to x_0^-}f(x)=A \text{ 或 } f(x_0-0)=A.$$

函数的左极限和右极限统称为函数 $f(x)$ 的单侧极限.

显然，当 $x\to x_0$ 时，$f(x)$ 的极限与左、右极限之间存在以下关系：

定理 4 $\lim\limits_{x\to x_0}f(x)=A$ 的充要条件是 $\lim\limits_{x\to x_0^+}f(x)=\lim\limits_{x\to x_0^-}f(x)=A$.

【例 5】 试求函数 $f(x)=\begin{cases}x-1, & x\leqslant 0\\ x^3, & 0<x\leqslant 2\\ 8, & x>2\end{cases}$，在 $x=0$ 和 $x=2$ 处的极限.

解 (1) 因为

$$\lim_{x\to 0^-}f(x)=\lim_{x\to 0^-}(x-1)=-1.$$

$$\lim_{x\to 0^+}f(x)=\lim_{x\to 0^+}x^3=0.$$

函数 $f(x)$ 在 $x=0$ 处左、右极限存在但不相等，所以，当 $x\to 0$ 时，$f(x)$ 的极限不存在.

(2) 因为

$$\lim_{x\to 2^-}f(x)=\lim_{x\to 2^-}x^3=8.$$

$$\lim_{x\to 2^+}f(x)=\lim_{x\to 2^+}8=8.$$

函数 $f(x)$ 在 $x=2$ 处左、右极限存在而且相等，所以当 $x\to 2$ 时，$f(x)$ 的极限存在且

$$\lim_{x\to 2}f(x)=8.$$

为了理解函数 $f(x)$ 在 x_0 处的函数值与当 $x\to x_0$ 时 $f(x)$ 的极限关系，下面再举几个例子：

【例 6】 求 $\lim\limits_{x\to 2}\dfrac{x^2-5x+6}{x-2}$.

解 $\lim\limits_{x\to 2}\dfrac{x^2-5x+6}{x-2}=\lim\limits_{x\to 2}\dfrac{(x-2)(x-3)}{x-2}=\lim\limits_{x\to 2}(x-3)=-1$.

【例 7】 $\lim\limits_{x\to 2}(x^2+2x)$.

解 $\lim\limits_{x\to 2}(x^2+2x)=8$.

【例 8】 设函数 $f(x)=\begin{cases}\dfrac{x^2+2x}{x}, & x\neq 0\\ 0, & x=0\end{cases}$，求 $\lim\limits_{x\to 0}f(x)$.

解 $\lim\limits_{x\to 0}f(x)=\lim\limits_{x\to 0}\dfrac{x^2+2x}{x}=\lim\limits_{x\to 0}(x+2)=2$.

【同步练习】 讨论下列函数分别在 $x\to 0$、$x\to 0^+$、$x\to 0^-$ 时的极限：

(1) $f(x)=3^{-x}$； (2) $f(x)=\cos x$； (3) $f(x)=\begin{cases}x-2, & x<0\\ 0, & x=0.\\ x+1, & x>0\end{cases}$

1.2.3 函数极限的性质

这里，我们仅以 $x\to x_0$ 为例，给出函数极限的性质，其他类型的函数极限有类似的性质.

定理 5 若 $\lim\limits_{x\to x_0}f(x)=A$，则一定存在点 x_0 的某一去心邻域，在此邻域内函数 $f(x)$ 有界.

称此定理为极限的局部有界性定理.

定理 6 如果 $\lim\limits_{x\to x_0}f(x)$ 存在，则极限值必唯一.

称此定理为极限的唯一性定理.

定理 7　若 $\lim\limits_{x\to x_0} f(x)=A$，且 $A>0$（或 $A<0$），则一定存在点 x_0 的某一去心邻域，在此邻域内，$f(x)>0$（或 $f(x)<0$）.

称此定理为极限的局部保号性定理.

由保号性定理可得以下两个推论.

推论 1　若 $\lim\limits_{x\to x_0} f(x)=A$，$\lim\limits_{x\to x_0} g(x)=B$，且 $A>B$，则一定存在点 x_0 的某一去心邻域，在此邻域内 $f(x)>g(x)$.

推论 2　若 $\lim\limits_{x\to x_0} f(x)=A$，$\lim\limits_{x\to x_0} g(x)=B$，且存在点 x_0 的某一去心邻域，在此邻域内 $f(x)\geqslant g(x)$，则 $A\geqslant B$.

定理 8　若在点 x_0 的某一去心邻域内函数 $f(x)$，$g(x)$ 和 $h(x)$ 都有定义，且有 $g(x)\leqslant f(x)\leqslant h(x)$ 成立；函数 $g(x)$ 和 $h(x)$ 又满足 $\lim\limits_{x\to x_0} g(x)=\lim\limits_{x\to x_0} h(x)=A$，则 $\lim\limits_{x\to x_0} f(x)=A$.

称此定理为极限的夹逼准则.

习　题　1-2

1. 观察下列数列哪些有极限？极限为多少？哪些无极限？

(1) $x_n=\dfrac{n-1}{n+1}$；　　(2) $x_n=\dfrac{2n}{n+1}$；

(3) $x_n=\dfrac{3}{2^n}$；　　(4) $x_n=1-\dfrac{1}{n^3}$；

(5) $x_n=(-1)^n n$；　　(6) $x_n=5n$.

2. 下列函数的极限是否存在？

(1) $f(x)=|x-1|$，求 $\lim\limits_{x\to 1} f(x)$；

(2) $f(x)=\begin{cases}3x, & -1<x<1\\ 2, & x=1\\ 3x^2, & 1<x<3\end{cases}$，求 $\lim\limits_{x\to 0} f(x)$，$\lim\limits_{x\to 1} f(x)$，$\lim\limits_{x\to 2} f(x)$；

(3) $f(x)=\begin{cases}2x-1, & x<1\\ -x^2, & x\geqslant 1\end{cases}$，求 $\lim\limits_{x\to 1} f(x)$.

3. 讨论当 $x\to 0$ 时，函数 $f(x)=\dfrac{|x|}{x}$ 的极限是否存在.

1.3　极 限 的 运 算

本节将通过介绍极限的运算法则、两个重要极限、无穷小量和函数极限的有关性质，初步地给出一些求极限的方法.

1.3.1　无穷小量与无穷大量

1. 无穷小量

定义 1　若函数 $\alpha=\alpha(x)$ 在 x 的某种趋向下以零为极限，则称函数 $\alpha=\alpha(x)$ 为 x 的这种趋向下的无穷小量，简单地说以零为极限的变量称为无穷小量.

例如，$\lim\limits_{x\to0}x^2=0$，$\lim\limits_{x\to0}2\sin x=0$；$\lim\limits_{x\to\infty}\dfrac{1}{x}=0$，$\lim\limits_{x\to\infty}\dfrac{1}{x-2}=0$；$\lim\limits_{x\to+\infty}\dfrac{1}{2^x}=0$. 所以，当 $x\to0$ 时，x^2 和 $2\sin x$ 都是无穷小量；当 $x\to\infty$ 时，$\dfrac{1}{x}$ 和 $\dfrac{1}{x-2}$ 也都是无穷小量；当 $x\to+\infty$ 时，$\dfrac{1}{2^x}$ 也是无穷小量.

又如，设函数 $\alpha(x)=x-x_0$，当 $x\to x_0$ 时，$\alpha(x)\to0$，所以 $\alpha(x)=x-x_0$ 是当 $x\to x_0$ 时的无穷小量.

应当注意，无穷小量是变量，任何绝对值很小的常数(数零除外)以及绝对值很大的负数都不是无穷小量. 但是数零是唯一可以作为无穷小量的常数，因为它的极限为零. 一个函数是否是无穷小量，是与其自变量的变化过程联系在一起的，例如函数 $y=3x-2$ 在 $x\to\dfrac{2}{3}$ 时无穷小，而当 $x\to1$ 时就不是无穷小量了.

知道了无穷小的定义，可以讨论函数的极限与无穷小的关系.

定理 1　若函数 $y=f(x)$ 在 $x\to x_0$(或 $x\to\infty$) 时的极限为 A，则 $f(x)=A+\alpha(x)$(简记 $y=A+\alpha$)，其中 $\lim\limits_{x\to x_0}\alpha(x)=0$(或 $\lim\limits_{x\to\infty}\alpha(x)=0$)，即 $\alpha(x)$ 为无穷小. 反之若 $f(x)=A+\alpha(x)$，其中 $\alpha(x)$ 为无穷小，即 $\lim\limits_{x\to x_0}\alpha(x)=0$(或 $\lim\limits_{x\to\infty}\alpha(x)=0$)，则 A 为 $f(x)$ 的极限，即 $\lim\limits_{x\to x_0}f(x)=A$(或 $\lim\limits_{x\to\infty}f(x)=A$).

证　不妨设 $\lim\limits_{x\to x_0}f(x)=A$，即 $x\to x_0$ 时，函数值 $f(x)$ 无限趋近于常数 A，也就是 $f(x)-A$ 无限趋近于零，记 $f(x)-A=\alpha(x)$，则当 $x\to x_0$ 时，$\alpha(x)$ 为无穷小，且 $f(x)=A+\alpha(x)$.

反之，设 $f(x)=A+\alpha(x)$，其中 A 是常数，$\lim\limits_{x\to x_0}\alpha(x)=0$，则

$$\lim_{x\to x_0}f(x)=\lim_{x\to x_0}[A+\alpha(x)]=A.$$

类似地可以证明 $x\to\infty$ 时的情形.

2. 无穷小量的性质

我们不加证明地指出无穷小的重要性质.

性质 1　有限个无穷小量的代数和仍然是无穷小量.

性质 2　有界函数与无穷小量的乘积仍然是无穷小量.

推论 1　有限个无穷小量的乘积仍然为无穷小量.

推论 2　常数与无穷小量的乘积仍然为无穷小量.

【例 1】　证明 $\lim\limits_{x\to\infty}\dfrac{\cos x}{2x}=0$.

证　因为 $\dfrac{\cos x}{2x}=\dfrac{1}{2x}\cos x$，其中 $\cos x$ 为有界函数，$\dfrac{1}{2x}$ 为当 $x\to\infty$ 时的无穷小量，所以由性质 2 可知 $\lim\limits_{x\to\infty}\dfrac{\cos x}{2x}=0$.

【例 2】　求 $\lim\limits_{x\to0}x^2\sin\dfrac{1}{x}$.

解　因为 $\lim\limits_{x\to0}x^2=0$，而 $\left|\sin\dfrac{1}{x}\right|\leqslant1$，即 $\sin\dfrac{1}{x}$ 为有界函数. 所以由性质 2 可知

$$\lim_{x\to0}x^2\sin\frac{1}{x}=0.$$

3. 无穷大

定义2　如果在自变量 x 的某种变化过程中，函数 $y=f(x)$ 的绝对值 $|f(x)|$ 无限增大，则称 $y=f(x)$ 为在自变量 x 的这种变化过程中的无穷大量，简称为无穷大.

当 $x\to x_0$ 时，$f(x)$为无穷大量，记作 $\lim\limits_{x\to x_0}f(x)=\infty$；当 $x\to\infty$ 时，$f(x)$为无穷大量，记作 $\lim\limits_{x\to\infty}f(x)=\infty$. 这种记号是借用了极限符号来表达的，但并不是意味着 $f(x)$在此变化过程中存在极限.

例如：$\lim\limits_{x\to 1}\dfrac{1}{x-1}=\infty$，$\lim\limits_{x\to\infty}x^3=\infty$.

有时，所研究的无穷大量具有确定的符号，若在 x 的某种趋向下，$f(x)$恒正地无限变大，或者恒负地绝对值无限变大，则记为

$$\lim_{\substack{x\to x_0\\(x\to\infty)}}f(x)=+\infty \text{ 或 } \lim_{\substack{x\to x_0\\(x\to\infty)}}f(x)=-\infty;$$

例如 $\lim\limits_{x\to\infty}x^2=+\infty$，$\lim\limits_{x\to\infty}(-x^2)=-\infty$，$\lim\limits_{x\to\frac{\pi}{2}^+}\tan x=-\infty$，$\lim\limits_{x\to\frac{\pi}{2}^-}\tan x=+\infty$ 等.

必须注意，无穷大量是一个变量，切不可把无穷大量理解为很大的一个数，任意一个绝对值很大的常数都不是无穷大量. 一个函数是否是无穷大量，是与其自变量的变化过程联系在一起的. 例如函数 $y=\dfrac{1}{x-2}$ 在 $x\to 2$ 时无穷大，而在其他变化过程中就不是无穷大量了.

4. 无穷大量与无穷小量的关系

由无穷大量与无穷小量的定义，可得它们之间的关系.

定理2　在自变量 x 的同一变化过程中，若 $f(x)$是无穷大量，则$\dfrac{1}{f(x)}$是无穷小量；反之，设 $f(x)\neq 0$，若 $f(x)$是无穷小量，则$\dfrac{1}{f(x)}$是无穷大量.

证明从略.

例如，当 $x\to 1$ 时，$f(x)=x-1$ 是无穷小量；则 $x\to 1$ 时，$\dfrac{1}{f(x)}=\dfrac{1}{x-1}$ 是无穷大量.

【同步练习】下列函数中，哪些是无穷小量？哪些是无穷大量？

(1) $3^x\,(x\to-\infty)$；　(2) $3^x\,(x\to+\infty)$；

(3) $\ln x\,(x\to 0^+)$；　(4) $\ln x\,(x\to 1)$；

(5) $\sin x\,(x\to\pi)$；　(6) $\dfrac{2}{x+5}\,(x\to-5)$.

1.3.2　极限的运算法则

根据极限定义来计算极限，是比较困难的事情. 这里将建立极限的运算法则，利用这些法则，可以求出某些函数的极限. 以后我们还将介绍求极限的其他方法.

由函数的极限与无穷小量的关系以及无穷小量的性质可以证明以下定理.

定理3　若函数 $f(x)$与 $g(x)$在 $x\to x_0$（或 $x\to\infty$）时都存在极限，则它们的和、差、积、商（当分母的极限不为零时）在 $x\to x_0$（或 $x\to\infty$）时也存在极限，也就是说：

设 $\lim\limits_{x\to a}f(x)=A$，$\lim\limits_{x\to a}g(x)=B$（$a$ 可以是一个有限常数，也可以是$\pm\infty$或∞），则有：

(1) $\lim\limits_{x\to a}[f(x)\pm g(x)]=\lim\limits_{x\to a}f(x)\pm\lim\limits_{x\to a}g(x)=A\pm B$；

(2) $\lim\limits_{x\to a}[f(x)g(x)]=\lim\limits_{x\to a}f(x)\lim\limits_{x\to a}g(x)=AB$；

(3) $\lim\limits_{x\to a}\dfrac{f(x)}{g(x)}=\dfrac{\lim\limits_{x\to a}f(x)}{\lim\limits_{x\to a}g(x)}=\dfrac{A}{B}(B\neq 0)$.

注意:使用这些法则时要注意到每个参与运算的函数的极限必须都存在,运用定理中(3)时还要求分母的极限不能为零.

定理中(1)和(2)可推广到有限多个有极限的函数.

定理中(2)还有以下推论.

推论 1　求极限时,常数可以提到极限记号外面,即:若 $\lim\limits_{x\to a}f(x)$ 存在,且 c 为常数,则 $\lim\limits_{x\to a}cf(x)=c\lim\limits_{x\to a}f(x)$.

推论 2　若 $\lim\limits_{x\to a}f(x)=A$,且 n 为正整数,则

$$\lim_{x\to a}[f(x)]^n=[\lim_{x\to a}f(x)]^n=A^n.$$

特殊地,有

$$\lim_{x\to x_0}x^n=(\lim_{x\to x_0}x)^n=x_0^n.$$

【例 3】　求 $\lim\limits_{x\to 1}(x^3+8x-5)$.

解　运用定理 3 及其推论可得

$$\lim_{x\to 1}(x^3+8x-5)=\lim_{x\to 1}x^3+\lim_{x\to 1}8x-\lim_{x\to 1}5$$
$$=(\lim_{x\to 1}x)^3+8\lim_{x\to 1}x-\lim_{x\to 1}5.$$

由于 $\lim\limits_{x\to 1}x=1$,$\lim\limits_{x\to 1}5=5$,因此

$$\lim_{x\to 1}(x^3+8x-5)=1^3+8\times 1-5=4.$$

一般地,有

$$\lim_{x\to x_0}(a_nx^n+a_{n-1}x^{n-1}+\cdots+a_1x+a_0)$$
$$=a_nx_0^n+a_{n-1}x_0^{n-1}+\cdots+a_1x_0+a_0.$$

即多项式函数在 x_0 处的极限等于该函数在 x_0 处的函数值.

【例 4】　求 $\lim\limits_{x\to -1}\dfrac{x^2-3x+1}{2x^2-6x+4}$.

解　由[例 3]可知当 $x\to -1$ 时所给函数的分子和分母的极限都存在,且分母极限

$$\lim_{x\to -1}(2x^2-6x+4)=2\times(-1)^2-6(-1)+4=12\neq 0.$$

所以由定理 3 商的极限运算法则及关于多项式函数极限的结论,可得

$$\lim_{x\to -1}\frac{x^2-3x+1}{2x^2-6x+4}=\frac{\lim\limits_{x\to -1}(x^2-3x+1)}{\lim\limits_{x\to -1}(2x^2-6x+4)}$$
$$=\frac{(-1)^2-3\times(-1)+1}{12}$$
$$=\frac{5}{12}.$$

【例 5】　求 $\lim\limits_{x\to 1}\dfrac{x^2+3}{x^2-5x+4}$.

解　所给函数的特点是分子的极限不为零，分母的极限为零，因此不能直接运用商的极限运算法则. 对于这类题目应先计算其倒数的极限，再运用无穷小量与无穷大量的关系得到结果，具体计算如下：由于

$$\lim_{x\to 1}\frac{x^2-5x+4}{x^2+3}=\frac{\lim\limits_{x\to 1}(x^2-5x+4)}{\lim\limits_{x\to 1}(x^2+3)}=\frac{0}{4}=0,$$

即 $x\to 1$ 时 $\frac{x^2-5x+4}{x^2+3}$ 为无穷小量，因此，由无穷小量与无穷大量的关系可知：当 $x\to 1$ 时 $\frac{x^2+3}{x^2-5x+4}$ 为无穷大量，即

$$\lim_{x\to 1}\frac{x^2+3}{x^2-5x+4}=\infty.$$

有时，所给函数在自变量的某个趋向下分子和分母的极限都为零，人们常称这类极限为"$\frac{0}{0}$"型极限. 这时不能直接应用商的极限运算法则.

【例 6】　求 $\lim\limits_{x\to -2}\frac{x^2+x-2}{x^2+3x+2}$.

解　所给函数的分子、分母的极限均为 0，但它们都有趋向于 0 的公因子 $(x+2)$，当 $x\to -2$ 时，$x\neq -2$，$x+2\neq 0$，可约去这个不为零的公因子，故

$$\begin{aligned}\lim_{x\to -2}\frac{x^2+x-2}{x^2+3x+2}&=\lim_{x\to -2}\frac{(x-1)(x+2)}{(x+1)(x+2)}\\&=\lim_{x\to -2}\frac{x-1}{x+1}=\frac{\lim\limits_{x\to -2}(x-1)}{\lim\limits_{x\to -2}(x+1)}\\&=\frac{-2-1}{-2+1}=3.\end{aligned}$$

这种求极限的方法的要点：先将分子、分母因式分解，然后消去分子、分母公共的无穷小量因子.

有一类函数，当自变量趋于无穷大时，其分子、分母都趋于无穷大. 这类极限称为"$\frac{\infty}{\infty}$"型的极限. 对于它们也不能直接应用商的运算法则.

【例 7】　求 $\lim\limits_{x\to\infty}\frac{5x^2+2x+1}{4x^2-x+3}$.

解　当 $x\to\infty$ 时，所给函数的分子、分母的极限均不存在，故不可直接运用极限运算法则求之，由于分子和分母是同次多项式，我们先用最高次幂 x^2 去除分子及分母，然后取极限.

$$\begin{aligned}\lim_{x\to\infty}\frac{5x^2+2x+1}{4x^2-x+3}&=\lim_{x\to\infty}\frac{5+\frac{2}{x}+\frac{1}{x^2}}{4-\frac{1}{x}+\frac{3}{x^2}}\\&=\frac{\lim\limits_{x\to\infty}\left(5+\frac{2}{x}+\frac{1}{x^2}\right)}{\lim\limits_{x\to\infty}\left(4-\frac{1}{x}+\frac{3}{x^2}\right)}\\&=\frac{5+0+0}{4-0+0}=\frac{5}{4}.\end{aligned}$$

【例 8】 求 $\lim\limits_{x\to\infty}\dfrac{4x-3}{x^2-x+1}$.

解 先用最高次幂 x^2 去除分子及分母，然后取极限，有

$$\lim_{x\to\infty}\frac{4x-3}{x^2-x+1}=\lim_{x\to\infty}\frac{\frac{4}{x}-\frac{3}{x^2}}{1-\frac{1}{x}+\frac{1}{x^2}}=\frac{\lim\limits_{x\to\infty}\left(\frac{4}{x}-\frac{3}{x^2}\right)}{\lim\limits_{x\to\infty}\left(1-\frac{1}{x}+\frac{1}{x^2}\right)}=\frac{0-0}{1-0+0}=0.$$

【例 9】 求 $\lim\limits_{x\to\infty}\dfrac{x^2-x+1}{4x-3}$.

解 由[例 8]的结果，再利用无穷小量与无穷大量的关系，我们有

$$\lim_{x\to\infty}\frac{x^2-x+1}{4x-3}=\infty.$$

分析以上 3 个例题的特点和结果．一般来说，当 $x\to\infty$ 时，可得有理分式函数求极限的法则：

$$\lim_{x\to\infty}\frac{a_nx^n+a_{n-1}x^{n-1}+\cdots+a_1x+a_0}{b_mx^m+b_{m-1}x^{m-1}+\cdots+b_1x+b_0}=\begin{cases}0, m>n\\ \dfrac{a_n}{b_m}, m=n.\\ \infty, m<n\end{cases}$$

式中：$a_n\neq0, b_m\neq0, m, n$ 为正整数.

【例 10】 计算 $\lim\limits_{x\to2}\left(\dfrac{x^2+16}{x^2-4}-\dfrac{5}{x-2}\right)$.

解 由于括号内两项的极限都是无穷大，因此人们常称为“$\infty-\infty$”型极限，不能直接应用定理 3. 一般的处理方法是先通分再运用前面介绍过的求极限的方法.

$$\lim_{x\to2}\left(\frac{x^2+16}{x^2-4}-\frac{5}{x-2}\right)=\lim_{x\to2}\frac{x^2+16-5x-10}{x^2-4}=\lim_{x\to2}\frac{x^2-5x+6}{x^2-4}=\lim_{x\to2}\frac{(x-2)(x-3)}{(x-2)(x+2)}=\lim_{x\to2}\frac{x-3}{x+2}=-\frac{1}{4}.$$

【同步练习】求下列极限：

(1) $\lim\limits_{x\to3}\dfrac{x+2}{x^2-2x-3}$；　(2) $\lim\limits_{x\to-1}\dfrac{x+1}{x^2-2x-3}$；

(3) $\lim\limits_{x\to\infty}\dfrac{x+2}{x^2-2x-3}$；　(4) $\lim\limits_{x\to\infty}\dfrac{x^3+1}{x^2-2x-3}$.

1.3.3 两个重要极限

这里介绍两个在微分学中有重要应用的极限，并用这两个重要极限求一些极限.

1. 第一个重要极限 $\lim\limits_{x\to 0}\dfrac{\sin x}{x}=1$

现利用函数的夹逼定理来证明 $\lim\limits_{x\to 0}\dfrac{\sin x}{x}=1$.

证　因为函数$\dfrac{\sin x}{x}$是偶函数，所以当 x 改变符号时$\dfrac{\sin x}{x}$的值不变，即有 $\lim\limits_{x\to 0^-}\dfrac{\sin x}{x}=\lim\limits_{x\to 0^+}\dfrac{\sin x}{x}$，故只讨论 $x\to 0^+$ 即可.

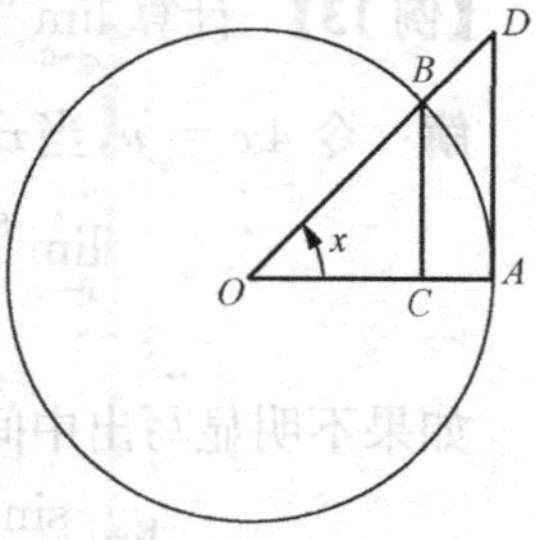

图 1-11

取一个半径为 R 的圆，如图 1-11 所示.

设圆心角 $AOB=x\left(0<x<\dfrac{\pi}{2}\right)$（弧度），延长 OB 交过 A 点的切线于 D，则有$\triangle AOB$ 的面积<扇形 AOB 的面积<$\triangle AOD$ 的面积，即有

$$\frac{R^2}{2}\sin x<\frac{R^2}{2}x<\frac{R^2}{2}\tan x,$$

各式同除以正值 $\dfrac{R^2}{2}\sin x$，得

$$1<\frac{x}{\sin x}<\frac{1}{\cos x},$$

即

$$\cos x<\frac{\sin x}{x}<1.$$

因为 $\lim\limits_{x\to 0^+}\cos x=1$.

又因为 $\lim\limits_{x\to 0^+}1=1$，所以运用夹逼定理即可得

$$\lim_{x\to 0^+}\frac{\sin x}{x}=1,$$

所以

$$\lim_{x\to 0}\frac{\sin x}{x}=1.$$

在实际应用中，经常将此重要极限形式地表示为

$$\lim_{f(x)\to 0}\frac{\sin f(x)}{f(x)}=1\qquad [f(x)\text{ 代表同一个变量}],$$

利用此公式可以推证或计算许多其他函数的极限.

【例 11】　计算 $\lim\limits_{x\to 0}\dfrac{\tan x}{x}$.

解　$\lim\limits_{x\to 0}\dfrac{\tan x}{x}=\lim\limits_{x\to 0}\dfrac{\sin x}{x}\dfrac{1}{\cos x}=\lim\limits_{x\to 0}\dfrac{\sin x}{x}\lim\limits_{x\to 0}\dfrac{1}{\cos x}=1.$

即有

$$\lim_{x\to 0}\frac{\tan x}{x}=1.$$

【例 12】　计算 $\lim\limits_{x\to 0}\dfrac{1-\cos x}{x^2}$.

解　原式$=\lim\limits_{x\to 0}\dfrac{2\sin^2\dfrac{x}{2}}{x^2}=\lim\limits_{x\to 0}\dfrac{1}{2}\times\left(\dfrac{\sin\dfrac{x}{2}}{\dfrac{x}{2}}\right)^2=\dfrac{1}{2}\lim\limits_{\frac{x}{2}\to 0}\left(\dfrac{\sin\dfrac{x}{2}}{\dfrac{x}{2}}\right)^2=\dfrac{1}{2}\times 1=\dfrac{1}{2}.$

即有 $$\lim_{x\to 0}\frac{1-\cos x}{x^2}=\frac{1}{2}.$$

[例 11]和[例 12]的结果可以作为公式使用.

【例 13】 计算 $\lim\limits_{x\to 0}\dfrac{\sin 4x}{5x}$.

解 令 $4x=u$,当 $x\to 0$ 时 $u\to 0$,因此有

$$\lim_{x\to 0}\frac{\sin 4x}{5x}=\lim_{u\to 0}\frac{\sin u}{\frac{5}{4}u}=\frac{4}{5}\lim_{u\to 0}\frac{\sin u}{u}=\frac{4}{5}\times 1=\frac{4}{5};$$

如果不明显写出中间变量,那么可按如下格式进行,即

$$\lim_{x\to 0}\frac{\sin 4x}{5x}=\lim_{x\to 0}\frac{\sin 4x}{\frac{5}{4}\times 4x}=\frac{4}{5}\lim_{4x\to 0}\frac{\sin 4x}{4x}=\frac{4}{5}\times 1=\frac{4}{5}.$$

一般地,可以得出 $\lim\limits_{x\to 0}\dfrac{\sin mx}{nx}=\dfrac{m}{n}(n\neq 0)$.

【例 14】 计算 $\lim\limits_{x\to 0}\dfrac{\sin 3x-\sin x}{2x}$.

解 原式$=\lim\limits_{x\to 0}\dfrac{\sin 3x}{2x}-\lim\limits_{x\to 0}\dfrac{\sin x}{2x}=\dfrac{3}{2}-\dfrac{1}{2}=1.$

或原式$=\lim\limits_{x\to 0}\dfrac{2\cos 2x\sin x}{2x}=\lim\limits_{x\to 0}\cos 2x\lim\limits_{x\to 0}\dfrac{\sin x}{x}=1\times 1=1.$

【例 15】 计算 $\lim\limits_{x\to 0}\dfrac{\arcsin x}{x}$.

解 令 $\arcsin x=u$,则 $x=\sin u$,且 $x\to 0$ 时 $u\to 0$,

原式 $=\lim\limits_{u\to 0}\dfrac{u}{\sin u}=\dfrac{1}{\lim\limits_{u\to 0}\dfrac{\sin u}{u}}=1.$

[例 15]的结果可以作为公式使用.

【同步练习】求下列极限:

(1) $\lim\limits_{x\to 1}\dfrac{x-1}{\sin(x-1)}$; (2) $\lim\limits_{x\to 0}\dfrac{\sin 3x}{\sin 7x}$; (3) $\lim\limits_{x\to 0}\dfrac{x\sin x}{1-\cos x}$.

2. 第二个重要极限 $\lim\limits_{x\to\infty}\left(1+\dfrac{1}{x}\right)^x=\mathrm{e}$

其中数 e 是一个无理数,它的值是 e=2.718281828459045…

证明略.

特殊地,有数列的极限 $\lim\limits_{x\to\infty}\left(1+\dfrac{1}{n}\right)^n=\mathrm{e}$.

利用代换 $t=\dfrac{1}{x}$,则当 $x\to\infty$ 时,$t\to 0$,于是上述极限又可以写成

$$\lim_{t\to 0}(1+t)^{\frac{1}{t}}=\mathrm{e}.$$

注:以 e 为底的指数函数 $y=\mathrm{e}^x$ 的反函数 $y=\log_{\mathrm{e}}x$,叫做自然对数,在工程技术中经常被运用,常简记为 $y=\ln x$.

人们常运用这个重要极限计算一些函数的极限，它属于"1^∞"型极限，实际运用时常将此公式形象地理解为

$$\lim_{f(x)\to\infty}\left(1+\frac{1}{f(x)}\right)^{f(x)}=\mathrm{e}\text{ 或 }\lim_{f(x)\to 0}(1+f(x))^{\frac{1}{f(x)}}=\mathrm{e}.$$

【例16】 计算 $\lim\limits_{x\to 0}\dfrac{\ln(1+x)}{x}$.

解 $\lim\limits_{x\to 0}\dfrac{\ln(1+x)}{x}=\lim\limits_{x\to 0}\ln(1+x)^{\frac{1}{x}}$,

令 $u=(1+x)^{\frac{1}{x}}$，则当 $x\to 0$ 时，$u\to\mathrm{e}$，所以原式 $=1$，

即
$$\lim_{x\to 0}\frac{\ln(1+x)}{x}=1.$$

【例17】 计算 $\lim\limits_{x\to 0}\dfrac{\mathrm{e}^x-1}{x}$.

解 令 $u=\mathrm{e}^x-1$，则 $x=\ln(1+u)$，当 $x\to 0$ 时 $u\to 0$.

所以
$$\lim_{x\to 0}\frac{\mathrm{e}^x-1}{x}=\lim_{u\to 0}\frac{u}{\ln(1+u)}=1.$$

即有
$$\lim_{x\to 0}\frac{\mathrm{e}^x-1}{x}=1.$$

[例16]和[例17]的结果可以作为公式使用.

【例18】 计算 $\lim\limits_{x\to\infty}\left(1+\dfrac{3}{x}\right)^x$.

解

$$\lim_{x\to\infty}\left(1+\frac{3}{x}\right)^x=\lim_{\frac{x}{3}\to\infty}\left[\left(1+\frac{1}{\frac{x}{3}}\right)^{\frac{x}{3}}\right]^3=\mathrm{e}^3.$$

或 $\lim\limits_{x\to\infty}\left(1+\dfrac{3}{x}\right)^x=\lim\limits_{\frac{3}{x}\to 0}\left[\left(1+\dfrac{3}{x}\right)^{\frac{x}{3}}\right]^3=\mathrm{e}^3$.

【例19】 计算 $\lim\limits_{x\to\infty}\left(1+\dfrac{1}{2x}\right)^x$.

解 $\lim\limits_{x\to\infty}\left(1+\dfrac{1}{2x}\right)^x=\lim\limits_{2x\to\infty}\left[\left(1+\dfrac{1}{2x}\right)^{2x}\right]^{\frac{1}{2}}=\mathrm{e}^{\frac{1}{2}}$.

【例20】 计算 $\lim\limits_{x\to 0}(1-2x)^{\frac{3}{x}}$.

解 $\lim\limits_{x\to 0}(1-2x)^{\frac{3}{x}}=\lim\limits_{-2x\to 0}\{[1+(-2x)]^{\frac{1}{-2x}}\}^{-6}=\mathrm{e}^{-6}$.

【例21】 计算 $\lim\limits_{x\to\infty}\left(1-\dfrac{1}{x}\right)^{2x+3}$.

解
$$\begin{aligned}\lim_{x\to\infty}\left(1-\frac{1}{x}\right)^{2x+3}&=\lim_{x\to\infty}\left(1-\frac{1}{x}\right)^{2x}\cdot\left(1-\frac{1}{x}\right)^3\\&=\lim_{-x\to\infty}\left[\left(1+\frac{1}{-x}\right)^{-x}\right]^{-2}\lim_{x\to\infty}\left(1-\frac{1}{x}\right)^3\\&=\mathrm{e}^{-2}\times 1=\mathrm{e}^{-2}.\end{aligned}$$

【例22】 计算 $\lim\limits_{x\to\infty}\left(\dfrac{2x+3}{2x+1}\right)^x$.

解

$$\lim_{x\to\infty}\left(\frac{2x+3}{2x+1}\right)^{x}=\lim_{x\to\infty}\left(1+\frac{2}{2x+1}\right)^{x}=\lim_{x\to\infty}\left[1+\frac{1}{\frac{2x+1}{2}}\right]^{x}$$

$$=\lim_{x\to\infty}\left[1+\frac{1}{x+\frac{1}{2}}\right]^{x+\frac{1}{2}}\left[1+\frac{1}{x+\frac{1}{2}}\right]^{-\frac{1}{2}}$$

$$=\lim_{x+\frac{1}{2}\to\infty}\left[1+\frac{1}{x+\frac{1}{2}}\right]^{x+\frac{1}{2}}\lim_{x\to\infty}\left[1+\frac{1}{x+\frac{1}{2}}\right]^{-\frac{1}{2}}$$

$$=\mathrm{e}\times 1=\mathrm{e}.$$

或

$$\lim_{x\to\infty}\left(\frac{2x+3}{2x+1}\right)^{x}=\lim_{x\to\infty}\left[\frac{1+\frac{3}{2x}}{1+\frac{1}{2x}}\right]^{x}$$

$$=\lim_{x\to\infty}\frac{\left(1+\frac{3}{2x}\right)^{x}}{\left(1+\frac{1}{2x}\right)^{x}}=\frac{\lim\limits_{x\to\infty}\left[\left(1+\frac{3}{2x}\right)^{\frac{2x}{3}}\right]^{\frac{3}{2}}}{\lim\limits_{x\to\infty}\left[\left(1+\frac{1}{2x}\right)^{2x}\right]^{\frac{1}{2}}}=\frac{\mathrm{e}^{\frac{3}{2}}}{\mathrm{e}^{\frac{1}{2}}}=\mathrm{e}.$$

【例 23】 某厂的机器设备原价值为 A，假设机器设备的年折旧率为 r，试计算到第 t 年末时，该设备的现值 P.

解 若按年进行计算，则第 1 年末时设备价值为 $A(1-r)$，第 2 年末时价值为 $A(1-r)^2$，…，第 t 年末时价值为 $A(1-r)^t$.

因此，若一年分 m 次计算，则第 t 年末时设备价值为

$$P_t=A\left(1-\frac{r}{m}\right)^{mt}.$$

实际上，机器设备的折旧每时每刻都在发生，故计算周期应该无限缩短，即计算期数 m 无限增大 $(m\to\infty)$，则第 t 年末的现值为

$$P=\lim_{m\to\infty}A\left(1-\frac{r}{m}\right)^{mt}=A\lim_{m\to\infty}\left(1-\frac{r}{m}\right)^{-\frac{m}{r}(-rt)}=A\mathrm{e}^{-rt}.$$

这是一个指数衰减模型，在现实生活与自然现象中有很多这样的模型，如放射性物质的衰减.

一般地，称函数 $y=A\mathrm{e}^{kx}$ (k 是一非零常数)为指数增长($k>0$)或衰减($k<0$)的模型. 如自然界中的动植物生长过程、世界人口增长、电子元器件的老化、汽车的折旧等都是一种指数变化过程.

【同步练习】求下列极限：

(1) $\lim\limits_{x\to\infty}\left(1+\frac{1}{5x}\right)^{3x}$； (2) $\lim\limits_{x\to 0}(1-3x)^{\frac{1}{x}}$； (3) $\lim\limits_{x\to 0}(1-3x)^{\frac{1}{x}-2}$.

习 题 1-3

1. 下列函数中，哪些是无穷小量？哪些是无穷大量？

(1) $\frac{1}{x+3}(x\to\infty)$；　(2) $\frac{1}{x+3}(x\to-3)$；

(3) $2^x-1(x\to 0)$；　(4) $2^x-1(x\to+\infty)$；

(5) $2^{\frac{1}{x}}(x\to 0^-)$；　(6) $2^{\frac{1}{x}}(x\to 0^+)$；

(7) $\ln x(x\to 0^+)$；　(8) $e^{-x}(x\to+\infty)$.

2. 函数 $f(x)=\frac{x-1}{x+1}$，在什么条件下是无穷大量，在什么条件下是无穷小量？

3. 求下列函数的极限：

(1) $\lim\limits_{x\to 0}x^2\sin\frac{1}{x^2}$；　(2) $\lim\limits_{x\to 0}x^2\arctan\frac{1}{x}$；

(3) $\lim\limits_{x\to\infty}\frac{\sin x}{x}$；　(4) $\lim\limits_{x\to\infty}\frac{\sin x-\cos x}{x}$.

4. 求下列函数的极限：

(1) $\lim\limits_{x\to 2}(3x^2-6x+3)$；　(2) $\lim\limits_{x\to 1}\frac{2x}{x-1}$；

(3) $\lim\limits_{x\to\sqrt{3}}\frac{x^2-3}{x^4+x^2+1}$；　(4) $\lim\limits_{x\to\infty}\frac{x^4-3x}{x^5-x+3}$；

(5) $\lim\limits_{x\to 0}\frac{4x^3-2x^2+x}{3x^2+2x}$；　(6) $\lim\limits_{x\to\infty}\frac{2x+1}{3x-6}$；

(7) $\lim\limits_{x\to\infty}\frac{(x+2)(2x^3+3)}{(2x+1)^4}$；　(8) $\lim\limits_{x\to\infty}\frac{(2x-1)^{10}(3x+2)^{20}}{(5x+1)^{30}}$；

(9) $\lim\limits_{x\to 3}\frac{x^2-5x+6}{x^2-8x+15}$；　(10) $\lim\limits_{x\to 1}\left(\frac{2}{x^2-1}-\frac{1}{x-1}\right)$；

(11) $\lim\limits_{x\to 3}\frac{5x^2-7x-24}{x^2+2}$；　(12) $\lim\limits_{x\to\infty}\frac{x-\cos x}{x}$；

(13) $\lim\limits_{n\to\infty}\frac{1+2+\cdots+n}{(n+2)(n+4)}$；　(14) $\lim\limits_{x\to 1}\frac{\sqrt{x+2}-\sqrt{3}}{x-1}$.

5. 求下列函数的极限：

(1) $\lim\limits_{x\to 0}\frac{\sin 5x}{3x}$；　(2) $\lim\limits_{x\to 0}\frac{\sin 2x}{\sin 3x}$；

(3) $\lim\limits_{n\to\infty}2^n\cdot\sin\frac{x}{2^n}$（$x$ 为非零常数）；(4) $\lim\limits_{x\to 0}\frac{\sin 3x}{\tan 2x}$；

(5) $\lim\limits_{x\to\infty}x\tan\frac{1}{x}$；　(6) $\lim\limits_{x\to 0}\frac{\tan(x^2)}{(\sin x)^2}$.

6. 求下列函数的极限：

(1) $\lim\limits_{x\to\infty}\left(1+\frac{3}{x}\right)^x$；　(2) $\lim\limits_{x\to\infty}\left(1+\frac{2}{x}\right)^{-2x+1}$；

(3) $\lim\limits_{x\to\infty}\left(1+\frac{2}{x}\right)^{-x}$；　(4) $\lim\limits_{x\to 0}(1+\frac{x}{4})^{\frac{1}{x}}$；

(5) $\lim\limits_{x\to 0}\left(1-\frac{x}{2}\right)^{\frac{1}{x}+1}$；　(6) $\lim\limits_{x\to\infty}\left(\frac{x-1}{x+1}\right)^x$；

(7) $\lim\limits_{x\to 0}(1+\tan x)^{\cot x}$；　(8) $\lim\limits_{x\to\frac{\pi}{2}}(1+\cos x)^{2\sec x}$.

1.4 无穷小量的比较

在1.3节中，由无穷小量的性质知道，有限个无穷小量的和、差、积依然是无穷小量，而两个无穷小量的商却不一定有同样的结论，它会呈现差异极大的现象. 例如，当$x\to 0$时，$5x, x^3$，$\sin x$都是无穷小量，而

$$\lim_{x\to 0}\frac{\sin x}{5x}=\frac{1}{5},\lim_{x\to 0}\frac{x^3}{x}=0,\lim_{x\to 0}\frac{x}{x^3}=\infty.$$

以上不同的结果，反映了同为无穷小量的两个量趋近于零的速度的快慢程度，为了说明这种不同的结果，我们引入无穷小量的比较的概念.

定义1 设$\alpha(x)$和$\beta(x)$都是在自变量$x\to a$(a可以是有限数，也可以是$\pm\infty$或∞)时的无穷小量.

(1) 若$\lim\limits_{x\to a}\dfrac{\beta(x)}{\alpha(x)}=0$，则称当$x\to a$时，$\beta(x)$是比$\alpha(x)$高阶的无穷小量，记为$\beta(x)=o(\alpha(x))(x\to a)$；

(2) 若$\lim\limits_{x\to a}\dfrac{\beta(x)}{\alpha(x)}=\infty$，则称当$x\to a$时，$\beta(x)$是比$\alpha(x)$低阶的无穷小量；

(3) 设$\alpha(x)\neq 0$，若$\lim\limits_{x\to a}\dfrac{\beta(x)}{\alpha(x)}=c\neq 0$，则称当$x\to a$时，$\beta(x)$与$\alpha(x)$是同阶无穷小量. 特别地，当$c=1$时，称$\beta(x)$与$\alpha(x)$是等价无穷小量，记为$\alpha(x)\sim\beta(x)(x\to a)$.

例如，x^2，$\sin x$都是$x\to 0$时的无穷小量，且

$$\lim_{x\to 0}\frac{x^2}{\sin x}=0,$$

所以，当$x\to 0$时，x^2是比$\sin x$高阶的无穷小量，即$x^2=o(\sin x)(x\to 0)$. 而当$x\to 0$时，$\sin x$是比x^2低阶的无穷小量.

在$x\to 0$时$\sin 2x$和x都是无穷小量，且因为

$$\lim_{x\to 0}\frac{\sin 2x}{x}=2.$$

所以，当$x\to 0$时，$\sin 2x$和x是同阶无穷小量.

因为在$x\to 0$时，x，$\sin x$和$\tan x$等都是无穷小量，并且

$$\lim_{x\to 0}\frac{\sin x}{x}=1,\lim_{x\to 0}\frac{\tan x}{x}=1.$$

所以，当$x\to 0$时，x与$\sin x$，x与$\tan x$都是等价无穷小量，即

$$\sin x\sim x,\tan x\sim x.$$

还可以得出，当$x\to 0$时，常见的等价无穷小量有

$$\arcsin x\sim x,\arctan x\sim x,1-\cos x\sim\frac{x^2}{2},\ln(1+x)\sim x,\mathrm{e}^x-1\sim x,\ \sqrt[n]{1+x}-1\sim\frac{x}{n}.$$

说得通俗些，在自变量的同一趋向下，同阶无穷小量可以想象为它们趋向于0的快慢成一种“倍数”关系，等价无穷小量是指它们趋向于0的速度“相同”；若$\alpha(x)$是比$\beta(x)$高阶的无穷小量，则意味着$\alpha(x)$比$\beta(x)$趋向于0的速度要快得多.

应当特别强调，并非任何两个无穷小量都可以加以比较的. 比如，在$x\to 0$时，$x^2\sin\dfrac{1}{x}$和

x^2 都是无穷小量，但是因为

$$\lim_{x\to 0}\frac{x^2\sin\frac{1}{x}}{x^2}=\lim_{x\to 0}\sin\frac{1}{x}$$

不存在，所以这两个无穷小量是不可比较的，即它们之间不存在同阶或高阶的关系.

【例 1】 下列函数是当 $x\to 1$ 时的无穷小量，试与 $x-1$ 相比较，哪个是高阶无穷小？哪个是同阶无穷小但不是等价无穷小？哪个是等价无穷小？

(1) $2(\sqrt{x}-1)$；(2) x^3-1；(3) x^3-3x+2.

解 因为
$$\lim_{x\to 1}\frac{2(\sqrt{x}-1)}{x-1}=\lim_{x\to 1}\frac{2}{\sqrt{x}+1}=1,$$
$$\lim_{x\to 1}\frac{x^3-1}{x-1}=\lim_{x\to 1}(x^2+x+1)=3,$$
$$\lim_{x\to 1}\frac{x^3-3x+2}{x-1}=\lim_{x\to 1}(x^2+x-2)=0,$$

所以，当 $x\to 1$ 时，$2(\sqrt{x}-1)$ 是与 $x-1$ 等价的无穷小量；x^3-1 是与 $x-1$ 同阶的无穷小量；x^3-3x+2 是较 $x-1$ 高阶的无穷小量.

【同步练习】(1)当 $x\to 0$ 时，$\sqrt{1+x}-1$ 与 $3x$ 是否为同阶无穷小量？是否为等价无穷小量？
(2)当 $x\to 0$ 时，$\ln(1+x)$ 与 $1-\cos x$ 相比，哪一个是高阶的无穷小量？

关于等价无穷小量，有下面一个重要定理.

定理 1 当 $x\to a$ (a 可以是有限数，也可以是 $\pm\infty$ 或 ∞) 时，若 $\alpha(x)\sim\alpha'(x)$，$\beta(x)\sim\beta'(x)$，且 $\lim\limits_{x\to a}\frac{\alpha'(x)}{\beta'(x)}$ 存在(或无穷大量)，则 $\lim\limits_{x\to a}\frac{\alpha(x)}{\beta(x)}$ 也存在(或无穷大量)，并且

$$\lim_{x\to a}\frac{\alpha(x)}{\beta(x)}=\lim_{x\to a}\frac{\alpha'(x)}{\beta'(x)}\left(\text{或}\lim_{x\to a}\frac{\alpha(x)}{\beta(x)}=\infty\right).$$

证 由定理条件可知 $\lim\limits_{x\to a}\frac{\alpha(x)}{\alpha'(x)}=1$ 和 $\lim\limits_{x\to a}\frac{\beta(x)}{\beta'(x)}=1$，因此有

$$\begin{aligned}\lim_{x\to a}\frac{\alpha(x)}{\beta(x)}&=\lim_{x\to a}\left[\frac{\alpha(x)}{\alpha'(x)}\frac{\alpha'(x)}{\beta'(x)}\frac{\beta'(x)}{\beta(x)}\right]\\&=\lim_{x\to a}\frac{\alpha(x)}{\alpha'(x)}\lim_{x\to a}\frac{\alpha'(x)}{\beta'(x)}\lim_{x\to a}\frac{\beta'(x)}{\beta(x)}\\&=\lim_{x\to a}\frac{\alpha'(x)}{\beta'(x)}.\end{aligned}$$

若 $\lim\limits_{x\to a}\frac{\alpha'(x)}{\beta'(x)}=\infty$，那么考虑 $\lim\limits_{x\to a}\frac{\beta'(x)}{\alpha'(x)}=0$，即可仿上面的证法.

定理 1 表明，计算某两个无穷小量之比的极限问题时，可以将分子、分母都用各自的等价无穷小来替换.

【例 2】 计算 $\lim\limits_{x\to 0}\frac{x^2+x}{\ln(1+x)}$.

解 因为 $\lim\limits_{x\to 0}\frac{x^2+x}{x}=1$，故当 $x\to 0$ 时，$x^2+x\sim x$，$\ln(1+x)\sim x$，所以

$$\lim_{x\to0}\frac{x^2+x}{\ln(1+x)}=\lim_{x\to0}\frac{x}{x}=1.$$

注意:作等价无穷小替换时,在分子或分母为和式时,通常不能将和式中的某一项或若干项以其等价无穷小替换,而应将分子或分母整个地加以替换.若分子或分母为几个因子之积,则可将其中某个或某些因子以等价无穷小替换,简言之,乘积因子方可作等价无穷小量替换.

【例 3】 计算 $\lim\limits_{x\to0}\dfrac{1-\cos x^2}{x^2\sin^2 x}$.

解 因为 $x\to0$ 时,$1-\cos x^2\sim\dfrac{1}{2}(x^2)^2$,$\sin^2 x\sim x^2$,所以

$$\lim_{x\to0}\frac{1-\cos x^2}{x^2\sin^2 x}=\lim_{x\to0}\frac{\frac{1}{2}(x^2)^2}{x^2\cdot x^2}=\frac{1}{2}.$$

【例 4】 计算 $\lim\limits_{x\to0}\dfrac{\tan x-\sin x}{\sin^3 x}$.

解 因为 $x\to0$ 时,$\tan x\sim x$,$1-\cos x\sim\dfrac{1}{2}(x^2)$,$\sin^3 x\sim x^3$,所以

$$\begin{aligned}\lim_{x\to0}\frac{\tan x-\sin x}{\sin^3 x}&=\lim_{x\to0}\frac{\tan x-\tan x\cos x}{\sin^3 x}\\&=\lim_{x\to0}\frac{\tan x(1-\cos x)}{\sin^3 x}\\&=\lim_{x\to0}\frac{x\times\frac{1}{2}x^2}{x^3}=\frac{1}{2}.\end{aligned}$$

在[例 3]中我们是对分子和分母采用整体的或乘积因子中作等价无穷小量替换的.对于[例 4]若一开始就由 $\sin x\sim x$,$\tan x\sim x$ 对原式作无穷小量替换,则将导致

$$\lim_{x\to0}\frac{\tan x-\sin x}{\sin^3 x}=\lim_{x\to0}\frac{x-x}{x^3}=0$$

的错误结果,应十分留意.

习 题 1-4

1. 当 $x\to0$ 时,$e^{x^2}-1$ 与 x^2+x 相比,哪一个是高阶无穷小量?
2. 当 $x\to0$ 时,$1-\cos x$ 与 x 相比,哪一个是低阶无穷小量?
3. 当 $x\to1$ 时,$x-1$ 与 x^2-1 及 $\dfrac{1}{3}(x^3-1)$ 是否是同阶无穷小量?是否是等价无穷小量?
4. 求下列函数的极限:

(1) $\lim\limits_{x\to0}\dfrac{\sin 3x}{x^3+2x}$; (2) $\lim\limits_{x\to0}\dfrac{\tan 2x}{\sqrt{1+x}-1}$;

(3) $\lim\limits_{x\to0}\dfrac{1-\cos 2x}{\sin^2 x}$; (4) $\lim\limits_{x\to0}\dfrac{e^{2x}-1}{\tan 3x}$;

(5) $\lim\limits_{x\to0}\dfrac{e^{-x^2}-1}{\sqrt{1+x^2}-1}$; (6) $\lim\limits_{x\to0}\dfrac{\ln(1+x^2)}{x\sin 2x}$.

1.5　函数的连续性

自然界和日常生活中有许多量是连续变化的，如空气和水的流动、气温的变化、植物的生长等. 这些问题反映在数学上，就是所谓的函数连续性问题，连续性是函数的重要性态之一.

1.5.1　函数在某点的连续与间断

我们先来介绍变量的增量概念.

定义1　设函数 $y=f(x)$，当自变量 x 在其定义域内由初值 x_0 变到终值 x_1 时，称 x_1-x_0 为自变量 x 的改变量(或增量)，记为 Δx，即

$$\Delta x=x_1-x_0 \text{ 或 } x_1=x_0+\Delta x,$$

相应地函数 $y=f(x)$ 由初值 $f(x_0)$ 变化到终值 $f(x_0+\Delta x)$，称 $f(x_0+\Delta x)-f(x_0)$ 为函数 $y=f(x)$ 在 x_0 处的改变量(或增量)，记为 Δy，即

$$\Delta y=f(x_0+\Delta x)-f(x_0) \text{ 或 } \Delta y=f(x_1)-f(x_0).$$

自变量的增量 Δx 和函数的增量 Δy 可正可负也可以为零.

函数 $f(x)$在点 x_0 连续，反映在图像上是曲线 $f(x)$在 $x=x_0$ 邻近是不间断的，如图 1-12 所示. 对于图 1-13 表示的曲线则不同，曲线在点 $x=x_0$ 是断开的. 下面从数学角度来描述这种差异. 从图中我们可观察到，对于图 1-12 所示的曲线，当自变量的改变量 $\Delta x\to 0$ 时，对应的函数的改变量 Δy 的绝对值可以无限变小；而在图 1-13 中，当 $\Delta x>0$ 时，函数值有一个突然的改变，即当 $\Delta x\to 0^+$ 时，Δy 的绝对值不能无限变小.

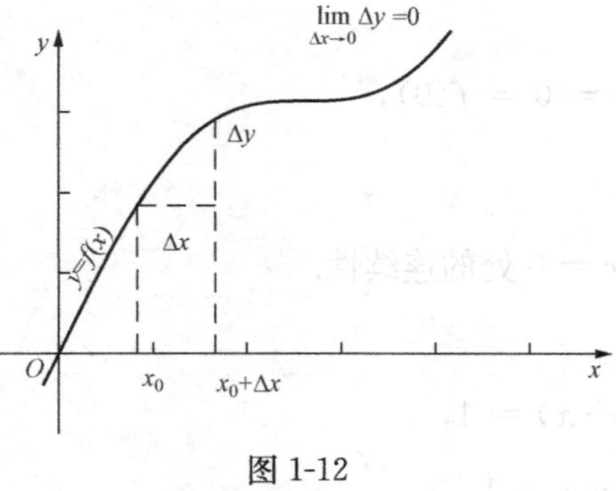

图 1-12

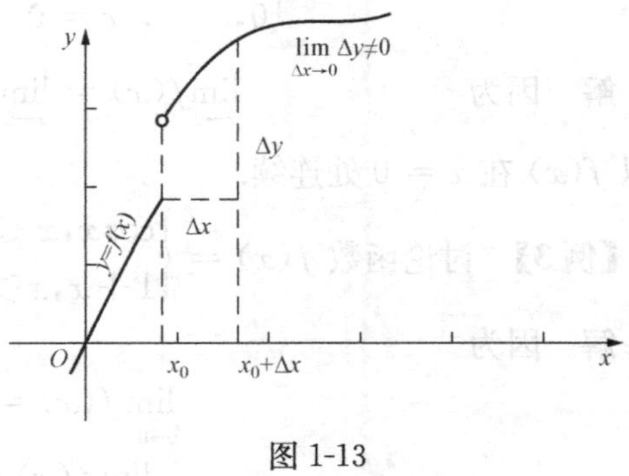

图 1-13

这表明，函数 $y=f(x)$ 在 x_0 处连续的直观意义：当自变量的改变量很小时，函数的相应的改变量也很小.

定义2　设函数 $y=f(x)$ 在 x_0 的一个邻域内有定义，如果

$$\lim_{\Delta x\to 0}[f(x_0+\Delta x)-f(x_0)]=0，\text{即}\lim_{\Delta x\to 0}\Delta y=0,$$

则称函数 $f(x)$在点 x_0 处连续，称 x_0 为函数 $f(x)$的连续点.

【例1】　证明函数 $y=x^2$ 在点 $x=2$ 处连续.

证　由于函数定义域 D 为 $(-\infty,+\infty)$，因此函数在邻域 $U(2,\delta)$ 内有定义.

设函数在 $x=2$ 处有增量 Δx，则函数 $y=x^2$ 相应的增量为

$$\Delta y=(2+\Delta x)^2-2^2=4\Delta x+(\Delta x)^2,$$

因为

$$\lim_{\Delta x\to 0}\Delta y=\lim_{\Delta x\to 0}[4\Delta x+(\Delta x)^2]=0,$$

所以函数 $y=x^2$ 在点 $x=2$ 处连续.

在定义 2 中,如果令 $x=x_0+\Delta x$,则 $\Delta x\to 0$ 就是 $x\to x_0$,于是 $\lim\limits_{\Delta x\to 0}\Delta y=0$ 可改写为

$$\lim_{\Delta x\to 0}\Delta y=\lim_{\Delta x\to 0}[f(x_0+\Delta x)-f(x_0)]=\lim_{x\to x_0}[f(x)-f(x_0)]=0,$$

即有 $\lim\limits_{x\to x_0}f(x)=f(x_0)$.

于是,函数 $y=f(x)$ 在点 x_0 处连续又可以叙述为以下两个定义.

定义 3 设函数 $y=f(x)$ 在点 x_0 的某个邻域内有定义,若 $\lim\limits_{x\to x_0}f(x)=f(x_0)$,则称函数 $f(x)$ 在点 x_0 处连续,称 x_0 为函数 $f(x)$ 的连续点.

定义 4 若函数 $y=f(x)$ 在点 x_0 处有 $\lim\limits_{x\to x_0^-}f(x)=f(x_0)$(或 $\lim\limits_{x\to x_0^+}f(x)=f(x_0)$),则称函数 $f(x)$ 在点 x_0 处左连续(或右连续).

由定义 3 和定义 4 可得:函数 $f(x)$ 在点 x_0 处连续的充分必要条件是函数 $f(x)$ 在点 x_0 处左连续且右连续,即有

$$\lim_{x\to x_0^-}f(x)=f(x_0)=\lim_{x\to x_0^+}f(x).$$

由此可知,说明函数 $y=f(x)$ 在 x_0 处连续,通常是说明 $\lim\limits_{x\to x_0}f(x)=f(x_0)$,或者说明 $\lim\limits_{\Delta x\to 0}\Delta y=0$,即 $\lim\limits_{x\to x_0}[f(x)-f(x_0)]=0$ 或 $\lim\limits_{\Delta x\to 0}[f(x_0+\Delta x)-f(x_0)]=0$. 设函数 $y=f(x)$ 为分段函数,且 x_0 为分段点,一般则应通过考察它在 x_0 处左、右连续性再加以确定.

【例 2】 设 $f(x)=\begin{cases}x^2\sin\dfrac{3}{x}, & x\neq 0\\ 0, & x=0\end{cases}$,讨论 $f(x)$ 在 $x=0$ 处的连续性.

解 因为

$$\lim_{x\to 0}f(x)=\lim_{x\to 0}x^2\sin\frac{3}{x}=0=f(0),$$

所以 $f(x)$ 在 $x=0$ 处连续.

【例 3】 讨论函数 $f(x)=\begin{cases}\cos x, & x\leqslant 0\\ 1+x, & x>0\end{cases}$,在 $x=0$ 处的连续性.

解 因为

$$\lim_{x\to 0^+}f(x)=\lim_{x\to 0^+}(1+x)=1,$$

$$\lim_{x\to 0^-}f(x)=\lim_{x\to 0^-}\cos x=1,$$

且 $f(0)=\cos 0=1$,即 $f(x)$ 在 $x=0$ 处左、右连续,所以 $f(x)$ 在 $x=0$ 处连续.

定义 5 若函数 $y=f(x)$ 在开区间 (a,b) 内的任何一点处均连续,则称该函数在开区间 (a,b) 内连续. 若函数 $y=f(x)$ 在开区间 (a,b) 内连续,且在左端点 a 处为右连续,在右端点 b 处为左连续,则称函数 $y=f(x)$ 在闭区间 $[a,b]$ 上连续.

函数 $y=f(x)$ 在 x_0 处连续的几何意义:函数 $y=f(x)$ 的图形在点 $(x_0,f(x_0))$ 处不断开;函数 $y=f(x)$ 在 (a,b) 连续的几何意义:函数 $y=f(x)$ 的图形在 (a,b) 内连绵不断.

例如,由于 $\lim\limits_{x\to x_0}c=c$($c$ 为常数),$\lim\limits_{x\to x_0}x=x_0$,且其中 $x_0\in(-\infty,+\infty)$ 内的任意点,因此函数 $f(x)=c$,$g(x)=x$ 在它们的定义域内连续.

【例 4】 证明函数 $y=\sin x$ 在其定义域 $(-\infty,+\infty)$ 内连续.

证 任取 $x_0\in(-\infty,+\infty)$,则因

$$\Delta y = f(x_0 + \Delta x) - f(x_0) = \sin(x_0 + \Delta x) - \sin x_0$$
$$= 2\cos\left(x_0 + \frac{\Delta x}{2}\right)\sin\frac{\Delta x}{2},$$

且 $|\sin x| \leqslant |x|$ 故有

$$0 \leqslant |\Delta y| = 2\left|\cos\left(x_0 + \frac{\Delta x}{2}\right)\right|\left|\sin\frac{\Delta x}{2}\right| \leqslant 2 \times 1 \times \frac{|\Delta x|}{2} = |\Delta x|.$$

因此 $\lim\limits_{\Delta x \to 0} \Delta y = 0$，表明 $y = \sin x$ 在 x_0 处连续. 由于 x_0 的任意性可知它在定义域内连续.

类似可证明 $y = \cos x, y = a^x(a > 0, a \neq 1)$ 在其定义域 $(-\infty, +\infty)$ 内连续.

定义 6　设函数 $y = f(x)$ 在 x_0 的一个邻域有定义(在 x_0 可以没有定义)，如果函数 $f(x)$ 在点 x_0 处不连续，则称 x_0 是函数 $y = f(x)$ 的间断点，也称函数在该点间断.

定义 3 表明，函数在某点连续含有三层意思：它在该点及它的一个邻域内有定义，在该点的极限存在，且在该点处的极限值等于该点处的函数值. 由此可见，如果函数 $y = f(x)$ 在点 x_0 处有下列三种情况之一，则点 x_0 为函数 $f(x)$ 的一个间断点.

(1) 在点 x_0 处，函数 $f(x)$ 无定义；

(2) 在点 x_0 处，函数 $f(x)$ 有定义，但极限 $\lim\limits_{x \to x_0} f(x)$ 不存在；

(3) 在点 x_0 处，函数 $f(x)$ 有定义，极限 $\lim\limits_{x \to x_0} f(x)$ 存在，但 $\lim\limits_{x \to x_0} f(x) \neq f(x_0)$.

不难发现，间断的情况可能各不相同，为此，有必要对间断点进行分类考察. 通常将函数的间断点分为两类.

1. 第一类间断点

若 x_0 为函数 $f(x)$ 的间断点，且 $\lim\limits_{x \to x_0^-} f(x_0)$ 和 $\lim\limits_{x \to x_0^+} f(x_0)$ 都存在，则称 x_0 为 $f(x)$ 的第一类间断点，即左、右极限都存在的间断点为第一类间断点.

在第一类间断点中，左、右极限相等的点称为函数 $f(x)$ 的可去间断点；左、右极限不相等的点称为函数 $f(x)$ 的跳跃间断点或不可去间断点.

【例 5】　讨论函数 $f(x) = \dfrac{x}{|x|}$ 在 $x = 0$ 处的连续性.

解　因为该函数在 $x = 0$ 处没有定义，所以 $x = 0$ 是它的间断点，
又因为

$$\lim_{x \to 0^-} \frac{x}{|x|} = \lim_{x \to 0^-} \frac{x}{-x} = -1,$$
$$\lim_{x \to 0^+} \frac{x}{|x|} = \lim_{x \to 0^+} \frac{x}{x} = 1.$$

所以 $x = 0$ 为该函数的第一类间断点，且为跳跃间断点.

【例 6】　设函数 $f(x) = \begin{cases} x^2, & 0 \leqslant x \leqslant 1 \\ x+1, & x > 1 \end{cases}$，讨论 $f(x)$ 在 $x = 1$ 处的连续性.

解　$f(1) = 1$，由于

$$\lim_{x \to 1^-} f(x) = \lim_{x \to 1^-} x^2 = 1,$$
$$\lim_{x \to 1^+} f(x) = \lim_{x \to 1^+} (x + 1) = 2,$$

即 $\lim\limits_{x \to 1} f(x)$ 不存在. 因此 $x = 1$ 为函数 $f(x)$ 的第一类间断点，且为跳跃间断点.

由于 $\lim\limits_{x\to1^-}f(x)=1=f(1)$，因此 $f(x)$ 在 $x=1$ 处左连续.

【例 7】 讨论函数 $f(x)=\begin{cases}\dfrac{\sin 3x}{3x}, x\neq 0\\ 0, \quad x=0\end{cases}$ 在 $x=0$ 处的连续性.

解 因为 $\lim\limits_{x\to0}\dfrac{\sin 3x}{3x}=1$，即该函数在 $x=0$ 处的左、右极限存在，

但是由于

$$\lim_{x\to0}f(x)=1\neq f(0)=0,$$

因此 $x=0$ 是该函数的第一类间断点，且为可去间断点.

【例 8】 设函数 $f(x)=\dfrac{x^2-1}{x-1}$，讨论 $f(x)$ 在 $x=1$ 处的连续性.

解 因为 $\lim\limits_{x\to1}f(x)=2$，即该函数在 $x=1$ 处的左、右极限存在，

但是由于函数 $f(x)=\dfrac{x^2-1}{x-1}$ 在 $x=1$ 处无定义，因此 $x=1$ 是该函数的第一类间断点，且为可去间断点.

2. 第二类间断点

若 x_0 是函数 $f(x)$的间断点，且在该点至少有一个单侧极限不存在，则称 x_0 为 $f(x)$的第二类间断点，即左、右极限至少有一个不存在的间断点为第二类间断点.

在第二类间断点中，左、右极限至少有一个为无穷大量的点称为函数 $f(x)$的无穷间断点.

例如，函数 $f(x)=\dfrac{1}{x}$ 在 $x=0$ 处无定义，故 $x=0$ 是该函数的间断点. 又因为 $\lim\limits_{x\to0^-}\dfrac{1}{x}=-\infty$，$\lim\limits_{x\to0^+}\dfrac{1}{x}=+\infty$，即该函数在 $x=0$ 处的左、右极限都不存在且为无穷大量，所以 $x=0$ 是该函数的第二类间断点，且为无穷间断点.

【例 9】 讨论函数 $f(x)=e^{\frac{1}{x-1}}$ 在 $x=1$ 处的连续性.

解 所给函数在 $x=1$ 处没有定义，因此，$x=1$ 是它的间断点.

又因为

$$\lim_{x\to1^-}e^{\frac{1}{x-1}}=0,\ \lim_{x\to1^+}e^{\frac{1}{x-1}}=+\infty.$$

因此，$x=1$ 为所给函数的第二类间断点.

【同步练习】(1)k 为何值时，函数 $f(x)=\begin{cases}e^x-k, x\leqslant 0\\ x\sin\dfrac{2}{x}, x>0\end{cases}$ 在$(-\infty,+\infty)$内连续?

(2)讨论函数 $f(x)=\begin{cases}\dfrac{\sin 2x}{\tan x}, x\neq 0\\ 1, \quad x=0\end{cases}$ 在 $x=0$ 处的连续性.

1.5.2 初等函数的连续性

定理 1 若函数 $f(x)$和 $g(x)$在点 x_0 处连续，则 $f(x)+g(x)$，$f(x)-g(x)$，$f(x)g(x)$，$\dfrac{f(x)}{g(x)}(g(x_0)\neq 0)$ 在 x_0 处也连续.

证　我们仅证明 $f(x)g(x)$ 的情形.

因为 $f(x)$，$g(x)$ 在 x_0 处连续，所以有

$$\lim_{x\to x_0}f(x)=f(x_0),\lim_{x\to x_0}g(x)=g(x_0).$$

故由极限的运算法则可得

$$\lim_{x\to x_0}[f(x)g(x)]=\lim_{x\to x_0}f(x)\lim_{x\to x_0}g(x)=f(x_0)g(x_0).$$

因此 $f(x)g(x)$ 在 x_0 处连续.

其他情况读者可类似地加以证明.

关于反函数与复合函数的连续性，有如下定理.

定理 2　设函数 $y=f(u)$ 在点 u_0 处连续，函数 $u=\varphi(x)$ 在点 x_0 处连续，且 $u_0=\varphi(x_0)$，则复合函数 $y=f[\varphi(x)]$ 在点 x_0 处连续.

证明从略.

运用定理 2 可以确定许多复合函数的连续性，从而方便地解决它们的极限计算问题，例如，因为 $y=\cos u$，$u=x^2$ 均为连续函数，所以复合函数 $y=\cos x^2$ 在 $x=\sqrt{\frac{\pi}{2}}$ 处连续，则

$$\lim_{x\to\sqrt{\frac{\pi}{2}}}\cos x^2=\cos\left(\sqrt{\frac{\pi}{2}}\right)^2=\cos\frac{\pi}{2}=0.$$

定理 3　若函数 $y=f(x)$ 在某区间上单值、单调且连续，则它的反函数 $x=f^{-1}(y)$ 在对应的区间上也单值、单调且连续，且它们的单调性相同，即它们同为递增或同为递减.

证明从略.

借助于定理 3，我们可以由三角函数的连续性推知各个反三角函数在各自的定义域内连续；由 $y=a^x(a>0,a\neq1)$ 的连续性推知对数函数 $y=\log_a x(a>0,a\neq1)$ 在 $(0,+\infty)$ 内连续；由对数函数和复合函数的连续性推知幂函数 $x^\mu=e^{\mu\ln x}$ 在 $(0,+\infty)$ 内连续.

综上所述，我们可以断言：基本初等函数在其定义域内都是连续函数. 由 $y=c$（c 为常数）是连续的，再根据定理 1 和定理 2，我们可以得到关于初等函数连续性的重要定理.

定理 4　初等函数在其定义区间内是连续的.

定理 4 告诉我们，今后在求初等函数定义区间内各点的极限时，只要计算它在指定点的函数值即可.

【例 10】　求 $\lim\limits_{x\to a}\arctan(\log_a x)(a>0,a\neq1)$.

解　因为 $\arctan(\log_a x)$ 是初等函数，且 $x=a$ 为它的定义区间内的一点，所以有

$$\lim_{x\to a}\arctan(\log_a x)=\arctan(\log_a a)=\arctan 1=\frac{\pi}{4}.$$

【例 11】　求 $\lim\limits_{x\to4}\dfrac{e^x+\cos(2x)}{\sqrt{x}-3}$.

解　因为初等函数 $\dfrac{e^x+\cos(2x)}{\sqrt{x}-3}$ 的定义区间为 $[0,9)\cup(9,+\infty)$，所以 $x=4$ 是其定义区间内的一点，即

$$f(x)=\frac{e^x+\cos(2x)}{\sqrt{x}-3}$$

在 $x=4$ 处连续. 所以

$$\lim_{x\to 4}\frac{e^x+\cos(2x)}{\sqrt{x}-3}=\frac{e^4+\cos(2\times 4)}{\sqrt{4}-3}=-(e^4+\cos 8).$$

【例 12】 求 $\lim\limits_{x\to 0}\dfrac{\sqrt{1+x}-1}{x}$.

解 所给函数是初等函数,但它在 $x=0$ 处无定义,故不能直接应用定理4,这仍然是一个"$\dfrac{0}{0}$"型的极限问题. 应当先将该函数的分子有理化,消去使分母为零的因子 x,得到一个连续函数再计算极限,即

$$\begin{aligned}\lim_{x\to 0}\frac{\sqrt{1+x}-1}{x}&=\lim_{x\to 0}\frac{x}{x(\sqrt{1+x}+1)}\\&=\lim_{x\to 0}\frac{1}{\sqrt{1+x}+1}=\frac{1}{\sqrt{1+0}+1}\\&=\frac{1}{2}.\end{aligned}$$

一般地,有 $\lim\limits_{x\to 0}\dfrac{\sqrt[n]{1+x}-1}{x}=\dfrac{1}{n}$,其中 n 为正整数.

【例 13】 计算 $\lim\limits_{x\to+\infty}(\sqrt{x^2+x}-x)$.

解

$$\begin{aligned}\lim_{x\to+\infty}(\sqrt{x^2+x}-x)&=\lim_{x\to+\infty}\frac{(\sqrt{x^2+x}-x)(\sqrt{x^2+x}+x)}{\sqrt{x^2+x}+x}\\&=\lim_{x\to+\infty}\frac{x^2+x-x^2}{\sqrt{x^2+x}+x}\\&=\lim_{x\to+\infty}\frac{1}{\sqrt{1+\frac{1}{x}}+1}\\&=\frac{1}{2}.\end{aligned}$$

【例 14】 计算 $\lim\limits_{x\to a}\dfrac{\tan x-\tan a}{x-a}$.

解

$$\begin{aligned}\lim_{x\to a}\frac{\tan x-\tan a}{x-a}&=\lim_{x\to a}\frac{\frac{\sin x}{\cos x}-\frac{\sin a}{\cos a}}{x-a}\\&=\lim_{x\to a}\frac{\sin(x-a)}{(x-a)\cos a\cos x}.\end{aligned}$$

令 $x-a=t$, 由 $x\to a$, 则 $t\to 0$.

$$\text{上式}=\lim_{t\to 0}\frac{\sin t}{t\cos a\cos(t+a)}=\lim_{t\to 0}\frac{1}{\cos a\cos(t+a)}=\frac{1}{\cos^2 a}.$$

【例 15】 讨论函数 $f(x)=\dfrac{x^2-1}{x(x-1)}$ 的连续性.

解　$f(x)=\dfrac{x^2-1}{x(x-1)}$是初等函数，在其定义区间内连续，因此我们只要找出$f(x)$没有定义的点. 显然$f(x)$在$x=0$和$x=1$处没有定义,故$f(x)$在区间$(-\infty,0)\cup(0,1)\cup(1,+\infty)$内是连续的.

【例16】　设$f(x)=\begin{cases}\arctan\dfrac{1}{x^4}, & x\neq 0\\ \dfrac{\pi}{2}, & x=0\end{cases}$,讨论$f(x)$的连续性.

解　当$x\neq 0$时,$f(x)=\arctan\dfrac{1}{x^4}$，这个表达式由初等函数表示,所以$f(x)$在$x\neq 0$处是连续的,又

$$\lim_{x\to 0}f(x)=\lim_{x\to 0}\arctan\frac{1}{x^4}=\frac{\pi}{2}=f(0).$$

得知$f(x)$在$x=0$处连续.

故函数$f(x)$在$(-\infty,+\infty)$内是连续的.

【例17】　问函数$f(x)=\begin{cases}\dfrac{1-\cos x}{x^2}, & x\neq 0\\ 1, & x=0\end{cases}$,何处是间断点,是第几类间断点?

解　这是分段函数,在$x\neq 0$时,函数$f(x)$的表达式由初等函数表示,所以在$x\neq 0$处不可能有间断点. 又

$$\lim_{x\to 0}f(x)=\lim_{x\to 0}\frac{1-\cos x}{x^2}=\frac{1}{2}\neq f(0)=1,$$

所以在分段点$x=0$处函数$f(x)$间断,且为第一类间断点.

【同步练习】求下列函数的连续区间:

(1)$y=\ln(x+1)+\dfrac{1}{\sqrt{2-x}}$;　　(2)$y=\dfrac{x+2}{x^2-5x-6}$.

1.5.3　闭区间上连续函数的性质

从几何直观来看,闭区间上连续的函数图像是包括两端点的一条不间断的曲线. 而在闭区间上连续的函数所具有的一些重要性质,它的几何直观也是显然的. 下面我们将不加证明地介绍这些性质.

定理5　若函数$f(x)$在闭区间$[a,b]$上连续,则$f(x)$在$[a,b]$上一定有最大值和最小值. 即

在$[a,b]$上至少存在一点ξ_1,使得对于任何$x\in[a,b]$,恒有$f(\xi_1)\geqslant f(x)$;在$[a,b]$上至少存在一点ξ_2,使得对于任何$x\in[a,b]$,恒有$f(\xi_2)\leqslant f(x)$. 这时$f(\xi_1)$为函数$y=f(x)$在区间$[a,b]$上的最大值,$f(\xi_2)$为函数$y=f(x)$在区间$[a,b]$上的最小值.

定理5称为最大值和最小值存在定理.

必须说明,如果函数在开区间内连续,或函数在闭区间上有间断点,那么函数在该区间上就不一定有最大值或最小值.

如函数$y=x^2$在区间$(0,1)$内连续且单调增加,但它既无最大值也无最小值.

又如函数 $y=\begin{cases}-x, & 0\leqslant x<1\\ 0, & x=1\\ 2-x, & 1<x\leqslant 2\end{cases}$，在闭区间[0,2]上有间断点 $x=1$，此函数既无最大值也无最小值.

由定理 5 可得以下两个定理.

定理 6 若函数 $f(x)$在闭区间上连续，则它在该区间上有界.

定理 6 称为有界性定理.

定理 7 若函数 $f(x)$在闭区间$[a,b]$上连续，且 $f(a)f(b)<0$，则至少存在一点 $x_0\in(a,b)$，使得 $f(x_0)=0$.

若 $f(x_0)=0$，称 x_0 为函数 $f(x)$的零点. 因此定理 7 称为零点存在定理.

该定理的几何意义：若连续函数 $y=f(x)$ 的图像在$[a,b]$的两个端点 $A(a,f(a))$与 $B(b,f(b))$分别在 x 轴两侧，由此曲线与 x 轴至少有一个交点(如图 1-14). 这也表明，若函数 $f(x)$在$[a,b]$上连续，$f(a)$与 $f(b)$异号，则方程 $f(x)=0$ 在(a,b)内至少有一根.

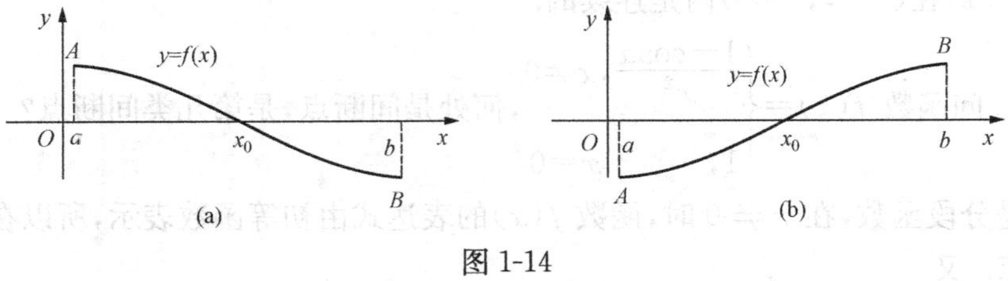

图 1-14

定理 8 若函数 $f(x)$在闭区间$[a,b]$上连续，m 和 M 分别是 $f(x)$在$[a,b]$上的最小值和最大值，c 是介于 m 和 M 之间的任一实数(即 $m<c<M$)，则至少存在点 $x_0\in[a,b]$，使得$f(x_0)=c$.

定理 8 称为介值定理.

这定理从几何图像上来看：闭区间$[a,b]$上连续的曲线 $y=f(x)$ 与直线 $y=c$ (c 是介于 m 和 M 之间)至少有一个交点.

【例 18】 证明方程 $x^4-4x^2+2=0$ 在区间(0,1)内至少有一个实根.

证 设 $f(x)=x^4-4x^2+2$，由于函数 $f(x)$在闭区间[0,1]上连续，且 $f(0)=2>0$，$f(1)=-1<0$，由零点存在定理可知，至少存在一点 $x_0\in(0,1)$，使得 $f(x_0)=0$，即

$$x_0^4-4x_0^2+2=0\quad(0<x_0<1).$$

这表明所给方程 $x^4-4x^2+2=0$ 在区间(0,1)内至少有一个实根.

【同步练习】证明方程 $x^5-3x=1$ 在区间(1,2)内至少有一个实根.

习 题 1-5

1. 设 $y=2x$，若 $x_0=2$，$\Delta x=-0.2$，求 Δy.

2. 求下列函数的间断点，并判断间断点的类型.

(1) $y=\dfrac{1}{(x-3)^2}$；　　(2) $y=\dfrac{x^2-1}{x^2-3x+2}$；

(3) $y = x\cos\dfrac{1}{x}$；　(4) $y = e^{\frac{1}{x+1}}$；

(5) $y = \dfrac{2x}{\sin x}$；　(6) $y = \dfrac{2x^2+x}{4x^2-1}$.

3. 求下列函数的连续区间.

(1) $f(x) = \dfrac{1}{\sqrt{x^2-1}}$；　(2) $y = \sqrt{x-4} + \lg(6-x)$.

4. 函数 $f(x)=\begin{cases} x^2-1, & 0\leqslant x\leqslant 1 \\ x+1, & x>1 \end{cases}$，在 $x=\dfrac{1}{2}$，$x=1$，$x=2$ 处是否连续？并作出函数图像.

5. 设 $f(x)=\begin{cases} a+x^2, & x>1 \\ 2, & x=1 \\ b-x, & x<1 \end{cases}$ 在 $(-\infty,+\infty)$ 连续，试确定 a 和 b 的值.

6. 求下列函数的极限：

(1) $\lim\limits_{x\to 0}\sqrt{1+3x-2x^2}$；　(2) $\lim\limits_{x\to 0}\dfrac{\cot(2+x)}{\cos(2+x^2)}$；

(3) $\lim\limits_{x\to\frac{1}{2}}\left[x\ln\left(1+\dfrac{1}{x}\right)\right]$；　(4) $\lim\limits_{x\to 4}\dfrac{\sqrt{x+5}-3}{x-4}$.

7. 证明方程 $x^5+3x-1=0$ 在区间 $(0,1)$ 内至少有一个实根.

8. 证明方程 $\sin x - x + 1 = 0$ 在区间 $(0,\pi)$ 内至少有一个实根.

9. 为什么方程 $\cos x = x$ 至少有一个解？

第 1 章　自测题 A(基础)

1. 填空题

(1)设 $f(x)=\ln x$，$g(x)=\sin x$，则 $g[f(x)]=$________.

(2)当 $x\to$________时，$f(x)=\dfrac{1}{(x-2)^3}$ 为无穷大量.

(3)极限 $\lim\limits_{x\to\infty}\dfrac{\arctan 5x}{x}$ 的值为________.

(4)极限 $\lim\limits_{n\to\infty}(1+\dfrac{1}{n})^{3n}=$________.

(5)若函数 $y=f(x)$ 在点 x_0 处连续，则极限 $\lim\limits_{x\to x_0}[f(x)-f(x_0)]=$________.

2. 选择题

(1)下列函数中定义域为 $[-1,1]$ 的是（　　）.

(A) $y=\ln(1-x^2)$；　(B) $y=(1-x^2)^{-\frac{1}{2}}$；

(C) $y=\sqrt{2-x^2}+2\arcsin x$；　(D) $y=e^{\sin x}$.

(2)下列各式中极限值为 1 的是（　　）.

(A) $\lim\limits_{x\to\infty}\dfrac{\sin x}{x}$；　(B) $\lim\limits_{x\to 1}\dfrac{\sin x}{x}$；

(C) $\lim\limits_{x\to 0} x\sin\dfrac{1}{x}$； (D) $\lim\limits_{x\to\infty} x\sin\dfrac{1}{x}$.

(3)下列极限存在的是（ ）.

(A) $\lim\limits_{x\to\infty}\dfrac{x^2-2}{x^2-1}$； (B) $\lim\limits_{x\to\infty}\sin x$；

(C) $\lim\limits_{x\to\infty}\arctan x$； (D) $\lim\limits_{x\to 0}\dfrac{2}{2^x-1}$.

(4)当 $x\to 0$ 时，下列变量为无穷小量的是（ ）.

(A) e^{x^2}； (B) $\dfrac{x-1}{x+1}$； (C) $\sin 3x$； (D) $\cos\dfrac{1}{x}$.

(5)如果函数 $f(x)$在某区间上连续，且函数在该区间上一定存在最大值和最小值，则该区间为（ ）.

(A) $(-\infty,+\infty)$； (B) $[a,b]$；

(C) (a,b)； (D) $(a,b]$.

3. 计算题

(1)求极限 $\lim\limits_{x\to -1}\left(\dfrac{1}{x+1}+\dfrac{2}{x^2-1}\right)$.

(2)求极限 $\lim\limits_{x\to 0^+}\sqrt[x]{1+2x}$.

(3)求极限 $\lim\limits_{x\to 0}\dfrac{1-\cos 2x}{x\sin x}$.

(4)求极限 $\lim\limits_{x\to 0}\dfrac{\sqrt{4+x}-2}{x}$.

(5)求函数 $f(x)=\dfrac{x^2+3x+2}{x^2-1}$的连续区间和间断点，并指出间断点的类型.

(6)已知 $f(x)=\begin{cases} e^{\frac{1}{x}}+1, & x<0 \\ a, & x=0 \\ b+\arctan\dfrac{1}{x}, & x>0 \end{cases}$ 在 $x=0$ 处连续，求 a 与 b 的值.

4. 证明题

证明方程 $x^4-3x^2+7x=10$ 在区间$(1,2)$内至少有一个实根.

第1章 自测题B(提高)

1. 填空题

(1)已知 $f\left(x+\dfrac{1}{x}\right)=x^2+3+\dfrac{1}{x^2}$，则 $f(x)=$________.

(2)极限 $\lim\limits_{x\to 0}\dfrac{\sin x}{x^2+2x}=$________.

(3)极限 $\lim\limits_{x\to 0}x^3\cos\dfrac{1}{x}=$________.

(4)函数 $y=\dfrac{\sqrt{x-2}}{x^2-5x+4}$的连续区间为________.

(5)函数 $f(x)=\begin{cases}x-1, x\leqslant 0\\ \sin x, x>0\end{cases}$ 的间断点为________.

2. 选择题

(1)下列各组函数中不可进行复合运算的是(　　).

(A) $y=\sin u, u=e^{-2x}$；　(B) $y=\sqrt{u}, u=\sin x-3$；

(C) $y=\ln u, u=(x-2)^4$；　(D) $y=\arctan u, u=x^3$.

(2)设 $f(x)=\begin{cases}\cos x, x\leqslant 0\\ \ln(x+e), x>0\end{cases}$，则 $f(x)$在 $x=0$ 处(　　).

(A)无定义；　(B)不连续；　(C)连续；　(D)极限不存在.

(3)下列极限不存在的是(　　).

(A) $\lim\limits_{x\to\infty}\dfrac{x^2+2}{3x^2-1}$；　(B) $\lim\limits_{x\to-\infty}\sin x$；

(C) $\lim\limits_{x\to+\infty}\arctan x$；　(D) $\lim\limits_{x\to 0}\dfrac{2}{2^x+1}$.

(4)当 $x\to 0$ 时，下列变量为无穷小量的是(　　).

(A) $e^{\frac{3}{x^2}}$；　(B) $\ln x^2$；　(C) $\dfrac{x-\sin x}{x}$；　(D) $\dfrac{\sin x}{x^2}$.

(5)如果函数 $y=f(x)$在点 x_0 处间断，则(　　).

(A) $\lim\limits_{x\to x_0}f(x)$不存在；　(B) $f(x_0)$ 不存在；

(C) $\lim\limits_{x\to x_0}f(x)\neq f(x_0)$；　(D) 以上三种情况至少有一种发生.

3. 计算题

(1)求极限$\lim\limits_{x\to\infty}\left(\dfrac{6x^2}{5-3x^2}-2^{\frac{1}{x}}\right)$.

(2)求极限$\lim\limits_{x\to 1}(2-x)^{\frac{2}{1-x}}$.

(3)求极限$\lim\limits_{x\to 0}\dfrac{\ln(1+2x)}{\tan 5x}$.

(4)求极限$\lim\limits_{x\to\infty}\dfrac{(2x+3)^7(3x-2)^3}{(2x+1)^{10}}$.

(5)已知$\lim\limits_{x\to 0}\dfrac{\sqrt{ax+b}-2}{x}=1$，求常数 a、b 的值.

(6)设函数 $f(x)=\begin{cases}x\sin\dfrac{1}{x}, & x<0\\ \ln(x+1), & 0\leqslant x<1\\ e^x-1, & 1\leqslant x\leqslant 10\end{cases}$，求 $f(x)$在 $x=0$，$x=1$ 处的极限，并求 $f(x)$的连续区间.

4. 证明题

证明曲线 $y=x2^x-1$ 在$(0,1)$上与 x 轴至少有一个交点.

第2章 导数与微分

导数与微分都是微分学的基本概念，微分学是微积分的重要组成部分，它不仅是高等数学的基础，而且在物理、工程技术和经济学等领域都有广泛的应用.

本章先着重学习导数的有关理论，然后介绍微分的理论和简单应用.

2.1 导数的概念

2.1.1 引例

1. 变速直线运动的瞬时速度

在物理学中，有时候需要知道运动着的物体在某一位置的动能，或曲线运动中某位置的离心力，这就需要确定物体在某一瞬时的速度.

如何确定变速直线运动的瞬时速度？从物理学中知道，如果物体作直线运动，在直线上选取坐标系，该物体所处的位置坐标 s 是时间 t 的函数，记为 $s=s(t)$. 则从时刻 t_0 到 $t_0+\Delta t$ 的时间间隔内它的平均速度为

$$\frac{\Delta s}{\Delta t}=\frac{s(t_0+\Delta t)-s(t_0)}{\Delta t}.$$

在匀速运动中，这个比值是常量，但在变速运动中，它不仅与 t_0 有关，而且与 Δt 也有关. 当 Δt 很小时，显然 $\frac{\Delta s}{\Delta t}$ 与在 t_0 时刻的速度相近似. 如果当 Δt 趋于 0 时，平均速度 $\frac{\Delta s}{\Delta t}$ 的极限存在. 那么，我们可以把这个极限值叫做物体在时刻 t_0 时的瞬时速度，简称速度，记作 $v(t_0)$，即

$$v(t_0)=\lim_{\Delta t\to 0}\frac{s(t_0+\Delta t)-s(t_0)}{\Delta t}.$$

例如，自由落体运动的运动方程为 $s=\frac{1}{2}gt^2$，取 $g=10$，运动方程即为 $s=5t^2$. 现在求 $t=2$ 时的瞬时速度. 应先求从 2 到 $2+\Delta t$ 物体所经过的路程.

$$\Delta s=s(2+\Delta t)-s(2)=5(2+\Delta t)^2-20=20\Delta t+5(\Delta t)^2.$$

因此，平均速度为

$$\bar{v}=\frac{\Delta s}{\Delta t}=20+5\Delta t,$$

取 $\Delta t\to 0$ 时的极限，得自由落体运动在 $t=2$ 时的瞬时速度为

$$v(2)=\lim_{\Delta t\to 0}\frac{\Delta s}{\Delta t}=\lim_{\Delta t\to 0}(20+5\Delta t)=20.$$

2. 非恒定电流的电流强度

由物理学知识知道，对于恒定电流而言，单位时间内通过导体横截面的电量就是电流强度 I，用公式 $I=\frac{Q}{t}$ 来计算，其中 Q 为通过导体横截面的电量，t 为经过的时间.

但在实际应用中常常会遇到非恒定的电流，讨论非恒定电流的电流强度的方法和前面讨

论变速直线运动的瞬时速度的方法是相同的.

设通过导体横截面的电量 Q 与时间 t 的关系为 $Q=Q(t)$. 下面来讨论如何来求时刻 t_0 的电流强度.

先在时刻 t_0 给出时间的微小改变量 Δt ，则相应的电量的改变量为 $\Delta Q=Q(t_0+\Delta t)-Q(t_0)$ ，这样在 Δt 这段时间内的平均电流强度为

$$\bar{I}=\frac{\Delta Q}{\Delta t}=\frac{Q(t_0+\Delta t)-Q(t_0)}{\Delta t},$$

令 $\Delta t\to 0$，求 $\bar{I}$ 的极限，得到的极限值就是时刻 t_0 时的电流强度 $I(t_0)$，即

$$I(t_0)=\lim_{\Delta t\to 0}\frac{\Delta Q}{\Delta t}=\lim_{\Delta t\to 0}\frac{Q(t_0+\Delta t)-Q(t_0)}{\Delta t}.$$

3. 曲线切线的斜率

在介绍曲线切线斜率之前先要介绍什么叫曲线的切线，在中学里切线定义为与曲线只交于一点的直线. 这种定义只适用于少数几种曲线，如圆、椭圆等，对高等数学中研究的曲线就不适合了. 我们定义曲线的切线如下.

定义 1 设点 P_0 是曲线 L 上的一个定点. 点 P 是曲线 L 上的动点，当点 P 沿曲线 L 趋向于点 P_0 时，如果割线 PP_0 的极限位置 P_0T 存在，则称直线 P_0T 为曲线 L 在点 P_0 处的切线(见图 2-1).

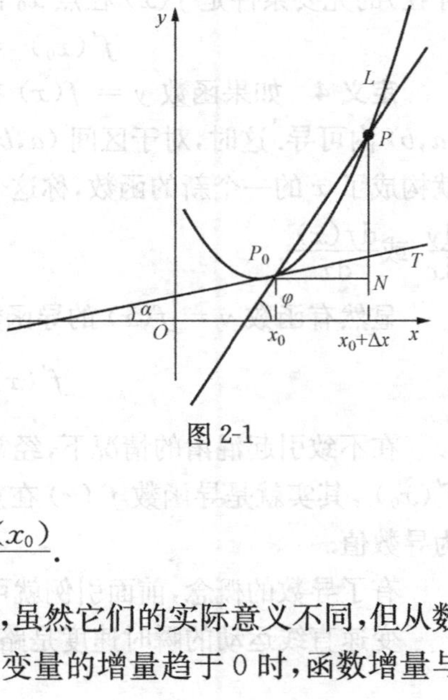

图 2-1

曲线的切线斜率如何计算呢? 设曲线的方程为 $y=f(x)$ ，在点 $P_0(x_0,y_0)$ 处的附近取一点 $P(x_0+\Delta x,y_0+\Delta y)$. 那么割线 P_0P 的斜率为

$$\tan\varphi=\frac{\Delta y}{\Delta x}=\frac{f(x_0+\Delta x)-f(x_0)}{\Delta x}.$$

如果当点 P 沿曲线趋向于点 P_0 时，割线 P_0P 的极限位置存在，即点 P_0 处的切线存在. 此刻 $\Delta x\to 0$ ，$\varphi\to\alpha$，割线斜率 $\tan\varphi$ 趋向切线 P_0T 的斜率 $\tan\alpha$，即

$$\tan\alpha=\lim_{\Delta x\to 0}\frac{f(x_0+\Delta x)-f(x_0)}{\Delta x}.$$

以上 3 个例子中，两个是物理问题，另一个是几何问题，虽然它们的实际意义不同，但从数量关系来分析，却具有相同的数学本质. 它们都是研究当自变量的增量趋于 0 时，函数增量与自变量增量比值的极限问题，即函数的变化率问题.

在自然科学、工程技术和经济管理等领域中还存在着许多这样的问题，在数学上抽去这些问题的实际意义，去考虑它们的共同数学特性，便得到了导数的概念.

2.1.2 导数的定义

定义 2 设函数 $y=f(x)$ 在点 x_0 的某一邻域内有定义. 给自变量 x 在 x_0 处以增量 Δx(点 $x_0+\Delta x$ 仍在该邻域内)，函数相应地有增量

$$\Delta y=f(x_0+\Delta x)-f(x_0),$$

如果当 $\Delta x\to 0$ 时，$\dfrac{\Delta y}{\Delta x}$ 的极限存在，则称此极限值为函数 $y=f(x)$ 在点 x_0 处的导数. 记作 $f'(x_0)$ ，即

$$f'(x_0) = \lim_{\Delta x \to 0} \frac{\Delta y}{\Delta x} = \lim_{\Delta x \to 0} \frac{f(x_0 + \Delta x) - f(x_0)}{\Delta x},$$

也可以记为 $y'|_{x=x_0}$，$\frac{dy}{dx}|_{x=x_0}$，$\frac{df(x)}{dx}|_{x=x_0}$. 此时也称函数 $y = f(x)$ 在点 x_0 处可导. 如果上述极限不存在，则称函数 $y = f(x)$ 在 x_0 处不可导或导数不存在.

在定义中，记 $x = x_0 + \Delta x$，则 $\Delta x = x - x_0$. 当 $\Delta x \to 0$ 时，有 $x \to x_0$，因此可得导数的等价定义：

$$f'(x_0) = \lim_{x \to x_0} \frac{f(x) - f(x_0)}{x - x_0}.$$

定义 3 如果极限 $\lim\limits_{\Delta x \to 0^-} \frac{f(x_0 + \Delta x) - f(x_0)}{\Delta x}$ 存在，则称此极限值为 $f(x)$ 在点 x_0 处的左导数，记作 $f'_-(x_0)$. 同样，如果 $\lim\limits_{\Delta x \to 0^+} \frac{f(x_0 + \Delta x) - f(x_0)}{\Delta x}$ 存在，则称此极限值为 $f(x)$ 在点 x_0 处的右导数，记为 $f'_+(x_0)$. 左导数、右导数统称为单侧导数.

显然，根据导数定义和极限存在性质，有下面的定理：函数 $f(x)$ 在 x_0 处可导(即 $f'(x_0)$ 存在)的充要条件是 $f(x)$ 在点 x_0 的左导数和右导数存在且相等，即

$$f'(x_0) = A \Leftrightarrow f'_-(x_0) = f'_+(x_0) = A.$$

定义 4 如果函数 $y = f(x)$ 在区间 (a,b) 内的每一点都可导，则称 $y = f(x)$ 在区间 (a,b) 内可导. 这时，对于区间 (a,b) 内的每一个 x 值，都有唯一确定的导数值与之对应，这样就构成了 x 的一个新的函数，称这个新函数为原来函数 $y = f(x)$ 的导函数，记作 $f'(x)$，y'，$\frac{dy}{dx}$，或 $\frac{df(x)}{dx}$.

显然有函数 $y = f(x)$ 的导函数公式：

$$f'(x) = \lim_{\Delta x \to 0} \frac{f(x + \Delta x) - f(x)}{\Delta x}.$$

在不致引起混淆的情况下，经常把导函数简称为导数. 函数 $y = f(x)$ 在点 x_0 处的导数 $f'(x_0)$，其实就是导函数 $f'(x)$ 在点 x_0 处的函数值. 因此，以后经常把函数在一点处的导数称为导数值.

有了导数的概念，前面引例就可用导数的概念叙述如下.

变速直线运动的瞬时速度是路程 $s(t)$ 对时间 t 的导数，即

$$v(t) = \frac{ds}{dt}.$$

非恒定电流的电流强度就是电量 $Q(t)$ 对时间 t 的导数，即

$$I(t) = \frac{dQ}{dt}.$$

曲线 $y = f(x)$ 在其横坐标为 x 处的切线的斜率就是函数 $y = f(x)$ 在点 x 处的导数，即

$$k = \tan\alpha = \frac{dy}{dx}(\alpha \text{ 为切线的倾斜角}).$$

也就是说，函数 $y = f(x)$ 在 x_0 处的导数的几何意义就是曲线 $y = f(x)$ 在点 $(x_0, f(x_0))$ 处的切线的斜率，即 $\tan\alpha = f'(x_0)$.

由此可知，若函数 $y = f(x)$ 在 x_0 处可导，则曲线 $y = f(x)$ 在点 (x_0, y_0) 处的切线方

程为

$$y-y_0=f'(x_0)(x-x_0).$$

在点 (x_0,y_0) 处的法线方程为

$$y-y_0=-\frac{1}{f'(x_0)}(x-x_0)(f'(x_0)\neq 0).$$

其中 $y_0=f(x_0)$.

由导数的定义表达式可知,求函数 $y=f(x)$ 的导数 y',一般可分为以下 3 个步骤.

(1) 求增量:$\Delta y=f(x+\Delta x)-f(x)$;

(2) 算比值:$\dfrac{\Delta y}{\Delta x}=\dfrac{f(x+\Delta x)-f(x)}{\Delta x}$,$(\Delta x\neq 0)$;

(3) 取极限:$y'=\lim\limits_{\Delta x\to 0}\dfrac{\Delta y}{\Delta x}=\lim\limits_{\Delta x\to 0}\dfrac{f(x+\Delta x)-f(x)}{\Delta x}$.

【例 1】 求常数函数 $y=f(x)=c$(c 为常数) 的导数.

解 (1) 求增量

$$\Delta y=f(x+\Delta x)-f(x)=c-c=0;$$

(2) 算比值

$$\frac{\Delta y}{\Delta x}=0\qquad(\Delta x\neq 0);$$

(3) 取极限

$$y'=\lim_{\Delta x\to 0}\frac{\Delta y}{\Delta x}=\lim_{\Delta x\to 0}0=0.$$

即得

$$(c)'=0.$$

【例 2】 已知函数 $f(x)=x^2$,求 $f'(x)$ 和 $f'(1)$.

解 第一步求 Δy:

$$\begin{aligned}\Delta y&=f(x+\Delta x)-f(x)=(x+\Delta x)^2-x^2\\&=2x\Delta x+(\Delta x)^2.\end{aligned}$$

第二步求 $\dfrac{\Delta y}{\Delta x}$:

$$\frac{\Delta y}{\Delta x}=\frac{2x\Delta x+(\Delta x)^2}{\Delta x}=2x+\Delta x\quad(\Delta x\neq 0).$$

第三步求极限:

$$\lim_{\Delta x\to 0}\frac{\Delta y}{\Delta x}=\lim_{\Delta x\to 0}(2x+\Delta x)=2x.$$

即有

$$f'(x)=(x^2)'=2x.\tag{2-1}$$

所以

$$f'(1)=2x\,|_{x=1}=2.$$

注意:初学时可按以上三步求导数,掌握后可以略去一些步骤,将三步并成一步来完成.如[例 2]中三步可以改写成

$$f'(x)=\lim_{\Delta x\to 0}\frac{\Delta y}{\Delta x}=\lim_{\Delta x\to 0}\frac{(x+\Delta x)^2-x^2}{\Delta x}=\lim_{\Delta x\to 0}(2x+\Delta x)=2x.$$

对于一般的幂函数 $y=x^{\alpha}(\alpha\in\mathbf{R})$,有求导公式(将在后面给出证明)

$$(x^{\alpha})'=\alpha x^{\alpha-1}.$$

【例 3】 求曲线 $y=x^2$ 在点 (1,1) 处的切线和法线方程.

解 从式 (2-1) 知 $(x^2)'|_{x=1}=2$，即点 (1,1) 处的切线斜率为 2，所以，切线方程为

$$y-1=2(x-1),$$

即

$$y=2x-1.$$

法线方程为

$$y-1=-\frac{1}{2}(x-1),$$

即

$$y=-\frac{1}{2}x+\frac{3}{2}.$$

【例 4】 求正弦函数 $f(x)=\sin x, x\in(-\infty,+\infty)$ 的导数.

解

$$f'(x)=\lim_{\Delta x\to 0}\frac{\Delta y}{\Delta x}=\lim_{\Delta x\to 0}\frac{f(x+\Delta x)-f(x)}{\Delta x}$$

$$=\lim_{\Delta x\to 0}\frac{\sin(x+\Delta x)-\sin x}{\Delta x}=\lim_{\Delta x\to 0}\frac{2\cos(x+\frac{\Delta x}{2})\sin\frac{\Delta x}{2}}{\Delta x}$$

$$=\lim_{\Delta x\to 0}\cos(x+\frac{\Delta x}{2})\frac{\sin\frac{\Delta x}{2}}{\frac{\Delta x}{2}}=\cos x.$$

即

$$(\sin x)'=\cos x.$$

【例 5】 求对数函数 $f(x)=\ln x, x\in(0,+\infty)$ 的导数.

解 由于当 $\Delta x\to 0$ 时，$\ln(1+\frac{\Delta x}{x})\sim\frac{\Delta x}{x}$，

$$f'(x)=\lim_{\Delta x\to 0}\frac{\Delta y}{\Delta x}=\lim_{\Delta x\to 0}\frac{f(x+\Delta x)-f(x)}{\Delta x}=\lim_{\Delta x\to 0}\frac{\ln(x+\Delta x)-\ln x}{\Delta x}$$

$$=\lim_{\Delta x\to 0}\frac{\ln(1+\frac{\Delta x}{x})}{\Delta x}=\lim_{\Delta x\to 0}\frac{\frac{\Delta x}{x}}{\Delta x}=\frac{1}{x}.$$

即

$$(\ln x)'=\frac{1}{x}.$$

利用换底公式 $\log_a x=\frac{\ln x}{\ln a}$，类似可得

$$(\log_a x)'=\frac{1}{x\ln a}\quad(\text{其中 } a>0, a\neq 1).$$

【例 6】 求指数函数 $f(x)=e^x, x\in(-\infty,+\infty)$ 的导函数.

解

$$f'(x)=\lim_{\Delta x\to 0}\frac{\Delta y}{\Delta x}=\lim_{\Delta x\to 0}\frac{f(x+\Delta x)-f(x)}{\Delta x}$$

$$=\lim_{\Delta x\to 0}\frac{e^{x+\Delta x}-e^x}{\Delta x}=e^x\lim_{\Delta x\to 0}\frac{e^{\Delta x}-1}{\Delta x}=e^x.$$

即

$$(e^x)'=e^x.$$

类似可得

$$(a^x)'=a^x\ln a\quad(\text{其中 } a>0, a\neq 1).$$

【例 7】 问曲线 $y=x^2$ 上何处的切线平行直线 $y=2x+1$?

解 设点 (x_0, y_0) 处的切线平行直线 $y=2x+1$，已知直线的斜率为 2. 根据导数的几何意义及导函数与导数的关系，由[例 5]可知

$$(x^2)'|_{x=x_0}=2x_0.$$

故有 $2x_0=2$，即 $x_0=1$，代入 $y=x^2$ 中，得 $y_0=1$，

所以，曲线在点 $(1,1)$ 处的切线平行直线 $y=2x+1$.

【例 8】 求 $f(x)=|x-1|$ 在 $x=1$ 处的导数.

解 $$f'_+(1)=\lim_{x\to1^+}\frac{f(x)-f(1)}{x-1}=\lim_{x\to1^+}\frac{|x-1|}{x-1}=\lim_{x\to1^+}\frac{x-1}{x-1}=1,$$

$$f'_-(1)=\lim_{x\to1^-}\frac{f(x)-f(1)}{x-1}=\lim_{x\to1^-}\frac{|x-1|}{x-1}=\lim_{x\to1^-}\frac{1-x}{x-1}=-1,$$

显然 $f'_+(1)\neq f'_-(1)$，所以 $f'(1)$ 不存在.

【同步练习】求曲线 $y=x^4$ 在点(1,1)处的切线方程和法线方程.

2.1.3 可导与连续的关系

函数 $y=f(x)$ 在点 x_0 处连续是指 $\lim\limits_{\Delta x\to0}\Delta y=0$，而在点 x_0 处可导是指 $\lim\limits_{\Delta x\to0}\frac{\Delta y}{\Delta x}$ 存在，那么这两种极限有什么关系呢？

定理 1 如果函数 $y=f(x)$ 在点 x_0 处可导，则 $f(x)$ 在点 x_0 处连续.

证 因为 $\lim\limits_{\Delta x\to0}\frac{\Delta y}{\Delta x}$ 存在，其中 $\Delta y=f(x_0+\Delta x)-f(x_0)$，所以

$$\lim_{\Delta x\to0}\Delta y=\lim_{\Delta x\to0}\left(\frac{\Delta y}{\Delta x}\Delta x\right)$$

$$=\lim_{\Delta x\to0}\frac{\Delta y}{\Delta x}\lim_{\Delta x\to0}\Delta x=0.$$

即函数 $f(x)$ 在点 x_0 处连续.

但此定理的逆命题不成立，即函数 $f(x)$ 在点 x_0 处连续，但函数 $f(x)$ 在点 x_0 处不一定可导，可看下面两例.

【例 9】 讨论函数 $y=f(x)=|x|$ 在 $x_0=0$ 处的连续性与可导性.

解 $\Delta y=f(0+\Delta x)-f(0)=|0+\Delta x|-|0|=|\Delta x|$，

$$\lim_{\Delta x\to0}\Delta y=\lim_{\Delta x\to0}|\Delta x|=0.$$

即 $f(x)=|x|$ 在 $x_0=0$ 处连续.

然而 $\lim\limits_{\Delta x\to0}\frac{\Delta y}{\Delta x}$ 却不存在，因为

$$f'_-(0)=\lim_{\Delta x\to0^-}\frac{\Delta y}{\Delta x}=\lim_{\Delta x\to0^-}\frac{-\Delta x}{\Delta x}=-1.$$

$$f'_+(0)=\lim_{\Delta x\to0^+}\frac{\Delta y}{\Delta x}=\lim_{\Delta x\to0^+}\frac{\Delta x}{\Delta x}=1.$$

显然，$f'_+(0)\neq f'_-(0)$，所以在 $x_0=0$ 处函数 $y=|x|$ 不可导.

【例 10】 讨论函数 $f(x)=x^{\frac{1}{3}}$ 在点 $x_0=0$ 处的连续性与可导性.

解 因为 $f(x)=x^{\frac{1}{3}}$ 是初等函数，其定义域为 $(-\infty,+\infty)$，由初等函数的连续性可知，

$f(x)=x^{\frac{1}{3}}$ 在 $x_0=0$ 处连续.

而 $f'(x)=(x^{\frac{1}{3}})'=\dfrac{1}{3}x^{-\frac{2}{3}}$ 在点 $x_0=0$ 处不存在. 所以函数 $f(x)=x^{\frac{1}{3}}$ 在点 $x_0=0$ 处不可导.

必须指出,函数 $f(x)=|x|$(图 2-2)在点 $x=0$ 处不可导,是因为在点 (0,0) 处没有切线;而函数 $f(x)=x^{\frac{1}{3}}$(图 2-3)在点 $x=0$ 处不可导,是因为在点 (0,0) 处虽有切线,但切线垂直于 x 轴.

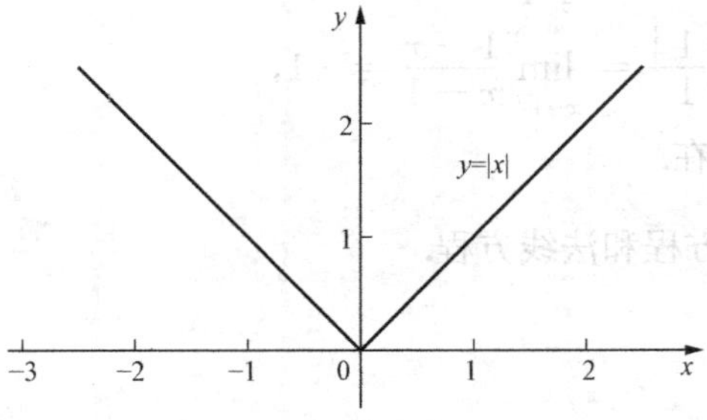

图 2-2

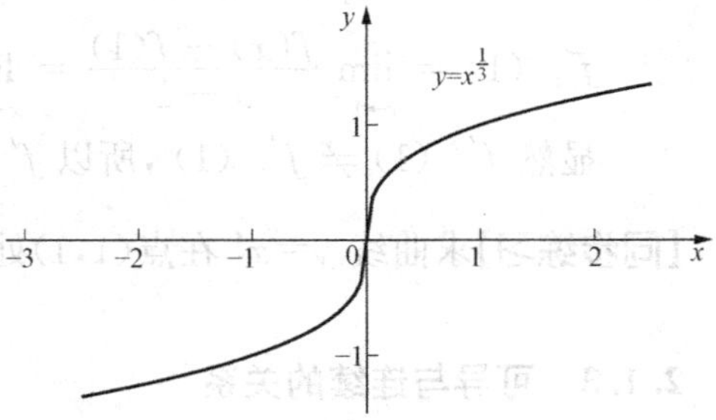

图 2-3

习　题　2-1

1. 根据导数的定义求下列函数的导数:

(1) $y=x^3$;　　(2) $y=\dfrac{1}{x}$;　　(3) $y=\cos x$.

2. 利用求导公式求下列函数的导数:

(1) $y=\lg x$;　　(2) $y=\dfrac{1}{\sqrt{x}}$;　　(3) $y=\cos\dfrac{\pi}{4}$;　　(4) $y=\dfrac{x\sqrt{x}}{\sqrt[3]{x}}$.

3. 一金属圆盘,当温度为 t 时,半径为 $r=r_0(1+at)$(r_0,a 都为常数). 求温度为 t 时,该圆盘面积对温度的变化率.

4. 在空气稀薄的小行星上的一块岩石从静止突然下落,t 秒后的下落距离为 $h=gt^2$,g 是一常数. 假设该岩石下落到了离落点 20m 深的裂隙的底部,并且在 4s 后击到底部.

(1) 求 g 的值;

(2) 求落体的平均速度;

(3) 问岩石以多大的速度击到底部?

5. 一物体的运动方程为 $s=t^3$,求 $t=2$ 时的瞬时速度.

6. 求曲线 $y=\sqrt{x}$ 在点 (4,2) 处的切线方程和法线方程.

7. 讨论函数

$$f(x)=\begin{cases}x^2+x, x\leqslant 1\\ 2x^3, \quad x>1\end{cases}$$

在 $x=1$ 处的连续性与可导性.

8. 讨论函数

$$f(x)=\begin{cases}x, & x<0\\ \sin x, & x\geqslant 0\end{cases}$$

在 $x=0$ 处的连续性与可导性.

9. 如果 $f(x)$ 在点 x_0 处可导,求:

(1) $\lim\limits_{h\to 0}\dfrac{f(x_0-h)-f(x_0)}{h}$;　　(2) $\lim\limits_{h\to 0}\dfrac{f(x_0+\alpha h)-f(x_0+\beta h)}{h}$.

2.2 求导公式与导数的四则运算法则

前面学习了根据导数的定义来求函数的导数.但比较复杂的函数求导,用定义法几乎无能为力.为了解决大量的函数求导问题,就必须研究求导公式和求导法则.下面先介绍基本初等函数的导数公式,然后学习函数和、差、积、商的求导法则.

2.2.1 基本初等函数的导数公式

(1) $(c)'=0$(c 为常数);　　(2) $(x^\alpha)'=\alpha x^{\alpha-1}$($\alpha$ 为实数);

(3) $(a^x)'=a^x\ln a$;　　(4) $(\mathrm{e}^x)'=\mathrm{e}^x$;

(5) $(\log_a x)'=\dfrac{1}{x\ln a}$;　　(6) $(\ln x)'=\dfrac{1}{x}$;

(7) $(\sin x)'=\cos x$;　　(8) $(\cos x)'=-\sin x$;

(9) $(\tan x)'=\dfrac{1}{\cos^2 x}=\sec^2 x$;　　(10) $(\cot x)'=-\dfrac{1}{\sin^2 x}=-\csc^2 x$;

(11) $(\sec x)'=\sec x\tan x$;　　(12) $(\csc x)'=-\csc x\cot x$;

(13) $(\arcsin x)'=\dfrac{1}{\sqrt{1-x^2}}$;　　(14) $(\arccos x)'=-\dfrac{1}{\sqrt{1-x^2}}$;

(15) $(\arctan x)'=\dfrac{1}{1+x^2}$;　　(16) $(\mathrm{arccot}\, x)'=-\dfrac{1}{1+x^2}$.

以上求导公式有些在前一节中已经给出了证明,有些将在本章后面的内容中加以证明.

2.2.2 函数四则运算的求导法则

定理1 设函数 $u(x)$、$v(x)$ 在点 x 处可导,则它们的和 $u(x)+v(x)$、差 $u(x)-v(x)$、积 $u(x)v(x)$、商 $\dfrac{u(x)}{v(x)}(v(x)\neq 0)$ 在点 x 处也可导,且有以下法则.

法则1 $[u(x)\pm v(x)]'=u'(x)\pm v'(x)$.

法则2 $[u(x)v(x)]'=u'(x)v(x)+u(x)v'(x)$.

特别地,$[cu(x)]'=cu'(x)$(c 为常数).

法则3 $\left[\dfrac{u(x)}{v(x)}\right]'=\dfrac{u'(x)v(x)-u(x)v'(x)}{[v(x)]^2}(v(x)\neq 0)$;

特别地,$\left(\dfrac{1}{v(x)}\right)'=-\dfrac{v'(x)}{v^2(x)}$.

以上法则根据导数的定义和极限的运算法则不难得到证明,读者可以自行证之.

法则1和法则2可以推广到任意有限多个可导函数的情形,即

$[u_1(x)\pm u_2(x)\pm\cdots\pm u_n(x)]'=u_1'(x)\pm u_2'(x)\pm\cdots\pm u_n'(x)$;

$[u(x)v(x)w(x)]'=u'(x)v(x)w(x)+u(x)v'(x)w(x)+u(x)v(x)w'(x)$;

$$[u_1(x)u_2(x)\cdots u_n(x)]'$$
$$=u_1'(x)u_2(x)\cdots u_n(x)+u_1(x)u_2'(x)\cdots u_n(x)+\cdots+u_1(x)u_2(x)\cdots u_n'(x).$$

【例 1】 设 $f(x)=x^4+e^x+5\cos x-1$，求 $f'(x)$ 及 $f'(0)$.

解 由导数基本公式可得

$$\begin{aligned} f'(x)&=(x^4+e^x+5\cos x-1)' \\ &=(x^4)'+(e^x)'+(5\cos x)'-(1)' \\ &=(x^4)'+(e^x)'+5(\cos x)'-(1)' \\ &=4x^3+e^x-5\sin x. \end{aligned}$$

$$f'(0)=(4x^3+e^x-5\sin x)\big|_{x=0}=1.$$

【例 2】 设函数 $y=\arcsin x+\arccos x$，求导数 y'.

解 由导数基本公式可得

$$y'=(\arcsin x+\arccos x)'=(\arcsin x)'+(\arccos x)'$$
$$=\frac{1}{\sqrt{1-x^2}}-\frac{1}{\sqrt{1-x^2}}=0.$$

【例 3】 已知 $f(x)=\ln 2x$，求 $f'(1)$.

解 因为 $f(x)=\ln 2x=\ln 2+\ln x$，所以

$$f'(x)=(\ln 2)'+(\ln x)'=0+\frac{1}{x}=\frac{1}{x},$$

有
$$f'(1)=\frac{1}{x}\Big|_{x=1}=\frac{1}{1}=1.$$

【例 4】 设 $y=x\ln x$，求 y'.

解 根据乘积的求导法则，有

$$y'=(x\ln x)'=x(\ln x)'+(x)'\ln x=x\,\frac{1}{x}+1\times\ln x=1+\ln x.$$

【例 5】 已知 $f(x)=(1+x^2)\arctan x$，求 $f'(0)$，$f'(1)$.

解 因为由乘积的求导法则及导数公式，有

$$\begin{aligned} f'(x)&=(1+x^2)'\arctan x+(1+x^2)(\arctan x)' \\ &=2x\arctan x+(1+x^2)\frac{1}{1+x^2}=2x\arctan x+1. \end{aligned}$$

所以
$$f'(0)=2\times 0\times\arctan 0+1=1,$$
$$f'(1)=2\times 1\times\arctan 1+1=2\times\frac{\pi}{4}+1=\frac{\pi}{2}+1.$$

【例 6】 设函数 $f(x)=(2+x^2)(3-\frac{1}{x^3})$，求 $f'(x)$.

解 先将函数表达式化简得：$f(x)=3x^2-x^{-1}-2x^{-3}+6$，

$$\begin{aligned} f'(x)&=3(x^2)'-(x^{-1})'-2(x^{-3})'+(6)' \\ &=6x+x^{-2}+6x^{-4} \\ &=6x+\frac{1}{x^2}+\frac{6}{x^4}. \end{aligned}$$

【例 7】 已知 $f(x)=x^2\ln x\cos x$，求导数 $f'(x)$.

解 $f'(x)=(x^2)'\ln x\cos x+x^2(\ln x)'\cos x+x^2\ln x(\cos x)'$

$$=2x\ln x\cos x+x^2\frac{1}{x}\cos x+x^2\ln x(-\sin x)$$

$$=x(2\ln x\cos x+\cos x-x\ln x\sin x).$$

【例 8】 设 $y=\dfrac{x+1}{x^2+1}$，求 y'.

解 根据商的求导法则，有

$$y'=\left(\frac{x+1}{x^2+1}\right)'=\frac{(x^2+1)(x+1)'-(x^2+1)'(x+1)}{(x^2+1)^2}$$

$$=\frac{(x^2+1)[(x)'+(1)']-[(x^2)'+(1)'](x+1)}{(x^2+1)^2}$$

$$=\frac{(x^2+1)-2x(x+1)}{(x^2+1)^2}=\frac{1-2x-x^2}{(x^2+1)^2}.$$

求导公式熟悉后，运算步骤可以省略一些.

【例 9】 设 $f(x)=\tan x$，求 $f'(x)$.

解 $f'(x)=(\tan x)'=\left(\dfrac{\sin x}{\cos x}\right)'$

$$=\frac{\cos x(\sin x)'-(\cos x)'\sin x}{\cos^2 x}$$

$$=\frac{\cos^2 x+\sin^2 x}{\cos^2 x}=\frac{1}{\cos^2 x}=\sec^2 x.$$

即 $$(\tan x)'=\sec^2 x.$$

同理可得 $$(\cot x)'=-\csc^2 x.$$

【例 10】 设 $y=\sec x$，求 y'.

解 $y'=(\sec x)'=\left(\dfrac{1}{\cos x}\right)'=-\dfrac{(\cos x)'}{\cos^2 x}$

$$=\frac{\sin x}{\cos^2 x}=\sec x\tan x.$$

即 $$(\sec x)'=\sec x\tan x.$$

同理可得 $$(\csc x)'=-\csc x\cot x.$$

【同步练习】求下列函数的导数：

(1) $y=\sqrt[5]{x}+\dfrac{1}{x}-2\tan x$； (2) $y=x\sin x$； (3) $y=\dfrac{1-\ln x}{1+\ln x}$.

习 题 2-2

1. 求下列函数的导数：

(1) $y=x^2(2-\sqrt{x})$； (2) $y=(x-3)^2$；

(3) $y=\dfrac{x^5+\sqrt{x}+1}{x^3}$； (4) $y=3x^2-3\cos x+3^x-\ln e$；

(5) $y = x^3\cos x$；

(6) $\rho = \sqrt{\varphi}\arcsin\varphi$；

(7) $y = x\tan x - 2\sec x$；

(8) $y = \dfrac{\cos x}{x^2}$；

(9) $y = \dfrac{\ln x}{x^2}$；

(10) $y = x\sin x\ln x$；

(11) $y = \dfrac{x-1}{x+1}$；

(12) $s = \dfrac{1+\cos t}{1+\sin t}$；

(13) $y = \dfrac{e^x\sin x}{1+\cos x}$；

(14) $y = \sqrt{x}(x-\tan x)\cos x$；

(15) $y = \dfrac{1}{1+x^2}$；

(16) $s = \dfrac{1}{1+\sqrt{t}}$.

2. 求下列函数在给定点处的导数值：

(1) $y = \dfrac{1}{2}\cos x + x\tan x$，求 $y'|_{x=\frac{\pi}{4}}$；

(2) $f(t) = \dfrac{1+\sqrt{t}}{1-\sqrt{t}}$，求 $f'(9)$.

3. 证明导数公式：

(1) $(\cot x)' = -\csc^2 x$；

(2) $(\csc x)' = -\csc x\cot x$.

4. 将一物体以 10m/s 的初始速度做上抛运动，其运动规律为 $h(t) = 10t - 5t^2$，求物体在 $t = 1$s 时和 $t = 2$s 时的速度.

2.3 反函数求导法则与复合函数求导法则

2.3.1 反函数求导法则

前面已经证明了不少导数公式，包括三角函数的导数公式，如果弄清了反函数的导数规律，就容易推得反三角函数的导数公式.

定理 1 设函数 $y=f(x)$ 在 x 的某邻域内可导、严格单调，且 $f'(x)\neq 0$，则反函数 $x=\phi(y)$ 在相应区间内可导，且

$$\phi'(y) = \frac{1}{f'(x)}.$$

证 因为 $y=f(x)$ 在 x 的某邻域内可导且严格单调，则 $y=f(x)$ 在邻域内连续、单调，从而 $y=f(x)$ 在该邻域内的反函数存在且连续、单调.

所以当 $\Delta x\to 0$ 时，$\Delta y\to 0$，且当 $\Delta x\neq 0$ 时，$\Delta y\neq 0$，反之亦然.

于是有

$$\frac{\Delta x}{\Delta y} = \frac{1}{\dfrac{\Delta y}{\Delta x}},$$

所以

$$\lim_{\Delta y\to 0}\frac{\Delta x}{\Delta y} = \lim_{\Delta x\to 0}\frac{1}{\dfrac{\Delta y}{\Delta x}},$$

而 $\lim\limits_{\Delta y\to 0}\dfrac{\Delta x}{\Delta y}$ 是函数 $x=\phi(y)$ 对 y 的导数 $\phi'(y)$，$\lim\limits_{\Delta x\to 0}\dfrac{\Delta y}{\Delta x}$ 是函数 $y=f(x)$ 对 x 的导数 $f'(x)$，

故有

$$\phi'(y) = \frac{1}{f'(x)}.$$

也就是说,反函数 $x=\phi(y)$ 在点 y 处可导,且 $\phi'(y)=\dfrac{1}{f'(x)}$.

可见,反函数的求导法则可简单地表示为:反函数的导数等于直接函数导数的倒数.

【例 1】 求反三角函数 $y=\arcsin x(-1<x<1)$ 的导数.

解 由于 $y=\arcsin x(-1<x<1)$ 的反函数 $x=\sin y(-\frac{\pi}{2}<y<\frac{\pi}{2})$ 可导,且

$$\frac{\mathrm{d}x}{\mathrm{d}y}=\cos y>0.$$

由反函数的求导法则

$$(\arcsin x)'=\frac{1}{(\sin y)'}=\frac{1}{\cos y},$$

而
$$\cos y=\sqrt{1-\sin^2 y}=\sqrt{1-x^2},$$

故
$$(\arcsin x)'=\frac{1}{\sqrt{1-x^2}}.$$

类似可得
$$(\arccos x)'=-\frac{1}{\sqrt{1-x^2}}.$$

【例 2】 求反三角函数 $y=\arctan x$ 的导数.

解 由于 $y=\arctan x(-\infty<x<+\infty)$ 的反函数 $x=\tan y(-\frac{\pi}{2}<y<\frac{\pi}{2})$ 可导,且

$$\frac{\mathrm{d}x}{\mathrm{d}y}=\sec^2 y.$$

由反函数的求导法则

$$(\arctan x)'=\frac{1}{(\tan y)'}=\frac{1}{\sec^2 y},$$

而
$$\sec^2 y=1+\tan^2 y=1+x^2,$$

故
$$(\arctan x)'=\frac{1}{1+x^2}\quad(-\infty<x<\infty).$$

类似可得
$$(\operatorname{arccot} x)'=-\frac{1}{1+x^2}.$$

2.3.2 复合函数求导法则

前面学习了导数公式和函数四则运算的求导法则,已经会求不少函数的导数.但是对于复合函数,例如,$y=\sin 5x$,其求导问题仍然没有解决.我们猜想,是否可以直接借用导数公式,得出 $(\sin 5x)'=\cos 5x$? 如果猜想成立,那么对于 $y=\ln 2x$,则也应该有 $(\ln 2x)'=\frac{1}{2x}$.但在前面已经求得 $(\ln 2x)'=\frac{1}{x}$,看来这样的猜想不能成立.

事实上,复合函数求导有如下的规律.

设函数 $y=f[\varphi(x)]$ 是由两可导函数 $y=f(u)$ 与 $u=\varphi(x)$ 复合而成,当自变量有增量 Δx 时,u 相应地有增量 Δu,进而 y 相应地有增量 Δy,即

$$\Delta u=\varphi(x+\Delta x)-\varphi(x),\Delta y=f(u+\Delta u)-f(u).$$

当 $\Delta x\to 0$ 时,有 $\Delta u\to 0$.

若 $\Delta u \neq 0$,则有$\dfrac{\Delta y}{\Delta x}=\dfrac{\Delta y}{\Delta u}\dfrac{\Delta u}{\Delta x}$,进而有$\dfrac{\mathrm{d}y}{\mathrm{d}x}=\dfrac{\mathrm{d}y}{\mathrm{d}u}\dfrac{\mathrm{d}u}{\mathrm{d}x}$;

若 $\Delta u = 0$,可以证明 $\dfrac{\mathrm{d}y}{\mathrm{d}x}=\dfrac{\mathrm{d}y}{\mathrm{d}u}\dfrac{\mathrm{d}u}{\mathrm{d}x}$ 也成立.

这样就得到如下复合函数求导法则.

定理 2 如果函数 $u=\varphi(x)$ 在点 x 处可导,函数 $y=f(u)$ 在对应点 $u(u=\varphi(x))$ 处可导,则复合函数 $y=f[\varphi(x)]$ 在点 x 处也可导,且

$$y'_x = y'_u u'_x \qquad 或 \qquad y'_x = f'(u)\varphi'(x) \qquad 或 \qquad \frac{\mathrm{d}y}{\mathrm{d}x}=\frac{\mathrm{d}y}{\mathrm{d}u}\frac{\mathrm{d}u}{\mathrm{d}x}.$$

上式说明求复合函数 $y=f[\varphi(x)]$ 对 x 的导数时,可先求出 $y=f(u)$ 对 u 的导数和 $u=\varphi(x)$ 对 x 的导数,然后相乘即得.

显然,重复利用上式,可以求有限次复合函数的导数.

例如,设 $y=f(u)$, $u=\phi(v)$, $v=\psi(x)$ 均可导,则复合函数 $y=f\{\varphi[\psi(x)]\}$ 也可导,且对 x 的导数为

$$y'_x = y'_u u'_v v'_x \quad 或 \quad \frac{\mathrm{d}y}{\mathrm{d}x}=\frac{\mathrm{d}y}{\mathrm{d}u}\frac{\mathrm{d}u}{\mathrm{d}v}\frac{\mathrm{d}v}{\mathrm{d}x}.$$

如果复合函数的复合层次更多,上述公式还可以推广.

求复合函数的导数时,要分析清楚复合过程,认清中间变量.利用复合函数的求导法则可以求出许多复杂函数的导数.

【例 3】 设函数 $y=\ln 2x$,求导数 $\dfrac{\mathrm{d}y}{\mathrm{d}x}$.

解 因为函数 $y=\ln 2x$ 由 $y=\ln u$ 与 $u=2x$ 复合而成,所以

$$\frac{\mathrm{d}y}{\mathrm{d}x}=y'_x=y'_u u'_x=\frac{1}{u}(2x)'=\frac{1}{u}\times 2=\frac{1}{2x}\times 2=\frac{1}{x}.$$

注意:应用复合函数求导法则求导,最后的结果中不应含有中间变量,而应把引进的中间变量换回它所表示的式子.

【例 4】 设 $y=(3x+1)^5$,求 y'.

解 把 $3x+1$ 看成中间变量 u ,将 $y=(3x+1)^5$ 看成是 $y=u^5$, $u=3x+1$ 复合而成,由于

$$y'_u=(u^5)'=5u^4,$$
$$u'_x=(3x+1)'=3.$$

所以 $$y'_x=y'_u u'_x=5u^4\times 3=15(2x+1)^4.$$

【例 5】 设 $y=\sin^2 x$,求 y'.

这个函数可以看成是 $y=\sin x\cdot\sin x$,可以利用乘法的导数公式求之,这里我们利用复合函数求导法来求.

解 将 $y=\sin^2 x$,看成是由 $y=u^2$, $u=\sin x$ 复合而成.而

$$y'_u=(u^2)'=2u, u'_x=(\sin x)'=\cos x.$$

所以 $$y'_x=y'_u u'_x=2u\cos x=2\sin x\cos x.$$

【例 6】 设 $y=\ln\sin x$,求 y'.

解 将 $y=\ln\sin x$,看成是由 $y=\ln u$, $u=\sin x$ 复合而成.而

$$y'_u = (\ln u)' = \frac{1}{u}, u'_x = (\sin x)' = \cos x.$$

所以
$$y'_x = y'_u u'_x = \frac{1}{u}\cos x = \frac{\cos x}{\sin x} = \cot x.$$

【例 7】 设 $y = e^{\tan x}$，求 y'.

解 将 $y = e^{\tan x}$，看成是由 $y = e^u$，$u = \tan x$ 复合而成. 所以

$$y'_x = y'_u u'_x = (e^u)'_u(\tan x)'_x$$
$$= e^u \sec^2 x = e^{\tan x}\sec^2 x.$$

其实，今后用复合函数的求导法则求导数，一般用不着写出中间变量，而是把中间变量及其所表示的式子默记在心，在应当写出中间变量的地方直接写出它所表示的式子，从而求出复合函数的导数.

【例 8】 设 $f(x) = \sqrt{1+x^2}$，求 $f'(x)$.

解 将中间变量 $u = 1+x^2$ 记在脑子中，$f'(u) = (\sqrt{u})' = \frac{1}{2}u^{-\frac{1}{2}}$ 也在脑子中运算，这样可直接写出下式

$$f'(x) = \frac{1}{2}(1+x^2)^{-\frac{1}{2}}(1+x^2)' = \frac{x}{\sqrt{1+x^2}}.$$

【例 9】 设 $f(x) = \tan\frac{1}{x}$，求 $f'(x)$.

解 $f'(x) = \sec^2\frac{1}{x}\left(\frac{1}{x}\right)' = -\frac{1}{x^2}\sec^2\frac{1}{x}.$

【例 10】 设 $f(x) = \arcsin(x^3)$，求 $f'(x)$.

解 $f'(x) = \frac{1}{\sqrt{1-x^6}}(x^3)' = \frac{3x^2}{\sqrt{1-x^6}}.$

【例 11】 已知函数 $y = \ln(-x)(x<0)$，求导数 y'.

解 $y' = \frac{1}{-x}(-x)' = \frac{1}{-x}\times(-1) = \frac{1}{x}.$

根据上例结果和求导公式 $(\ln x)' = \frac{1}{x}$ 可得：$(\ln|x|)' = \frac{1}{x}$.

有时复合函数的复合过程比较复杂，是由多个函数复合而成，求导时，我们应当弄清复合过程的层次，然后由外向里逐层求导，一直求导至 x.

【例 12】 设 $y = \ln\sin\sqrt[3]{x}$，求 y'.

解 这个复合函数有 3 个复合步骤 $y = \ln u, u = \sin v, v = \sqrt[3]{x}$，把这些中间变量都记在脑子中，有

$$y'_x = \frac{1}{\sin\sqrt[3]{x}}(\sin\sqrt[3]{x})'_x$$
$$= \frac{1}{\sin\sqrt[3]{x}}\cos\sqrt[3]{x}(\sqrt[3]{x})'_x$$
$$= \frac{1}{3\sqrt[3]{x^2}}\cot\sqrt[3]{x}.$$

【例 13】 已知函数 $y=\left(\arctan\frac{x}{2}\right)^2$，求 y'.

解 $y'=2\arctan\frac{x}{2}\left(\arctan\frac{x}{2}\right)'=2\arctan\frac{x}{2}\times\frac{1}{1+\left(\frac{x}{2}\right)^2}\left(\frac{x}{2}\right)'$

$$=2\arctan\frac{x}{2}\times\frac{1}{1+\left(\frac{x}{2}\right)^2}\times\frac{1}{2}=\frac{4}{4+x^2}\arctan\frac{x}{2}.$$

【例 14】 证明幂函数 $y=x^\alpha(x>0,\alpha\in\mathbf{R})$ 的导数公式.

证 因为 $x^\alpha=e^{\ln x^\alpha}=e^{\alpha\ln x}$，所以

$$(x^\alpha)'=(e^{\alpha\ln x})'=e^{\alpha\ln x}(\alpha\ln x)'=e^{\alpha\ln x}\frac{\alpha}{x}=x^\alpha\frac{\alpha}{x}=\alpha x^{\alpha-1}.$$

即
$$(x^\alpha)'=\alpha x^{\alpha-1}.$$

【例 15】 设 $f(x)=\arctan\ln(3x+1)$，求 $f'(x)$.

解 $f'(x)=\frac{1}{1+[\ln(3x+1)]^2}[\ln(3x+1)]'_x$

$$=\frac{1}{1+[\ln(3x+1)]^2}\frac{1}{3x+1}(3x+1)'_x$$

$$=\frac{3}{(3x+1)[1+\ln^2(3x+1)]}.$$

有些函数的求导问题需要综合应用复合函数求导法则和四则运算的求导法则.

【例 16】 已知函数 $f(x)=(x+\cot x)^3$，求 $f'(x)$.

解 $f'(x)=3(x+\cot x)^2(x+\cot x)'=3(x+\cot x)^2(1-\csc^2 x)$

$$=3(x+\cot x)^2(-\cot^2 x)=-3\cot^2 x(x+\cot x)^2.$$

【例 17】 设 $f(x)=\sqrt{x-e^{-x}}$，求 $f'(x)$.

解 $f'(x)=\frac{1}{2}(x-e^{-x})^{-\frac{1}{2}}(x-e^{-x})'$

$$=\frac{1}{2}(x-e^{-x})^{-\frac{1}{2}}[(x)'-(e^{-x})']$$

$$=\frac{1}{2}(x-e^{-x})^{-\frac{1}{2}}[1-e^{-x}(-x)']$$

$$=\frac{1}{2}(x-e^{-x})^{-\frac{1}{2}}(1+e^{-x}).$$

【例 18】 设 $f(x)=\frac{x}{\sqrt{1+x^2}}$，求 $f'(x)$.

解 先用除法的导数公式，遇到复合时，再用复合函数求导法则.

$$f'(x)=\frac{(x)'\sqrt{1+x^2}-x(\sqrt{1+x^2})'}{(\sqrt{1+x^2})^2}$$

$$=\frac{\sqrt{1+x^2}-x\frac{1}{2}\frac{2x}{\sqrt{1+x^2}}}{1+x^2}$$

$$=\frac{(1+x^2)-x^2}{\sqrt{1+x^2}(1+x^2)}=\frac{1}{(1+x^2)^{\frac{3}{2}}}.$$

【例 19】 设 $f(x)=\sin(x^2\ln x)$，求 $f'(x)$.

解 先作复合函数求导公式，再用乘法公式.

$$f'(x)=\cos(x^2\ln x)(x^2\ln x)'=\cos(x^2\ln x)[x^2(\ln x)'+(x^2)'\ln x]$$
$$=x(1+2\ln x)\cos(x^2\ln x).$$

【例 20】 设 $f(x)=\sin 2x\ln(1+3x)$，求 $f'(x)$.

解 先用乘法公式求导，再用复合函数求导.

$$f'(x)=[\sin 2x\ln(1+3x)]'=(\sin 2x)'\ln(1+3x)+\sin 2x[\ln(1+3x)]'$$
$$=\cos 2x\,(2x)'\ln(1+3x)+\sin 2x\frac{1}{1+3x}(1+3x)'$$
$$=2\cos 2x\ln(1+3x)+\frac{3\sin 2x}{1+3x}.$$

【例 21】 设 $f(x)=\ln(x+\sqrt{1+x^2})$，求 $f'(x)$.

解 先用复合函数求导公式，再用加法求导公式，然后又会遇到复合函数 $\sqrt{1+x^2}$ 的求导.

$$f'(x)=[\ln(x+\sqrt{1+x^2})]'=\frac{1}{x+\sqrt{1+x^2}}(x+\sqrt{1+x^2})'$$
$$=\frac{1}{x+\sqrt{1+x^2}}[1+(\sqrt{1+x^2})']$$
$$=\frac{1}{x+\sqrt{1+x^2}}\left(1+\frac{x}{\sqrt{1+x^2}}\right)$$
$$=\frac{1}{\sqrt{1+x^2}}.$$

对于能化简的函数，应当先化简再求导.

【例 22】 已知函数 $f(x)=\ln\dfrac{x^3}{\sqrt{x-1}}$，求 $f'(x)$.

解 因为 $f(x)=\ln(x^3)-\ln\sqrt{x-1}=3\ln x-\frac{1}{2}\ln(x-1)$，所以

$$f'(x)=\frac{3}{x}-\frac{1}{2}\times\frac{1}{x-1}(x-1)'=\frac{3}{x}-\frac{1}{2(x-1)}=\frac{5x-6}{2x(x-1)}.$$

【同步练习】求下列函数的导数：

(1) $y=\tan^3(x-1)$；　(2) $y=e^{2x}\sin(1+3x)$.

习 题 2-3

1. 求下列函数的导数：

(1) $y=(2x+5)^4$；　(2) $y=\tan^2 x$；

(3) $y=\sin\left(5x-\frac{\pi}{4}\right)$；　(4) $y=\cot\sqrt{x}$；

(5) $y=\sqrt[3]{1-\cos x}$；　(6) $y=xe^{x^2}$；

(7) $y=\ln(1-2x)$；

(8) $y=\arcsin\dfrac{1}{\sqrt{x}}$；

(9) $y=\dfrac{1}{x+\sqrt{x^2+1}}$；

(10) $y=\sin\sqrt{x^4+1}$；

(11) $y=\ln[\ln(\ln x)]$；

(12) $y=\ln\sqrt{x}+\sqrt{\ln x}$；

(13) $y=(x-2)\sqrt{2x^2+1}$；

(14) $y=\dfrac{\sin^2 x}{1+\cos x}$.

2. 已知电器极板的电量为 $Q(t)=CU_m\sin\omega t$，其中 C,U_m,ω 都是常数，试求电流强度 $I(t)$.

3. 从打开水箱底部的阀门开始放水，要用 $12h$ 才能放干水箱中储存的水，阀门打开 t 小时后水箱中水深 y 为 $y=6\left(1-\dfrac{t}{12}\right)^2 m$，求在时间 t 小时处，正在放水的水箱的水深下降率 $\dfrac{dy}{dt}(m/h)$。

2.4 高阶导数

一个函数求导以后所得的导函数，一般仍然可导. 例如，对于函数 $y=x^5$，有 $y'=(x^5)'=5x^4$，$(y')'=(5x^4)'=20x^3$，…

如果函数 $y=f(x)$ 的导函数 $y'=f'(x)$ 仍是可导的，对 $y'=f'(x)$ 求导所得到的一个新函数，称为函数 $y=f(x)$ 的二阶导数，记作 y''，$f''(x)$ 或 $\dfrac{d^2y}{dx^2}$.

根据二阶导数的定义，对于函数 $y=x^5$，有 $y''=20x^3$.

类似地，还可以继续求导. 如：对二阶导数再求导，则称三阶导数，记作 y'''，$f'''(x)$ 或 $\dfrac{d^3y}{dx^3}$.

一般地，如果函数 $y=f(x)$ 的 $n-1$ 阶导数仍然可导，则该 $n-1$ 阶导数的导数称为函数 $y=f(x)$ 的 n 阶导数，记为 $y^{(n)}$，$f^{(n)}(x)$ 或 $\dfrac{d^ny}{dx^n}$. 即四阶或四阶以上导数分别可记为 $y^{(4)}$，$y^{(5)}$，…，$y^{(n)}$ 或 $\dfrac{d^4y}{dx^4}$，$\dfrac{d^5y}{dx^5}$，…，$\dfrac{d^ny}{dx^n}$.

二阶以及二阶以上的导数称为函数的高阶导数. 而原来的导数 $f'(x)$ 称为 $f(x)$ 的一阶导数. 有时也可把函数 $y=f(x)$ 看成 0 阶导数.

由此可见，求高阶导数只要反复应用求一阶导数的方法即可.

【例 1】 求函数 $y=ax+b$(a,b 为常数)的二阶导数.

解 $y'=(ax+b)'=a$，$y''=(y')'=(a)'_x=0$.

【例 2】 已知 $f(x)=\arctan x$，求 $f''(1)$.

解 因为
$$f'(x)=\frac{1}{1+x^2},f''(x)=\left(\frac{1}{1+x^2}\right)'=-\frac{2x}{(1+x^2)^2}.$$

所以
$$f''(1)=-\frac{2\times 1}{(1+1^2)^2}=-\frac{1}{2}.$$

【例 3】 设指数函数 $y=e^x$，求 $y^{(n)}$.

解 $y'=(e^x)'=e^x$,

$y''=(e^x)'=e^x$,

$y'''=(e^x)'=e^x$,

$y^{(4)}=(e^x)'=e^x$,

$\vdots$

$y^{(n)}=(e^x)'=e^x$.

【例4】 设函数 $y=\dfrac{1}{1+x}$,求 $y'(0),y''(0),y'''(0),\cdots,y^{(n)}(0)$.

解 因为

$$y=(1+x)^{-1}$$

所以

$$y'=[(1+x)^{-1}]'=(-1)\times(1+x)^{-2},$$

$$y'(0)=-1;$$

$$y''=[-(1+x)^{-2}]'=(-1)\times(-2)\times(1+x)^{-3},$$

$$y''(0)=(-1)\times(-2)=2!;$$

$$y'''=(-1)\times(-2)\times(-3)\times(1+x)^{-4},$$

$$y'''(0)=(-1)\times(-2)\times(-3)=(-1)^3 3!;$$

$$y^{(4)}=(-1)\times(-2)\times(-3)\times(-4)\times(1+x)^{-5};$$

$$y^{(4)}(0)=(-1)\times(-2)\times(-3)\times(-4)=4!;$$

$$\vdots$$

$$y^{(n)}=(-1)\times(-2)\cdots(-n)(1+x)^{-(n+1)},$$

$$y^{(n)}(0)=(-1)\times(-2)\cdots(-n)=(-1)^n n!.$$

【例5】 设 $y=x^3$,求 $y''',y^{(4)}$.

解 $y'=(x^3)'=3x^2$,

$y''=(3x^2)'=3\times 2x$,

$y'''=(3\times 2x)'=3!$,

$y^{(4)}=0$.

由此看出如下的规律:设 $y=x^5$,则 $y^{(5)}=5!,y^{(6)}=y^{(7)}=\cdots=0$;

$y=x^n$(n 为正整数),则 $y^{(n)}=n!,y^{(n+1)}=y^{(n+2)}=\cdots=0$.

【例6】 设 $y=\sin x$,求 $\dfrac{d^n y}{dx^n}$.

解

$$\frac{dy}{dx}=(\sin x)'=\cos x=\sin\left(x+\frac{\pi}{2}\right),$$

$$\frac{d^2y}{dx^2}=\cos\left(x+\frac{\pi}{2}\right)=\sin\left(x+2\times\frac{\pi}{2}\right),$$

$$\frac{d^3y}{dx^3}=\cos\left(x+2\times\frac{\pi}{2}\right)=\sin\left(x+3\times\frac{\pi}{2}\right),$$

$$\vdots$$

$$\frac{d^ny}{dx^n}=(\sin x)^{(n)}=\sin\left(x+n\times\frac{\pi}{2}\right).$$

与一阶导数一样,高阶导数也有着许多实际意义,下面来了解一下二阶导数的力学意义.我们已经知道,在变速直线运动 $s=s(t)$ 中,一阶导数 $s'(t)$ 表示物体运动的速度 $v(t)$.而

二阶导数 $s''(t)$ 就是 $v(t)$ 的一阶导数 $v'(t)$，故表示的是速度函数的变化率，而速度函数的变化率就是加速度 $a(t)$. 因此，在变速直线运动 $s=s(t)$ 中，路程 s 对时间 t 的二阶导数表示物体的加速度 a，即 $a=s''(t)$.

【例 7】 已知物体运动规律为 $s=t^3+4t^2-5t$，求物体在运动开始时和 $t=2$ 时的加速度.

解 由于
$$s'(t)=3t^2+8t-5,s''(t)=6t+8,$$
物体的加速度在运动开始时为 $a(0)=8$，
$$t=2\text{ 时}，\quad a(2)=6\times2+8=20.$$

【同步练习】求函数 $y=\ln x$ 的 n 阶导数 $y^{(n)}$.

习 题 2-4

1. 求下列函数的二阶导数：

(1) $y=x^5+2x^3+x-\sqrt{3}$；　(2) $y=x\ln x$；

(3) $y=e^{x^2}$；　(4) $y=\cot x$；

(5) $y=e^{2x}+x^3$；　(6) $y=x^2\sin 2x$；

(7) $y=e^x\cos x$；　(8) $y=\ln(x+\sqrt{1+x^2})$.

2. 设 $f(x)=\dfrac{x}{\sqrt{1-x^2}}$，求 $f''(0)$.

3. 求下列函数的 n 阶导数：

(1) $y=\cos x$；　(2) $y=\ln(1+x)$；

(3) $y=a^x(a>0,a\neq1)$；　(4) $y=xe^{-x}$.

4. 一质点做直线运动，其运动方程为 $s=4\sin\dfrac{\pi}{2}t+3$，求在第 2s 末质点的速度与加速度（s 以 cm 为单位，t 以 s 为单位）.

5. 一块岩石在月球表面以 24m/s 的速度垂直上抛，ts 时达到的高度为 $h=24t-0.8t^2$，求岩石在 t 时刻的速度与加速度。

2.5 函 数 的 微 分

2.5.1 函数微分的概念

函数微分的概念与函数导数的概念有着密切的联系. 先看下面的例子.

例如，一块边长为 x 的正方形铁片，受温度变化的影响，其边长由 x_0 变到 $x_0+\Delta x$，求其面积改变了多少？

如图 2-4 所示，设正方形的面积 S 为其边长 x 的函数，其函数表达式为 $S=x^2$. 铁片受温度影响时，假定其形状仍为正方形，面积的改变部分记作 ΔS，则
$$\Delta S=(x_0+\Delta x)^2-x_0^2$$
$$=2x_0\Delta x+(\Delta x)^2.$$

当 Δx 很小时,例如 $x_0=1,\Delta x=0.01$ 时,则 $2x_0\Delta x=0.02$,而另一部分 $(\Delta x)^2=0.0001$,当 Δx 越小时,$(\Delta x)^2$ 部分就比 $2x_0\Delta x$ 小得更多.

因此,如果要取 ΔS 的近似值时,显然 $2x_0\Delta x$ 是 ΔS 的一个很好的近似. 从图 2-4 可以看出,阴影部分表示 ΔS,它由两部分组成,第一部分 $2x_0\Delta x$,它是 Δx 的线性函数,当 $\Delta x\to 0$ 时,它是 Δx 的同阶无穷小,构成 ΔS 的主要部分;第二部分 $(\Delta x)^2$,当 $\Delta x\to 0$ 时,它是较 Δx 的高阶无穷小,当 $|\Delta x|$ 很小时,$(\Delta x)^2$ 在 ΔS 中所起的作用非常微小,可以忽略不计,因此 $\Delta S\approx 2x_0\Delta x$. 我们把 $2x_0\Delta x$ 称为 $S=x^2$ 的微分.

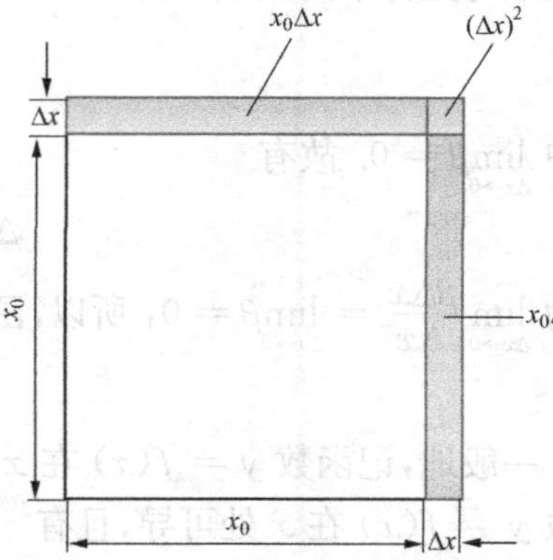

图 2-4

下面我们来定义微分.

定义 1 设函数 $y=f(x)$ 在点 x_0 的一个邻域内有定义,如果函数 $f(x)$ 在点 x_0 处的增量 $\Delta y=f(x_0+\Delta x)-f(x_0)$ 可以表示为

$$\Delta y=A\Delta x+\alpha.$$

式中:A 与 Δx 无关,α 是 Δx 的高阶无穷小量,则称 $A\Delta x$ 为函数 $y=f(x)$ 在 x_0 处的微分,记作 $\mathrm{d}y|_{x=x_0}$,

即
$$\mathrm{d}y|_{x=x_0}=A\Delta x. \tag{2-2}$$

这时也称函数 $y=f(x)$ 在点 x_0 处可微.

【例 1】 求函数 $y=x^3$ 在 $x=1$ 处的微分.

解 $\Delta y=(1+\Delta x)^3-1^3=3\Delta x+3(\Delta x)^2+(\Delta x)^3$. 上式可以看成两部分组成,第一部分具有 $A\Delta x$ 形式的是 $3\Delta x$,第二部分 α 是 $3(\Delta x)^2+(\Delta x)^3$,它是 Δx 的高阶无穷小量,这是因为

$$\lim_{\Delta x\to 0}\frac{\alpha}{\Delta x}=\lim_{\Delta x\to 0}\frac{3(\Delta x)^2+(\Delta x)^3}{\Delta x}=\lim_{\Delta x\to 0}(3\Delta x+(\Delta x)^2)=0.$$

所以函数 $y=x^3$ 在点 $x=1$ 处的微分是

$$\mathrm{d}y|_{x=1}=3\Delta x.$$

式(2-2)中 A 是什么? 它与函数 $y=f(x)$ 有什么关系? 下面定理就可回答这个问题.

定理 1 设函数 $y=f(x)$ 在点 x_0 可微,则函数 $y=f(x)$ 在点 x_0 处可导,且 $A=f'(x_0)$. 反之,如果函数 $y=f(x)$ 在点 x_0 处可导,则 $f(x)$ 在点 x_0 可微.

证 因为 $f(x)$ 在点 x_0 处可微,所以,有

$$\Delta y=A\Delta x+\alpha.$$

其中 $\lim\limits_{\Delta x\to 0}\dfrac{\alpha}{\Delta x}=0$.

$$\lim_{\Delta x\to 0}\frac{\Delta y}{\Delta x}=\lim_{\Delta x\to 0}\frac{A\Delta x+\alpha}{\Delta x}=\lim_{\Delta x\to 0}\left(A+\frac{\alpha}{\Delta x}\right)=A,$$

即 $f(x)$ 在点 x_0 处可导,且 $A=f'(x_0)$.

反之. 因 $f(x)$ 在 x_0 处可导,即

$$\lim_{\Delta x\to 0}\frac{\Delta y}{\Delta x}=f'(x_0).$$

由极限与无穷小的关系，可得

$$\frac{\Delta y}{\Delta x}=f'(x_0)+\beta.$$

其中 $\lim\limits_{\Delta x\to 0}\beta=0$. 故有

$$\Delta y=f'(x_0)\,\Delta x+\beta\Delta x,$$

因为 $\lim\limits_{\Delta x\to 0}\dfrac{\beta\Delta x}{\Delta x}=\lim\limits_{\Delta x\to 0}\beta=0$，所以，函数 $f(x)$ 可微. 且

$$\mathrm{d}y|_{x=x_0}=f'(x_0)\Delta x.$$

一般地，记函数 $y=f(x)$ 在 x 处的微分为 $\mathrm{d}y$. 函数 $y=f(x)$ 在 x 处可微的充要条件是函数 $y=f(x)$ 在 x 处可导，且有

$$\mathrm{d}y=f'(x)\Delta x \tag{2-3}$$

对于函数 $y=x$，容易求得 $\mathrm{d}y=\Delta x$，亦即 $\mathrm{d}x=\Delta x$，式(2-3)可改写为

$$\mathrm{d}y=f'(x)\mathrm{d}x$$

由此可得

$$\frac{\mathrm{d}y}{\mathrm{d}x}=f'(x).$$

此式告诉我们，$\mathrm{d}y$ 与 $\mathrm{d}x$ 之商即函数的微分与自变量微分之商就是函数 $f(x)$ 的导数. 这也就是为什么把导数记作 $\dfrac{\mathrm{d}y}{\mathrm{d}x}$ 的道理，由此我们可以把记号 $\dfrac{\mathrm{d}y}{\mathrm{d}x}$ 理解为两个微分之商. 因此，导数也称为微商.

由微分定义可知当 $|\Delta x|$ 很小时，有 $\Delta y\approx \mathrm{d}y$，这个近似式以后还要用到.

利用定理 1，求函数的微分就容易了，求出函数的导数再乘 $\mathrm{d}x$，就是函数的微分.

【例 2】 求函数 $y=\ln\sqrt{x}$ 在 x 处的微分，并求当 $x=4$ 时的微分.

解 因为

$$y'=\frac{1}{2}\cdot\frac{1}{x}=\frac{1}{2x},\quad y'|_{x=4}=\frac{1}{2x}\,|_{x=4}=\frac{1}{8}.$$

所以

$$\mathrm{d}y=\frac{1}{2x}\mathrm{d}x.$$

$$\mathrm{d}y|_{x=4}=y'|_{x=4}\mathrm{d}x=\frac{1}{8}\mathrm{d}x.$$

【例 3】 求函数 $y=x^2$ 在 $x=5$，$\Delta x=0.01$ 时的 $\mathrm{d}y$ 和 Δy.

解 $x=5$，$\Delta x=0.01$ 时，

$\Delta y=(5+0.01)^2-5^2=2\times5\times0.01+0.01^2=0.1001.$

$\mathrm{d}y=2x\mathrm{d}x$，

$\mathrm{d}y\,|_{\substack{x=5\\ \Delta x=0.01}}=2\times5\times0.01=0.1.$

【同步练习】求函数 $y=x^2-3x$ 在 $x=1$，$\Delta x=0.01$ 时的改变量 Δy 及微分 $\mathrm{d}y$.

2.5.2 微分的几何意义

上面我们已经讨论了增量 Δy、微分 $\mathrm{d}y$ 和导数 $f'(x)$ 之间的关系，下面再从图形上直观地反映它们之间的关系，以便进一步理解它们.

从图 2-5 中可知 $PN=\Delta x=\mathrm{d}x$，$NM=\Delta y$，$NT=PN\tan\alpha=f'(x)\mathrm{d}x$. 所以 $\mathrm{d}y=NT$.

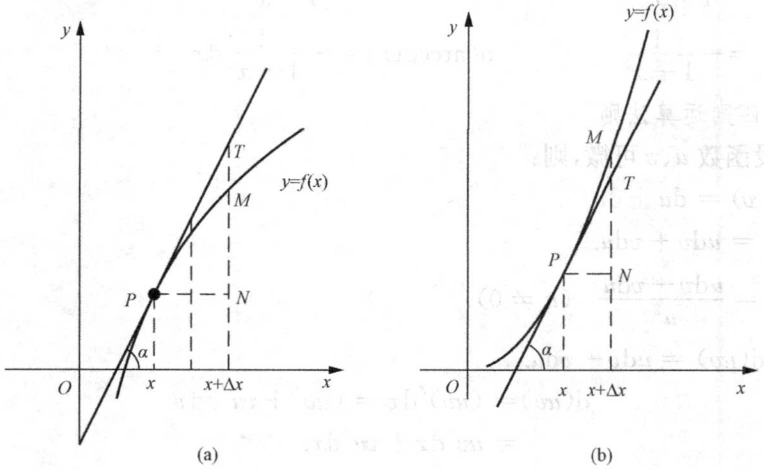

图 2-5

即函数 $y=f(x)$ 的增量 Δy 是曲线 $y=f(x)$ 在点 $P(x,y)$ 处的纵坐标的增量，函数 $y=f(x)$ 的微分 $\mathrm{d}y$ 就是曲线 $y=f(x)$ 在点 P 处切线的纵坐标在相应点 x 处的增量，这就是微分的几何意义.

2.5.3 微分的基本公式及其运算法则

由函数的导数与微分关系可知，函数的微分 $\mathrm{d}y$ 等于函数的导数 $f'(x)$ 乘以自变量的微分 $\mathrm{d}x$，这样有一个导数公式和运算法则，就有一个相应的微分公式和运算法则.

1. 基本初等函数的导数和微分公式

导数公式	微分公式
$(c)'=0$	$\mathrm{d}(c)=0$
$(x^{\mu})'=\mu x^{\mu-1}$	$\mathrm{d}(x^{\mu})=\mu x^{\mu-1}\mathrm{d}x$
$(a^x)'=a^x\ln a$	$\mathrm{d}(a^x)=a^x\ln a\mathrm{d}x$
$(\mathrm{e}^x)'=\mathrm{e}^x$	$\mathrm{d}(\mathrm{e}^x)=\mathrm{e}^x\mathrm{d}x$
$(\log_a x)'=\dfrac{1}{x\ln a}$	$\mathrm{d}(\log_a x)=\dfrac{1}{x\ln a}\mathrm{d}x$
$(\ln x)'=\dfrac{1}{x}$	$\mathrm{d}(\ln x)=\dfrac{1}{x}\mathrm{d}x$
$(\sin x)'=\cos x$	$\mathrm{d}(\sin x)=\cos x\mathrm{d}x$
$(\cos x)'=-\sin x$	$\mathrm{d}(\cos x)=-\sin x\mathrm{d}x$
$(\tan x)'=\sec^2 x$	$\mathrm{d}(\tan x)=\sec^2 x\mathrm{d}x$
$(\cot x)'=-\csc^2 x$	$\mathrm{d}(\cot x)=-\csc^2 x\mathrm{d}x$
$(\sec x)'=\sec x\tan x$	$\mathrm{d}(\sec x)=\sec x\tan x\mathrm{d}x$
$(\csc x)'=-\csc x\cot x$	$\mathrm{d}(\csc x)=-\csc x\cot x\mathrm{d}x$
$(\arcsin x)'=\dfrac{1}{\sqrt{1-x^2}}$	$\mathrm{d}(\arcsin x)=\dfrac{1}{\sqrt{1-x^2}}\mathrm{d}x$
$(\arccos x)'=-\dfrac{1}{\sqrt{1-x^2}}$	$\mathrm{d}(\arccos x)=-\dfrac{1}{\sqrt{1-x^2}}\mathrm{d}x$

$(\arctan x)' = \dfrac{1}{1+x^2}$　　　$d(\arctan x) = \dfrac{1}{1+x^2}dx$

$(\text{arccot}x)' = -\dfrac{1}{1+x^2}$　　　$d(\text{arccot}x) = -\dfrac{1}{1+x^2}dx$

2. 微分的四则运算法则

定理 2　设函数 u、v 可微，则：

(1) $d(u \pm v) = du \pm dv$.

(2) $d(uv) = udv + vdu$.

(3) $d\left(\dfrac{v}{u}\right) = \dfrac{udv - vdu}{u^2}$　$(u \neq 0)$.

下面证明 $d(uv) = udv + vdu$.

因为
$$d(uv) = (uv)'dx = (uv' + vu')dx = uv'dx + vu'dx.$$

又因为
$$v'dx = dv, u'dx = du,$$

所以有
$$d(uv) = udv + vdu.$$

其他的类似可以证明.

推论 1　当 v 为常数 c 时，则 $d(cu) = cdu$.

推论 2　当 $v = 1$ 时，则 $d\left(\dfrac{1}{u}\right) = \dfrac{-1}{u^2}du$.

【例 4】　设 $y = 3e^x + 2\tan x$，求 dy 及 $dy|_{x=0}$.

解

$$dy = d(3e^x) + d(2\tan x) = 3d(e^x) + 2d(\tan x) = 3e^x dx + 2\sec^2 x dx = (3e^x + 2\sec^2 x)dx.$$

当 $x = 0$ 时，有

$$dy|_{x=0} = (3e^x + 2\sec^2 x)dx|_{x=0} = 5dx.$$

【例 5】　设 $y = e^x \sin x$，求 dy 及 $dy|_{x=0}$.

解　$dy = d(e^x \sin x) = e^x d(\sin x) + \sin x d(e^x)$
$= e^x \cos x dx + e^x \sin x dx = e^x(\sin x + \cos x)dx.$

当 $x = 0$ 时，有

$$dy|_{x=0} = e^x(\sin x + \cos x)|_{x=0}dx = dx.$$

【例 6】　设 $y = \dfrac{1-x^2}{1+x^2}$，求 dy.

解

$$\begin{aligned} dy &= d\left(\frac{1-x^2}{1+x^2}\right) \\ &= \frac{(1+x^2)d(1-x^2) - (1-x^2)d(1+x^2)}{(1+x^2)^2} \\ &= \frac{(1+x^2)(-2x)dx - (1-x^2)(2x)dx}{(1+x^2)^2} \\ &= \frac{-4x}{(1+x^2)^2}dx. \end{aligned}$$

3. 复合函数的微分

定理 3　设 $y=f(u)$，$u=\varphi(x)$ 均可微，则 $y=f[\varphi(x)]$ 也可微，且

$$dy=f'(u)\varphi'(x)dx.$$

由于 $du=\varphi'(x)dx$，所以上式可写为

$$dy=f'(u)du.$$

从上式的形式看，它与 $y=f(x)$ 的微分 $dy=f'(x)dx$ 形式一样，这叫一阶微分形式不变性。其意义是：不管 u 是自变量还是中间变量，函数 $y=f(u)$ 的微分形式总是 $dy=f'(u)du$.

【例 7】　设 $y=\sin(3x)$，求 dy.

解　利用微分形式不变性，有

$$dy=\cos 3x\,d(3x)=3\cos 3x\,dx.$$

【例 8】　设 $y=e^{-3x}\cos 2x$，求 dy.

解

$$\begin{aligned}dy&=d(e^{-3x}\cos 2x)=e^{-3x}d(\cos 2x)+\cos 2x\,d(e^{-3x})\\&=-e^{-3x}\sin 2x\,d(2x)+\cos 2x\,e^{-3x}d(-3x)\\&=-2e^{-3x}\sin 2x\,dx-3\cos 2x\,e^{-3x}dx\\&=-e^{-3x}(2\sin 2x+3\cos 2x)dx.\end{aligned}$$

由此也可知

$$y'=-e^{-3x}(2\sin 2x+3\cos 2x).$$

利用微分运算来计算导数，常常不易出错.

【同步练习】求下列函数的微分：

(1) $y=x\ln x-x^3$；　(2) $y=\ln(\tan 3x)$；　(3) $y=\sin^2 x-1+3x$.

【例 9】　在下列括号中填上适当的函数，使等式成立.

(1) $d(\quad)=2dx$；　(2) $d(\quad)=xdx$；　(3) $d(\quad)=\sin 3x\,dx$.

解　(1) 由于 $d(2x)=2dx$，

一般地，

$$d(2x+c)=2dx.$$

(2) 由于 $d(x^2)=2xdx$，因此 $xdx=\frac{1}{2}d(x^2)=d\left(\frac{1}{2}x^2\right)$，即 $d\left(\frac{1}{2}x^2\right)=xdx$

一般地，

$$d\left(\frac{1}{2}x^2+c\right)=xdx.$$

(3) 由于 $d(\cos 3x)=-3\sin 3x\,dx$，因此 $\sin 3x\,dx=-\frac{1}{3}d(\cos 3x)=d\left(-\frac{1}{3}\cos 3x\right)$，

即

$$d\left(-\frac{1}{3}\cos 3x\right)=\sin 3x\,dx,$$

一般地，

$$d\left(-\frac{1}{3}\cos 3x+c\right)=\sin 3x\,dx.$$

【同步练习】在下列括号中填入适当的函数，使等式成立.

(1) $4x^3dx=d(\quad)$；　(2) $2\cos 2x\,dx=d(\quad)$；

(3) $\frac{1}{x-2}dx=d(\quad)$；　(4) $\ln x\frac{1}{x}dx=d(\quad)$.

2.5.4 微分在近似计算中的应用

近似计算是科技工作常遇到的问题，用什么公式作近似计算呢？一般对近似公式总要求两条：有足够好的精度和计算简便. 用微分来作近似计算常常能满足这些要求.

我们已经知道当 $|\Delta x|$ 很小时(记作 $|\Delta x|\ll 1$)，有

$$\Delta y \approx \mathrm{d}y.$$

即
$$f(x_0+\Delta x)-f(x_0)\approx f'(x_0)\Delta x,$$
或
$$f(x_0+\Delta x)\approx f(x_0)+f'(x_0)\Delta x,$$
或
$$f(x)\approx f(x_0)+f'(x_0)(x-x_0).$$

以上近似公式的意义：在 x_0 附近用切线 $y=f(x_0)+f'(x_0)(x-x_0)$ 近似代替曲线 $y=f(x)$. 怎样使用近似公式呢？下面举例说明.

【例 10】 一个充好气的气球，半径为 4m. 升空后，因外部气压降低气球半径增大了 10cm. 问气球的体积近似增加多少？

解 球的体积公式是

$$v=\frac{4}{3}\pi r^3,$$

当 r 由 4m 增加到(4+0.1)m 时，v 的增加为 Δv，

$$\Delta v\approx \mathrm{d}v,$$

而 $\mathrm{d}v=v'\mathrm{d}r=4\pi r^2\mathrm{d}r$. 即

$$\Delta v\approx 4\pi r^2\mathrm{d}r,$$

此处 $\mathrm{d}r=0.1, r=4$，代入上式得体积近似增加值为

$$\Delta v\approx 4\times 3.14\times 4^2\times 0.1\approx 20(\mathrm{m}^3).$$

【例 11】 计算 arctan 1.01 的近似值.

解 设 $f(x)=\arctan x$，则 $f'(x)=\dfrac{1}{1+x^2}$，取 $x_0=1, \Delta x=0.01$，

所以
$$\arctan 1.01\approx \arctan 1+\frac{1}{1+1^2}\times 0.01=\frac{\pi}{4}+0.005\approx 0.79.$$

【例 12】 计算 $\sqrt{4.1}$ 的近似值.

解 选取函数 $f(x)=\sqrt{x}, x_0=4$，则 $x=4.1, f'(x)=\dfrac{1}{2\sqrt{x}}, f'(x_0)=\dfrac{1}{4}, f(x_0)=2.$

代入公式
$$f(x)\approx f(x_0)+f'(x_0)(x-x_0),$$
得
$$\sqrt{4.1}\approx 2+\frac{1}{4}\times(4.1-4)=2.025.$$

【例 13】 试证当 $|h|\ll 1$ 时，$e^h\approx 1+h$.

证 选取函数 $f(x)=e^x, x_0=0$，则 $x=h, f'(x)=e^x, f'(0)=1, f(0)=1$. 代入公式

$$f(x)\approx f(x_0)+f'(x_0)(x-x_0),$$
得
$$e^h\approx 1+1\times(h-0)=1+h.$$

类似地可得，当 $|x|$ 很小时，有如下常用的近似公式：

(1) $\sin x\approx x$；　　(2) $\tan x\approx x$；

(3) $\arcsin x\approx x$；　　(4) $\arctan x\approx x$；

(5) $\ln(1+x)\approx x$；　　(6) $\sqrt[n]{1+x}\approx 1+\frac{x}{n}$；

(7) $\frac{1}{1+x}\approx 1-x$.

【例 14】 计算 $\sqrt[4]{9\,998}$ 的近似值.

解

$$\sqrt[4]{9\,998}=\sqrt[4]{10\,000-2}=\sqrt[4]{10\,000\left(1-\frac{2}{10\,000}\right)}=10\sqrt[4]{1-\frac{2}{10\,000}}$$

由公式 $\sqrt[n]{1+x}\approx 1+\frac{x}{n}$，可得

$$\sqrt[4]{1-\frac{2}{10\,000}}\approx 1+\frac{1}{4}\times\left(-\frac{2}{10\,000}\right)=1-0.000\,05=0.999\,95.$$

所以 $$\sqrt[4]{9\,998}\approx 10\times 0.999\,95=9.999\,5.$$

【同步练习】求下列近似值：

(1) $\ln 0.9$；　　(2) $\sqrt[3]{1.001}$.

习　题　2-5

1. 分别求出函数 $f(x)=x^2-2x+2$ 在 $x=1$ 处的增量和微分：

(1) $\Delta x=1$；　　(2) $\Delta x=0.1$；　　(3) $\Delta x=0.01$.

2. 求下列函数的微分：

(1) $y=x^3-3x+\sqrt{x}+\frac{1}{x}-2$；　　(2) $y=\sin x+\cos 3x$；

(3) $y=x\sin 2x$；　　(4) $y=\frac{x-1}{x+1}$；

(5) $y=3^{x^2}$；　　(6) $y=(1-x^3)^2$；

(7) $y=\arcsin\sqrt{x}$；　　(8) $y=\ln(\sec x+\tan x)$.

3. 将适当的函数填入下列括号内，使等式成立：

(1) $\mathrm{d}(\quad)=\cos x\mathrm{d}x$；　　(2) $\mathrm{d}(\quad)=\sqrt{x}\mathrm{d}x$；

(3) $\mathrm{d}(\quad)=\frac{1}{\sqrt{x}}\mathrm{d}x$；　　(4) $\mathrm{d}(\quad)=\frac{1}{x}\mathrm{d}x$；

(5) $\mathrm{d}(\quad)=\frac{1}{x^2}\mathrm{d}x$；　　(6) $\mathrm{d}(\quad)=\frac{1}{1+x^2}\mathrm{d}x$；

(7) $\mathrm{d}(\quad)=\frac{1}{1+x}\mathrm{d}x$；　　(8) $\mathrm{d}(\quad)=\mathrm{e}^{-3x}\mathrm{d}x$.

4. 已知一正方体的棱长为 $x=10\mathrm{m}$，如果它的棱长增加 $0.1\mathrm{m}$，求增加的体积的精确值与

近似值.

5. 有一批半径为 1cm 的钢球,为了提高钢球表面的光洁度,要镀上厚为 0.01cm 的一层铜. 若铜的密度为 8.9g/cm³,试估计一下每个钢球需用多少克铜?

2.6 隐函数与由参数方程所确定的函数的微分

2.6.1 隐函数的微分法

设 $F(x,y)$ 是一个关于 x 和 y 的解析表达式,则方程 $F(x,y)=0$ 一般地确定了变量 y 是变量 x 的函数,但这个函数没有用 x 的显式表示,所以叫做隐函数.

隐函数怎样求导呢? 一种想法是从方程 $F(x,y)=0$ 中解出 y,成为显式 $y=y(x)$,然后求导. 但这种想法有时行不通,因为不少方程要从中解出 y 很困难,有时甚至不可能. 例如 $y+x-e^{xy}=0$,就很难解出 $y=y(x)$ 来,那么此时怎样求导呢? 下面举例说明.

【例 1】 设方程 $x^2+y^2=R^2$(R 为常数)确定函数 $y=y(x)$,求$\frac{dy}{dx}$.

解 在方程两边求微分

$$d(x^2+y^2)=d(R^2).$$

即

$$d(x^2)+d(y^2)=d(R^2).$$

利用微分形式不变性,得 $d(x^2)=2xdx$,$d(y^2)=2ydy$. 而常数的微分为 0,即 $d(R^2)=0$. 所以,得

$$2xdx+2ydy=0.$$

由此,当 $y\neq 0$ 时解得

$$\frac{dy}{dx}=-\frac{x}{y},$$

或

$$y'_x=-\frac{x}{y}.$$

下面我们用解出 y,再求导,看一下结果是否相同? 由 $x^2+y^2=R^2$ 可解出 y,得 $y=\pm\sqrt{R^2-x^2}$.

当 $y=\sqrt{R^2-x^2}$ 时,$\quad y'=\frac{1}{2\sqrt{R^2-x^2}}(R^2-x^2)'_x=\frac{-x}{\sqrt{R^2-x^2}}=-\frac{x}{y}.$

当 $y=-\sqrt{R^2-x^2}$ 时,$\quad y'=-\frac{1}{2\sqrt{R^2-x^2}}(R^2-x^2)'_x=\frac{x}{\sqrt{R^2-x^2}}=-\frac{x}{y}.$

这个结果与前面算出的相同,说明不从方程中解出 y,同样可以算出导数 y'.

【例 2】 设方程 $xy^2-x^2y+y^4+2=0$ 确定函数 $y=y(x)$,求 y'_x.

解 在方程两边求微分

$$d(xy^2-x^2y+y^4+2)=d0.$$

即

$$d(xy^2)-d(x^2y)+d(y^4)+d(2)=d0.$$

$$y^2dx+x\cdot 2ydy-y\cdot 2xdx-x^2dy+4y^3dy=0.$$

$$(2xy-x^2+4y^3)dy+(y^2-2xy)dx=0.$$

当 $2xy-x^2+4y^3\neq 0$ 时,解得

$$\frac{dy}{dx}=\frac{2xy-y^2}{2xy-x^2+4y^3}.$$

即
$$y'_x=\frac{2xy-y^2}{2xy-x^2+4y^3}.$$

【例 3】 设方程 $3y+x^2-e^{xy}=0$ 确定函数 $y=y(x)$，求 y'_x.

解 在方程两边求微分

$$d(3y+x^2-e^{xy})=d0.$$

即
$$d(3y)+d(x^2)-d(e^{xy})=0.$$
$$3dy+2xdx-e^{xy}d(xy)=0.$$
$$3dy+2xdx-e^{xy}(xdy+ydx)=0.$$

当 $3-xe^{xy}\neq 0$ 时，解得

$$\frac{dy}{dx}=\frac{ye^{xy}-2x}{3-xe^{xy}}$$

即
$$y'_x=\frac{ye^{xy}-2x}{3-xe^{xy}}.$$

【例 4】 求曲线 $x^2+y^4=17$ 在 $x=4$ 处对应于曲线上的点的切线方程。

解 方程两边求微分，得 $2xdx+4y^3dy=0$

即
$$\frac{dy}{dx}=-\frac{x}{2y^3}(y\neq 0).$$

将 $x=4$ 代入方程，得 $y=\pm 1$，即对应于 $x=4$ 有两个纵坐标，这就是说曲线上有两点 $P_1(4,1)$ 和 $P_2(4,-1)$.

故在 P_1 处的切线斜率 $y'|_{(4,1)}=-2$，在 P_2 处切线斜率 $y'|_{(4,-1)}=2$.

所以，在点 P_1 处的切线方程为

$$y-1=-2(x-4),\quad 即\ y+2x-9=0.$$

在点 P_2 处的切线方程为

$$y+1=2(x-4),\quad 即\ y-2x+9=0.$$

【同步练习】求由下列方程所确定的隐函数的导数$\frac{dy}{dx}$：

(1) $e^{xy}-\cos x+y^2=0$；　　(2) $\sin y-xy+e^x=0$.

2.6.2 由参数方程所确定的函数的微分法

在解析几何中，我们学过参数方程，它的一般形式为

$$\begin{cases}x=\varphi(t) & (1)\\ y=\psi(t) & (2)\end{cases},t\in 区间\ I \tag{2-4}$$

一般地讲这个方程确定了 y 是 x 的函数，当然也可以说确定了 x 是 y 的函数，它是通过参数 t 联系起来的. 现在来求 $\frac{dy}{dx}$ 或 y'_x.

对方程(2-4)式(2)两边求微分，得

$$dy=\psi'(t)dt. \tag{2-5}$$

同样对方程(2-4)式(1)两边求微分，得

$$dx=\varphi'(t)dt, \tag{2-6}$$

式(2-5)与式(2-6)相除得

$$\frac{\mathrm{d}y}{\mathrm{d}x}=\frac{\psi'(t)\mathrm{d}t}{\varphi'(t)\mathrm{d}t},$$

消去 $\mathrm{d}t$，得

$$\frac{\mathrm{d}y}{\mathrm{d}x}=\frac{\psi'(t)}{\varphi'(t)},$$

即

$$y'_x=\frac{\psi'(t)}{\varphi'(t)}.$$

这表明对参数方程所确定的函数 $y=y(x)$ 求导，先求 $\mathrm{d}y$ 和 $\mathrm{d}x$，然后相除即可.

【例 5】 设椭圆方程 $\begin{cases}x=a\cos t\\ y=b\sin t\end{cases}$ $(a,b>0;t$ 为参数) 确定了函数 $y=y(x)$，求$\frac{\mathrm{d}y}{\mathrm{d}x}$.

解 由于

$$\mathrm{d}x=-a\sin t\mathrm{d}t,$$

$$\mathrm{d}y=b\cos t\mathrm{d}t,$$

因此

$$\frac{\mathrm{d}y}{\mathrm{d}x}=\frac{b\cos t\mathrm{d}t}{-a\sin t\mathrm{d}t}=-\frac{b}{a}\cot t.$$

【例 6】 求摆线 $\begin{cases}x=a(t-\sin t)\\ y=a(1-\cos t)\end{cases}$ (a 为常数)，在对应于 $t=\frac{2\pi}{3}$ 时曲线上点的切线方程.

解 显然与 $t=\frac{2\pi}{3}$ 对应的曲线上的点为 $P\left(a\left(\frac{2\pi}{3}-\frac{\sqrt{3}}{2}\right),\frac{3}{2}a\right)$，

又

$$\mathrm{d}y=a\sin t\mathrm{d}t,$$

$$\mathrm{d}x=a(1-\cos t)\mathrm{d}t,$$

所以

$$\frac{\mathrm{d}y}{\mathrm{d}x}=\frac{\sin t}{1-\cos t},$$

$$\left.\frac{\mathrm{d}y}{\mathrm{d}x}\right|_{t=\frac{2\pi}{3}}=\frac{\sqrt{3}}{3}.$$

点 P 处的切线方程为

$$y-\frac{3}{2}a=\frac{\sqrt{3}}{3}\left(x-\frac{2\pi}{3}a+a\frac{\sqrt{3}}{2}\right).$$

【同步练习】求由参数方程 $\begin{cases}x=\dfrac{1}{t+1}\\ y=\dfrac{t}{(t+1)^2}\end{cases}$ 所确定的函数的导数$\frac{\mathrm{d}y}{\mathrm{d}x}$.

2.6.3 对数微分法

由于函数和、差的求导法则比积、商的求导法则方便，因此对于幂指函数或连乘连除或乘方、开方表示的表达式，我们常用两边取对数，简化函数的结构后，再用隐函数求导法求出函数的导数，这种方法方便简捷，称之为对数微分法.

【例 7】 设 $y=\sqrt[3]{\frac{(x+1)^2}{(2x-1)(x+2)}}$ （假定 $x>1$），求 y'.

解 两边取对数,得

$$\ln y=\frac{1}{3}[2\ln(x+1)-\ln(2x-1)-\ln(x+2)],$$

两边微分,得

$$\frac{1}{y}\mathrm{d}y=\frac{1}{3}\left[2\cdot\frac{1}{x+1}\mathrm{d}x-\frac{2}{2x-1}\mathrm{d}x-\frac{1}{x+2}\mathrm{d}x\right],$$

所以

$$y'=\frac{\mathrm{d}y}{\mathrm{d}x}=\frac{1}{3}y\left(2\cdot\frac{1}{x+1}-\frac{2}{2x-1}-\frac{1}{x+2}\right)$$

$$=\frac{1}{3}\sqrt[3]{\frac{(x+1)^2}{(2x-1)(x+2)}}\left(\frac{2}{x+1}-\frac{2}{2x-1}-\frac{1}{x+2}\right).$$

【例 8】 设 $y=\sqrt{\frac{(x+1)(x+2)}{(x+3)(x+4)}}$ (假定 $x>-1$),求 y'.

解 两边取对数,得

$$\ln y=\frac{1}{2}[\ln(x+1)+\ln(x+2)-\ln(x+3)-\ln(x+4)],$$

两边微分,得

$$\frac{1}{y}\mathrm{d}y=\frac{1}{2}\left[\frac{1}{x+1}\mathrm{d}x+\frac{1}{x+2}\mathrm{d}x-\frac{1}{x+3}\mathrm{d}x-\frac{1}{x+4}\mathrm{d}x\right].$$

所以

$$y'=\frac{\mathrm{d}y}{\mathrm{d}x}=\frac{1}{2}y\left(\frac{1}{x+1}+\frac{1}{x+2}-\frac{1}{x+3}-\frac{1}{x+4}\right)$$

$$=\frac{1}{2}\sqrt{\frac{(x+1)(x+2)}{(x+3)(x+4)}}\left(\frac{1}{x+1}+\frac{1}{x+2}-\frac{1}{x+3}-\frac{1}{x+4}\right).$$

【例 9】 设 $y=(\tan x)^{x^2}$ (假定 $\tan x>0$),求 y'.

解 两边取对数,得

$$\ln y=x^2\ln\tan x=x^2(\ln\sin x-\ln\cos x),$$

两边微分,得

$$\frac{1}{y}\mathrm{d}y=x^2\mathrm{d}(\ln\sin x-\ln\cos x)+(\ln\sin x-\ln\cos x)\mathrm{d}(x^2)$$

$$=x^2\frac{\cos x}{\sin x}\mathrm{d}x+x^2\frac{\sin x}{\cos x}\mathrm{d}x+2x(\ln\sin x-\ln\cos x)\mathrm{d}x.$$

所以

$$y'=\frac{\mathrm{d}y}{\mathrm{d}x}=y\left(x^2\cot x+x^2\tan x+2x\ln\frac{\sin x}{\cos x}\right)$$

$$=(\tan x)^{x^2}(x^2\cot x+x^2\tan x+2x\ln\tan x).$$

【例 10】 设 $y=x^x$ $(x>0)$,求 y'.

解 两边取对数,得

$$\ln y=x\ln x.$$

两边微分,得

$$\frac{1}{y}\mathrm{d}y=\ln x\mathrm{d}x+x\mathrm{d}(\ln x)=\ln x\mathrm{d}x+x\left(\frac{1}{x}\mathrm{d}x\right)=(\ln x+1)\mathrm{d}x.$$

所以

$$y'=\frac{\mathrm{d}y}{\mathrm{d}x}=y(\ln x+1)=x^x(\ln x+1).$$

【同步练习】求下列函数的导数 y'：

$$(1)y=\frac{(2x+3)\sqrt[3]{x+5}}{\sqrt{x-1}};\qquad (2)y=x^{\cos x}(x>0).$$

习 题 2-6

1. 求由下列方程确定的隐函数的导数 y'：

(1) $x^3+y^3-3xy=1$；　(2) $y=x+\ln y$；

(3) $\ln\sqrt{x^2+y^2}=\arctan\frac{y}{x}$；　(4) $x\cos y=\sin(x+y)$；

(5) $y+\sin y=x$；　(6) $y=1+xe^y$.

2. 求曲线 $e^y-xy=e$ 在点(0,1)处的切线方程.

3. 求椭圆 $4x^2+9y^2=40$ 上一点 (1,2)处的切线方程和法线方程.

4. 求由下列参数方程所确定的函数的导数：

(1) $\begin{cases}x=1+t^2\\y=t^2+2t^3\end{cases}$；　(2) $\begin{cases}x=\arcsin t\\y=\sqrt{1-t^2}\end{cases}$；

(3) $\begin{cases}x=\ln(1+t^2)\\y=t-\arctan t\end{cases}$；　(4) $\begin{cases}x=t(1-\sin t)\\y=t\cos t\end{cases}$.

5. 利用对数求导法求下列函数的导数：

(1) $y=x\sqrt{\frac{x-1}{x+1}}\quad(x>1)$；　(2) $y=\sqrt{\frac{x+1}{(x-2)(x+3)^2}}\quad(x>2)$；

(3) $y=\sqrt{\frac{(x-1)(x-2)}{(x-3)(x-4)}}\quad(x>4)$；　(4) $y=\sqrt[3]{\frac{(x-1)^2(x+2)}{2x-1}}\quad(x>1)$；

(5) $y=x^{\sin x}\quad(x>0)$；　(6) $y=x^{x^2}\quad(x>0)$.

第 2 章　自测题 A(基础)

1. 填空题

(1)设 $y=e^{7x}$，则 $y'|_{x=0}=$________.

(2)已知函数 $y=2\sin x-\cos 4x$，则函数的微分 $dy=$________.

(3)曲线 $y=x+\ln x$ 在点 $x=1$ 处的切线的方程为________.

(4)曲线 $y=x^3-2x$ 在 $x=$________处的切线与直线 $x-y+5=0$ 平行.

(5)设 $f(\frac{1}{x})=x$，则 $f'(x)=$________.

2. 选择题

(1)设函数 $f(x)=x(x-1)(x-2)\cdots(x-5)$，则 $f'(0)=$ (　　).

(A)0；　(B)$-5!$；　(C)$5!$；　(D)-15.

(2)函数 $f(x)=\begin{cases}2x^2, & x\leqslant 1\\3x-1, & x>1\end{cases}$，则 $f(x)$ 在点 $x=1$ 处 (　　).

(A) 极限不存在； (B) 极限存在，但不连续；

(C) 连续，但不可导； (D) 可导.

(3)下列各式正确的是(　　).

(A) $5dx=d(5x+3)$； (B) $xdx=d(x^2+1)$；

(C) $\sin x dx=d(\cos x)$； (D) $\ln x dx=d(\frac{1}{x})$.

(4)下列函数中，在 $x=0$ 处不可导的是(　　).

(A) $y=3x^2-1$； (B) $y=\cos 2x$；

(C) $y=\sqrt{x+3}$； (D) $y=x^{\frac{1}{3}}$.

(5)设函数 $f(x)=x^3+5x^2-8x+3$ 的一阶导数为 0，则 $x=$(　　).

(A) $-\frac{2}{3}$或-4； (B) $-\frac{2}{3}$或 4；

(C) $\frac{2}{3}$或-4； (D) $\frac{2}{3}$或 4.

3. 计算题

(1)设函数 $y=e^x(x^2-2x+7)$，求导数 y'.

(2)求函数 $y=x^2\sin x$ 的二阶导数.

(3)已知函数 $y=\ln(2x+1)$，求函数的微分 dy.

(4)求函数 $y=\sin^3 x-\sin 3x$ 的微分.

(5)求由方程 $3x^2-2y^3+5xy-e^y+4=0$ 所确定的函数 $y=y(x)$ 的导数$\frac{dy}{dx}$.

(6)设函数 $f(x)=\begin{cases}x+b, & x\leqslant 1\\ ax+3, & x>1\end{cases}$ 在点 $x=1$ 处可导，求 a 与 b 的值.

4. 应用题

立方体的体积从 $27m^3$ 扩大到 $27.3m^3$，问它的边长近似地改变了多少？

第 2 章 自测题 B(提高)

1. 填空题

(1)设函数 $y=\frac{\sin x}{1+\cos x}$，则 $y'(\frac{\pi}{3})=$________.

(2)已知函数 $y=e^x\arctan x$，则函数的微分 $dy=$________.

(3)已知函数 $y=\ln\sqrt{\cos x}$，则函数的微分 $dy=$________.

(4)曲线 $y=x-\sin x$ 在 $x=$________处的切线平行于 x 轴.

(5)某物体的运动规律为 $s(t)=t^2+\frac{1}{t}+12$，则物体在时间 $t=1$ 时的瞬时速度为________.

2. 选择题

(1)设函数 $f(x)=2x^3-9x^2+12x+13$ 的一阶导数小于 0，则 x 满足(　　).

(A) $x>1$ 或 $x<2$； (B) $x<2$；

(C) $x>1$； (D) $1<x<2$.

(2)下列各式正确的是（　　）.

(A) $\frac{1}{2\sqrt{x}}dx=d(\sqrt{x}+3)$； (B)$xdx=d(x+3)$；

(C)$\frac{1}{\sqrt{1-x^2}}dx=d(\arccos x)$； (D) $\arctan x dx=d(\frac{1}{x^2+1})$.

(3)设函数 $y=e^{xy}$，则 $dy=$（　　）.

(A) $e^{xy}(1+x)dx$； (B) $e^{xy}dx$；

(C) $\frac{ye^{xy}}{1-xe^{xy}}dx$； (D) $\frac{xe^{xy}}{1-ye^{xy}}dx$.

(4)下列函数中，在 $x=0$ 处可导的是（　　）.

(A) $y=3x^{\frac{2}{3}}$； (B) $y=2x^{\frac{1}{2}}$；

(C) $y=|x|$； (D) $y=3e^{-x}$.

(5)函数 $f(x)=|x-2|$ 在 $x=2$ 处（　　）.

(A) 极限不存在； (B) 极限存在，但不连续；

(C) 连续，但不可导； (D) 可导.

3. 计算题

(1)设函数 $y=3\sin^2(2x-1)$，求微分 dy.

(2)求函数 $y=(1+x^2)\arctan x$ 的二阶导数.

(3)求由方程 $x^2-2y^5+y-e^{xy}+1=0$ 所确定的函数 $y=y(x)$ 的导数$\frac{dy}{dx}$.

(4)已知 $x^2+2xy-y^2=2x$，求$\left.\frac{dy}{dx}\right|_{\substack{x=2\\y=4}}$.

(5)设函数 $y=\sqrt{\frac{e^x}{1+x^2}}$，求微分 dy.

(6)设函数 $f(x)=\begin{cases}\sin x, & x\leqslant 0\\ ax+b, & x>0\end{cases}$ 在点 $x=0$ 处可导，求 a 与 b 的值.

4. 应用题

已知单摆运动的周期 $T=2\pi\sqrt{\frac{l}{g}}$，其中 $g=980\text{cm/s}^2$，l 为摆长(单位:cm). 设原摆长为 20cm，为使周期 T 增大 0.05s，摆长约需加长多少？

第 3 章　微分中值定理与导数的应用

上一章里，通过分析实际问题，引入了导数概念，并讨论了导数计算方法. 本章中，我们将应用导数来研究函数以及曲线的某些性态，并利用这些知识解决一些实际问题，为此，先介绍微分中值定理，它们是导数应用的理论基础.

3.1　微分中值定理

3.1.1　罗尔定理

定理 1　如果函数 $f(x)$ 满足下列条件：

(1) 在闭区间 $[a,b]$ 上连续；

(2) 在开区间 (a,b) 内可导；

(3) 在区间端点处的函数值相等，即 $f(a)=f(b)$.

那么在 (a,b) 内至少存在一点 ξ，使 $f'(\xi)=0$.

证　由于 $f(x)$ 在闭区间 $[a,b]$ 上连续，根据闭区间上连续函数的性质，$f(x)$ 在该区间上可取到最大值 M 和最小值 m. 这样只有两种可能：

(1) $M=m$，则 $f(x)$ 恒等于常数，于是 $f'(x)\equiv 0$，因此区间 (a,b) 中任意一点都可取为 ξ；

(2) $M>m$，因 $f(a)=f(b)$，则 M,m 中至少有一个不等于 $f(x)$ 在区间 $[a,b]$ 的端点处的函数值，不妨设 $M\neq f(a)$，则 (a,b) 中至少有一点 ξ，使 $f(\xi)=M$. 下面说明 $f(x)$ 在点 ξ 处的导数等于零，即：$f'(\xi)=0$.

由于 $\xi\in(a,b)$，由假设知 $f'(\xi)$ 存在，即

$$\lim_{\Delta x\to 0}\frac{f(\xi+\Delta x)-f(\xi)}{\Delta x}$$

存在，而极限存在必定左、右极限都存在并且相等，因此

$$f'(\xi)=\lim_{\Delta x\to 0^-}\frac{f(\xi+\Delta x)-f(\xi)}{\Delta x}=\lim_{\Delta x\to 0^+}\frac{f(\xi+\Delta x)-f(\xi)}{\Delta x}.$$

由于 $f(\xi)=M$ 是 $f(x)$ 在 $[a,b]$ 上的最大值，因此不管 Δx 是正的还是负的，只要 $\xi+\Delta x\in[a,b]$，总有

$$f(\xi+\Delta x)\leqslant f(\xi),$$

即

$$f(\xi+\Delta x)-f(\xi)\leqslant 0,$$

当 $\Delta x>0$ 时，

$$\frac{f(\xi+\Delta x)-f(\xi)}{\Delta x}\leqslant 0,$$

从而，根据函数极限的性质，有

$$f'(\xi)=\lim_{\Delta x\to 0^+}\frac{f(\xi+\Delta x)-f(\xi)}{\Delta x}\leqslant 0.$$

同理，当 $\Delta x<0$ 时，有

$$\frac{f(\xi+\Delta x)-f(\xi)}{\Delta x}\geqslant 0,$$

从而 $$f'(\xi)=\lim_{\Delta x\to 0^-}\frac{f(\xi+\Delta x)-f(\xi)}{\Delta x}\geqslant 0,$$

于是有 $$f'(\xi)=0.$$

罗尔定理的几何意义：如果连续曲线除端点外处处有不垂直于 x 轴的切线，且两端点处纵坐标相同，那么其上至少有一条平行于 x 轴的切线(图 3-1)．罗尔定理的结论也可表述为 $f'(x)=0$ 在区间 (a,b) 内至少有一实根，所以常用来解决有关 $f'(x)$ 的零点问题．通常使得函数导数等于零的点称为函数的驻点．

【例 1】 验证函数 $f(x)=x^2-2x$ 在区间 $[0,2]$ 上满足罗尔定理条件，并求出满足 $f'(\xi)=0$ 的 ξ.

解 因为 $f(x)=x^2-2x$ 在 $[0,2]$ 区间上连续，在 $(0,2)$ 内可导，且 $f(0)=f(2)=0$，所以 $f(x)$ 在 $[0,2]$ 上满足罗尔定理条件 $f'(x)=2x-2$，令 $f'(x)=0$ 得 $x=1, x\in(0,2)$，所以只要取 $\xi=1$ 则有 $f'(\xi)=0$.

【同步练习】 验证函数 $f(x)=\sin x$ 在区间 $[0,\pi]$ 上满足罗尔定理条件，并求满足 $f'(\xi)=0$ 中的 ξ.

3.1.2 拉格朗日中值定理

在罗尔定理中，若去掉 $f(a)=f(b)$ 这个条件，会有什么结果呢？考察曲线 $y=f(x)$，连接曲线的两个端点 A、B 得到弦 AB，如图 3-2 所示．

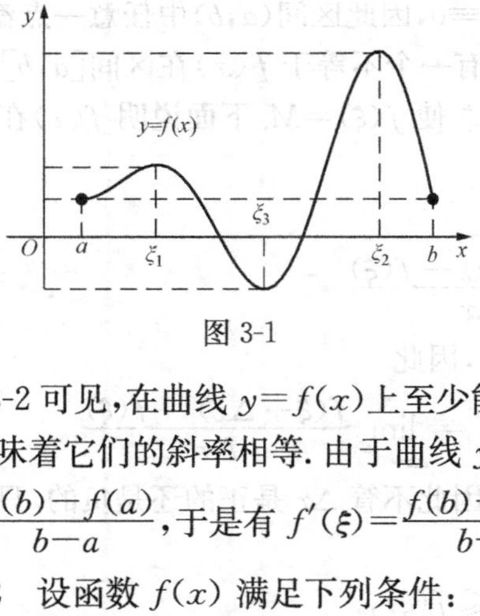

图 3-1

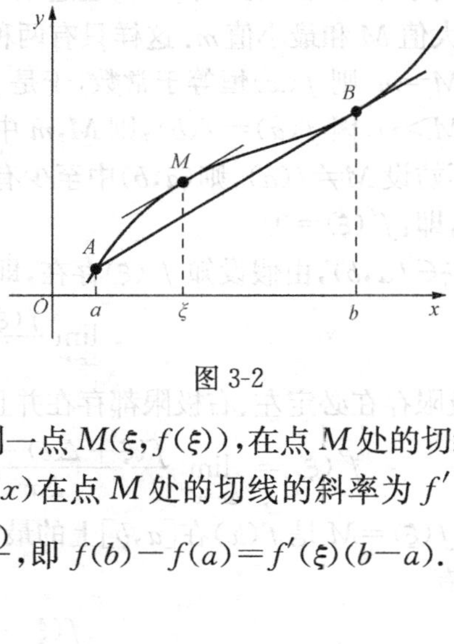

图 3-2

由图 3-2 可见，在曲线 $y=f(x)$ 上至少能找到一点 $M(\xi,f(\xi))$，在点 M 处的切线与弦 AB 平行，这意味着它们的斜率相等．由于曲线 $y=f(x)$ 在点 M 处的切线的斜率为 $f'(\xi)$，弦 AB 的斜率为 $\frac{f(b)-f(a)}{b-a}$，于是有 $f'(\xi)=\frac{f(b)-f(a)}{b-a}$，即 $f(b)-f(a)=f'(\xi)(b-a)$.

定理 2 设函数 $f(x)$ 满足下列条件：

(1) 在闭区间 $[a,b]$ 上连续；

(2) 在开区间 (a,b) 内可导，则在 (a,b) 内至少存在一点 ξ，使得

$$\frac{f(b)-f(a)}{b-a}=f'(\xi).$$

证 令 $F(x)=f(x)-\frac{f(b)-f(a)}{b-a}(x-a)$，显然 $F(x)$ 在 $[a,b]$ 上连续，在 (a,b) 内可导，且 $F'(x)=f'(x)-\frac{f(b)-f(a)}{b-a}$，而

$$F(a)=f(a), F(b)=f(a).$$

从而知 $F(x)$ 满足罗尔定理. 至少存在一点 $\xi\in(a,b)$，使 $F'(\xi)=0$.

即
$$f'(\xi)-\frac{f(b)-f(a)}{b-a}=0.$$

定理得证.

显然，拉格朗日中值定理是罗尔定理的自然推广.

【例 2】 验证函数 $f(x)=\sqrt{x}$ 在 $[1,4]$ 上满足拉格朗日中值定理的条件，并求符合拉格朗日中值定理结论的 ξ.

解 $f(x)=\sqrt{x}$ 在区间 $[1,4]$ 上连续，$f'(x)=\frac{1}{2\sqrt{x}}$ 在 $(1,4)$ 内存在，所以 $f(x)$ 满足拉格朗日中值定理的两个条件，$f'(\xi)=\frac{1}{2\sqrt{\xi}}$，令 $f'(\xi)=\frac{f(4)-f(1)}{4-1}$，得 $\frac{1}{2\sqrt{\xi}}=\frac{1}{3}$，即
$$\sqrt{\xi}=\frac{3}{2},\xi=\frac{9}{4}\in(1,4).$$

由拉格朗日中值定理可以得到将来在积分学中有用的重要结论.

推论 1 设 $f(x)$ 在 $[a,b]$ 上连续，若在 (a,b) 内的导数恒为零，则在 $[a,b]$ 上 $f(x)$ 为常数.

证 取 $x_0\in[a,b]$，任取 $x\in[a,b]$，$x\neq x_0$，则
$$\frac{f(x)-f(x_0)}{x-x_0}=f'(\xi),\xi \text{ 介于 } x_0 \text{ 与 } x \text{ 之间}.$$
因为 $f'(x)=0$，所以 $f'(\xi)=0$，即
$$\frac{f(x)-f(x_0)}{x-x_0}=0,$$
故
$$f(x)=f(x_0).$$
即函数 $f(x)$ 为常数.

【例 3】 证明当 $x>0$ 时，有
$$\frac{x}{1+x}<\ln(1+x)<x.$$

证 设 $f(x)=\ln(1+x)$，显然 $f(x)$ 在区间 $[0,x]$ 上满足拉格朗日中值定理的条件，根据定理，应有
$$f(x)-f(0)=f'(\xi)(x-0)\quad(0<\xi<x).$$
由于 $f(0)=0$，$f'(x)=\frac{1}{1+x}$. 故上式即为
$$\ln(1+x)=\frac{x}{1+\xi}.$$
又由 $0<\xi<x$ 得
$$\frac{x}{1+x}<\frac{x}{1+\xi}<x,$$
即
$$\frac{x}{1+x}<\ln(1+x)<x.$$

【例 4】 证明 $\arcsin x+\arccos x=\frac{\pi}{2}(-1<x<1)$.

证 因为 $(\arcsin x+\arccos x)'=0$，由推论知

$$\arcsin x+\arccos x=c \quad (c\text{ 为常数}).$$

令 $x=0$ 得

$$\arcsin 0+\arccos 0=\frac{\pi}{2}.$$

于是
$$\arcsin x+\arccos x=\frac{\pi}{2}.$$

【例 5】 不求函数 $f(x)=(x-1)(x-2)(x-3)$ 的导数,说明方程 $f'(x)=0$ 有几个实根,并指出它们所在的区间.

解 显然,$f(x)$在区间$[1,2]$,$[2,3]$上都满足罗尔定理,所以至少有 $\xi_1\in(1,2)$,$\xi_2\in(2,3)$使 $f'(\xi_1)=0$,$f'(\xi_2)=0$,即方程 $f'(x)=0$ 至少有两个实根,又因为 $f'(x)=0$ 是一个一元二次方程,最多有两个实根,所以方程 $f'(x)=0$ 有且仅有两个实根,且分别在区间$(1,2)$和$(2,3)$内.

在实际应用中,当函数 $f(x)$在(a,b)内可导,$x\in(a,b)$,$x+\Delta x\in(a,b)$,则根据拉格朗日中值定理有 ξ 介于 x 与 $x+\Delta x$ 之间,使

$$f(x+\Delta x)-f(x)=f'(\xi)\Delta x.$$

也可以记为

$$f(x+\Delta x)-f(x)=f'(x+\theta\Delta x)\Delta x \quad (0<\theta<1).$$

或
$$\Delta y=f'(x+\theta\Delta x)\Delta x \quad (0<\theta<1).$$

此式给出了自变量取得有限增量 Δx 时,函数增量 Δy 的准确表达式,称为拉格朗日中值定理的有限增量公式,对比微分形式的增量近似公式 $\Delta y\approx f'(x)\Delta x$,在理论上显示出拉格朗日中值定理的价值.

【同步练习】证明:$x>0$ 时,$e^x>1+x$.

3.1.3 柯西中值定理

定理 3 若函数 $f(x)$和 $F(x)$在闭区间$[a,b]$连续,在开区间(a,b)内可导,且 $F'(x)\neq 0$,则至少存在一点 $\xi\in(a,b)$,使

$$\frac{f(b)-f(a)}{F(b)-F(a)}=\frac{f'(\xi)}{F'(\xi)}.$$

拉格朗日中值定理是柯西中值定理当 $F(x)=x$ 的一个特殊情形.

习 题 3-1

1. 验证函数 $f(x)=x\sqrt{2-x}$在$[0,2]$上满足罗尔定理的条件,并求出满足条件的 ξ 点.
2. 验证函数 $f(x)=2x^3+3x$ 在$[0,1]$上满足拉格朗日中值定理条件,并求出满足条件的 ξ 点.
3. 证明恒等式

$$\arctan x+\arctan\frac{1}{x}=\frac{\pi}{2} \quad (x>0).$$

4. 不用求函数 $f(x)=(x-1)(x-2)(x-3)(x-4)$的导数,说明方程 $f'(x)=0$ 有几个实根,并指它们所在的区间.
5. 设 $a>b>0$,证明$\frac{a-b}{a}<\ln\frac{a}{b}<\frac{a-b}{b}$.

6. 证明不等式 $|\arctan b-\arctan a|\leqslant|b-a|$.

3.2 洛必达法则

如果函数 $\frac{f(x)}{g(x)}$ 当 $x\to x_0$（或 $x\to\infty$）时，其分子、分母都趋于零或都趋于无穷大，那么极限 $\lim\limits_{\substack{x\to x_0\\(x\to\infty)}}\frac{f(x)}{g(x)}$ 可能存在，也可能不存在，通常称这种极限为 $\frac{0}{0}$ 型或 $\frac{\infty}{\infty}$ 型未定式. 本节介绍求这类未定式的一种有效方法——洛必达法则，在此基础上进一步讨论其他类型的未定式.

3.2.1 $\frac{0}{0}$ 型未定式的求极限法则

定理 1 （洛必达法则 1）如果函数 $f(x)$ 和 $g(x)$ 满足下列条件：

(1) $\lim\limits_{x\to x_0}f(x)=0$，$\lim\limits_{x\to x_0}g(x)=0$；

(2) 在 x_0 的某个邻域内（点 x_0 可以除外），$f'(x)$ 及 $g'(x)$ 都存在，且 $g'(x)\neq0$；

(3) $\lim\limits_{x\to x_0}\frac{f'(x)}{g'(x)}=A$，$A$ 可为有限数或 ∞.

则 $\lim\limits_{x\to x_0}\frac{f(x)}{g(x)}=\lim\limits_{x\to x_0}\frac{f'(x)}{g'(x)}$.

我们指出：法则 1 中 $x\to x_0$ 换成 $x\to x_0^+$ 或 $x\to x_0^-$ 时，结论仍成立；对于 $x\to\infty$、$x\to+\infty$、$x\to-\infty$ 时的 $\frac{0}{0}$ 型未定式，也有相应的洛必达法则.

【例 1】 求极限 $\lim\limits_{x\to0}\frac{e^{3x}-e^x}{x}$.

解 这是“$\frac{0}{0}$”型未定式，由洛必达法则，有

$$\lim_{x\to0}\frac{e^{3x}-e^x}{x}=\lim_{x\to0}\frac{3e^{3x}-e^x}{1}=2.$$

【例 2】 求极限 $\lim\limits_{x\to0}\frac{\sqrt{1+x}-1}{\sin3x}$.

解 所求的极限为“$\frac{0}{0}$”型未定式，由洛必达法则，有

$$\lim_{x\to0}\frac{\sqrt{1+x}-1}{\sin3x}=\lim_{x\to0}\frac{\frac{1}{2\sqrt{1+x}}}{3\cos3x}=\frac{1}{6}.$$

由以上两例可见，用洛必达法则求“$\frac{0}{0}$”型未定式极限比较方便，需要注意的是使用一次洛必达法则后仍是“$\frac{0}{0}$”型未定式，可以继续使用洛必达法则，即洛必达法则可以连续使用（必须检验是“$\frac{0}{0}$”型未定式）. 为方便起见，运用洛必达法则的每一步可在等号上方写上（$\frac{0}{0}$）.

【例 3】 求极限 $\lim\limits_{x\to0}\frac{x-\sin x}{x^3}$.

解 这是$\frac{0}{0}$型未定式，有

$$\lim_{x\to 0}\frac{x-\sin x}{x^3}\overset{(\frac{0}{0})}{=}\lim_{x\to 0}\frac{1-\cos x}{3x^2}\overset{(\frac{0}{0})}{=}\lim_{x\to 0}\frac{\sin x}{6x}=\frac{1}{6}.$$

【例 4】 求极限$\lim\limits_{x\to 1}\frac{x^3+x^2-5x+3}{x^3-x^2-x+1}$.

解 这是$\frac{0}{0}$型未定式，有

$$\lim_{x\to 1}\frac{x^3+x^2-5x+3}{x^3-x^2-x+1}\overset{(\frac{0}{0})}{=}\lim_{x\to 1}\frac{3x^2+2x-5}{3x^2-2x-1}\overset{(\frac{0}{0})}{=}\lim_{x\to 1}\frac{6x+2}{6x-2}=2.$$

【例 5】 求极限$\lim\limits_{x\to +\infty}\frac{\frac{\pi}{2}-\arctan x}{\frac{1}{x}}$.

解 这是$\frac{0}{0}$型未定式，有

$$\lim_{x\to +\infty}\frac{\frac{\pi}{2}-\arctan x}{\frac{1}{x}}\overset{(\frac{0}{0})}{=}\lim_{x\to +\infty}\frac{-\frac{1}{1+x^2}}{-\frac{1}{x^2}}=\lim_{x\to +\infty}\frac{x^2}{1+x^2}=1.$$

使用洛必达法则时，应注意是否可以化简极限式子，以使运算简捷.

【例 6】 求极限$\lim\limits_{x\to 0}\frac{x-x\cos x}{x-\sin x}$.

解 这是$\frac{0}{0}$型未定式，有

$$\begin{aligned}\lim_{x\to 0}\frac{x-x\cos x}{x-\sin x}&\overset{(\frac{0}{0})}{=}\lim_{x\to 0}\frac{1-\cos x+x\sin x}{1-\cos x}\\&=1+\lim_{x\to 0}\frac{x\sin x}{1-\cos x}\\&\overset{(\frac{0}{0})}{=}1+\lim_{x\to 0}\frac{\sin x+x\cos x}{\sin x}\\&=1+\lim_{x\to 0}(1+\frac{x\cos x}{\sin x})\\&=2+\lim_{x\to 0}\frac{x}{\sin x}\cdot\lim_{x\to 0}\cos x\\&=3.\end{aligned}$$

【同步练习】求下列极限：(1) $\lim\limits_{x\to 0}\frac{1-\cos x}{2x^2}$； (2) $\lim\limits_{x\to 0}\frac{x-\arcsin x}{x^3}$.

3.2.2 $\frac{\infty}{\infty}$型未定式

定理 2 （洛必达法则 2） 如果函数 $f(x)$ 和 $g(x)$满足下列条件：

(1) $\lim\limits_{x\to x_0}f(x)=\infty$，$\lim\limits_{x\to x_0}g(x)=\infty$；

(2) 在点 x_0 的某个邻域内(点 x_0 可以除外)，$f'(x)$ 及 $g'(x)$ 都存在，且 $g'(x)\neq 0$；

(3) $\lim\limits_{x\to x_0}\dfrac{f'(x)}{g'(x)}=A$，$A$ 可为有限数或∞.

则
$$\lim_{x\to x_0}\frac{f(x)}{g(x)}=\lim_{x\to x_0}\frac{f'(x)}{g'(x)}=A.$$

与法则 1 类似，法则 2 中的"$x\to x_0$"换成"$x\to x_0^+$"或"$x\to x_0^-$"，结论仍成立. 对于 $x\to\infty$、$x\to+\infty$ 和 $x\to-\infty$ 时的 $\dfrac{\infty}{\infty}$ 型未定式也有相应的洛必达法则，同样，运用洛必达法则的那一步在等号上方写上$\left(\dfrac{\infty}{\infty}\right)$.

【例 7】 求极限 $\lim\limits_{x\to+\infty}\dfrac{\ln x}{x^n}$.

解　这是"$\dfrac{\infty}{\infty}$"型未定式

$$\lim_{x\to+\infty}\frac{\ln x}{x^n}\overset{\frac{\infty}{\infty}}{=}\lim_{x\to+\infty}\frac{\frac{1}{x}}{nx^{n-1}}=\lim_{x\to+\infty}\frac{1}{nx^n}=0.$$

【例 8】 求极限 $\lim\limits_{x\to+\infty}\dfrac{x^n}{e^x}$，($n$ 为正整数).

解　所求的极限为"$\dfrac{\infty}{\infty}$"型未定式，多次应用洛必达法则，得

$$\begin{aligned}\lim_{x\to+\infty}\frac{x^n}{e^x}&\overset{\left(\frac{\infty}{\infty}\right)}{=}\lim_{x\to+\infty}\frac{nx^{n-1}}{e^x}\\&\overset{\left(\frac{\infty}{\infty}\right)}{=}\lim_{x\to+\infty}\frac{n(n-1)x^{n-2}}{e^x}\overset{\left(\frac{\infty}{\infty}\right)}{=}\cdots\\&\overset{\left(\frac{\infty}{\infty}\right)}{=}\lim_{x\to+\infty}\frac{n!}{e^x}=0.\end{aligned}$$

事实上，如果[例 8]中的 n 是任意正实数，那么极限仍为零.

由[例 7]和[例 8]可见，当 $x\to+\infty$ 时，e^x、$x^n(n>0)$、$\ln x$ 都是无穷大量，其中以 e^x 的增加速度最快，x^n 次之，$\ln x$ 最慢.

【同步练习】求下列极限：(1) $\lim\limits_{x\to+\infty}\dfrac{x^2}{e^{3x}}$；　(2) $\lim\limits_{x\to+\infty}\dfrac{\ln^2 x}{x}$.

3.2.3　可化为 $\dfrac{0}{0}$ 型或 $\dfrac{\infty}{\infty}$ 型未定式

未定式的极限除了"$\dfrac{0}{0}$"型、"$\dfrac{\infty}{\infty}$"型外，还有下列一些其他类型的未定式："$0\cdot\infty$"型、"$\infty\to\infty$"型、"∞^0"型、"1^∞"型未定式.

它们可以通过恒等变形化为 $\dfrac{0}{0}$ 型或 $\dfrac{\infty}{\infty}$ 型未定式，然后运用洛必达法则来求极限，下面举例说明.

【例 9】 求极限 $\lim\limits_{x\to 0^+}x\ln x$.

解 所求的极限为“$0\cdot\infty$”型未定式，因为$x\ln x=\dfrac{\ln x}{\dfrac{1}{x}}$，

当$x\to0^+$时，上式右端为$\dfrac{\infty}{\infty}$型未定式，应用洛必达法则，有

$$\lim_{x\to0^+}x\ln x=\lim_{x\to0^+}\frac{\ln x}{x^{-1}}\overset{(\frac{\infty}{\infty})}{=}\lim_{x\to0^+}\frac{\dfrac{1}{x}}{-x^{-2}}=-\lim_{x\to0^+}x=0.$$

【例 10】 求极限$\lim\limits_{x\to0}\left(\dfrac{1}{x}-\dfrac{1}{e^x-1}\right)$.

解 这是$\infty-\infty$型未定式，可以通过通分的方法将其化为$\dfrac{0}{0}$型未定式.

$$\lim_{x\to0}\left(\frac{1}{x}-\frac{1}{e^x-1}\right)=\lim_{x\to0}\frac{e^x-1-x}{x(e^x-1)}\overset{(\frac{0}{0})}{=}\lim_{x\to0}\frac{e^x-1}{e^x-1+xe^x}$$

$$\overset{(\frac{0}{0})}{=}\lim_{x\to0}\frac{e^x}{2e^x+xe^x}=\frac{1}{2}.$$

【例 11】 求极限$\lim\limits_{x\to0^+}x^x$.

解 所求极限为0^0型. 可以通过恒等变形化其为$0\cdot\infty$型未定式，再化为$\dfrac{\infty}{\infty}$型未定式.

$$\lim_{x\to0^+}x^x=\lim_{x\to0^+}e^{x\ln x}=e^{\lim\limits_{x\to0^+}x\ln x}.$$

又由[例 9]$\lim\limits_{x\to0^+}x\ln x=0$故

$$\lim_{x\to0^+}x^x=1.$$

必须指出，洛必达法则是求解未定式极限的有效方法，但是有时对于某些未定式极限来说，$\lim\limits_{\substack{x\to x_0\\(x\to\infty)}}\dfrac{f'(x)}{g'(x)}$不存在时，并不能说$\lim\limits_{\substack{x\to x_0\\(x\to\infty)}}\dfrac{f(x)}{g(x)}$不存在，这时不能用洛必达法则，需用其他方法求.

【例 12】 计算$\lim\limits_{x\to+\infty}\dfrac{\sqrt{1+x^2}}{x}$.

解 所求极限为“$\dfrac{\infty}{\infty}$”型未定式，若不断地运用法则，则有

$$\lim_{x\to+\infty}\frac{\sqrt{1+x^2}}{x}=\lim_{x\to+\infty}\frac{(\sqrt{1+x^2})'}{(x)'}=\lim_{x\to+\infty}\frac{x}{\sqrt{1+x^2}}$$

$$=\lim_{x\to+\infty}\frac{(x)'}{(\sqrt{1+x^2})'}=\lim_{x\to+\infty}\frac{\sqrt{1+x^2}}{x}=\cdots.$$

如此周而复始，因此洛必达法则对该例是失效的，但是，此例极限为 1.

【同步练习】求下列极限：(1) $\lim\limits_{x\to0}\left(\dfrac{1}{x}-\dfrac{1}{\sin x}\right)$； (2) $\lim\limits_{x\to0}\left(\dfrac{1}{x^2}-\dfrac{1}{\sin^2x}\right)$.

习　题　3-2

1. 求下列极限：

(1) $\lim\limits_{x\to 0}\dfrac{e^x-e^{-x}}{x}$；　　(2) $\lim\limits_{x\to a}\dfrac{x^m-a^m}{x^n-a^n}(a\neq 0,m,n$ 为正整数)；

(3) $\lim\limits_{x\to 0}\dfrac{\tan 2x}{\sin 5x}$；　　(4) $\lim\limits_{x\to 0}\dfrac{\ln\cos x}{e^x-1}$；

(5) $\lim\limits_{x\to 1}(1-x)\tan\dfrac{\pi}{2}x$；　　(6) $\lim\limits_{x\to 0}\dfrac{\tan x-\sin x}{x^3}$；

(7) $\lim\limits_{x\to +\infty}\dfrac{\ln x}{x^2}$；　　(8) $\lim\limits_{x\to +\infty}\dfrac{x^2}{e^x}$；

(9) $\lim\limits_{x\to 1}\left(\dfrac{x}{x-1}-\dfrac{1}{\ln x}\right)$；　　(10) $\lim\limits_{x\to 0}\dfrac{\sqrt{1+x}-\sqrt{1+\sin x}}{x^3}$；

(11) $\lim\limits_{x\to 0}\dfrac{e^x-e^{-x}-2x}{x-\sin x}$；　　(12) $\lim\limits_{x\to 0}\left(\dfrac{1}{x^2}-\dfrac{1}{\sin^2 x}\right)$；

(13) $\lim\limits_{x\to 0^+}x^{\sin x}$；　　(14) $\lim\limits_{x\to 0^+}(1-\sin x)^{\frac{1}{x}}$.

2. 验证极限$\lim\limits_{x\to 0}\dfrac{x^2\sin\dfrac{1}{x}}{\tan x}$存在，但用洛必达法则求该极限却失效.

3.3　函数的单调性、极值与最值

3.3.1　函数单调性的判别法

单调性是函数的重要性态之一，它既决定着函数递增和递减的状况，又能帮助我们研究函数的极值，还能证明某些不等式和分析函数的图形. 本节将以微分中值定理为工具，给出函数单调性的判别法及极值的判别法.

定理 1　设函数 $y=f(x)$在闭区间$[a,b]$上连续，在开区间(a,b)内可导.

(1) 若当 $x\in(a,b)$时，$f'(x)>0$，则 $f(x)$在$[a,b]$内单调增加；

(2) 若当 $x\in(a,b)$ 时，$f'(x)<0$，则 $f(x)$在$[a,b]$内单调减少.

证　设 x_1,x_2 为$[a,b]$内的任意两点，且 $x_1<x_2$，则由拉格朗日中值定理有

$$\frac{f(x_2)-f(x_1)}{x_2-x_1}=f'(\xi),$$

式中：$\xi\in(a,b)$.

(1) 若 $f'(x)>0$，则 $f'(\xi)>0$，于是

$$\frac{f(x_2)-f(x_1)}{x_2-x_1}>0.$$

因为 $x_2>x_1$，所以 $f(x_2)-f(x_1)>0$，即当 $x_2>x_1$ 时，有

$$f(x_2)>f(x_1),$$

可知 $f(x)$在$[a,b]$内单调增加.

(2) 对于 $f'(x)<0$ 的情形，其证法与(1)的情况类似.

定理 1 的几何意义：如果曲线 $f(x)$ 在某个区间的切线与 x 轴正向夹角 α 是锐角，则该曲线在该区间内上升如图 3-3(a)所示；若这个夹角是钝角($\tan\alpha<0$)，则该曲线在该区间内下降如图 3-3(b)所示.

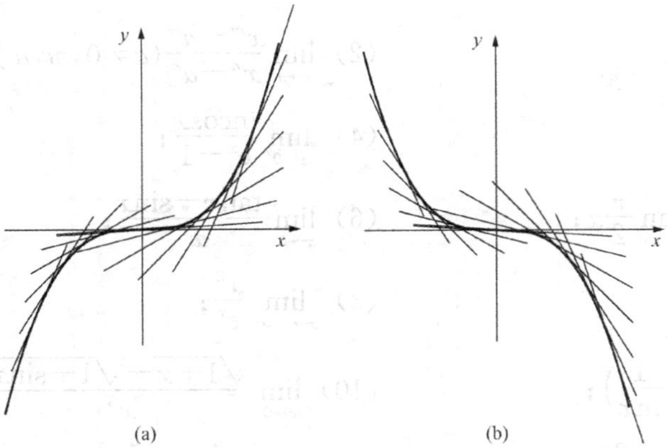

图 3-3

定理 1 中闭区间可换成开区间、半开区间、无穷区间，结论也成立.

如果函数的导数仅在个别点处为零，而在其余的点处均满足定理 1 的条件，那么定理 1 的结论仍然成立，例如 $y=x^3$.

【例 1】 讨论函数 $f(x)=x^2$ 的单调性.

解 $f(x)=x^2$ 的定义域为$(-\infty,+\infty)$，$f'(x)=2x$ 在$(-\infty,+\infty)$内可正可负，且 $f'(0)=0$，即 $x=0$ 为函数的驻点，所以 $f(x)=x^2$ 在定义域$(-\infty,+\infty)$内不是单调函数. 但在区间$(-\infty,0)$内，$f'(x)<0$，所以在区间$(-\infty,0]$上，函数单调减少；在区间$(0,+\infty)$内，$f'(x)>0$，所以在区间$[0,+\infty)$上，函数单调增加.

区间$(-\infty,0]$和$(0,+\infty)$称为函数 $f(x)=x^2$ 的单调区间，而驻点 $x=0$ 是其单调减少区间$(-\infty,0]$和单调增加区间$(0,+\infty)$的分界点.

由[例 1]看到，函数在整个区间内不是单调函数. 但是可以用驻点将整个定义区间划分为若干个子区间的并，在各个子区间上函数具有单调性. 由此得到启发，对于可导函数，为确定其单调区间，只要求出在函数定义区间内的全部驻点，然后用这些驻点划分函数的定义区间来进行判断. 另外，如果函数在某些点处不可导，则划分函数定义区间的分点，还应包括这些导数不存在的点，如：函数 $f(x)=|x|$ 在 $x=0$ 处不可导，在$(-\infty,0)$上单调减少，在$[0,+\infty)$上单调增加.

由此，确定一般函数 $f(x)$ 的单调区间的步骤如下：

(1) 确定函数的定义域；

(2) 求出使 $f'(x)=0$ 和 $f'(x)$ 不存在的点，并以这些点为分界点，将定义域分为若干个子区间；

(3) 确定 $f'(x)$ 在各个子区间内的符号，从而判定出 $f(x)$ 的单调性.

【例 2】 求函数 $f(x)=x^3-3x+5$ 的单调区间.

解 (1) 该函数的定义区间为$(-\infty,+\infty)$；

(2) $f'(x)=3x^2-3=3(x+1)(x-1)$，令 $f'(x)=0$，得 $x=-1$，$x=1$，它们将定义区间分

为三个子区间：$(-\infty,-1)$，$(-1,1)$，$(1,+\infty)$；

(3) 因为当 $x\in(-\infty,-1)$ 时，$f'(x)>0$，$x\in(-1,1)$ 时，$f'(x)<0$，$x\in(1,+\infty)$ 时，$f'(x)>0$. 所以 $(-\infty,-1)$ 和 $(1,+\infty)$ 是 $f(x)$ 的单调增加区间，$(-1,1)$ 是 $f(x)$ 的单调减少区间.

【例 3】 讨论函数 $f(x)=(x-1)x^{\frac{2}{3}}$ 的单调性.

解 (1) 该函数的定义区间为 $(-\infty,+\infty)$；

(2) $f'(x)=\frac{2}{3}x^{\frac{-1}{3}}(x-1)+x^{\frac{2}{3}}=\frac{5x-2}{3x^{\frac{1}{3}}}$，令 $f'(x)=0$ 得 $x=\frac{2}{5}$，此外，显然 $x=0$ 为 $f(x)$ 的不可导点，于是 $x=0$，$x=\frac{2}{5}$ 分定义区间为三个子区间 $(-\infty,0)$，$(0,\frac{2}{5})$，$(\frac{2}{5},+\infty)$.

(3) 因为 $x\in(-\infty,0)$ 和 $(\frac{2}{5},+\infty)$ 时，$f'(x)>0$，$x\in(0,\frac{2}{5})$ 时，$f'(x)<0$，所以 $f(x)$ 在 $(-\infty,0)$ 和 $(\frac{2}{5},+\infty)$ 内单调增加，在 $(0,\frac{2}{5})$ 内单调减少.

【例 4】 对某企业员工的工作效率研究表明，一个班次(8h)的中等水平员工早上 8:00 开始工作，在 t 小时后，工作效率为

$$Q(t)=-t^3+9t^2+21t\quad(0\leqslant t\leqslant 8).$$

试讨论该班次何时工作效率是提高的，何时工作效率是下降的.

解 工作效率由函数 $Q(t)=-t^3+9t^2+21t$ 确定，其提高与下降分别为函数单调增加与单调减少.

$$Q'(t)=-3t^2+18t+21=-3(t^2-6t-7)=-3(t+1)(t-7).$$

当 $0<t<7$ 时，$Q'(t)>0$，即工作效率是提高的；

当 $7<t<8$ 时，$Q'(t)<0$，即工作效率是下降的.

【例 5】 证明：当 $x>1$ 时，$2\sqrt{x}>3-\frac{1}{x}$.

证 令 $f(x)=2\sqrt{x}-(3-\frac{1}{x})$，则

$$f'(x)=\frac{1}{\sqrt{x}}-\frac{1}{x^2}=\frac{1}{x^2}(x\sqrt{x}-1).$$

$f(x)$ 在 $[1,+\infty)$ 上连续，在 $(1,+\infty)$ 内 $f'(x)>0$，因此函数 $f(x)$ 在区间 $[1,+\infty)$ 上单调增加，从而当 $x>1$ 时，有 $f(x)>f(1)$，又 $f(1)=0$，故 $f(x)>f(1)=0$，所以

$$2\sqrt{x}-(3-\frac{1}{x})>0\quad(x>1),$$

即
$$2\sqrt{x}>3-\frac{1}{x}\quad(x>1).$$

【同步练习】 试确定函数 $y=x^3-9x^2+24x-18$ 的单调区间.

3.3.2 函数的极值及其求法

极值是函数的一种局部性态，它能帮助我们进一步把握函数的变化状况，为准确描绘函数图形提供不可缺少的信息. 它又是研究函数的最大值和最小值问题的关键所在.

下面介绍函数极值的定义和极值的求法.

定义 1 设函数 $f(x)$ 在 x_0 的一个邻域内有定义，若对于该邻域内异于 x_0 的 x 恒有

(1) $f(x_0)>f(x)$，则称 $f(x_0)$ 为函数 $f(x)$ 的极大值，x_0 称为 $f(x)$ 的极大值点；

(2) $f(x_0)<f(x)$，则称 $f(x_0)$ 为函数 $f(x)$ 的极小值，x_0 称为 $f(x)$ 的极小值点.

函数的极大值、极小值统称为函数的极值，极大值点、极小值点统称为极值点.

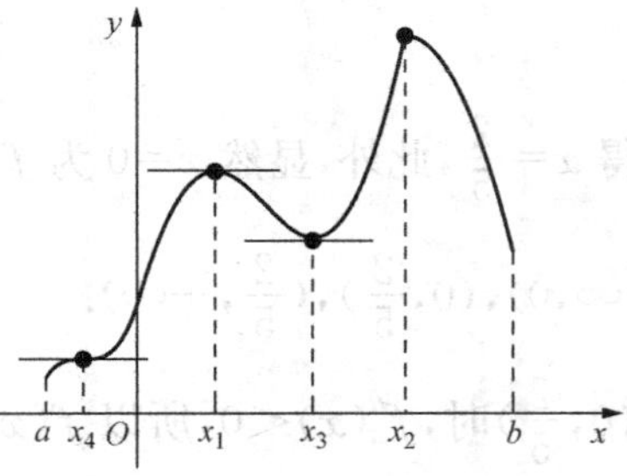

图 3-4

在图 3-4 中，x_1，x_2 为函数 $f(x)$ 的极大值点，x_3 为 $f(x)$ 的极小值点.

极值只是函数在一个小范围内最大的值和最小的值，因此极值是函数的局部性态，而函数的最大值与最小值则是指定区域内的整体性态，两者不可混淆.

一个函数可能有若干个极大值或极小值，而且有的极小值可能比有的极大值还大.

定理 2 （极值的必要条件） 设函数 $y=f(x)$ 在点 x_0 处可导，且 $f(x_0)$ 为极值，即 x_0 为极值点，则 $f'(x_0)=0$.

证 (1) 设 $f(x_0)$ 为极大值，则由定义 1 可知，必存在 x_0 的一个邻域 $U(x_0,\delta)$，当 $x_0+\Delta x\in U(x_0,\delta)$ 时，有

$$f(x_0+\Delta x)-f(x_0)<0 \quad (\Delta x\neq 0).$$

因此，当 $\Delta x<0$ 时，有

$$\frac{f(x_0+\Delta x)-f(x_0)}{\Delta x}>0;$$

当 $\Delta x>0$ 时，有

$$\frac{f(x_0+\Delta x)-f(x_0)}{\Delta x}<0.$$

因为 $f(x)$ 在 x_0 处可导，所以 $f(x)$ 在该点处的左、右导数存在且相等，即 $f'_-(x_0)=f'_+(x_0)$，由于

$$f'_-(x_0)=\lim_{\Delta x\to 0^-}\frac{f(x_0+\Delta x)-f(x_0)}{\Delta x}\geqslant 0,$$

$$f'_+(x_0)=\lim_{\Delta x\to 0^+}\frac{f(x_0+\Delta x)-f(x_0)}{\Delta x}\leqslant 0.$$

因此，$f'(x_0)=0$.

(2) 类似证明极小值情形.

几何意义：可导函数的图形在极值点处的切线与 Ox 轴平行.

定理 2 表明：可导函数 $f(x)$ 的极值点必定是驻点. 但反过来，函数的驻点却不一定是极值点. 例如，$f(x)=x^3$ 的导函数 $f'(x)=3x^2$，$f'(0)=0$，因此 $x=0$ 是这可导函数的驻点，但 $x=0$ 却不是函数的极值点.

函数的连续但不可导点也可能是函数的极值点. 例如函数 $f(x)=|x|$ 在 $x=0$ 处连续但不可导，但 $f(x)$ 在 $x=0$ 处取到极小值.

综上所述，函数的极值点是它的驻点或导数不存在点；反之，函数的驻点和导数不存在点未必是它的极值点.

那么,如何来判断函数的驻点和导数不存在点是它的极值点呢?利用函数单调性可得到下面的极值点的判定定理.

定理 3　(极值的第一充分条件)　设函数 $y=f(x)$在 x_0 的一个邻域内可微(在 x_0 处可以不可微,但必须连续),若当 x 在该邻域内由小于 x_0 连续地变为大于 x_0 时,其导数 $f'(x)$改变符号,则 $f(x_0)$为函数的极值. x_0 为函数的极值点,并且

(1) 若导数 $f'(x)$由正值变为负值,则 x_0 为极大值点,$f(x_0)$为 $f(x)$的极大值;

(2) 若导数 $f'(x)$由负值变为正值,则 x_0 为极小值点,$f(x_0)$为 $f(x)$的极小值.

若 $f'(x)$在 x_0 的两侧同号,则 x_0 不是 $f(x)$的极值点,$f(x)$在 x_0 处不是极值.

定理 4　(函数极值的第二充分条件)　设函数 $y=f(x)$在 x_0 处的二阶导数存在,若 $f'(x_0)=0$,且 $f''(x_0)\neq 0$,则 x_0 是函数的极值点,$f(x_0)$为函数的极值,并且

(1) 当 $f''(x_0)>0$ 时,则 x_0 为极小值点,$f(x_0)$为极小值;

(2) 当 $f''(x_0)<0$ 时,则 x_0 为极大值点,$f(x_0)$为极大值.

证明从略.

运用定理 3 求函数极值的一般步骤:

(1) 确定定义域,并找出所给函数的驻点和导数不存在的点;

(2) 考察上述点两侧导数的符号,确定极值点;

(3) 求出极值点处的函数值,得到极值.

运用定理 4 求函数极值的一般步骤:

(1) 确定定义域,并求出所给函数的全部驻点;

(2) 考察函数的二阶导数在驻点处的符号,确定极值点;

(3) 求出极值点处的函数值,得到极值.

【例 6】　求函数 $f(x)=x^3-3x^2-9x+6$ 的极值.

解　(1) 函数 $f(x)$定义域为$(-\infty,+\infty)$.

$$f'(x)=3x^2-6x-9$$
$$=3(x+1)(x-3).$$

令 $f'(x)=0$ 得 $f(x)$的驻点:$x=-1$,$x=3$,该函数在定义区间内无不可导的点,上述驻点将定义区间分为 3 个子区间$(-\infty,-1)$,$(-1,3)$,$(3,+\infty)$.

(2) 确定驻点两侧 $f'(x)$的符号,当 $x\in(-\infty,-1)$时,$f'(x)>0$;当 $x\in(-1,3)$ 时,$f'(x)<0$;当 $x\in(3,+\infty)$时,$f'(x)>0$,因此,由定理 3 可知,$x=-1$ 为函数的极大值点,$x=3$ 为极小值点.

(3) 计算极值:

极大值 $f(-1)=11$,极小值 $f(3)=-21$.

上述(2)(3)也可用列表形式给出,见表 3-1.

表 3-1

x	$(-\infty,-1)$	-1	$(-1,3)$	3	$(3,+\infty)$
$f'(x)$	+	0	−	0	+
$f(x)$	↗	极大值 11	↘	极小值−21	↗

【例 7】　求函数 $f(x)=(x-1)^2(x-2)^3$ 的极值.

解 (1) 定义域为$(-\infty,+\infty)$.寻求驻点和导数不存在的点.因为

$$f'(x)=2(x-1)(x-2)^3+3(x-1)^2(x-2)^2$$
$$=(x-1)(x-2)^2(5x-7).$$

所以,由$f'(x)=0$可得$f(x)$的3个驻点:$x=1,x=\frac{7}{5},x=2$,该函数在定义区间内无不可导的点,上述驻点将定义区间分为4个子区间$(-\infty,1),(1,\frac{7}{5}),(\frac{7}{5},2),(2,+\infty)$.

(2) 确定$f'(x)$在驻点两侧的符号,不难算得当$x\in(-\infty,1)$时,$f'(x)>0$;当$x\in(1,\frac{7}{5})$时,$f'(x)<0$;当$x\in(\frac{7}{5},2)$时,$f'(x)>0$,当$x\in(2,+\infty)$时,$f'(x)>0$,因此,由定理可知,$x=1$为极大值点,$x=\frac{7}{5}$为极小值点,$x=2$不是极值点(因为在$x=2$的两侧$f'(x)$同为正号).

(3) 计算极值:

极大值$f(1)=0$,极小值$f(\frac{7}{5})=-\frac{108}{3125}$.

【例8】 求函数$f(x)=x^4-10x^2+5$的极值.

解 (1) 定义域为$(-\infty,+\infty)$.因为

$$f'(x)=4x^3-20x=4x(x^2-5).$$

所以,由$f'(x)=0$可得该函数的3个驻点:$x=-\sqrt{5},x=0,x=\sqrt{5}$.

(2) 因为

$$f''(x)=12x^2-20,$$

所以有$f''(-\sqrt{5})=12(-\sqrt{5})^2-20>0$;$f''(0)=-20<0$;$f''(\sqrt{5})>0$.

故由定理4可知:$x=-\sqrt{5}$和$x=\sqrt{5}$为极小值点,$x=0$为极大值点.

(3) 计算极值:极小值$f(-\sqrt{5})=-20$;极大值$f(0)=5$;极小值$f(\sqrt{5})=-20$.

【同步练习】求函数$y=2x-\ln(3+x)$的极值.

3.3.3 最大值与最小值问题

若函数$f(x)$在闭区间$[a,b]$上连续,那么它在该区间上一定有最大值和最小值.

如果其最大值和最小值在开区间(a,b)内取得,那么对可微函数来讲最大值点和最小值点,必在$f(x)$的驻点之中.

有时函数的最大值和最小值可能在区间的端点处得到,因此,求出$f(x)$在(a,b)内的全部驻点处的值及$f(a)$和$f(b)$(如遇到不可微的点,还要算出不可微点处的函数值),将它们加以比较,其中最大者即为函数$f(x)$在$[a,b]$上的最大值,最小者即为$f(x)$在$[a,b]$上的最小值.

【例9】 试求函数$f(x)=3x^4-16x^3+30x^2-24x+4$在区间$[0,3]$上的最大值和最小值.

解 $f'(x)=12x^3-48x^2+60x-24=12(x-1)^2(x-2)$,令$f'(x)=0$,得驻点$x=1,x=2$,它们为$f(x)$可能的极值点,算出这些点及区间端点处的函数值:

$$f(0)=4,f(1)=-3,f(2)=-4,f(3)=13.$$

将它们加以比较,可知在区间$[0,3]$上$f(x)$的最大值为$f(3)=13$,最小值为$f(2)=-4$.

在求函数的最大值或最小值时，特别值得指出下述情形：

(1) 若函数 $f(x)$ 在某区间(闭区间 $[a,b]$，开区间 (a,b)，或无穷区间)内仅有一个可能极值点 x_0，则当 x_0 为极大(小)值点时，$f(x_0)$ 就是该函数在此区间上的最大(小)值；

(2) 在实际问题中，若由分析得知，确实存在最大值或最小值，且所讨论的区间内仅有一个可能的极值点，那么这个点处的函数值一定是最大值或最小值.

【例 10】 求乘积为常数 $a>0$ 而其和为最小的两个正数.

解 (1) 建立表示该问题的函数，这样的函数通常称为目标函数. 记这两个正数为 x 和 y，则由条件可知 $xy=a$，其中 $x>0, y>0$，由此可得 $y=\frac{a}{x}$，设 x 与 y 之和为 $s=x+y$，则可得目标函数

$$s(x)=x+\frac{a}{x}\quad(x>0),$$

(2) 求目标函数的最小值：因为

$$s'(x)=1-\frac{a}{x^2}.$$

令 $s'(x)=0$，得 $x=-\sqrt{a}, x=\sqrt{a}$，其中 $x=-\sqrt{a}$ 不在目标函数的定义域内，故该函数可能的极值点只有一个：$x=\sqrt{a}$ 时，易知当 $x>\sqrt{a}$，$s'(x)>0$；当 $x<\sqrt{a}$ 时，$s'(x)<0$，所以乘积一定而其和为最小的两个数是：$x=\sqrt{a}, y=\sqrt{a}$.

【例 11】 设圆柱形有盖茶缸容积 V 为常数，求表面积为最小时，底半径 x 与高 y 之比.

解 (1) 建立目标函数，茶缸容积为 $V=\pi x^2 y$，设表面积为 S，则 $S=2\pi x^2+2\pi xy$. 因为 V 为常数，所以，$y=\frac{V}{\pi x^2}$，由此可得目标函数——茶缸表面积的表达式，有

$$S(x)=2\pi x^2+\frac{2\pi xV}{\pi x^2}=2\pi x^2+\frac{2V}{x}\quad(x>0).$$

(2) 求 $S(x)$ 的最小值.

因为
$$S'(x)=4\pi x-\frac{2V}{x^2},$$

令 $S'(x)=0$，得可能极值点 $x=\sqrt[3]{\frac{V}{2\pi}}$，且唯一，又 $S''(x)=4\pi+\frac{4V}{x^3}$，$S''\left(\sqrt[3]{\frac{V}{2\pi}}\right)>0$. 所以 $S(x)$ 在 $x=\sqrt[3]{\frac{V}{2\pi}}$ 处取得最小值.

(3) 求底半径与高之比.

由 $y=\frac{V}{\pi x^2}$ 和 $x=\sqrt[3]{\frac{V}{2\pi}}$ 可以算得

$$y=\frac{V}{\pi\left(\sqrt[3]{\frac{V}{2\pi}}\right)^2}=\sqrt[3]{\frac{V}{2\pi}}\cdot 2=2x.$$

因此，当底半径与高之比为 $\frac{1}{2}$，即当其直径与高相等时，茶缸的表面积最小.

大家只要量一下自己的茶缸，就会发现，厂家确实大体是按这个尺寸的比例生产的，因为这时用料最省.

【例12】 设有甲、乙两市，甲市位于一直线形河岸，乙市离河岸40km，且乙市到河岸的垂足与甲市相距50km，两市在河边合作建设一个自来水厂取水。设由水厂到甲市和乙市的水管费用分别为每公里500元和700元。问水厂应建在河边何处，能使水管费用最省？

解 (1) 建立目标函数. 建立直角坐标系(见图3-5)，设水厂建在x轴上x处，由题意可得，水管费用为

$$f(x)=500(50-x)+700\sqrt{40^2+x^2}\quad(0\leqslant x\leqslant 50).$$

(2) 求$f(x)$的最小值.

因为$f'(x)=-500+\dfrac{700x}{\sqrt{40^2+x^2}}$，令$f'(x)=0$.

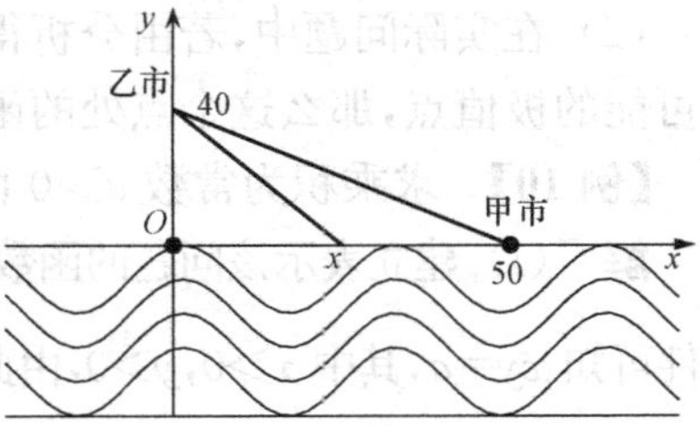

图3-5

解得$x=\dfrac{100}{\sqrt{6}}$. 又

$$f''(x)=\frac{700\left(\sqrt{40^2+x^2}-\dfrac{x^2}{\sqrt{40^2+x^2}}\right)}{40^2+x^2}=\frac{700\times 40^2}{(40^2+x^2)^{\frac{3}{2}}},$$

$$f''(x)\Big|_{x=\frac{100}{\sqrt{6}}}>0.$$

所以$x=\dfrac{100}{\sqrt{6}}$是$f(x)$的极小值点，也是最小值点. 即水厂设在离原点处$\dfrac{100}{\sqrt{6}}$km时，水管费用最省.

【例13】 设某厂生产某种产品的固定成本为20 000元，每生产一个产品成本增加100元，总收益函数为

$$R(x)=\begin{cases}400x-\dfrac{x^2}{2}, & 0<x\leqslant 400\\ 80\ 000, & x>400\end{cases},$$

试求总利润最大时的产量以及最大利润.

解 (1) 建立目标函数.

成本函数为$C(x)=20\ 000+100x$，则总利润函数为

$$L(x)=R(x)-C(x)=\begin{cases}300x-\dfrac{x^2}{2}-20\ 000, & 0<x\leqslant 400\\ 60\ 000-100x, & x>400\end{cases}.$$

(2) 求$L(x)$的最大值.

$$L'(x)=\begin{cases}300-x, & 0<x\leqslant 400\\ -100, & x>400\end{cases}.$$

令$L'(x)=0$得$x=300$，所以当产量为$x=300$时，总利润最大，最大利润为

$$L(300)=90\ 000-\frac{300^2}{2}-20\ 000=25\ 000(\text{元}).$$

【同步练习】试确定函数$y=\dfrac{\ln x}{x}$在区间$[1,e^2]$上的最小值.

习　题 3-3

1. 判定函数 $y=x-\sin x(0\leqslant x\leqslant 2\pi)$ 的单调性.

2. 确定下列函数的单调区间：

(1) $y=2x^3-9x^2+12x-8$；

(2) $y=x+\sqrt{2-x}$；

(3) $y=ex-e^x$；

(4) $y=4x^2-\ln x$；

(5) $y=(x-2)x^{\frac{2}{3}}$.

3. 利用单调性，证明下列不等式：

(1) 当 $x>0$ 时，$e^x>1+x$；

(2) 当 $x>0$ 时，$\ln(1+x)>\dfrac{x}{1+x}$；

(3) 当 $x>0$ 时，$\ln(1+x)>\dfrac{\arctan x}{1+x}$.

4. 证明方程 $x^3+x-1=0$ 有且仅有一个正根.

5. 求下列函数的极值点与极值：

(1) $f(x)=x^3-3x^2-9x+8$；

(2) $f(x)=x^4\ln x$；

(3) $f(x)=\dfrac{x}{1+x^2}$；

(4) $f(x)=(x-1)x^{\frac{2}{3}}$；

(5) $y=x-\ln(1+x)$；

(6) $y=x+\sqrt{1-x}$.

6. 求下列函数的最值点与最值：

(1) $f(x)=\dfrac{x^3}{3}-4x+5,x\in[-1,3]$；

(2) $f(x)=\dfrac{x^2}{1+x},x\in[-\dfrac{1}{2},2]$；

(3) $f(x)=\sqrt{3-2x},x\in[-1,1]$.

7. 问函数 $y=x^2-\dfrac{2}{x},(x<0)$ 在何处取到最小值.

8. 要设计一个容器为 V 立方米的有盖圆柱形储油桶，已知单位面积造价：侧面是底面的一半，而盖是底面的 2 倍。问：储油桶的尺寸如何设计，造价最低，忽略储油桶的厚度以及制作中材料的损耗.

9. 有一块宽为 $2a$ 的长方形铁皮，将宽的两个边缘向上折起，做成一个开口水槽，其横截面为矩形，高为 x，问高 x 取何值时水槽的容量最大？

10. 通过从 12cm×12cm 的正方形马口铁的四角切去全等的四个小正方形，再把四边向上折起制作一只无盖的方盒子. 从四个角要切掉多大的正方形才能使方盒子装得尽可能多？最多能装多少？

11. 要建造一个顶部和底面齐平，底是边长为 xm 的正方形，深为 ym 的容积为 1125m^3 的收集雨水的无盖长方体水池. 其成本不仅和建造池子所用的材料有关，而且与乘积 xy 成正比的开挖成本有关. 如果总成本为

$$c = 5(x^2 + 4xy) + 10xy,$$

问 x、y 各为多少时，总成本最小.

12. 建造一个下部为圆柱上部为半球形状的谷仓(不包括底部)，就每平方米表面的造价而言，半球的成本为圆柱形侧面表面成本的两倍. 如果体积 V 一定，试确定使建造成本最小的尺寸. 忽略谷仓的厚度.

3.4 曲线的凹凸性、拐点和函数作图

3.4.1 曲线的凹凸性与拐点

3.3 节研究了函数的单调性，函数的单调性反映在图形上，即为曲线的上升或下降，但是曲线在上升或下降的过程中，还有一个弯曲方向的问题，如图 3-6 所示，两条曲线都是上升，但弯曲方向却不一样，因而图形显著不同. 图形的弯曲方向，在几何上是用曲线的"凹凸性"来描述的.

观察图 3-6(a)中的曲线，可以看出曲线 $y=f(x)$上各点的切线都位于曲线的下方；图3-6(b)中的曲线上各点的切线都位于曲线的上方。下面以这种明显的几何特征定义曲线的"凹"与"凸".

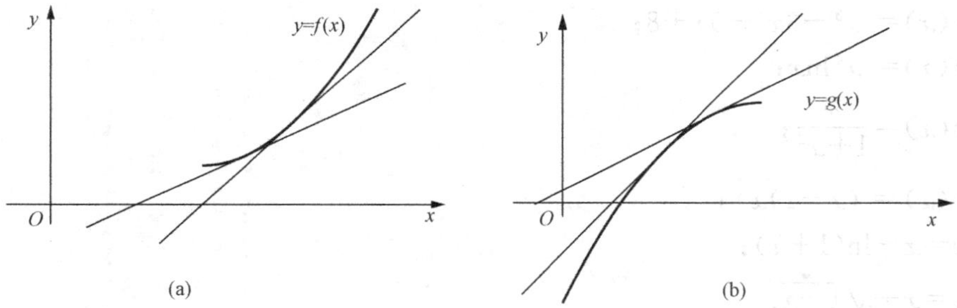

图 3-6

定义 1 若在区间(a,b)内，曲线 $y=f(x)$位于其上各点的切线的上(下)方，则称此曲线在区间(a,b)内是凹(凸)的，区间(a,b)称为曲线的凹(凸)区间.

由定义 1 可见，图 3-6(a)中的曲线 $y=f(x)$是凹曲线，图 3-6(b)中的曲线 $y=g(x)$为凸曲线。那么，如何判断曲线的"凹"与"凸"？观察图 3-6 中的曲线，$y=g(x)$之所以为凸曲线，是其上各点的切线的斜率随 x 的增大而减少，即 $g'(x)$是单调减少的，有 $g''(x)<0$；而凹曲线 $y=f(x)$上各点的切线的斜率随 x 的增大而增大，即 $f'(x)$是单调增加的，有 $f''(x)>0$. 由此可见，可以用二阶导数的符号来刻画曲线的"凹"与"凸".

定义 2 设函数 $y=f(x)$在区间 I 内连续，则曲线 $y=f(x)$在区间 I 内的凹凸分界点，叫做曲线 $y=f(x)$的拐点.

定理 1 设函数 $y=f(x)$在区间$[a,b]$上连续，在(a,b)内二阶可导，则：

(1) 如果在区间(a,b)内，$f''(x)<0$，则曲线 $y=f(x)$在区间$[a,b]$内是凸的；

(2) 如果在区间(a,b)内，$f''(x)>0$，则曲线 $y=f(x)$在区间$[a,b]$内是凹的.

定理 2 (拐点的必要条件) 若函数 $y=f(x)$在 x_0 处二阶导数 $f''(x_0)$存在，且点$(x_0$，

$f(x_0))$为曲线 $y=f(x)$的拐点,则 $f''(x_0)=0$.

$f''(x_0)=0$ 是点$(x_0,f(x_0))$为拐点必要条件,而非充分条件. 例如 $f(x)=x^4$,$f''(0)=0$,但点$(0,0)$不是曲线 $y=x^4$ 的拐点.

定理 3 (拐点的判定) 若 $f''(x_0)=0$,且在 x_0 两侧 $f''(x)$变号,则点$(x_0,f(x_0))$是曲线 $y=f(x)$的拐点.

求曲线凹凸区间和拐点的步骤:

(1) 求出函数的定义域;

(2) 求出使 $f''(x)=0$ 的点和 $f''(x)$不存在的点;

(3) 用上述所求出的点把定义域分为若干区间,确定各个区间的 $f''(x)$的符号,确定凹凸区间和拐点.

【例 1】 讨论曲线 $f(x)=x^3-6x^2+9x+1$ 的凹凸区间与拐点.

解 (1) 定义域为$(-\infty,+\infty)$.

(2) 因为

$$f'(x)=3x^2-12x+9,$$
$$f''(x)=6x-12=6(x-2).$$

令 $f''(x)=0$,可得 $x=2$.

(3) 当 $x\in(-\infty,2)$时,$f''(x)<0$,$(-\infty,2)$是凸区间;

当 $x\in(2,+\infty)$时,$f''(x)>0$,$(2,+\infty)$是凹区间.

当 $x=2$ 时,$f''(x)=0$,因 $f''(x)$在 $x=2$ 的两侧变号,而 $f(2)=3$,所以,点$(2,3)$是该曲线的拐点.

【例 2】 讨论曲线 $f(x)=\ln(1+x^2)$的凹凸区间与拐点.

解 (1) 定义域为$(-\infty,+\infty)$.

(2) 因为 $f'(x)=\dfrac{2x}{1+x^2}$,

$$f''(x)=\frac{2(1-x^2)}{(1+x^2)^2}.$$

令 $f''(x)=0$,可得 $x=-1$,$x=1$.

(3) 当 $x\in(-\infty,-1)$时,$f''(x)<0$,$(-\infty,-1)$是凸区间;

当 $x\in(-1,1)$时,$f''(x)>0$,$(-1,1)$是凹区间;

当 $x\in(1,+\infty)$时,$f''(x)<0$,$(1,+\infty)$是凸区间.

$f''(-1)=f''(1)=0$,因 $f''(x)$在 $x=-1$,$x=1$ 的两侧变号,而 $f(-1)=f(1)=\ln2$,所以,点$(-1,\ln2)$和$(1,\ln2)$是该曲线的拐点.

【例 3】 设 $f(x)=x^4$,证明其图形没有拐点.

证 因为 $f'(x)=4x^3$,$f''(x)=12x^2$,对一切 x 均有 $f''(x)\geqslant0$,所以,虽然有 $f''(0)=0$,但由于在 $x=0$ 的两侧 $f''(x)$同号,因此曲线 $f(x)=x^4$ 没有拐点.

【同步练习】求曲线 $y=x^3-9x^2+30x-48$ 的凹凸区间与拐点.

3.4.2　函数图形的描绘

1. 曲线的水平渐近线和垂直渐近线

为了完整地描绘函数的图形,除了知道其升降、凹凸性、极值和拐点等性态外,还应当了解曲线无限远离坐标原点时的变化状况，这可以通过曲线的渐近线来研究.

定义 3　若曲线 $y=f(x)$ 上的动点 $M(x,y)$ 沿着曲线无限远离坐标原点时，它与某直线 l 的距离趋向于零，则称 l 为该曲线的渐近线.

定义中的渐近线，可以是各种位置的直线，我们将限于讨论下面两种特殊情况 .

（1）垂直渐近线.

若 $\lim\limits_{x\to x_0^-}f(x)=\infty$，或 $\lim\limits_{x\to x_0^+}f(x)=\infty$，或 $\lim\limits_{x\to x_0}f(x)=\infty$，则称直线 $x=x_0$ 为曲线 $y=f(x)$ 的垂直渐近线.

例如，对于曲线 $y=\ln x$（见图 3-7）来说，因为 $\lim\limits_{x\to 0^+}\ln x=-\infty$，所以直线 $x=0$ 是曲线 $y=\ln x$ 的垂直渐近线.

（2）水平渐近线.

若 $\lim\limits_{x\to-\infty}f(x)=b$，或 $\lim\limits_{x\to+\infty}f(x)=b$，或 $\lim\limits_{x\to\infty}f(x)=b$，则称直线 $y=b$ 为曲线 $y=f(x)$ 的水平渐近线.

例如，对于曲线 $y=\dfrac{1}{x-1}$（见图 3-8）来说，因为 $\lim\limits_{x\to\infty}\dfrac{1}{x-1}=0$，所以直线 $y=0$ 是曲线 $y=\dfrac{1}{x-1}$ 的水平渐近线.

2. 函数图形的描绘

描绘函数的图形的一般步骤：

（1）确定函数的定义域，并讨论其对称性和周期性，求出函数的一阶、二阶导数；

（2）讨论函数的单调性、极值点和极值；

（3）讨论函数图形的凹凸区间和拐点；

（4）讨论函数图形的水平渐近线和垂直渐近线；

（5）根据需要补充函数图形上的若干点（如与坐标轴的交点等）；

（6）描图.

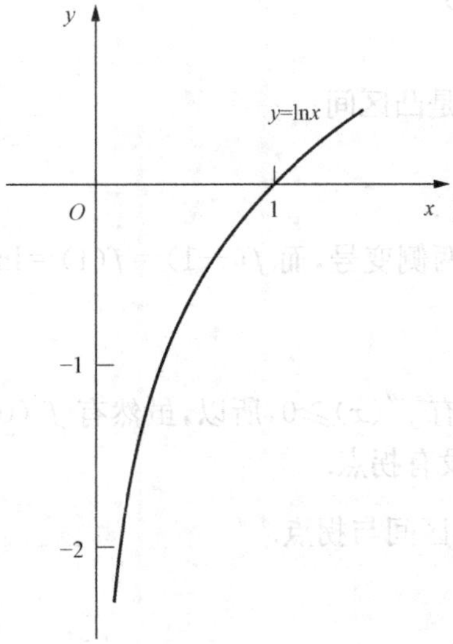

图 3-7

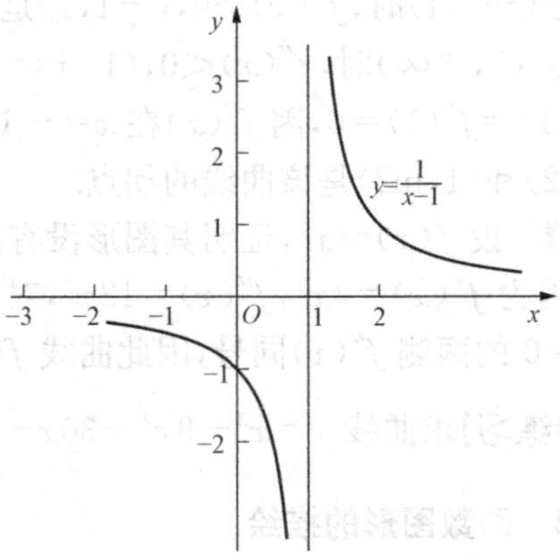

图 3-8

【例 4】　描绘函数 $y=x^3-x^2-x+1$ 的图形.

解　(1) 该函数 $y=f(x)$ 的定义域为 $(-\infty,+\infty)$，非奇非偶函数，求其一、二阶导数，得

$$f'(x)=3x^2-2x-1=3(x+\frac{1}{3})(x-1),$$

$$f''(x)=6x-2=6(x-\frac{1}{3}).$$

(2) 令 $f'(x)=0$，得 $x=-\frac{1}{3}$，$x=1$；由 $f''(x)=0$，得 $x=\frac{1}{3}$；点 $x=-\frac{1}{3},\frac{1}{3},1$ 由小到大，依次把定义域 $(-\infty,+\infty)$ 分成下列 4 个子区间；

$$(-\infty,-\frac{1}{3}],\left[-\frac{1}{3},\frac{1}{3}\right],\left[\frac{1}{3},1\right],[1,+\infty).$$

(3) 列表讨论如下，见表 3-2.

表 3-2

x	$(-\infty,-\frac{1}{3})$	$-\frac{1}{3}$	$(-\frac{1}{3},\frac{1}{3})$	$\frac{1}{3}$	$(\frac{1}{3},1)$	1	$(1,+\infty)$
$f'(x)$	+	0	−	−	−	0	+
$f''(x)$	−	−	−	0	+	+	+
$f(x)$	↗	极大值 $\frac{32}{27}$	↘	拐点 $(\frac{1}{3},\frac{16}{27})$	↘	极小值 0	↗

(4) 当 $x\to+\infty$ 时 $y\to+\infty$，$x\to-\infty$ 时 $y\to-\infty$，所以函数图形没有水平渐近线，也没有垂直渐近线.

(5) 除表中列出的 3 个点外，再适当得补充一些点，例如 $f(-1)=0$，$f(0)=1$，$f(\frac{3}{2})=\frac{5}{8}$，即 $(-1,0)$，$(0,1)$，$(\frac{2}{3},\frac{5}{8})$.

(6) 绘图(见图 3-9).

【例 5】　描绘函数 $y=\ln(x^2-1)$ 的图形.

解　该函数 $y=f(x)$ 的定义域为 $(-\infty,-1)\cup(1,+\infty)$，且为偶函数，求其一、二阶导数，得

$$f'(x)=\frac{2x}{x^2-1},$$

$$f''(x)=\frac{-2(1+x^2)}{(x^2-1)^2}.$$

令 $f'(x)=0$，无解；由 $f''(x)=0$，无解；且该函数在定义域内无一阶、二阶不可导点。所以，该函数在定义域内无驻点，也没有极值点.

列表讨论如下，见表 3-3.

表 3-3

x	$(-\infty,-1)$	$(1,+\infty)$
$f'(x)$	−	+
$f''(x)$	−	−
$f(x)$	↘	↗

由 $\lim\limits_{x\to-1^-}\ln(x^2-1)=-\infty$，$\lim\limits_{x\to1^+}\ln(x^2-1)=-\infty$，$\lim\limits_{x\to\infty}\ln(x^2-1)=\infty$，得垂直渐近线 $x=-1$ 和 $x=1$，无水平渐近线.

当 $x=\pm\sqrt{2}$ 时，$y=0$，因此该图形与 x 轴交于 $x=\pm\sqrt{2}$ 处.

由以上信息即可绘出图形(见图 3-10).

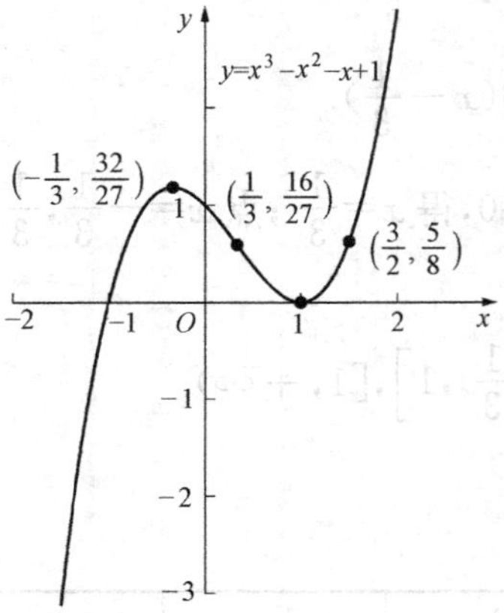

图 3-9

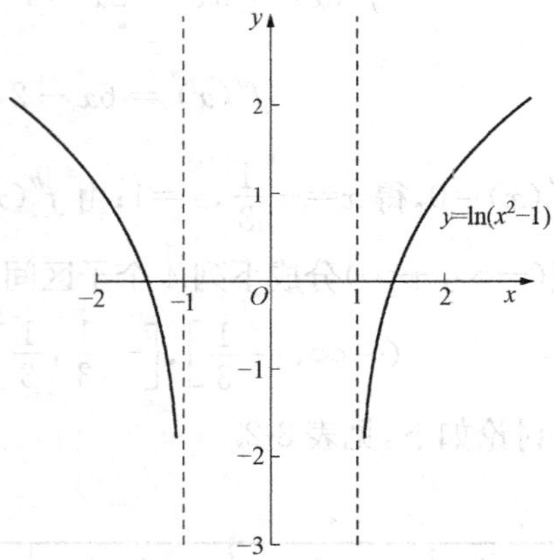

图 3-10

【同步练习】确定曲线 $y=\dfrac{3x^2+x-3}{x^2-9}$ 的水平渐近线与垂直渐近线的方程.

习 题 3-4

1. 判断下列曲线的凹凸性:

(1) $y=3x^2-x^3$;

(2) $y=\arctan x$;

(3) $y=\ln(1-x)$.

2. 求下列函数图形的凹凸区间及拐点:

(1) $y=3x^4-2x^3+6$;

(2) $y=xe^x$;

(3) $y=1+x^2-\dfrac{1}{2}x^4$.

3. 描绘下列函数的图形:

(1) $y=x^3-6x^2+9x-5$;

(2) $y=\dfrac{x}{1+x^2}$;

(3) $y=\ln(x^2+1)$.

4. 求下列曲线的水平渐近线和垂直渐近线:

(1) $y=\dfrac{2x^2+1}{x^2-5x+6}$;

(2) $y=2+e^{\frac{1}{x^2}}$.

第 3 章　自测题 A(基础)

1. 填空题

(1) 求极限 $\lim\limits_{x\to 1}\dfrac{x^7-1}{2x^2-2}=$________.

(2) 函数 $y=x^3-27x$ 在区间 $[0,4]$上的最小值是________.

(3) 方程 $x^3-3x+1=0$ 在区间 $(0,1)$上的实根个数为________.

(4) 函数 $f(x)=\mathrm{e}^x-x-2$ 的单调增加区间为________.

(5)曲线 $y=\dfrac{x^3-1}{2x^3+x-2}$的水平渐近线的方程为________.

2. 选择题

(1)函数 $y=f(x)$在点 $x=0$ 处的二阶导数存在，且 $f'(0)=0, f''(0)>0$，则下列结论正确的是(　　).

(A) $x=0$ 不是函数 $f(x)$的驻点；　(B) $x=0$ 不是函数 $f(x)$的极值点；

(C) $x=0$ 是函数 $f(x)$的极小值点；　(D) $x=0$ 是函数 $f(x)$的极大值点.

(2)函数 $y=2x^3-3x^2-12x+15$ 的单调递减区间是(　　).

(A) $(-2,1)$；　(B) $(-1,2)$；　(C) $(-\infty,-1)$；　(D) $(2,+\infty)$.

(3)下列函数中在给定区间上满足罗尔定理条件的是(　　).

(A) $f(x)=\dfrac{2}{1+x^2}, x\in[-1,1]$；　(B) $f(x)=|x|, x\in[-1,1]$；

(C) $f(x)=\mathrm{e}^x, x\in[-1,1]$；　(D) $f(x)=\begin{cases}2+x, x>0\\ 2-x, x\leqslant 0,\end{cases} x\in[-1,1]$.

(4)曲线 $y=x^4-24x^2+6x+12$ 的凸区间是(　　).

(A) $(-2,2)$；　(B) $(-\infty,0)$；　(C) $(0,+\infty)$；　(D) $(-\infty,+\infty)$.

3. 计算题

(1) 求极限：$\lim\limits_{x\to 0}\dfrac{1-\cos x}{2x+\sin x}$.

(2) 求极限：$\lim\limits_{x\to 0}\dfrac{x-\arctan x}{\sin^3 x}$.

(3) 求极限：$\lim\limits_{x\to +\infty}\dfrac{x^2+2x}{\mathrm{e}^x-3x}$.

(4) 求函数 $y=\dfrac{x}{2}+\sqrt{3-x}$的单调区间与极值.

(5) 求曲线 $y=\dfrac{x}{x^2+1}$的凹凸区间与拐点.

4. 证明题

证明：当 $x>0$ 时，$x-\dfrac{x^2}{2}<\ln(1+x)<x$.

第3章 自测题B(提高)

1. 填空题

(1) 求极限 $\lim\limits_{x\to 0}\dfrac{e^{5x}-1}{2x}=$________.

(2) 曲线 $y=x^3-3x^2-1$ 的拐点是________.

(3) 方程 $\ln x-\dfrac{x}{e}+1=0$ 在区间 $(0,+\infty)$ 上的实根个数为________.

(4) 函数 $f(x)=\dfrac{\ln x}{x}$ 的单调增加区间为________.

(5) 曲线 $y=-3+\dfrac{x-3}{x^2+x-2}$ 的水平渐近线的方程为________.

2. 选择题

(1) 若 x_0 是函数 $f(x)$ 的驻点，则有(　　).

(A) 曲线 $y=f(x)$ 在点 $(x_0,f(x_0))$ 处有切线 $x=x_0$；

(B) 曲线 $y=f(x)$ 在点 $(x_0,f(x_0))$ 处有切线 $y=f(x_0)$；

(C) 曲线 $y=f(x)$ 在点 $(x_0,f(x_0))$ 处的切线不存在；

(D) 曲线 $y=f(x)$ 在点 $(x_0,f(x_0))$ 处的切线无法确定.

(2) 函数 $y=\ln(1+x^2)$ 的单调增加区间是(　　).

(A) $(-2,2)$；　(B) $(0,+\infty)$；　(C) $(-\infty,0)$；　(D) $(-\infty,+\infty)$

(3) 下列函数中在给定区间上满足罗尔定理条件的是(　　).

(A) $f(x)=x\sin x, x\in[0,\pi]$；　(B) $f(x)=\sqrt{x^2}, x\in[-1,1]$；

(C) $f(x)=\ln|x|, x\in[-1,1]$；　(D) $f(x)=\begin{cases}1+x, & x>0\\ 1-x, & x\leqslant 0\end{cases}, x\in[-1,1]$.

(4) 曲线 $y=x^3-x^2-x+2$ 的凸区间是(　　).

(A) $\left(-\infty,-\dfrac{1}{3}\right)$；　(B) $\left(-\infty,\dfrac{1}{3}\right)$；

(C) $\left(-\dfrac{1}{3},\dfrac{1}{3}\right)$；　(D) $\left(\dfrac{1}{3},+\infty\right)$.

3. 计算题

(1) 求极限：$\lim\limits_{x\to 0}\dfrac{e^x-e^{-x}-2x}{x\sin^2 x}$.

(2) 求极限：$\lim\limits_{x\to 1}\left(\dfrac{1}{x-1}-\dfrac{x}{\ln x}\right)$.

(3) 求极限：$\lim\limits_{x\to 0}(2x+e^x)^{\frac{1}{x}}$.

(4) 求函数 $y=2x^2-\ln x$ 的单调区间与极值.

(5) 求曲线 $y=xe^{-x}$ 的凹凸区间与拐点.

4. 证明题

证明：当 $x>0$ 时，$\dfrac{x}{\sqrt{1+x^2}}<\ln(x+\sqrt{1+x^2})<x$.

第4章 不 定 积 分

在第2章介绍了函数导数概念，研究的中心问题：已知一个函数，求它的导数. 但是，在科学技术领域中往往还会遇到与此相反的问题：已知一个函数的导数，求原来的函数，由此便产生了积分学. 积分学由两个基本部分组成：不定积分和定积分. 本章研究不定积分的概念、性质和基本积分方法.

4.1 不定积分的概念和性质

4.1.1 原函数与不定积分

在讨论物理学中质点沿直线运动时，由于实际问题的要求不同，往往要解决两个方面的问题. 一方面是已知路程函数 $s=s(t)$，求质点运动的速度 $v=v(t)$，这个问题已在微分学中解决了，即 $v=s'(t)$；另一方面是已知质点作直线运动的速度 $v=v(t)$，求路程函数 $s(t)$，这个相反的问题，从数学的观点来看，它的实质：已知函数 $v=v(t)$，求满足关系式 $s'(t)=v(t)$ 的函数 $s=s(t)$. 类似这方面的问题，在数学上抽象出原函数的概念.

定义1 设函数 $f(x)$ 在某区间上有定义，如果存在函数 $F(x)$，对于该区间上任一点 x，使

$$F'(x)=f(x) \text{或} \mathrm{d}F(x)=f(x)\mathrm{d}x,$$

则称函数 $F(x)$ 是已知函数 $f(x)$ 在该区间上的一个原函数.

例如，因为

$$(x^3)'=3x^2, \qquad x\in(-\infty,+\infty);$$
$$(x^3+2)'=3x^2, \qquad x\in(-\infty,+\infty);$$
$$(x^3+\sqrt{5})'=3x^2, \qquad x\in(-\infty,+\infty);$$
$$(x^3+C)'=3x^2, \qquad x\in(-\infty,+\infty).$$

所以 $x^3, x^3+2, x^3+\sqrt{5}, x^3+C$ 都是 $3x^2$ 在区间 $(-\infty,+\infty)$ 内的原函数.

又例如，因为

$$(\sin x)'=\cos x, \qquad x\in(-\infty,+\infty);$$
$$(\sin x+1)'=\cos x, \qquad x\in(-\infty,+\infty);$$
$$(\sin x-\sqrt{3})'=\cos x, \qquad x\in(-\infty,+\infty);$$
$$(\sin x+C)'=\cos x, \qquad x\in(-\infty,+\infty).$$

所以 $\sin x, \sin x+1, \sin x-\sqrt{3}, \sin x+C$ 都是 $\cos x$ 在区间 $(-\infty,+\infty)$ 内的原函数.

一般来说，若 $F(x)$ 是 $f(x)$ 在某区间上的一个原函数，则函数族 $F(x)+C$（C 为任意常数）都是 $f(x)$ 在该区间上的原函数，且该函数族包含了 $f(x)$ 的所有原函数. 事实上，$F(x)+C$ 显然是 $f(x)$ 的原函数；另一方面，设 $\Psi(x)$ 是 $f(x)$ 在区间 I 上的任一个原函数，即

$$F'(x)=f(x), \Psi'(x)=f(x),$$

因为$[\Psi(x)-F(x)]'=\Psi'(x)-F'(x)=f(x)-f(x)=0$,由微分中值定理的推论得

$$\Psi(x)-F(x)=C \quad (C\text{为常数}),$$

移项得

$$\Psi(x)=F(x)+C.$$

因为$\Psi(x)$是$f(x)$的任一个原函数,所以$F(x)+C$是$f(x)$在区间I上的全体原函数的一般表达式.

定义 2 若$F(x)$是$f(x)$在区间I上的一个原函数,则$F(x)+C$(C为任意常数)称为$f(x)$在该区间上的不定积分,记为

$$\int f(x)\mathrm{d}x,$$

即

$$\int f(x)\mathrm{d}x = F(x)+C.$$

式中:符号$\int$称为积分号;$f(x)$称为被积函数;$f(x)\mathrm{d}x$称为被积表达式或称被积分式;x称为积分变量;C称为积分常数.

【例 1】 求下列不定积分:

(1) $\int 2x\mathrm{d}x$; (2) $\int \sin x\mathrm{d}x$; (3) $\int \frac{1}{\sqrt{1-x^2}}\mathrm{d}x$; (4) $\int \mathrm{e}^{2x}\mathrm{d}x$.

解 根据不定积分的定义,只要求出被积函数一个原函数之后,再加上一个积分常数C即可.

(1) 被积函数$f(x)=2x$,因为$(x^2)'=2x$,即x^2是$2x$的一个原函数$F(x)=x^2$,所以,不定积分$\int 2x\mathrm{d}x=x^2+C$.

(2) 被积函数$f(x)=\sin x$,因为$(-\cos x)'=\sin x$,即$-\cos x$是$\sin x$的一个原函数$F(x)=-\cos x$,所以,不定积分$\int \sin x\mathrm{d}x=-\cos x+C$.

同样,求得不定积分(3),(4):

(3) 因为$(\arcsin x)'=\frac{1}{\sqrt{1-x^2}}$,所以得

$$\int \frac{1}{\sqrt{1-x^2}}\mathrm{d}x = \arcsin x + C.$$

(4) 因为$(\frac{1}{2}\mathrm{e}^{2x})'=\mathrm{e}^{2x}$,所以得

$$\int \mathrm{e}^{2x}\mathrm{d}x = \frac{1}{2}\mathrm{e}^{2x}+C.$$

【例 2】 求不定积分$\int \frac{1}{x}\mathrm{d}x$.

解 被积函数$\frac{1}{x}$的定义域为$x\neq 0$,

当$x>0$时,因为$(\ln x)'=\frac{1}{x}$,所以

$$\int \frac{1}{x}\mathrm{d}x = \ln x + C;$$

当$x<0$时,因为$[\ln(-x)]'=\frac{1}{-x}(-1)$,所以

$$\int \frac{1}{x}dx = \ln(-x) + C.$$

综合上述两种情况，当 $x \neq 0$ 时，得

$$\int \frac{1}{x}dx = \ln|x| + C.$$

4.1.2 不定积分的基本公式

由不定积分定义可知，求不定积分与求导数（或求微分）是两种互逆的运算，它们的互逆关系是

$$\left[\int f(x)dx\right]' = f(x) \text{ 或 } d\left[\int f(x)dx\right] = f(x)dx.$$

此式表明，若先求积分后求导数（或求微分），则两者的作用相互抵消. 即

$$\int f'(x)dx = f(x) + C,$$

或
$$\int df(x) = \int f'(x)dx = f(x) + C.$$

若先求导数（或求微分）后求积分，则两者的作用抵消后还留有积分常数 C.

由于求导运算与不定积分的运算是互逆的，因此由导数基本公式便可得到不定积分的基本公式. 现将不定积分公式列表如下.

基本积分表：

(1) $\int k dx = kx + C$（k 为常数）；

(2) $\int x^{\mu} dx = \frac{1}{\mu+1}x^{\mu+1} + C(\mu \neq -1)$；

(3) $\int \frac{1}{x}dx = \ln|x| + C$；

(4) $\int a^x dx = \frac{a^x}{\ln a} + C$；

(5) $\int e^x dx = e^x + C$；

(6) $\int \sin x dx = -\cos x + C$；

(7) $\int \cos x dx = \sin x + C$；

(8) $\int \sec^2 x dx = \tan x + C$；

(9) $\int \csc^2 x dx = -\cot x + C$；

(10) $\int \sec x \tan x dx = \sec x + C$；

(11) $\int \csc x \cot x dx = -\csc x + C$；

(12) $\int \frac{dx}{\sqrt{1-x^2}} = \arcsin x + C = -\arccos x + C$；

(13) $\int \frac{dx}{1+x^2} = \arctan x + C = -\operatorname{arccot} x + C.$

下面举两个例子.

【例 3】 求不定积分.

(1) $\int \frac{1}{x^2}dx$； (2) $\int \frac{1}{\sqrt{x}}dx$； (3) $\int \frac{1}{x\sqrt{x}}dx$.

解 先把被积函数化为幂函数的形式，再利用基本积分公式，得出结果

(1) $$\int \frac{1}{x^2}dx = \int x^{-2}dx = \frac{1}{-2+1}x^{-2+1} + C = -\frac{1}{x} + C.$$

(2) $$\int \frac{1}{\sqrt{x}}dx = \int x^{-\frac{1}{2}}dx = \frac{1}{-\frac{1}{2}+1}x^{-\frac{1}{2}+1} + C = 2x^{\frac{1}{2}} + C.$$

(3) $$\int \frac{1}{x\sqrt{x}}dx = \int x^{-\frac{3}{2}}dx = \frac{1}{-\frac{3}{2}+1}x^{-\frac{3}{2}+1} + C = -2x^{-\frac{1}{2}} + C = \frac{-2}{\sqrt{x}} + C.$$

【例 4】 求不定积分 $\int 3^x e^x dx$.

解 利用指数函数的积分公式，得

$$\int 3^x e^x dx = \int (3e)^x dx = \frac{(3e)^x}{\ln(3e)} + C = \frac{3^x e^x}{1+\ln 3} + C.$$

4.1.3 不定积分的性质

性质 1 （分项积分） 两个函数和的不定积分等于各个函数不定积分的和，即

$$\int [f(x)+g(x)]dx = \int f(x)dx + \int g(x)dx.$$

证 根据不定积分定义，只须验证上式右端的导数等于左端的被积函数.

$$\left[\int f(x)dx + \int g(x)dx\right]'$$

$$= \left[\int f(x)\mathrm{d}x\right]' + \left[\int g(x)\mathrm{d}x\right]'$$
$$= f(x) + g(x).$$

性质 1 可推广到有限多个函数代数和的情况,即

$$\int [f_1(x) \pm f_2(x) \pm \cdots \pm f_n(x)]\mathrm{d}x$$
$$= \int f_1(x)\mathrm{d}x \pm \int f_2(x)\mathrm{d}x \pm \cdots \pm \int f_n(x)\mathrm{d}x.$$

性质 2 被积函数中的不为零的常数因子可以提到积分号外,即

$$\int kf(x)\mathrm{d}x = k\int f(x)\mathrm{d}x, (k\ 为不等于零的常数).$$

利用不定积分的基本公式和性质求不定积分的方法称为直接积分法.

【例 5】 求不定积分 $\int (3^x - 5\cos x + 3x^2\sqrt{x})\mathrm{d}x$.

解 用直接积分法

$$\int (3^x - 5\cos x + 3x^2\sqrt{x})\mathrm{d}x$$
$$= \int 3^x \mathrm{d}x - 5\int \cos x\mathrm{d}x + 3\int x^{\frac{5}{2}}\mathrm{d}x$$
$$= \frac{3^x}{\ln 3} - 5\sin x + 3 \times \frac{2}{7}x^{\frac{7}{2}} + C$$
$$= \frac{3^x}{\ln 3} - 5\sin x + \frac{6}{7}x^{\frac{7}{2}} + C.$$

【例 6】 求 $\int \frac{(1-x)^2}{x}\mathrm{d}x$.

解 把被积函数变形,化为代数和形式,再用分项积分法.

$$\int \frac{(1-x)^2}{x}\mathrm{d}x = \int \frac{1-2x+x^2}{x}\mathrm{d}x$$
$$= \int \left(\frac{1}{x} - 2 + x\right)\mathrm{d}x$$
$$= \ln|x| - 2x + \frac{1}{2}x^2 + C.$$

【例 7】 求 $\int \frac{(1+\sqrt{x})(x-\sqrt{x})}{\sqrt[3]{x}}\mathrm{d}x$.

解 被积函数虽含 x 及其根式的运算,但可化为幂函数代数和的形式,再用分项积分法,即

$$\int \frac{(1+\sqrt{x})(x-\sqrt{x})}{\sqrt[3]{x}}\mathrm{d}x = \int \frac{x\sqrt{x}-\sqrt{x}}{\sqrt[3]{x}}\mathrm{d}x$$
$$= \int (x^{\frac{7}{6}} - x^{\frac{1}{6}})\mathrm{d}x = \frac{6}{13}x^{\frac{13}{6}} - \frac{6}{7}x^{\frac{7}{6}} + C.$$

【例 8】 求 $\int \frac{1}{x^2(1+x^2)}\mathrm{d}x$.

解
$$\int \frac{1}{x^2(1+x^2)}\mathrm{d}x = \int \left(\frac{1}{x^2} - \frac{1}{1+x^2}\right)\mathrm{d}x$$

$$=\int \frac{1}{x^2}\mathrm{d}x-\int \frac{1}{1+x^2}\mathrm{d}x$$

$$=-\frac{1}{x}-\arctan x+C.$$

【例 9】 求 $\int \cos^2\frac{x}{2}\mathrm{d}x$.

解 因为 $\cos^2\frac{x}{2}=\frac{1+\cos x}{2}$，所以原不定积分可化为

$$\int \cos^2\frac{x}{2}\mathrm{d}x=\int \frac{1+\cos x}{2}\mathrm{d}x$$

$$=\frac{1}{2}\int 1\mathrm{d}x+\frac{1}{2}\int \cos x\mathrm{d}x$$

$$=\frac{x}{2}+\frac{1}{2}\sin x+C.$$

4.1.4 不定积分的几何意义

若 $y=F(x)$ 是 $f(x)$ 的一个原函数，则称 $y=F(x)$ 的图形是 $f(x)$ 的积分曲线. 因为不定积分

$$\int f(x)\mathrm{d}x=F(x)+C$$

是 $f(x)$ 的原函数的一般表达式，所以它对应的图形 $y=F(x)+C$ 是一族曲线，称它为 $f(x)$ 的积分曲线族. 积分曲线族 $y=F(x)+C$ 的特点：

(1) 积分曲线族中任意一条曲线，可由其中某一条，例如，曲线 $y=F(x)$ 沿 y 轴平行移动 $|C|$ 单位而得到. 当 $C>0$ 时，向上移动；当 $C<0$ 时，向下移动.

(2) 由于 $[F(x)+C]'=F'(x)=f(x)$，即横坐标相同点 x 处，每条积分曲线上相应点的切线斜率相等，都等于 $f(x)$，从而使相应点的切线相互平行. 如图 4-1 所示.

当需要从积分曲线族中求出过点 (x_0,y_0) 的一条积分曲线时，则只要把 x_0、y_0 代入 $y=F(x)+C$ 中解出 C 即可.

【例 10】 已知曲线上任一点的切线斜率等于该点处横坐标立方的 4 倍，且过点 $(0,1)$，求此曲线方程.

解 设所求曲线为 $y=f(x)$. 按题意，得

$$\frac{\mathrm{d}y}{\mathrm{d}x}=4x^3.$$

得

$$y=\int 4x^3\mathrm{d}x=x^4+C.$$

由条件 $y|_{x=0}=1$ 得 $C=1$，于是所求曲线为

$$y=x^4+1.$$

【例 11】 东北地区常年积雪，某滑冰场完全靠自然结冰，结冰速度由 $\frac{\mathrm{d}y}{\mathrm{d}t}=k\sqrt[3]{t}$ 给出，其中 y 是自然结冰起到时间 t 的冰的厚度，k 是正常数，求结冰厚度 y 关于时间 t 的函数.

解 由导数与不定积分的关系可得

$$y=\int k\sqrt[3]{t}\mathrm{d}t,$$

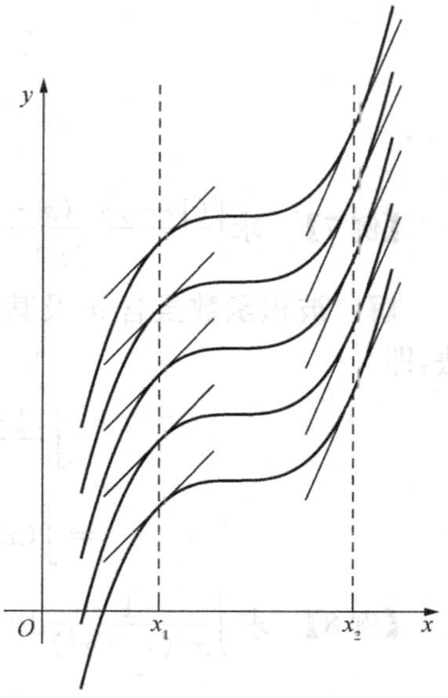

图 4-1

即：$y=\frac{3}{4}kt^{\frac{4}{3}}+C$. 其中 C 由结冰的时间确定.

如果 $t=0$ 时开始结冰，此时冰的厚度为 0，即 $y(0)=0$，代入上式，得 $C=0$，此时 $y=\frac{3}{4}kt^{\frac{4}{3}}$ 为结冰厚度关于时间的函数.

【例 12】 医学研究发现，刀割伤口表面修复的速度为 $\frac{\mathrm{d}A}{\mathrm{d}t}=-4t^{-2}\mathrm{cm}^2$/天$(1\leqslant t\leqslant 5)$，其中 A 表示伤口的面积，假设 $A(1)=4\mathrm{cm}^2$，问受伤 5 天后该病人伤口表面积为多少？

解 由于 $\frac{\mathrm{d}A}{\mathrm{d}t}=-4t^{-2}$，所以

$$A=\int(-4t^{-2})\mathrm{d}t,$$

即

$$A(t)=4t^{-1}+C.$$

将 $A(1)=4$ 代入上式得 $C=0$，于是 $A(t)=\frac{4}{t}$，$A(5)=\frac{4}{5}=0.8$，所以 5 天后病人伤口表面积为 $0.8\mathrm{cm}^2$.

【同步练习】计算下列不定积分：

$$(1)\int\left(\frac{2}{1+x^2}-\frac{3}{\sqrt{1+x^2}}+5\cos x\right)\mathrm{d}x\ ;\quad (2)\int\frac{x^2}{1+x^2}\mathrm{d}x\ ;$$

$$(3)\int\frac{(x-1)^2}{x^2}\mathrm{d}x.$$

习 题 4-1

1. 验证下列函数是同一个函数的原函数：

(1) $y=\ln x$； (2) $y=\ln 2x$； (3) $y=\ln 3x+C$.

2. 求下列不定积分：

(1) $\int\frac{1}{x^2\sqrt{x}}\mathrm{d}x$； (2) $\int(\frac{1}{x}+2x)^2\mathrm{d}x$；

(3) $\int(\frac{2}{\sqrt{1-x^2}}+\frac{5}{1+x^2})\mathrm{d}x$； (4) $\int\frac{1+2x^2}{x^2(1+x^2)}\mathrm{d}x$；

(5) $\int\frac{\sin 2x}{\sin x}\mathrm{d}x$； (6) $\int\mathrm{e}^x(1-\frac{\mathrm{e}^{-x}}{x^3})\mathrm{d}x$；

(7) $\int(3-x)^2\mathrm{d}x$； (8) $\int\frac{1-x}{\sqrt{x}}\mathrm{d}x$；

(9) $\int\sin^2\frac{x}{2}\mathrm{d}x$； (10) $\int\tan^2x\mathrm{d}x$.

3. 已知曲线在任一点 (x,y) 处的切线斜率为 $3x^2$，且曲线经过点 $(1,4)$. 求此曲线方程.

4. 一物体由静止开始运动，经 ts 后速度是 $4t^3$(m/s). 问：

(1) 在 2s 后物体离开出发点的距离是多少？

(2) 物体走完 625m 需要多少时间？

4.2 换元积分法

利用直接积分法求出的不定积分是有限的，为了求得更多函数的不定积分，还需要建立一些基本积分法，换元积分法就是其中之一.

4.2.1 第一换元法(或称凑微分法)

【引例】 求$\int\cos2x\mathrm{d}x$，因为被积函数是复合函数，在基本积分表中查不到，只有$\int\cos x\mathrm{d}x=\sin x+C$，在形式上与之类似，不能直接应用. 但是，我们把被积分式改写一下，即

$$\int\cos2x\mathrm{d}x=\frac{1}{2}\int2\cos2x\mathrm{d}x=\frac{1}{2}\int\cos2x\mathrm{d}(2x).$$

[因为 $\mathrm{d}(2x)=2\mathrm{d}x$]. 令 $u=2x$，则上式变为

$$\int\cos2x\mathrm{d}x=\frac{1}{2}\int\cos u\mathrm{d}u.$$

如果可以把$\int\cos x\mathrm{d}x=\sin x+C$ 用到$\int\cos u\mathrm{d}u$ 上，那么，得到不定积分.

$$\begin{aligned}\int\cos2x\mathrm{d}x&=\frac{1}{2}\int\cos u\mathrm{d}u\\&=\frac{1}{2}\sin u+C\\&=\frac{1}{2}\sin2x+C.\end{aligned}$$

上述的方法称为凑微分法.

定理 1 (第一换元法) 设$\int f(u)\mathrm{d}u=F(u)+C$，且 $u=\phi(x)$ 为可微函数，则

$$\int f(\phi(x))\phi'(x)\mathrm{d}x=F(\phi(x))+C.$$

证 已知 $F'(u)=f(u)$，$u=\phi(x)$，则

$$\begin{aligned}[F(\phi(x))]'&=F'_u u'_x\\&=f(u)\phi'(x)\\&=f(\phi(x))\phi'(x),\end{aligned}$$

所以 $$\int f(\phi(x))\phi'(x)\mathrm{d}x=F(\phi(x))+C.$$

定理 1 的关键是 $\phi'(x)\mathrm{d}x$ 凑成一个函数 $\phi'(x)\mathrm{d}x=\mathrm{d}\phi(x)$.

(1) 利用 $\mathrm{d}x=\frac{1}{a}\mathrm{d}(ax+b)$，$a,b$ 均为常数，且 $a\neq0$.

【例 1】 求$\int\sin(3x+2)\mathrm{d}x$.

解 $$\int\sin(3x+2)\mathrm{d}x=\frac{1}{3}\int\sin(3x+2)\mathrm{d}(3x+2).$$

令 $3x+2=u$，则

$$原式=\frac{1}{3}\int\sin u\mathrm{d}u=-\frac{1}{3}\cos u+C=-\frac{1}{3}\cos(3x+2)+C.$$

【例 2】 求 $\int(x+2)^{11}\mathrm{d}x$.

解 $$\int(x+2)^{11}\mathrm{d}x=\int(x+2)^{11}\mathrm{d}(x+2).$$

令 $x+2=u$,则

$$原式=\int u^{11}\mathrm{d}u=\frac{1}{12}u^{12}+C=\frac{1}{12}(x+2)^{12}+C.$$

【例 3】 求 $\int\frac{\mathrm{d}x}{x+2}$.

解 $$\int\frac{\mathrm{d}x}{x+2}=\int\frac{\mathrm{d}(x+2)}{x+2}=\ln|x+2|+C.$$

【例 4】 求 $\int\frac{\mathrm{d}x}{\sqrt{a^2-x^2}}(a>0)$.

解 $$\int\frac{\mathrm{d}x}{\sqrt{a^2-x^2}}=\int\frac{\mathrm{d}x}{a\sqrt{1-\left(\frac{x}{a}\right)^2}}=\int\frac{\mathrm{d}\left(\frac{x}{a}\right)}{\sqrt{1-\left(\frac{x}{a}\right)^2}}=\arcsin\frac{x}{a}+C.$$

【例 5】 求 $\int\frac{\mathrm{d}x}{a^2+x^2}(a\neq0)$.

解 $$\int\frac{\mathrm{d}x}{a^2+x^2}=\int\frac{1}{a^2}\frac{\mathrm{d}x}{1+\left(\frac{x}{a}\right)^2}=\frac{1}{a}\int\frac{\mathrm{d}\left(\frac{x}{a}\right)}{1+\left(\frac{x}{a}\right)^2}=\frac{1}{a}\arctan\frac{x}{a}+C.$$

(2) 利用 $x\mathrm{d}x=\frac{1}{2}\mathrm{d}(x^2+a)$, $x^2\mathrm{d}x=\frac{1}{3}\mathrm{d}(x^3+a)$, $\frac{1}{x}\mathrm{d}x=\mathrm{d}(\ln x)$, $\frac{1}{x^2}\mathrm{d}x=-\mathrm{d}(\frac{1}{x})$, $\frac{1}{\sqrt{x}}\mathrm{d}x=2\mathrm{d}(\sqrt{x})$, $\sin x\mathrm{d}x=-\mathrm{d}(\cos x)$, $\cos x\mathrm{d}x=\mathrm{d}(\sin x)$, $\sec^2x\mathrm{d}x=\mathrm{d}(\tan x)$, $\csc^2x\mathrm{d}x=-\mathrm{d}(\cot x)$, $\frac{1}{\sqrt{1-x^2}}\mathrm{d}x=\mathrm{d}(\arcsin x)$, $\frac{1}{1+x^2}\mathrm{d}x=\mathrm{d}(\arctan x)$ 等.

【例 6】 求 $\int x\mathrm{e}^{x^2}\mathrm{d}x$.

解 $$\int x\mathrm{e}^{x^2}\mathrm{d}x=\frac{1}{2}\int\mathrm{e}^{x^2}\mathrm{d}(x^2)=\frac{1}{2}\mathrm{e}^{x^2}+C.$$

【例 7】 求 $\int\frac{\ln^2x}{x}\mathrm{d}x$.

解 $$\int\frac{\ln^2x}{x}\mathrm{d}x=\int\ln^2x\mathrm{d}(\ln x)=\frac{1}{3}\ln^3x+C.$$

【例 8】 求 $\int\sin^3x\cos x\mathrm{d}x$.

解 $$\int\sin^3x\cos x\mathrm{d}x=\int\sin^3x\mathrm{d}(\sin x)=\frac{1}{4}\sin^4x+C.$$

【例 9】 求 $\int\frac{x}{\sqrt{x^2+5}}\mathrm{d}x$.

解 $$\int\frac{x}{\sqrt{x^2+5}}\mathrm{d}x=\frac{1}{2}\int\frac{1}{\sqrt{x^2+5}}\mathrm{d}(x^2+5)=\sqrt{x^2+5}+C.$$

【例 10】 求$\int \frac{1}{\sqrt{x}}e^{\sqrt{x}}dx$.

解
$$\int \frac{1}{\sqrt{x}}e^{\sqrt{x}}dx = 2\int e^{\sqrt{x}}d(\sqrt{x}) = 2e^{\sqrt{x}} + C.$$

【例 11】 求$\int \frac{e^x}{1+e^x}dx$.

解
$$\int \frac{e^x}{1+e^x}dx = \int \frac{d(e^x+1)}{e^x+1} = \ln(e^x+1) + C.$$

(3) 利用三角函数的恒等式.

【例 12】 求$\int \tan x dx$.

解
$$\int \tan x dx = \int \frac{\sin x}{\cos x}dx = -\int \frac{d(\cos x)}{\cos x} = -\ln|\cos x| + C.$$

【例 13】 求$\int \cot x dx$.

解
$$\int \cot x dx = \int \frac{\cos x}{\sin x}dx = \int \frac{d(\sin x)}{\sin x} = \ln|\sin x| + C.$$

【例 14】 求$\int \sin^2 x dx$.

解
$$\begin{aligned}\int \sin^2 x dx &= \int \frac{1-\cos 2x}{2}dx = \frac{1}{2}\left(\int dx - \int \cos 2x dx\right)\\ &= \frac{1}{2}\left[x - \frac{1}{2}\int \cos 2x d(2x)\right]\\ &= \frac{1}{2}x - \frac{1}{4}\sin 2x + C.\end{aligned}$$

【例 15】 求$\int \sin^3 x dx$.

解
$$\begin{aligned}\int \sin^3 x dx &= \int \sin^2 x \sin x dx = -\int \sin^2 x d(\cos x)\\ &= -\int (1-\cos^2 x)d(\cos x) = \frac{1}{3}\cos^3 x - \cos x + C.\end{aligned}$$

(4) 利用代数恒等式.

【例 16】 求$\int \frac{x}{3+x}dx$.

解
$$\begin{aligned}\int \frac{x}{3+x}dx &= \int \frac{3+x-3}{3+x}dx\\ &= \int \left(1 - \frac{3}{3+x}\right)dx\\ &= x - 3\ln|3+x| + C.\end{aligned}$$

【例 17】 求$\int \frac{dx}{a^2-x^2}$($a>0$,常数).

解
$$\begin{aligned}\int \frac{dx}{a^2-x^2} &= \int \frac{dx}{(a-x)(a+x)}\\ &= \frac{1}{2a}\int \frac{(a-x)+(a+x)}{(a-x)(a+x)}dx\end{aligned}$$

$$=\frac{1}{2a}\left(\int\frac{dx}{a+x}+\int\frac{dx}{a-x}\right)$$

$$=\frac{1}{2a}\left(\int\frac{d(a+x)}{a+x}-\int\frac{d(a-x)}{a-x}\right)$$

$$=\frac{1}{2a}\ln\left|\frac{a+x}{a-x}\right|+C.$$

【例 18】 求$\int\frac{dx}{x^2-5x+6}$.

解

$$\int\frac{dx}{x^2-5x+6}=\int\frac{dx}{(x-2)(x-3)}$$

$$=\int\left(\frac{1}{x-3}-\frac{1}{x-2}\right)dx$$

$$=\int\frac{1}{x-3}dx-\int\frac{1}{x-2}dx$$

$$=\int\frac{1}{x-3}d(x-3)-\int\frac{1}{x-2}d(x-2)$$

$$=\ln|x-3|-\ln|x-2|+C$$

$$=\ln\left|\frac{x-3}{x-2}\right|+C.$$

【例 19】 求$\int\frac{dx}{x^2+4x+6}$.

解

$$\int\frac{dx}{x^2+4x+6}=\int\frac{dx}{(\sqrt{2})^2+(x+2)^2}$$

$$=\int\frac{d(x+2)}{(\sqrt{2})^2+(x+2)^2}$$

$$=\frac{1}{\sqrt{2}}\arctan\left(\frac{x+2}{\sqrt{2}}\right)+C.$$

【例 20】 求$\int\frac{x+1}{x^2+4x+5}dx$.

解

$$\int\frac{x+1}{x^2+4x+5}dx=\int\frac{\frac{1}{2}(x^2+4x+5)'-1}{x^2+4x+5}dx$$

$$=\frac{1}{2}\int\frac{(x^2+4x+5)'}{x^2+4x+5}dx-\int\frac{dx}{x^2+4x+5}$$

$$=\frac{1}{2}\ln(x^2+4x+5)-\arctan(x+2)+C.$$

【例 21】 求$\int\sec x dx$.

解 利用[例 17]有$\int\sec x dx=\int\frac{1}{\cos x}dx$

$$=\int\frac{\cos x}{\cos^2 x}dx=\int\frac{d(\sin x)}{1-\sin^2 x}$$

$$=\frac{1}{2}\ln\left|\frac{1+\sin x}{1-\sin x}\right|+C$$

$$= \ln|\sec x + \tan x| + C.$$

类似地，有 $\int \csc x \mathrm{d}x = \ln|\csc x - \cot x| + C.$

【例 22】 电力消耗随经济增长而增长. 某市每年的电力消耗率呈指数增长，且增长指数为 0.08. 1988 年初，消耗量为 216 亿 kW·h. 设 $R(t)$ 表示从 1988 年起第 t 年的电力消耗率，则 $R(t) = 216\mathrm{e}^{0.08t}$(亿 kW·h). 试用此式估计 1988 ~ 2008 年间电力消耗总量.

解 设 $T(t)$ 表示从 1988 年 $t=0$ 起到第 t 年的电力消耗总量，我们要求的是 1988 ~ 2008 年的电力消耗总量，即求 $T(20)$. 由于 $T(t)$ 是电力消耗总量，因此 $T'(t)$ 就是电力消耗率 $R(t)$，即 $T'(t) = R(t)$. 于是

$$T(t) = \int R(t)\mathrm{d}t,$$

$$\begin{aligned} T(t) &= \int 216\mathrm{e}^{0.08t}\mathrm{d}t \\ &= \frac{216}{0.08}\mathrm{e}^{0.08t} + C \\ &= 2700\mathrm{e}^{0.08t} + C. \end{aligned}$$

由于 $T(0) = 0$，因此 $C = -2700$. 则

$$T(t) = 2700(\mathrm{e}^{0.08t} - 1),$$

则 1988～2008 年间的电力消耗总量为

$$T(20) = 2700(\mathrm{e}^{0.08\times 20} - 1) \approx 10673(\text{亿 kW}\cdot\text{h}).$$

【同步练习】计算下列不定积分：

$$(1)\int \frac{1}{2+x}\mathrm{d}x\ ;\quad (2)\int \frac{1}{3+x^2}\mathrm{d}x\ ;\quad (3)\int x\mathrm{e}^{-2x^2}\mathrm{d}x\ ;\quad (4)\int \frac{x}{\sqrt{1-x^2}}\mathrm{d}x.$$

4.2.2 第二换元法

定理 2 （第二换元法） 设函数 $f(x)$ 连续，函数 $x=\phi(t)$ 单调可微，且 $\phi'(t)\neq 0$，则

$$\int f(x)\mathrm{d}x = \int f[\phi(t)]\phi'(t)\mathrm{d}t.$$

1. 简单根式代换

【例 23】 求 $\int \frac{\sqrt{x-1}}{x}\mathrm{d}x.$

解 为了去掉被积函数中的根号，令 $\sqrt{x-1} = t$，$x = 1+t^2$，则 $\mathrm{d}x = 2t\mathrm{d}t$，于是有

$$\begin{aligned} \int \frac{\sqrt{x-1}}{x}\mathrm{d}x &= 2\int \frac{t^2}{1+t^2}\mathrm{d}t \\ &= 2\int \frac{(t^2+1)-1}{1+t^2}\mathrm{d}t \\ &= 2\int \left(1-\frac{1}{1+t^2}\right)\mathrm{d}t \\ &= 2(t-\arctan t) + C. \end{aligned}$$

回代变量，$t=\sqrt{x-1}$，得

$$\int \frac{\sqrt{x-1}}{x}dx = 2(t - \arctan t) + C$$
$$= 2(\sqrt{x-1} - \arctan\sqrt{x-1}) + C.$$

【例 24】 求 $\int \frac{1}{\sqrt{x}+\sqrt[4]{x}}\,dx$.

解 为了去掉被积函数中的根号，令 $\sqrt[4]{x} = t, x = t^4$，则 $dx = 4t^3dt$，于是有

$$\int \frac{1}{\sqrt{x}+\sqrt[4]{x}}dx = \int \frac{4t^3}{t^2+t}dt$$
$$= 4\int \frac{t^2}{t+1}dt$$
$$= 4\int \frac{(t^2-1)+1}{t+1}dt$$
$$= 4\int \left(t - 1 + \frac{1}{t+1}\right)dt$$
$$= 4\left(\frac{1}{2}t^2 - t + \ln|t+1|\right) + C.$$

回代变量，$t=\sqrt[4]{x}$，得

$$\int \frac{dx}{\sqrt{x}+\sqrt[4]{x}} = 4\left(\frac{1}{2}t^2 - t + \ln|t+1|\right) + C$$
$$= 2\sqrt{x} - 4\sqrt[4]{x} + 4\ln(\sqrt[4]{x}+1) + C.$$

2. 三角代换

【例 25】 求 $\int \sqrt{a^2-x^2}\,dx \quad (a>0)$.

解 被积函数含有二次根式，不能像简单根式那样代换，令 $\sqrt{a^2-x^2} = t$. 可以利用三角函数恒等式 $\sin^2 x + \cos^2 x = 1$，使其有理化. 为此，

令 $x = a\sin t\left(-\frac{\pi}{2} \leqslant t \leqslant \frac{\pi}{2}\right)$，$\sqrt{a^2-x^2} = a\sqrt{1-\sin^2 t} = a\cos t$，则 $dx = a\cos t dt$，于是有

$$\int \sqrt{a^2-x^2}dx = a^2\int \cos^2 t dt$$
$$= \frac{a^2}{2}\int (1+\cos 2t)dt$$
$$= \frac{a^2}{2}(t + \frac{1}{2}\sin 2t) + C$$
$$= \frac{a^2}{2}(t + \sin t\cos t) + C.$$

回代，把变量 t 换为 x，为简便起见，根据 $\sin t = \frac{x}{a}$，画一个直角三角形，称它为辅助三角形，如图 4-2 所示. 因为 $t = \arcsin\frac{x}{a}$，$\cos t = \frac{\sqrt{a^2-x^2}}{a}$，于是有

$$\int \sqrt{a^2-x^2}dx = \frac{a^2}{2}(t + \sin t\cos t) + C$$

$$= \frac{a^2}{2}\left(\arcsin\frac{x}{a} + \frac{x}{a}\,\frac{\sqrt{a^2-x^2}}{a}\right) + C$$

$$= \frac{a^2}{2}\arcsin\frac{x}{a} + \frac{1}{2}x\sqrt{a^2-x^2} + C.$$

【例 26】 求 $\int \frac{\mathrm{d}x}{\sqrt{x^2+a^2}} \quad (a>0)$.

解 为了去掉被积函数中的根号,利用 $1+\tan^2 x = \sec^2 x$,令 $x = a\tan t\left(-\frac{\pi}{2} < t < \frac{\pi}{2}\right)$,则 $\mathrm{d}x = a\sec^2 t\,\mathrm{d}t$,于是有

$$\int \frac{\mathrm{d}x}{\sqrt{x^2+a^2}} = \int \frac{a\sec^2 t}{a\sec t}\mathrm{d}t$$

$$= \int \sec t\,\mathrm{d}t = \ln|\sec t + \tan t| + C_1.$$

根据 $\tan t = \frac{x}{a}$,作辅助三角形如图 4-3 所示,得

$$\int \frac{\mathrm{d}x}{\sqrt{x^2+a^2}} = \ln|\sec t + \tan t| + C_1$$

$$= \ln\left(\frac{x}{a} + \frac{\sqrt{x^2+a^2}}{a}\right) + C_1$$

$$= \ln(x + \sqrt{x^2+a^2}) + C_1 - \ln a$$

$$= \ln(x + \sqrt{x^2+a^2}) + C.$$

其中 $C = C_1 - \ln a.$

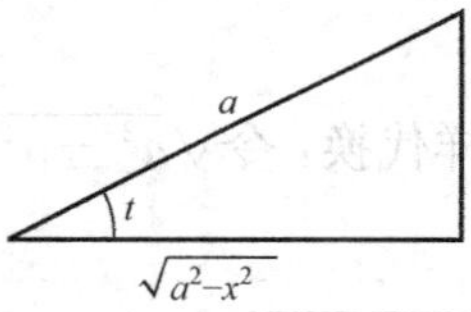

图 4-2

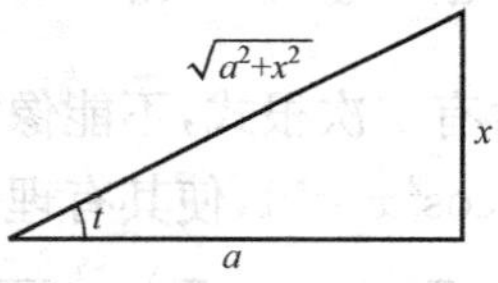

图 4-3

【例 27】 求 $\int \frac{1}{\sqrt{x^2-a^2}}\mathrm{d}x \quad (a>0)$.

解 为了去掉被积函数中的根号,利用 $\sec^2 x - 1 = \tan^2 x$,令 $x = a\sec t$,则 $\mathrm{d}x = a\sec t\tan t\,\mathrm{d}t$,于是有

$$\int \frac{1}{\sqrt{x^2-a^2}}\mathrm{d}x = \int \frac{a\sec t\tan t}{a\tan t}\mathrm{d}t$$

$$= \int \sec t\,\mathrm{d}t = \ln|\sec t + \tan t| + C_1.$$

根据 $\sec t = \frac{x}{a}$,作辅助三角形如图 4-4 所示,得

$$\int \frac{1}{\sqrt{x^2-a^2}}\mathrm{d}x = \ln|\sec t + \tan t| + C_1$$

$$= \ln\left|\frac{x}{a} + \frac{\sqrt{x^2-a^2}}{a}\right| + C_1$$

$$= \ln|x+\sqrt{x^2-a^2}|+C_1-\ln a$$
$$= \ln|x+\sqrt{x^2-a^2}|+C.$$

其中 $C=C_1-\ln a.$

【例 28】 求 $\int \frac{dx}{x\sqrt{1+x^2}}.$

解 方法一 三角代换法

令 $x=\tan t$，则 $dx=\sec^2 t dt$，于是有

$$\int \frac{dx}{x\sqrt{1+x^2}}=\int \frac{\sec^2 t}{\tan t \sec t}dt$$
$$=\int \csc t dt = \ln|\csc t-\cot t|+C.$$

根据 $\tan t=x$，作辅助三角形，如图 4-5 所示，得

$$\int \frac{dx}{x\sqrt{1+x^2}}=\ln|\csc t-\cot t|+C$$
$$=\ln\left|\frac{\sqrt{1+x^2}}{x}-\frac{1}{x}\right|+C$$
$$=\ln\left|\frac{\sqrt{1+x^2}-1}{x}\right|+C.$$

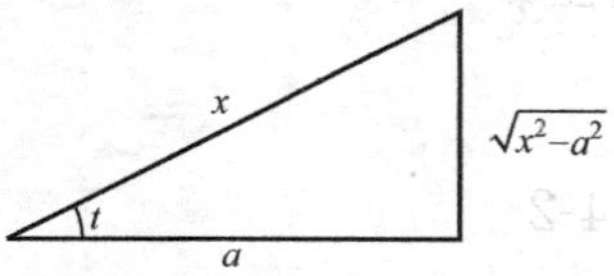

图 4-4

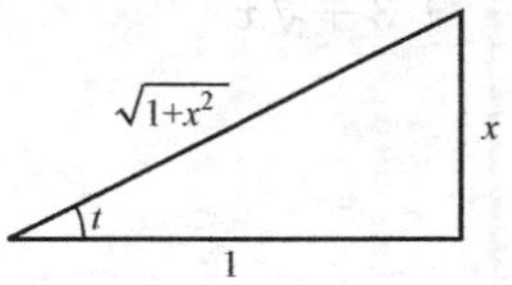

图 4-5

方法二 凑微分法

把被积表达式变形 $\frac{1}{x\sqrt{1+x^2}}dx=\frac{1}{x^2\sqrt{\left(\frac{1}{x}\right)^2+1}}dx$，凑微分 $\frac{dx}{x^2}=-d\left(\frac{1}{x}\right)$，于是有

$$\int \frac{dx}{x\sqrt{1+x^2}}=\int \frac{1}{x^2\sqrt{\left(\frac{1}{x}\right)^2+1}}dx$$
$$=-\int \frac{1}{\sqrt{\left(\frac{1}{x}\right)^2+1}}d\left(\frac{1}{x}\right)$$
$$=-\ln\left|\frac{1}{x}+\sqrt{\left(\frac{1}{x}\right)^2+1}\right|+C$$
$$=-\ln\left|\frac{\sqrt{x^2+1}+1}{x}\right|+C$$
$$=\ln\left|\frac{\sqrt{x^2+1}-1}{x}\right|+C.$$

方法三 根式代换法

当 $x>0$ 时,令 $\sqrt{1+x^2}=t$,$x=\sqrt{t^2-1}$,则 $\mathrm{d}x=\dfrac{t}{\sqrt{t^2-1}}\mathrm{d}t$,于是有

$$\begin{aligned}\int\frac{\mathrm{d}x}{x\sqrt{1+x^2}}&=\int\frac{t}{\sqrt{t^2-1}t\sqrt{t^2-1}}\mathrm{d}t\\&=\int\frac{1}{t^2-1}\mathrm{d}t\\&=\frac{1}{2}\ln\left|\frac{t-1}{t+1}\right|+C\\&=\frac{1}{2}\ln\left|\frac{\sqrt{1+x^2}-1}{\sqrt{1+x^2}+1}\right|+C\\&=\frac{1}{2}\ln\left|\frac{(\sqrt{1+x^2}+1)^2}{x^2}\right|+C\\&=\ln\left|\frac{\sqrt{1+x^2}-1}{x}\right|+C.\end{aligned}$$

当 $x<0$ 时,同理可得 $\displaystyle\int\frac{\mathrm{d}x}{x\sqrt{1+x^2}}=\ln\left|\frac{\sqrt{1+x^2}-1}{x}\right|+C.$

【同步练习】计算下列不定积分:

(1) $\displaystyle\int\frac{1}{3+\sqrt{x}}\mathrm{d}x$;　(2) $\displaystyle\int\frac{x^2}{\sqrt{9-x^2}}\mathrm{d}x$.

习　题　4-2

1. 填空题:

(1) $\mathrm{d}x=(\quad)\mathrm{d}(3-x)$;

(2) $x^2\mathrm{d}x=(\quad)\mathrm{d}(3+4x^3)$;

(3) $-\dfrac{1}{x^2}\mathrm{d}x=\mathrm{d}(\quad)$;

(4) $\dfrac{1}{x-1}\mathrm{d}x=\mathrm{d}(\quad)$;

(5) $\dfrac{1}{x\sqrt{x}}\mathrm{d}x=\mathrm{d}(\quad)$;

(6) $\mathrm{e}^{-x}\mathrm{d}x=(\quad)\mathrm{d}(3+\mathrm{e}^{-x})$;

(7) $\cos2x\mathrm{d}x=\mathrm{d}(\quad)$;

(8) $\dfrac{1}{1+9x^2}\mathrm{d}x=\mathrm{d}(\quad)$;

(9) $\dfrac{1}{\sin^2\frac{x}{2}}\mathrm{d}x=(\quad)\mathrm{d}\left(\cot\dfrac{x}{2}\right)$;

(10) $\dfrac{1}{\sqrt{1-4x^2}}\mathrm{d}x=(\quad)\mathrm{d}(\arcsin2x)$.

2. 求下列不定积分:

(1) $\displaystyle\int\frac{1}{\sqrt{3+2x}}\mathrm{d}x$;

(2) $\displaystyle\int(5x-6)^3\,\mathrm{d}x$;

(3) $\displaystyle\int x\sqrt{1-x^2}\mathrm{d}x$;

(4) $\displaystyle\int\frac{x}{\sqrt{4+x^2}}\mathrm{d}x$;

(5) $\displaystyle\int x^2\sqrt{2+3x^3}\mathrm{d}x$;

(6) $\displaystyle\int x^5(x^6+1)^3\mathrm{d}x$;

(7) $\int \frac{1}{x^2}\sin\frac{1}{x}\mathrm{d}x$；　(8) $\int x^2 \mathrm{e}^{x^3}\mathrm{d}x$；

(9) $\int \frac{\ln^4 x}{x}\mathrm{d}x$；　(10) $\int \sin^5 x\cos x\mathrm{d}x$；

(11) $\int \frac{\sqrt{3+\ln x}}{x}\mathrm{d}x$；　(12) $\int \mathrm{e}^x\sqrt{2+\mathrm{e}^x}\mathrm{d}x$；

(13) $\int \frac{1}{4+x^2}\mathrm{d}x$；　(14) $\int \frac{1}{\sqrt{4-9x^2}}\mathrm{d}x$；

(15) $\int \frac{\cos x}{3+\sin x}\mathrm{d}x$；　(16) $\int \frac{\cos x}{1+\sin^2 x}\mathrm{d}x$；

(17) $\int \cos^2 3x\mathrm{d}x$；　(18) $\int \tan^2 2x\mathrm{d}x$；

(19) $\int \frac{(\arctan x)^4}{1+x^2}\mathrm{d}x$；　(20) $\int \frac{1}{1+\mathrm{e}^x}\mathrm{d}x$；

(21) $\int \frac{1}{x(1+x)}\mathrm{d}x$；　(22) $\int \frac{1}{x(1+x^2)}\mathrm{d}x$.

3. 求下列不定积分：

(1) $\int \frac{1}{1+\sqrt{x}}\mathrm{d}x$；　(2) $\int \frac{1}{\sqrt{x}(1+\sqrt[3]{x})}\mathrm{d}x$；

(3) $\int \frac{1}{1+\sqrt{2x-3}}\mathrm{d}x$；　(4) $\int x\sqrt{x+1}\mathrm{d}x$；

(5) $\int \frac{x^2}{\sqrt{4-x^2}}\mathrm{d}x$；　(6) $\int \frac{1}{x^2\sqrt{9-x^2}}\mathrm{d}x$；

(7) $\int \frac{\sqrt{x^2-9}}{x}\mathrm{d}x$；　(8) $\int \frac{1}{x^2\sqrt{1+x^2}}\mathrm{d}x$；

(9) $\int \frac{1}{\sqrt{x^2+1}}\mathrm{d}x$；　(10) $\int \frac{1}{x\sqrt{x^2-1}}\mathrm{d}x$.

4.3 分部积分法

分部积分法是基本积分法之一. 分部积分法常用于被积函数是两种不同类型函数乘积的积分，如$\int x^n a^x\mathrm{d}x$、$\int x^n\sin\beta x\mathrm{d}x$、$\int x^n\arctan x\mathrm{d}x$、$\int \mathrm{e}^{\alpha x}\cos\beta x\mathrm{d}x$等. 分部积分是乘积微分公式的逆运算.

设函数$u=u(x)$，$v=v(x)$具有连续导数：$u'=u'(x)$，$v'=v'(x)$，根据乘积微分公式$\mathrm{d}(uv)=u\mathrm{d}v+v\mathrm{d}u$，于是有

$$uv=\int u\mathrm{d}v+\int v\mathrm{d}u,$$

即

$$\int u\mathrm{d}v=uv-\int v\mathrm{d}u.$$

上式称为分部积分公式，利用上式求不定积分的方法称为分部积分法. 它的特点是把左边

积分$\int u\mathrm{d}v$换成了右边积分$\int v\mathrm{d}u$，因而，如果$\int v\mathrm{d}u$比$\int u\mathrm{d}v$容易，就可试用此法. 分部积分公式的特点是：左边积分与右边积分中的u、v交换位置.

【例 1】 求$\int x\mathrm{e}^x\mathrm{d}x$.

解 被积函数是幂函数与指数函数的乘积，用分部积分法. 设$u = x$，$\mathrm{d}v = \mathrm{e}^x$，$\mathrm{d}x = \mathrm{d}(\mathrm{e}^x)$（这一步就是凑微分），则$\mathrm{d}u = \mathrm{d}x$，$v = \mathrm{e}^x$，由分部积分公式，得

$$\int x\mathrm{e}^x\mathrm{d}x = \int x\mathrm{d}(\mathrm{e}^x) = x\mathrm{e}^x - \int \mathrm{e}^x\mathrm{d}x.$$

上式中的新积分$\int \mathrm{e}^x\mathrm{d}x$比原积分$\int x\mathrm{e}^x$容易，且$\int \mathrm{e}^x\mathrm{d}x = \mathrm{e}^x + C$，将其结果代入上式中，得

$$\begin{aligned}\int x\mathrm{e}^x\mathrm{d}x &= x\mathrm{e}^x - \int \mathrm{e}^x\mathrm{d}x \\ &= x\mathrm{e}^x - \mathrm{e}^x + C.\end{aligned}$$

该例如果设$u = \mathrm{e}^x$，$\mathrm{d}v = x\mathrm{d}x = \mathrm{d}(\frac{x^2}{2})$，则$\mathrm{d}u = \mathrm{e}^x\mathrm{d}x$，$v = \frac{x^2}{2}$，得

$$\begin{aligned}\int x\mathrm{e}^x\mathrm{d}x &= \int \mathrm{e}^x\mathrm{d}\left(\frac{x^2}{2}\right) \\ &= \frac{x^2}{2}\mathrm{e}^x - \int \frac{1}{2}x^2\mathrm{e}^x\mathrm{d}x.\end{aligned}$$

可见上式右端的新积分$\int \frac{1}{2}x^2\mathrm{e}^x\mathrm{d}x$比左端的原积分$\int x\mathrm{e}^x\mathrm{d}x$更难积出. 所以不能这样设$u$和$\mathrm{d}v$.

运用分部积分法的关键在于选择u和$\mathrm{d}v$. 选择u、$\mathrm{d}v$的原则：

（1）使v容易求出；

（2）新积分$\int v\mathrm{d}u$比原积分$\int u\mathrm{d}v$容易积出.

【例 2】 求$\int x\sin x\mathrm{d}x$.

解 被积函数是幂函数与正弦函数的乘积，用分部积分法. 设$u = x$，$\mathrm{d}v = \sin x\mathrm{d}x = \mathrm{d}(-\cos x)$（这一步就是凑微分），得

$$\begin{aligned}\int x\sin x\mathrm{d}x &= \int x\mathrm{d}(-\cos x) \\ &= -x\cos x - \int(-\cos x)\mathrm{d}x \\ &= -x\cos x + \sin x + C.\end{aligned}$$

分部积分法运用熟练后，设u和$\mathrm{d}v$的步骤可不必写出 .

【例 3】 求$\int x\arctan x\mathrm{d}x$.

解 被积函数是幂函数与反正切函数的乘积，用分部积分法，得

$$\begin{aligned}\int x\arctan x\mathrm{d}x &= \frac{1}{2}\int \arctan x\mathrm{d}(x^2) \\ &= \frac{1}{2}x^2\arctan x - \frac{1}{2}\int x^2\mathrm{d}(\arctan x)\end{aligned}$$

$$= \frac{1}{2}x^2\arctan x - \frac{1}{2}\int \frac{x^2}{1+x^2}\mathrm{d}x$$

$$= \frac{1}{2}x^2\arctan x - \frac{1}{2}\int \left(1-\frac{1}{1+x^2}\right)\mathrm{d}x$$

$$= \frac{1}{2}x^2\arctan x - \frac{1}{2}(x-\arctan x)+C.$$

【例 4】 求 $\int x\ln x\mathrm{d}x$.

解 被积函数是幂函数与对数函数的乘积,用分部积分法,得

$$\int x\ln x\mathrm{d}x = \int \ln x\mathrm{d}\left(\frac{x^2}{2}\right)$$

$$= \frac{x^2}{2}\ln x - \int \frac{x^2}{2}\mathrm{d}(\ln x)$$

$$= \frac{x^2}{2}\ln x - \frac{1}{2}\int x\mathrm{d}x$$

$$= \frac{x^2}{2}\ln x - \frac{1}{4}x^2 + C.$$

当被积函数是两种不同类型函数乘积时,可考虑用分部积分法. 选择 u 和 $\mathrm{d}v$ 的原则可归纳如下.

(1) 当被积函数是幂函数与指数函数或三角函数乘积时,设幂函数为 u,指数函数或三角函数与 $\mathrm{d}x$ 乘积部分为 $\mathrm{d}v$(这一步就是凑微分),如[例 1]和[例 2].

(2) 当被积函数是幂函数与对数函数或反三角函数乘积时,设对数函数或反三角函数为 u,幂函数与 $\mathrm{d}x$ 乘积部分为 $\mathrm{d}v$,如[例 3]和[例 4].

【例 5】 求 $\int x^2 \mathrm{e}^{-x}\mathrm{d}x$.

解 用分部积分法. 得

$$\int x^2\mathrm{e}^{-x}\mathrm{d}x = -\int x^2\mathrm{d}(\mathrm{e}^{-x})$$

$$= -x^2\mathrm{e}^{-x} + 2\int x\mathrm{e}^{-x}\mathrm{d}x.$$

对上式右端的新积分 $\int x\mathrm{e}^{-x}\mathrm{d}x$ 继续用分部积分法,得

$$\int x\mathrm{e}^{-x}\mathrm{d}x = -\int x\mathrm{d}(\mathrm{e}^{-x})$$

$$= -x\mathrm{e}^{-x} - \mathrm{e}^{-x} + C.$$

代入式中,得

$$\int x^2\mathrm{e}^{-x}\mathrm{d}x = -x^2\mathrm{e}^{-x} + 2(-x\mathrm{e}^{-x} - \mathrm{e}^{-x}) + C$$

$$= -\mathrm{e}^{-x}(x^2+2x+2) + C.$$

【例 6】 求 $\int (x^2+1)\cos x\mathrm{d}x$.

解 被积函数是幂函数与余弦函数的乘积,用分部积分法,得

$$\int (x^2+1)\cos x\mathrm{d}x = \int (x^2+1)\mathrm{d}(\sin x)$$

$$= (x^2+1)\sin x - \int \sin x \mathrm{d}(x^2+1)$$

$$= (x^2+1)\sin x - \int 2x\sin x \mathrm{d}x.$$

对上式中右端积分继续用分部积分，得

$$\int 2x\sin x\mathrm{d}x = -2\int x\mathrm{d}(\cos x)$$

$$= -2x\cos x + 2\int \cos x\mathrm{d}x$$

$$= -2x\cos x + 2\sin x + C.$$

代入得

$$\int (x^2+1)\cos x\mathrm{d}x$$

$$= (x^2+1)\sin x + 2x\cos x - 2\sin x + C.$$

分部积分法可简单地归纳为两个步骤：凑微分与 u、v 交换地位.

某些积分在连续使用分部积分公式的过程中，有时会出现原积分的形式，这时要把等式看作以原积分为未知量的方程，解之，即得所求积分.

【例 7】 求 $\int \mathrm{e}^x \sin x\mathrm{d}x$.

解

$$\int \mathrm{e}^x \sin x\mathrm{d}x = \int \sin x\mathrm{d}(\mathrm{e}^x)$$

$$= \mathrm{e}^x \sin x - \int \mathrm{e}^x \mathrm{d}(\sin x)$$

$$= \mathrm{e}^x \sin x - \int \mathrm{e}^x \cos x\mathrm{d}x$$

$$= \mathrm{e}^x \sin x - \int \cos x\mathrm{d}(\mathrm{e}^x)$$

$$= \mathrm{e}^x \sin x - \mathrm{e}^x \cos x - \int \mathrm{e}^x \sin x\mathrm{d}x.$$

于是有

$$2\int \mathrm{e}^x \sin x\mathrm{d}x = \mathrm{e}^x(\sin x - \cos x) + C.$$

即

$$\int \mathrm{e}^x \sin x\mathrm{d}x = \frac{1}{2}\mathrm{e}^x(\sin x - \cos x) + C.$$

有些不定积分需要综合运用换元积分法与分部积分法才能求出其结果.

【例 8】 求 $\int \arcsin x\mathrm{d}x$.

解 令 $\arcsin x = t$，即 $x = \sin t$. 则

$$\int \arcsin x\mathrm{d}x = \int t\mathrm{d}(\sin t)$$

$$= t\sin t - \int \sin t\mathrm{d}t$$

$$= t\sin t + \cos t + C$$

$$= x\arcsin x + \sqrt{1-x^2} + C.$$

【例 9】 求 $\int \mathrm{e}^{\sqrt[3]{x}}\mathrm{d}x$.

解 先用第二换元法，再使用分部积分法.

令$\sqrt[3]{x}=t, x=t^3$，则 $dx=3t^2dt$，于是有

$$\begin{aligned}\int e^{\sqrt[3]{x}}dx &= 3\int t^2 e^t dt = 3\int t^2 d(e^t)\\ &= 3t^2e^t - 6\int te^t dt\\ &= 3t^2e^t - 6\int t d(e^t)\\ &= 3t^2e^t - 6te^t + 6\int e^t dt\\ &= 3t^2e^t - 6te^t + 6e^t + C.\end{aligned}$$

回代变量，得

$$\begin{aligned}\int e^{\sqrt[3]{x}}dx &= 3x^{\frac{2}{3}}e^{\sqrt[3]{x}} - 6x^{\frac{1}{3}}e^{\sqrt[3]{x}} + 6e^{\sqrt[3]{x}} + C\\ &= 3(x^{\frac{2}{3}} - 2x^{\frac{1}{3}} + 2)e^{\sqrt[3]{x}} + C.\end{aligned}$$

【例 10】 求$\int \frac{\ln(1+x)}{\sqrt{x}}dx$.

解 先用凑微分法，再用分部积分法. 则

$$\begin{aligned}\int \frac{\ln(1+x)}{\sqrt{x}}dx &= 2\int \ln(1+x)d(\sqrt{x})\\ &= 2\sqrt{x}\ln(1+x) - 2\int \sqrt{x}d[\ln(1+x)]\\ &= 2\sqrt{x}\ln(1+x) - 2\int \frac{\sqrt{x}}{1+x}dx.\end{aligned}$$

求上式右端的不定积分$\int \frac{\sqrt{x}}{1+x}dx$，用第二换元法.

令$\sqrt{x}=t, x=t^2$，则 $dx=2tdt$，于是有

$$\begin{aligned}\int \frac{\sqrt{x}}{1+x}dx &= \int \frac{2t^2}{1+t^2}dt\\ &= 2\int\left(1-\frac{1}{1+t^2}\right)dt\\ &= 2(t-\arctan t)+C\\ &= 2(\sqrt{x}-\arctan\sqrt{x})+C.\end{aligned}$$

代入得

$$\int \frac{\ln(1+x)}{\sqrt{x}}dx = 2\sqrt{x}\ln(1+x) - 4(\sqrt{x}-\arctan\sqrt{x}) + C.$$

【例 11】 大庆油田某口新井的原油田产出率$R(t)$(t的单位为年)为

$$R(t) = 1 - 0.005\pi t\sin(2\pi t).$$

求开始 3 年内生产的石油总量.

解 设开始t年内生产石油总量为$W(t)$. $W(0)=0$，求$W(3)$. 由于

$$W'(t) = R(t),$$

因此
$$\begin{aligned}W(t) &= \int R(t)\mathrm{d}t \\ &= \int[1-0.005\pi t\cdot\sin(2\pi t)]\mathrm{d}t \\ &= t+0.0025\int t\mathrm{d}\cos(2\pi t) \\ &= t+0.0025\cdot t\cos(2\pi t)-0.0025\int\cos(2\pi t)\mathrm{d}t \\ &= t+0.0025t\cdot\cos(2\pi t)-\frac{0.0025}{2\pi}\sin(2\pi t)+C\end{aligned}$$

由于 $W(0)=0$，所以 $C=0$. 则
$$W(t)=t+0.0025t\cos(2\pi t)-\frac{0.0025}{2\pi}\sin(2\pi t).$$

开始 3 年内生产的石油总量为
$$W(3)=3+0.0025\times3=3.0075.$$

说明：虽然求不定积分是求导数的逆运算，但是，求不定积分远比求导数困难得多. 对于任何一个初等函数，只要可导一定能求出它的导数，然而某些初等函数，尽管它们的原函数存在，却不一定能用初等函数表示. 例如，下面的不定积分：

$\int\frac{\sin x}{x}\mathrm{d}x$；$\int e^{x^2}\mathrm{d}x$；$\int\sin(x^2)\mathrm{d}x$；$\int\frac{1}{\ln x}\mathrm{d}x$ 等. 它们的原函数都不能用初等函数来表示.

【同步练习】计算下列不定积分：

(1) $\int x\sin 2x\mathrm{d}x$；　(2) $\int x e^{-2x}\mathrm{d}x$；　(3) $\int\sqrt{x}\ln x\mathrm{d}x$.

习　题　4-3

1. 求下列不定积分：

(1) $\int x e^{3x}\mathrm{d}x$；　(2) $\int x\cos 2x\mathrm{d}x$；

(3) $\int x\sin 3x\mathrm{d}x$；　(4) $\int x e^{-x}\mathrm{d}x$；

(5) $\int x^3\ln x\mathrm{d}x$；　(6) $\int\frac{\ln x}{\sqrt{x}}\mathrm{d}x$；

(7) $\int x^2\cos x\mathrm{d}x$；　(8) $\int\ln(x+\sqrt{x^2+1})\mathrm{d}x$；

(9) $\int x\,\mathrm{arccot}\,x\mathrm{d}x$；　(10) $\int(\arcsin x)^2\mathrm{d}x$；

(11) $\int e^{2x}\sin x\mathrm{d}x$；　(12) $\int x\sin^3 x\mathrm{d}x$.

2. 已知 $f(x)$ 的一个原函数为 e^{x^2}，计算不定积分 $\int xf'(x)\mathrm{d}x$.

3. 已知 $\int f(x)\mathrm{d}x=x\cos x+C$，证明：

$$\int xf''(x)\mathrm{d}x=-x^2\cos x-\cos x-x\sin x+C.$$

第4章 自测题A(基础)

1. 选择题

(1)设 $f(x)$ 的一个原函数为 $\ln x$，则 $f'(x)=($　　$)$.

(A)$\dfrac{1}{x}$；　(B)$x\ln x$；　(C)$-\dfrac{1}{x^2}$；　(D)e^x.

(2)$\displaystyle\int\frac{\arctan x}{1+x^2}\mathrm{d}x=($　　$)$.

(A)$\arctan x+C$；　(B)$\ln(1+x^2)+C$；

(C)$\dfrac{\arctan x}{1+x^2}+C$；　(D)$\dfrac{1}{2}(\arctan x)^2+C$.

(3)设函数 $f(x)$ 为连续函数，且 $\int f(x)\mathrm{d}x=F(x)+C$，则下列式子正确的是(　　).

(A)$\int f(2x)\mathrm{d}x=F(2x)+C$；　(B)$\int xf(x^2)\mathrm{d}x=F(x^2)+C$；

(C)$\int e^{-x}f(e^{-x})\mathrm{d}x=F(e^{-x})+C$；　(D)$\displaystyle\int\frac{f(\ln x)}{x}\mathrm{d}x=F(\ln x)+C$.

(4)设 $f(x)$ 有连续的一阶，二阶导数，则 $\int xf''(x)\mathrm{d}x=($　　$)$.

(A)$xf(x)-f(x)+C$；　(B)$xf'(x)-f(x)+C$；

(C)$xf(x)-f'(x)+C$；　(D)$xf''(x)-f'(x)+C$.

2. 计算下列不定积分

(1)$\displaystyle\int\frac{x}{1+x^2}\mathrm{d}x$；　(2)$\displaystyle\int\frac{\cos x}{3+2\sin x}\mathrm{d}x$；　(3)$\displaystyle\int\frac{\sqrt{2+\ln x}}{x}\mathrm{d}x$；　(4)$\displaystyle\int\frac{\sqrt{x}}{x+1}\mathrm{d}x$；

(5)$\int xe^{-3x}\mathrm{d}x$；　(6)$\displaystyle\int\frac{\ln x}{x^2}\mathrm{d}x$；　(7)$\int\sqrt{e^x+1}\mathrm{d}x$；　(8)$\int\sin^5 x\mathrm{d}x$；

(9)$\displaystyle\int\frac{1}{x^2+5x+6}\mathrm{d}x$；　(10)$\int x\cdot\arcsin x\mathrm{d}x$.

第4章 自测题B(提高)

1. 选择题

(1)设 $f(x)=e^{-x}$，则 $\displaystyle\int\frac{f'(\ln x)}{x}\mathrm{d}x=($　　$)$.

(A)$\dfrac{1}{x}+C$；　(B)$-\dfrac{1}{x}+C$；　(C)$\ln x+C$；　(D)$-\ln x+C$.

(2)下列函数中，不是 $e^{2x}-e^{-2x}$ 的原函数的是(　　).

(A)$\dfrac{1}{2}(e^{2x}+e^{-2x})$；　(B)$\dfrac{1}{2}(e^x+e^{-x})^2$；

(C)$\frac{1}{2}(e^{x}-e^{-x})^{2}$；　　(D)$2(e^{2x}-e^{-2x})$.

(3)设函数 $f(x)$为连续函数，且$\int f(x)dx = F(x)+C$，则$\int \cos x \cdot f(\sin x)dx =$(　　).

(A)$F(\sin x)+C$；　　(B)$-F(\sin x)+C$；

(C)$F(\cos x)+C$；　　(D)$-F(\cos x)+C$.

(4)设函数 $f(x)$为连续函数，$\int f(x)dx=F(x)+C$，则$\int \frac{1}{x^2} f(\frac{1}{x})dx =$(　　).

(A) $F\left(\frac{1}{x}\right)+C$；　　(B) $-F\left(\frac{1}{x}\right)+C$；

(C) $F\left(-\frac{1}{x}\right)+C$；　　(D) $\frac{1}{x}F\left(\frac{1}{x}\right)+C$.

2.计算下列不定积分

(1) $\int \frac{x^2}{1+x^2}dx$；　　(2) $\int \frac{1}{x(3+2\ln x)}dx$；

(3) $\int \frac{\sqrt{4-x^2}}{x^2}dx$；　　(4) $\int \frac{\sqrt{x}}{\sqrt{x}+1}dx$；

(5) $\int x\sin 3x dx$；　　(6) $\int \frac{\ln(x+1)}{\sqrt{x}}dx$；

(7) $\int \frac{e^{2x}}{e^x+1}dx$；　　(8) $\int \cos^4 x dx$；

(9) $\int \frac{5x+3}{x^2+4x+6}dx$；　　(10)$\int \arctan x dx$.

第5章　定积分及其应用

定积分是积分学的另一基本内容，定积分是从许多实际问题中抽象出来的有关和式的极限，它在工程和科学技术领域中有着广泛的应用．本章着重介绍定积分的概念、基本性质和计算方法，同时介绍它的一些简单应用．

5.1　定积分的概念与性质

5.1.1　引进定积分概念的两个例子

1. 曲边梯形面积

所谓曲边梯形是指在直角坐标系下，由闭区间 $[a,b]$ 上的连续曲线 $y=f(x)\geqslant 0$，直线 $x=a$，$x=b$ 与 x 轴围成的平面图形 $AabB$，如图 5-1 所示．
下面讨论怎么计算曲边梯形的面积．

大家知道，矩形的高是不变的，它的面积可按公式

$$\text{矩形面积}=\text{高}\times\text{底}$$

来定义和计算，而曲边梯形在底边上各点处的高 $f(x)$ 在区间 $[a,b]$ 上是变动的，故它的面积不能直接按上述公式来定义和计算．但由于曲线 $y=f(x)$ 是连续的，因此，当点 x 在区间 $[a,b]$ 上某处变化很小时，则相应的高 $y=f(x)$ 也就变化不大．基于这种想法，可以用一组平行 y 轴的直线把曲边梯形分割成若干个小曲边梯形，只要分割得较细，每个小曲边梯形很窄，则其高 $y=f(x)$ 的变化就很小，这样，可以在每个小曲边梯形上作一个与它同底，底上某点函数值为高的小矩形，用小矩形的面积近似代替小曲边梯形的面积，进而用所有小矩形面积之和近似代替整个曲边梯形面积，如图 5-2 所示．显然，分割越细，近似程度就越高，当无限细分时，则所有小矩形面积之和的极限就是曲边梯形面积的精确值．

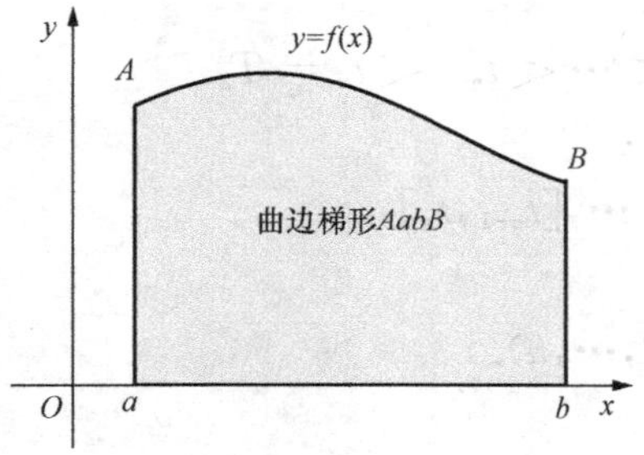

图 5-1

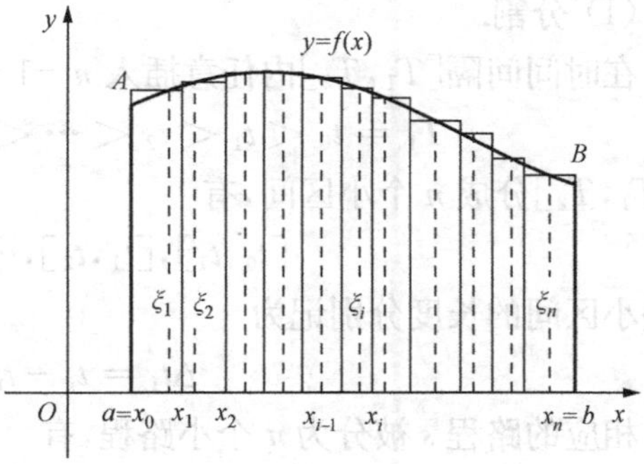

图 5-2

根据以上分析，可按下面四步计算曲边梯形面积 A．

(1) 分割．

在区间 $[a,b]$ 内任意插入 $n-1$ 个分点，即

$$a = x_0 < x_1 < x_2 < \cdots < x_{i-1} < x_i < \cdots < x_{n-1} < x_n = b.$$

把区间$[a,b]$分成 n 个小区间，有

$$[x_0,x_1],[x_1,x_2],\cdots,[x_{i-1},x_i],\cdots,[x_{n-1},x_n],$$

这些小区间的长度分别记为

$$\Delta x_i = x_i - x_{i-1}, i = 1,2,\cdots,n.$$

过每一分点作平行于 y 轴的直线，它们把曲边梯形分成 n 个小曲边梯形，它们的面积分别记为 $\Delta A_i(i=1,2,\cdots,n)$.

(2) 近似代替.

在每个小区间 $[x_{i-1},x_i](i=1,2,\cdots,n)$ 上任取一点 $\xi_i(x_{i-1} \leqslant \xi_i \leqslant x_i)$，以 $f(\xi_i)$为高，Δx_i 为底作小矩形，用小矩形面积 $f(\xi_i)\Delta x_i$ 近似代替相应的小曲边梯形面积 ΔA_i，即

$$\Delta A_i \approx f(\xi_i)\Delta x_i(i = 1,2,\cdots,n)$$

(3) 求和.

把 n 个小矩形面积加起来，得和式 $\sum_{i=1}^{n} f(\xi_i)\Delta x_i$，它就是曲边梯形面积的近似值，即

$$A = \sum_{i=1}^{n} \Delta A_i \approx \sum_{i=1}^{n} f(\xi_i)\Delta x_i.$$

(4) 取极限.

当分点个数 n 无限增加，且小区间长度的最大值 λ(即 $\lambda = \max\{\Delta x_i\}$)趋近于零时，上述和式的极限就是曲边梯形面积的精确值，即

$$A = \lim_{\lambda \to 0}\sum_{i=1}^{n} f(\xi_i)\Delta x_i.$$

2. 变速直线运动的路程

设一物体作直线运动，已知速度 $v = v(t)$ 是时间 t 的连续函数，求在时间间隔$[T_1,T_2]$上物体所经过的路程 s.

物体作变速直线运动时就不能像匀速直线运动那样用速度乘时间求其路程，因为速度是变化的. 但是，由于速度是连续变化的，只要 t 在$[T_1,T_2]$内某点处变化很小，相应的速度 $v = v(t)$ 也就变化不大. 因此，完全可以用类似于求曲边梯形面积方法来计算路程 s.

(1) 分割.

在时间间隔$[T_1,T_2]$内任意插入 $n-1$ 个分点，即

$$T_1 = t_0 < t_1 < t_2 < \cdots < t_{i-1} < t_i < \cdots < t_{n-1} < t_n = T_2.$$

把$[T_1,T_2]$分成 n 个小区间，有

$$[t_0,t_1],[t_1,t_2],\cdots,[t_{i-1},t_i],\cdots,[t_{n-1},t_n],$$

这些小区间的长度分别记为

$$\Delta t_i = t_i - t_{i-1}(i = 1,2,\cdots,n).$$

相应的路程 s 被分为 n 个小路程，有

$$\Delta s_i(i = 1,2,\cdots,n).$$

(2) 近似代替.

在每个小区间上任取一点 $\xi_i(t_{i-1} \leqslant \xi_i \leqslant t_i)$，用 ξ_i 点的速度 $v(\xi_i)$近似代替物体在小区间上的速度，用乘积 $v(\xi_i)\Delta t_i$ 近似代替物体在小区间 $[t_{i-1},t_i]$ 上所经过的路程 Δs_i，即

$$\Delta s_i \approx v(\xi_i)\Delta t_i (i = 1,2,\cdots,n).$$

(3) 求和.

把 n 个小区间上物体所经过的路程 Δs_i 的近似值加起来得和式 $\sum\limits_{i=1}^{n} v(\xi_i)\Delta t_i$，它就是物体在$[T_1, T_2]$上所经过路程 s 的近似值，即

$$s = \sum_{i=1}^{n} \Delta s_i \approx \sum_{i=1}^{n} v(\xi_i)\Delta t_i.$$

(4) 取极限.

当分点个数 n 无限增加，且小区间长度的最大值 λ（即 $\lambda = \max\{\Delta t_i\}$）趋近于零时，上述和式极限就是物体在时间间隔$[T_1, T_2]$上所经过的路程 s 的精确值，即

$$s = \lim_{\lambda \to 0} \sum_{i=1}^{n} v(\xi_i)\Delta t_i.$$

从以上两个例子看出，虽然实际问题的意义不同，但是解决问题的方法是相同的，并且最后所得到的结果都归结为具有相同结构的一种特定和式极限. 在科学技术中有许多实际问题也是归结为这类和式极限. 抛开实际问题的具体意义，数学上把这类和式用极限概括、抽象出定积分的概念.

5.1.2　定积分的定义

定义 1　设函数 $f(x)$在区间$[a,b]$上有定义. 任意取分点

$$a = x_0 < x_1 < x_2 < \cdots < x_{i-1} < x_i < \cdots < x_{n-1} < x_n = b.$$

把区间$[a,b]$分成 n 个小区间 $[x_{i-1}, x_i]$，称为子区间，其长度记为

$$\Delta x_i = x_i - x_{i-1} \quad (i = 1,2,\cdots,n).$$

在每个子区间 $[x_{i-1}, x_i]$ 上，任取一点 $\xi_i(x_{i-1} \leqslant \xi_i \leqslant x_i)$，得相应的函数值 $f(\xi_i)$，作乘积

$$f(\xi_i)\Delta x_i \quad (i = 1,2,\cdots,n).$$

把所有这些乘积加起来，得和式

$$\sum_{i=1}^{n} f(\xi_i)\Delta x_i.$$

当 n 无限增大，且子区间的最大长度 λ（即 $\lambda = \max\{\Delta x_i\}$）趋于零时，如果上述和式的极限存在，则称函数 $f(x)$在区间$[a,b]$上可积，并将此极限值称为函数 $f(x)$在$[a,b]$上的定积分. 记作 $\int_a^b f(x)\mathrm{d}x$，即

$$\int_a^b f(x)\mathrm{d}x = \lim_{\lambda \to 0} \sum_{i=1}^{n} f(\xi_i)\Delta x_i.$$

式中：$f(x)$称为被积函数；$f(x)\mathrm{d}x$ 称为被积表达式；x 称为积分变量；$[a,b]$称为积分区间；a 与 b 分别称为积分下限与上限；符号 $\int_a^b f(x)\mathrm{d}x$ 读作函数 $f(x)$从 a 到 b 的定积分.

关于定积分的定义的几点说明.

(1) 定积分表示一个数：它只取决于被积函数与积分上、下限，而与积分变量采用什么字母无关. 例如 $\int_0^1 x^3\mathrm{d}x = \int_0^1 t^3\mathrm{d}t$. 一般来说，

$$\int_a^b f(x)\mathrm{d}x = \int_a^b f(t)\mathrm{d}t.$$

(2) 补充规定：

1) 当 $a=b$ 时，$\int_a^b f(x)\mathrm{d}x = 0$；

2) 当 $a>b$ 时，$\int_a^b f(x)\mathrm{d}x = -\int_b^a f(x)\mathrm{d}x$.

(3) 定积分的存在性：当函数 $f(x)$ 在闭区间 $[a,b]$ 上连续或只有有限个第一类间断点时，$f(x)$ 在 $[a,b]$ 上是可积的.

根据定积分的定义，上面两个例子都可以表示为定积分：

(1) 曲边梯形面积 A 是曲边函数 $f(x)$ 在区间 $[a,b]$ 上的定积分，即

$$A = \int_a^b f(x)\mathrm{d}x.$$

(2) 变速直线运动的路程 s 是速度函数 $v(t)$ 在时间间隔 $[T_1,T_2]$ 上的定积分，即

$$s = \int_{T_1}^{T_2} v(t)\mathrm{d}t.$$

5.1.3 定积分的几何意义

由曲边梯形的面积知，当 $f(x)>0$ 时，定积分 $\int_a^b f(x)\mathrm{d}x$ 在几何上表示曲边 $y=f(x)$ $(x\in[a,b])$ 在 x 轴上方的曲边梯形面积 A. 如果 $f(x)<0$，这时曲边梯形在 x 轴下方，$f(\xi_i)<0$，和式的极限值小于零，即

$$\lim_{\lambda\to 0}\sum_{i=1}^{n} f(\xi_i)\Delta x_i < 0.$$

此时该定积分为负值，它的几何表示是在 x 轴下方的曲边梯形面积取负值，即 $\int_a^b f(x)\mathrm{d}x = -A$. 如图 5-3 所示.

当 $f(x)$ 在 $[a,b]$ 上有正有负时，如果我们规定位于 x 轴上方的面积为正，下方为负，则定积分 $\int_a^b f(x)\mathrm{d}x$ 在几何上表示是几个曲边梯形面积的代数和，如图 5-4 所示.

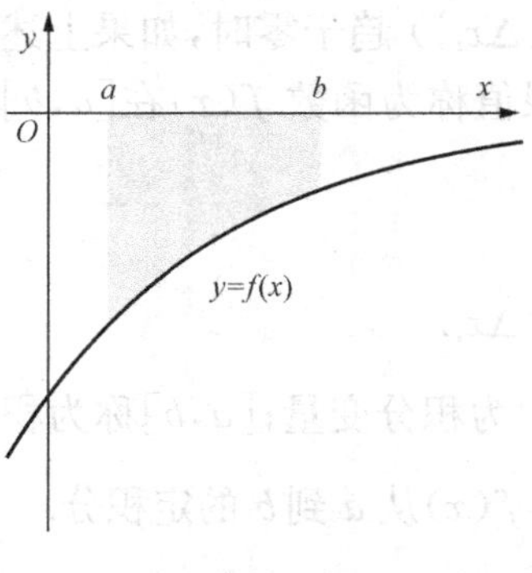

图 5-3

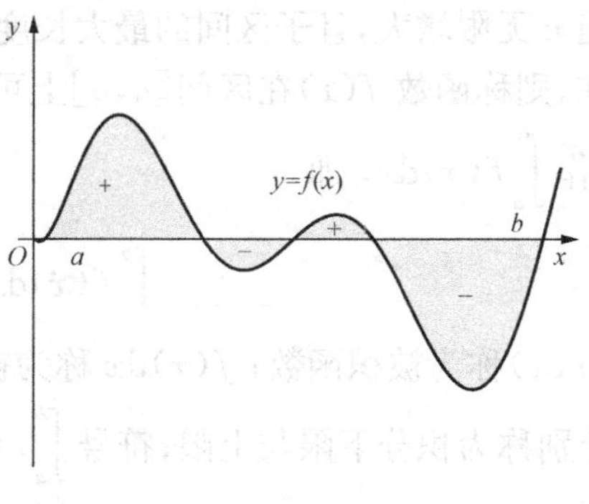

图 5-4

这就是定积分的几何意义.

5.1.4 定积分的性质

下面各性质中的函数都假设是可积的.

性质 1 (1) 两个函数和的定积分等于它们定积分的和，即

$$\int_a^b [f(x)+g(x)]\mathrm{d}x = \int_a^b f(x)\mathrm{d}x + \int_a^b g(x)\mathrm{d}x.$$

(2) 被积函数的常数因子可以提到积分号外面，即

$$\int_a^b kf(x)\mathrm{d}x = k\int_a^b f(x)\mathrm{d}x.$$

证 根据定积分的定义，有

$$\begin{aligned}\int_a^b [f(x)+g(x)]\mathrm{d}x &= \lim_{\lambda\to 0}\sum_{i=1}^n [f(\xi_i)+g(\xi_i)]\Delta x_i \\ &= \lim_{\lambda\to 0}\sum_{i=1}^n f(\xi_i)\Delta x_i + \lim_{\lambda\to 0}\sum_{i=1}^n g(\xi_i)\Delta x_i \\ &= \int_a^b f(x)\mathrm{d}x + \int_a^b g(x)\mathrm{d}x.\end{aligned}$$

性质 1 中的(1)可推广到有限多个函数代数和的情况，即

$$\begin{aligned}&\int_a^b [f_1(x)\pm f_2(x)\pm\cdots\pm f_n(x)]\mathrm{d}x \\ =& \int_a^b f_1(x)\mathrm{d}x \pm \int_a^b f_2(x)\mathrm{d}x \pm\cdots\pm \int_a^b f_n(x)\mathrm{d}x.\end{aligned}$$

性质 2 如果在区间$[a,b]$上 $f(x)=1$，那么

$$\int_a^b 1\mathrm{d}x = \int_a^b \mathrm{d}x = b-a.$$

该性质的几何解释如图 5-5 所示.

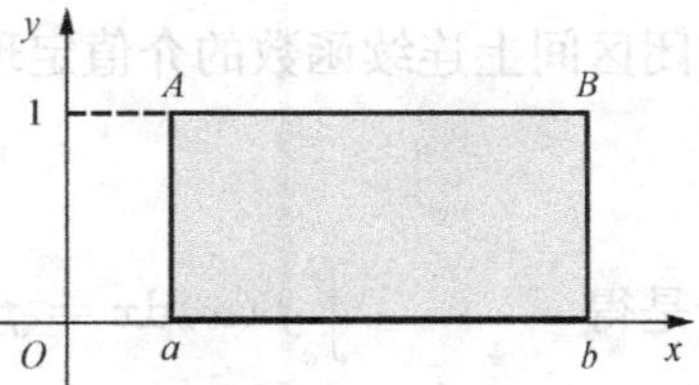

图 5-5

性质 3 （积分对区间的可加性） 如果积分区间$[a,b]$被点 c 分成两个区间$[a,c]$和$[c,b]$，那么

$$\int_a^b f(x)\mathrm{d}x = \int_a^c f(x)\mathrm{d}x + \int_c^b f(x)\mathrm{d}x.$$

证明从略.

值得注意的是当点 c 不介于 a 与 b 之间，即 $c<a<b$ 或 $a<b<c$ 时，结论仍正确. 即仍有

$$\int_a^b f(x)\mathrm{d}x = \int_a^c f(x)\mathrm{d}x + \int_c^b f(x)\mathrm{d}x.$$

性质 4 如果在区间$[a,b]$上有 $f(x)\leqslant g(x)$，那么

$$\int_a^b f(x)\mathrm{d}x \leqslant \int_a^b g(x)\mathrm{d}x.$$

证 由性质 1 与定积分的定义，知

$$\begin{aligned}\int_a^b f(x)\mathrm{d}x - \int_a^b g(x)\mathrm{d}x &= \int_a^b [f(x)-g(x)]\mathrm{d}x \\ &= \lim_{\lambda\to 0}\sum_{i=1}^n [f(\xi_i)-g(\xi_i)]\Delta x_i.\end{aligned}$$

由题设得知 $f(\xi_i)\leqslant g(\xi_i)$，即 $f(\xi_i)-g(\xi_i)\leqslant 0$，且 $\Delta x_i>0$，$(i=1,2,\cdots,n)$，所以上式右端的极限值非正，从而有

$$\int_a^b f(x)\mathrm{d}x - \int_a^b g(x)\mathrm{d}x \leqslant 0$$

移项,得

$$\int_a^b f(x)\mathrm{d}x \leqslant \int_a^b g(x)\mathrm{d}x.$$

该性质说明:当两个定积分比较大小时,可以由它们的被积函数在积分区间上的大小而确定.

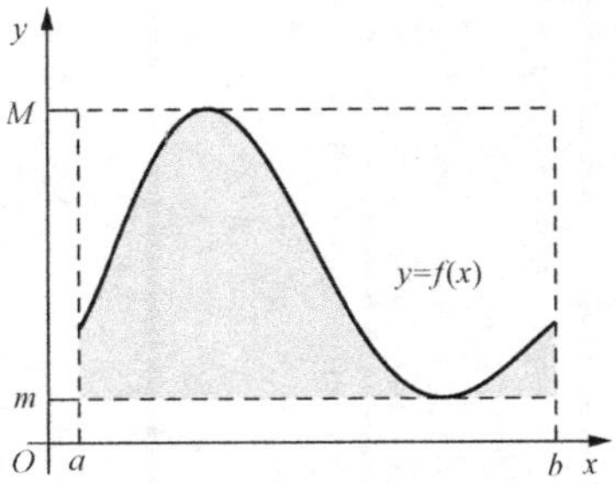

图 5-6

性质 5 (估值定理) 如果存在两个数 M、m,使函数 $f(x)$在闭区间$[a,b]$有 $m \leqslant f(x) \leqslant M$, 那么

$$m(b-a) \leqslant \int_a^b f(x)\mathrm{d}x \leqslant M(b-a).$$

该性质的几何解释:曲线 $y=f(x)$ 在$[a,b]$上的曲边梯形面积介于以区间$[a,b]$长度为底,分别以 m 和 M 为高的两个矩形面积之间,如图 5-6 所示. 证明从略.

性质 6 (积分中值定理) 如果函数 $f(x)$在区间$[a,b]$上连续,那么在区间$[a,b]$上至少存在一点 ξ,使下面等式成立:

$$\int_a^b f(x)\mathrm{d}x = f(\xi)(b-a).$$

证 因为 $b-a>0$,由估值定理得

$$m \leqslant \frac{1}{b-a}\int_a^b f(x)\mathrm{d}x \leqslant M.$$

由闭区间上连续函数的介值定理知道在$[a,b]$上至少存在一点 ξ,使

$$f(\xi) = \frac{1}{b-a}\int_a^b f(x)\mathrm{d}x,$$

于是得 $\int_a^b f(x)\mathrm{d}x = f(\xi)(b-a) \quad (a \leqslant \xi \leqslant b)$. 当 $b<a$ 时,上式仍成立.

该性质也称为积分中值定理. 它的几何解释:一条连续曲线 $y=f(x)$在$[a,b]$上曲边梯形面积等于以区间$[a,b]$长度为底,$[a,b]$中一点 ξ 的函数值为高的矩形面积,如图 5-7 所示.

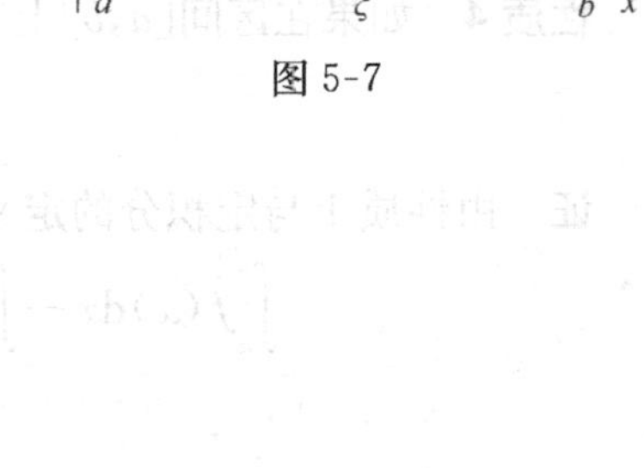

图 5-7

【例 1】 比较下列各对积分值 $\int_0^1 \sqrt[3]{x}\mathrm{d}x$ 与 $\int_0^1 x^3\mathrm{d}x$ 的大小.

解 根据幂函数的性质,在$[0,1]$上,有

$$\sqrt[3]{x} \geqslant x^3.$$

由性质 4,得

$$\int_0^1 \sqrt[3]{x}\mathrm{d}x \geqslant \int_0^1 x^3\mathrm{d}x.$$

【例 2】 估计定积分 $\int_{-1}^1 \mathrm{e}^{-x^2}\mathrm{d}x$ 的值.

解 首先,求 $f(x)=\mathrm{e}^{-x^2}$ 在区间$[-1,1]$上最大值和最小值,为此,求 $f'(x)=-2x\mathrm{e}^{-x^2}$,令 $f'(x)=0$,得驻点 $x=0$.

比较驻点 $x=0$,区间端点 $x=\pm 1$ 的函数值

$$f(0)=e^0=1,f(\pm 1)=e^{-1}=\frac{1}{e}.$$

得最小值 $m=\frac{1}{e}$，最大值 $M=1$，

其次，根据估值定理得

$$\frac{2}{e}\leqslant\int_{-1}^{1}e^{-x^2}dx\leqslant 2.$$

【同步练习】比较下列两组定积分的大小：

(1) $\int_0^1\frac{1}{1+x^2}dx$ 与 $\int_0^1\frac{1}{1+x^4}dx$；　　(2) $\int_0^{\frac{\pi}{2}}x\sin x dx$ 与 $\int_0^{\frac{\pi}{2}}x dx$.

习　题　5-1

1. 设有一质量非均匀的细棒，其长度为 l，取棒的一端为原点．假设细棒上任意一点 x 处的线密度为 $\rho(x)$，试用定积分表示细棒的质量 M.

2. 用定积分的几何意义写出下列定积分的值：

(1) $\int_0^1 x dx$；　　(2) $\int_{-2}^{2}x^3 dx$；

(3) $\int_{-\frac{\pi}{2}}^{\frac{\pi}{2}}\sin x dx$；　　(4) $\int_0^a\sqrt{a^2-x^2}dx\ (a>0)$.

3. 比较下列定积分的大小：

(1) $\int_0^1 x^3 dx$ 与 $\int_0^1 x^2 dx$；　　(2) $\int_4^5\ln x dx$ 与 $\int_4^5\ln^2 x dx$；

(3) $\int_0^1\frac{1}{1+x}dx$ 与 $\int_0^1\frac{1}{1+x^2}dx$；　　(4) $\int_0^{\frac{\pi}{2}}x dx$ 与 $\int_0^{\frac{\pi}{2}}\sin x dx$.

5.2　微积分的基本公式

直接用定义计算定积分的值是一件十分困难的事，我们需要寻找简便而有效的计算方法，这就是牛顿—莱布尼茨(Newton-Leibniz)公式或称微积分的基本公式.

5.2.1　变上限定积分

我们知道，定积分

$$\int_a^b f(t)dt.$$

在几何上表示连续曲线 $y=f(x)$ 在区间 $[a,b]$ 上的曲边梯形 $AabB$ 的面积. 如果 x 是区间 $[a,b]$ 上任一点，同样，定积分

$$\int_a^x f(t)dt.$$

表示曲线 $y=f(x)$ 在部分区间 $[a,x]$ 上曲边梯形 $AaxC$ 的面积，如在图 5-8 中阴影部分所示的面积. 当 x 在区间 $[a,b]$ 上变化时，阴影部分的曲边梯形面积也随之变化，所以变上限定积

分

$$\int_a^x f(t)\,dt$$

是上限变量 x 的函数. 记作 $\phi(x)$，即

$$\phi(x)=\int_a^x f(t)\,dt \quad (a\leqslant x\leqslant b).$$

变上限定积分有下面的重要性质.

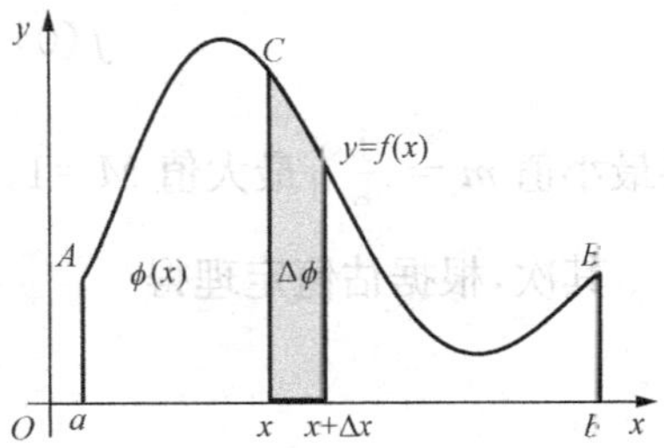

图 5-8

定理 1　若函数 $f(x)$ 在区间 $[a,b]$ 上连续，则变上限定积分

$$\phi(x)=\int_a^x f(t)\,dt$$

在区间 $[a,b]$ 上可导，并且它的导数等于被积函数，即

$$\phi'(x)=\left[\int_a^x f(t)\,dt\right]'=f(x).$$

证　按导数定义，证 $\lim\limits_{\Delta x\to 0}\dfrac{\Delta\phi(x)}{\Delta x}=f(x)$ 即可. 给自变量 x 以增量 $\Delta x, x+\Delta x\in[a,b]$，由 $\phi(x)$ 的定义得对应的函数 $\phi(x)$ 的增量 $\Delta\phi(x)$，

即

$$\begin{aligned}\Delta\phi(x)&=\phi(x+\Delta x)-\phi(x)\\&=\int_a^{x+\Delta x} f(t)\,dt-\int_a^x f(t)\,dt\\&=\int_a^x f(t)\,dt+\int_x^{x+\Delta x} f(t)\,dt-\int_a^x f(t)\,dt\\&=\int_x^{x+\Delta x} f(t)\,dt.\end{aligned}$$

根据积分中值定理知道，在 x 与 $x+\Delta x$ 之间至少存在一点 ξ，使

$$\Delta\phi(x)=\int_x^{x+\Delta x} f(t)\,dt=f(\xi)\Delta x$$

成立. 又因为 $f(x)$ 在区间 $[a,b]$ 上连续，所以，当 $\Delta x\to 0$ 时有 $\xi\to x, f(\xi)\to f(x)$，从而有

$$\phi'(x)=\lim_{\Delta x\to 0}\frac{\Delta\phi(x)}{\Delta x}=\lim_{\xi\to x}f(\xi)=f(x).$$

故

$$\left(\int_a^x f(t)\,dt\right)'_x=f(x).$$

定理 1 告诉我们，变上限定积分 $\phi(x)=\int_a^x f(t)\,dt$ 是函数 $f(x)$ 在区间 $[a,b]$ 上的一个原函数，这就肯定了连续函数的原函数是存在的，所以，定理 1 也称为原函数存在定理.

【例 1】　已知 $\phi(x)=\int_0^x e^{-3t^2}\,dt$，求 $\phi'(x)$.

解　根据定理 1 得

$$\phi'(x)=\left(\int_0^x e^{-3t^2}\,dt\right)'=e^{-3x^2}.$$

【例 2】　已知 $F(x)=\int_x^1 \cos^2(3-t)\,dt$，求 $F'(x)$.

解　$F(x)=-\int_1^x \cos^2(3-t)\,dt.$

$F'(x) = -\cos^2(3-x)$.

【例 3】 设 $y = \int_0^{x^2} \arctan(1+t)\mathrm{d}t$，求$\frac{\mathrm{d}y}{\mathrm{d}x}$.

解 此函数可看做 $y = \int_0^u \arctan(1+t)\mathrm{d}t$ 与 $u = x^2$ 复合而成，由复合函数的导数公式，

$$\begin{aligned}\frac{\mathrm{d}y}{\mathrm{d}x} &= \frac{\mathrm{d}y}{\mathrm{d}u}\frac{\mathrm{d}u}{\mathrm{d}x}\\ &= \arctan(1+u)\frac{\mathrm{d}u}{\mathrm{d}x}\\ &= \arctan(1+x^2)(x^2)'\\ &= 2x\arctan(1+x^2).\end{aligned}$$

【例 4】 求 $\lim\limits_{x\to 0}\frac{\int_0^x \sin t^2\mathrm{d}t}{x^3}$.

解 易知这是一个 $\frac{0}{0}$ 型未定式，可用洛必达法则计算

$$\lim_{x\to 0}\frac{\int_0^x \sin t^2\mathrm{d}t}{x^3} = \lim_{x\to 0}\frac{\sin x^2}{3x^2} = \frac{1}{3}.$$

【同步练习】计算下列极限：

(1) $\lim\limits_{x\to 0}\frac{\int_0^x t\cos t\mathrm{d}t}{x^2}$； (2) $\lim\limits_{x\to 0}\frac{\int_0^x (t^2-1)\mathrm{e}^{-t}\mathrm{d}t}{(x-1)^2}$.

5.2.2 微积分的基本公式

定理 2 如果函数 $f(x)$在区间$[a,b]$上连续，$F(x)$是 $f(x)$在区间$[a,b]$上任一原函数，那么

$$\int_a^b f(x)\mathrm{d}x = F(b) - F(a).$$

证 由定理1知 $\phi(x) = \int_a^x f(t)\mathrm{d}t$ 是 $f(x)$ 在$[a,b]$ 的一个原函数，又由题设知道 $F(x)$也是 $f(x)$在$[a,b]$上一个原函数，由原函数的性质得知，同一函数的两个不同原函数只相差一个常数，即

$$F(x) - \int_a^x f(t)\mathrm{d}t = C \quad (a \leqslant x \leqslant b),$$

把 $x=a$ 代入上式中，因为 $\phi(a) = \int_a^a f(t)\mathrm{d}t = 0$，定出常数 $C=F(a)$，于是得

$$F(x) - \int_a^x f(t)\mathrm{d}t = F(a).$$

令 $x=b$ 代入上式中，移项，得

$$\int_a^b f(t)\mathrm{d}t = F(b) - F(a).$$

再把积分变量 t 换成 x，得

$$\int_a^b f(x)\mathrm{d}x = F(b) - F(a).$$

为了今后使用该公式方便起见，把上式右端的 $F(b)-F(a)$ 记作 $F(x)\big|_a^b$，这样上式就写成如下形式，即

$$\int_a^b f(x)\mathrm{d}x = F(x)\big|_a^b = F(b) - F(a).$$

上式称为牛顿—莱布尼茨公式，也称为微积分的基本公式. 该公式充分表达了定积分与原函数之间的内在联系，它把定积分的计算问题转化为求原函数问题，从而给定积分的计算提供了一个简便而有效的方法.

【例 5】 计算定积分 $\int_0^{\sqrt{3}} \frac{1}{1+x^2}\mathrm{d}x$.

解 被积函数 $\frac{1}{1+x^2}$ 在 $[0,\sqrt{3}]$ 上连续，且 $\arctan x$ 是 $\frac{1}{1+x^2}$ 的一个原函数，所以

$$\begin{aligned}\int_0^{\sqrt{3}} \frac{1}{1+x^2}\mathrm{d}x &= \arctan x\Big|_0^{\sqrt{3}}\\ &= \arctan\sqrt{3} - \arctan 0\\ &= \frac{\pi}{3}.\end{aligned}$$

【例 6】 计算 $\int_{-2}^{-1} \frac{1}{x}\mathrm{d}x$.

解 $\frac{1}{x}$ 在 $[-2,-1]$ 上连续，$\ln|x|$ 是 $\frac{1}{x}$ 的一个原函数，于是

$$\int_{-2}^{-1} \frac{1}{x}\mathrm{d}x = \ln|x|\Big|_{-2}^{-1} = -\ln 2.$$

【例 7】 计算下列定积分：

(1) $\int_0^1 \frac{x}{1+x^2}\mathrm{d}x$；(2) $\int_{\frac{\pi}{4}}^{\frac{\pi}{3}} \cos^2 x\mathrm{d}x$.

解 (1)

$$\begin{aligned}\int_0^1 \frac{x}{1+x^2}\mathrm{d}x &= \int_0^1 \frac{1}{1+x^2} \times \frac{1}{2} \times (1+x^2)'\mathrm{d}x\\ &= \frac{1}{2}\int_0^1 \frac{1}{1+x^2}\mathrm{d}(1+x^2)\\ &= \frac{1}{2}\ln(1+x^2)\Big|_0^1\\ &= \frac{1}{2}\ln 2.\end{aligned}$$

(2)

$$\begin{aligned}\int_{\frac{\pi}{4}}^{\frac{\pi}{3}} \cos^2 x\mathrm{d}x &= \int_{\frac{\pi}{4}}^{\frac{\pi}{3}} \frac{1+\cos 2x}{2}\mathrm{d}x\\ &= \frac{1}{2}\int_{\frac{\pi}{4}}^{\frac{\pi}{3}} 1\mathrm{d}x + \frac{1}{2}\int_{\frac{\pi}{4}}^{\frac{\pi}{3}} \cos 2x\mathrm{d}x\end{aligned}$$

$$=\frac{1}{2}\left(\frac{\pi}{3}-\frac{\pi}{4}\right)+\frac{1}{4}\times\sin 2x\Big|_{\frac{\pi}{4}}^{\frac{\pi}{3}}$$

$$=\frac{\pi}{24}+\frac{\sqrt{3}}{8}-\frac{1}{4}.$$

【例 8】 设函数 $f(x)=\begin{cases}x^2, 0\leqslant x<1\\ 2x, 1\leqslant x\leqslant 4\end{cases}$，计算 $\int_0^2 f(x)\mathrm{d}x$.

解 利用定积分对区间的可加性，得

$$\begin{aligned}\int_0^2 f(x)\mathrm{d}x &= \int_0^1 f(x)\mathrm{d}x+\int_1^2 f(x)\mathrm{d}x\\ &=\int_0^1 x^2\mathrm{d}x+\int_1^2 2x\mathrm{d}x\\ &=\frac{1}{3}x^3\Big|_0^1+x^2\Big|_1^2\\ &=\frac{1}{3}+3=\frac{10}{3}.\end{aligned}$$

【同步练习】计算下列定积分：

(1) $\int_{-1}^1(x+|x|)\mathrm{d}x$；　(2) $\int_0^1\frac{(x-1)^2}{1+x^2}\mathrm{d}x$；　(3) $\int_1^2 \mathrm{e}^{3x}\mathrm{d}x$.

习　题　5-2

1. 设 $\phi(x)=\int_0^x t\sin t\mathrm{d}t$，求 $\phi'(x)$.

2. 设 $y=\int_1^x(2-t)\ln t\mathrm{d}t$，求 y'.

3. 求 $\frac{\mathrm{d}}{\mathrm{d}x}\left(\int_x^1\frac{1}{\sqrt{1+u^2}}\mathrm{d}u\right)$.

4. $y=\int_x^{x^2}t\mathrm{e}^{-t^3}\mathrm{d}t$，求$\frac{\mathrm{d}y}{\mathrm{d}x}$.

5. 求下列函数的极限：

(1) $\lim\limits_{x\to 0}\frac{\int_0^x \tan t^2\mathrm{d}t}{x^3}$；　(2) $\lim\limits_{x\to 0}\frac{\int_0^x t\mathrm{e}^{-t}\mathrm{d}t}{\ln(1+x^2)}$.

6. 参数方程 $\begin{cases}x=\int_1^t \ln u\mathrm{d}u\\ y=\int_1^{2-t}(1+\mathrm{e}^{u^2})\mathrm{d}u\end{cases}$ 确定了函数 $y=y(x)$，求导数$\frac{\mathrm{d}y}{\mathrm{d}x}$.

7. 计算下列定积分：

(1) $\int_1^2(3\mathrm{e}^x-4x^3+5)\mathrm{d}x$；　(2) $\int_1^3\frac{1-3x^3}{x}\mathrm{d}x$；

(3) $\int_1^{\sqrt{3}}\frac{1+2x^2}{x^2(1+x^2)}\mathrm{d}x$；　(4) $\int_0^{\frac{\pi}{2}}\sin^2\frac{x}{2}\mathrm{d}x$；

(5) $\int_1^2 e^{x+3}dx$；　　(6) $\int_2^3 \frac{1}{x+2}dx$；

(7) $\int_0^{\frac{\pi}{4}} \cos 2x dx$；　　(8) $\int_0^1 \frac{x^2}{1+x^3}dx$；

(9) $\int_{-1}^3 |x| dx$；　　(10) $\int_{\frac{1}{e}}^{e} \frac{|\ln x|}{x}dx$.

8. 已知 $f(x)=\begin{cases} x^3, x\in[0,+\infty) \\ e^x, x\in(-\infty,0) \end{cases}$，求 $\int_{-1}^2 f(x)dx$.

9. 已知 $f(x)=\begin{cases} \frac{1}{x}, x\in[1,2] \\ x+2, x\in[0,1) \end{cases}$，求 $\int_0^2 f(x)dx$.

5.3 定积分的换元积分法与分部积分法

5.3.1 定积分的换元积分法

【例 1】 计算定积分 $\int_0^1 \sqrt{1-x^2}dx$.

解 方法一 令 $x=\sin t\left(-\frac{\pi}{2}\leqslant t\leqslant\frac{\pi}{2}\right)$，则 $dx=\cos t dt$，于是有

$$\begin{aligned}\int \sqrt{1-x^2}dx &= \int \cos^2 t dt \\ &= \int \frac{1+\cos 2t}{2}dt \\ &= \frac{1}{2}t+\frac{1}{4}\sin 2t+C \\ &= \frac{1}{2}\arcsin x+\frac{1}{2}x\sqrt{1-x^2}+C.\end{aligned}$$

则

$$\int_0^1 \sqrt{1-x^2}dx=\left(\frac{1}{2}\arcsin x+\frac{1}{2}x\sqrt{1-x^2}\right)\Big|_0^1=\frac{\pi}{4}.$$

方法二 设 $x=\sin t$，当 $x=0$ 时，$t=0$；当 $x=1$ 时，$t=\frac{\pi}{2}$，于是

$$\begin{aligned}\int_0^1 \sqrt{1-x^2}dx &= \int_0^{\frac{\pi}{2}} \cos t\cos t dt \\ &= \frac{1}{2}\int_0^{\frac{\pi}{2}} (1+\cos 2t)dt \\ &= \frac{1}{2}\left(t+\frac{1}{2}\sin 2t\right)\Big|_0^{\frac{\pi}{2}} \\ &= \frac{\pi}{4}.\end{aligned}$$

方法二要比方法一来得简单一些，因为它省略了变量回代的一步. 方法二的关键是“在换元的同时进行换上下限”.

下面我们介绍定积分的换元积分法.

定理 1 若函数 $f(x)$ 在区间 $[a,b]$ 上连续，函数 $x=\varphi(t)$ 在区间 $[\alpha,\beta]$（或 $[\beta,\alpha]$）上单值且

有连续导数 $\varphi'(t)$，当 t 在$[\alpha,\beta]$(或$[\beta,\alpha]$)上变化时，$x=\varphi(t)$ 的值在$[a,b]$上变化，且 $\varphi(\alpha)=a$，$\varphi(\beta)=b$(或 $\varphi(\alpha)=b,\varphi(\beta)=a$)，则

$$\int_a^b f(x)\mathrm{d}x=\int_\alpha^\beta f[\varphi(t)]\varphi'(t)\mathrm{d}t \text{ 或} \int_a^b f(x)\mathrm{d}x=\int_\beta^\alpha f[\varphi(t)]\varphi'(t)\mathrm{d}t.$$

证 因为 $f(x)$在区间$[a,b]$上连续，所以它可积. 设 $F(x)$是 $f(x)$的一个原函数，则由牛顿—莱布尼茨公式得

$$\int_a^b f(x)\mathrm{d}x=F(x)\Big|_a^b=F(b)-F(a).$$

又由不定积分换元法知

$$\int f[\varphi(t)]\varphi'(t)\mathrm{d}t=F[\varphi(t)]+C,$$

于是

$$\begin{aligned}\int_\alpha^\beta f[\varphi(t)]\varphi'(t)\mathrm{d}t&=F[\varphi(t)]\big|_\alpha^\beta\\&=F[\varphi(\beta)]-F[\varphi(\alpha)]\\&=F(b)-F(a).\end{aligned}$$

定理得证.

上式称为定积分的换元公式. 应用该公式时，要注意换元同时换限以及 α 不一定小于 β.

【例 2】 计算 $\displaystyle\int_0^4\frac{\mathrm{d}x}{1+\sqrt{x}}$.

解 用定积分换元法.

令$\sqrt{x}=t$，则 $x=t^2$，$\mathrm{d}x=2t\mathrm{d}t$，$\begin{array}{c|c}x & 0\to4\\ \hline t & 0\to2\end{array}$，于是有

$$\begin{aligned}\int_0^4\frac{1}{1+\sqrt{x}}\mathrm{d}x&=\int_0^2\frac{2t}{1+t}\mathrm{d}t\\&=2\int_0^2\left(1-\frac{1}{1+t}\right)\mathrm{d}t\\&=2(t-\ln|1+t|)\Big|_0^2\\&=4-2\ln3.\end{aligned}$$

【例 3】 计算 $\displaystyle\int_{\ln3}^{\ln8}\sqrt{1+\mathrm{e}^x}\mathrm{d}x$.

解 令 $\sqrt{1+\mathrm{e}^x}=t$，则 $x=\ln(t^2-1)$，$\mathrm{d}x=\dfrac{2t}{t^2-1}\mathrm{d}t$，$\begin{array}{c|c}x & \ln3\to\ln8\\ \hline t & 2\to3\end{array}$

于是有

$$\begin{aligned}\int_{\ln3}^{\ln8}\sqrt{1+\mathrm{e}^x}\mathrm{d}x&=\int_2^3\frac{2t^2}{t^2-1}\mathrm{d}t\\&=2\int_2^3\left(1+\frac{1}{t^2-1}\right)\mathrm{d}t\\&=2\left(t+\frac{1}{2}\ln\left|\frac{t-1}{t+1}\right|\right)\Big|_2^3\\&=2+\ln\frac{3}{2}.\end{aligned}$$

【例 4】 计算$\int_{e}^{e^2}\frac{1}{x\ln^2 x}dx$.

解 设$t=\ln x$,则$dt=\frac{1}{x}dx$,且当$x=e$时,$t=1$;当$x=e^2$时,$t=2$. 于是

$$\int_{e}^{e^2}\frac{1}{x\ln^2 x}dx=\int_1^2\frac{1}{t^2}dt$$

$$=-\frac{1}{t}\bigg|_1^2$$

$$=\frac{1}{2}.$$

或

$$\int_{e}^{e^2}\frac{1}{x\ln^2 x}dx=\int_{e}^{e^2}\frac{1}{\ln^2 x}d\ln x$$

$$=-\frac{1}{\ln x}\bigg|_{e}^{e^2}$$

$$=\frac{1}{2}.$$

【例 5】 设函数$f(x)$在对称区间$[-a,a]$上连续,求证:

(1) $\int_{-a}^{a}f(x)dx=\int_0^a[f(x)+f(-x)]dx$;

(2) 当$f(x)$为偶函数时,则$\int_{-a}^{a}f(x)dx=2\int_0^a f(x)dx$;

(3) 当$f(x)$为奇函数时,则$\int_{-a}^{a}f(x)dx=0$.

证 (1)根据定积分性质 3,得

$$\int_{-a}^{a}f(x)dx=\int_{-a}^{0}f(x)dx+\int_0^a f(x)dx \tag{5-1}$$

对式(5-1)右端第一个积分用换元积分法,令$x=-t$,则$dx=-dt$,$\begin{array}{c|c} x & -a\to 0 \\ \hline t & a\to 0\end{array}$

于是

$$\begin{aligned}\int_{-a}^{0}f(x)dx&=\int_a^0 f(-t)d(-t)\\&=\int_0^a f(-t)dt=\int_0^a f(-x)dx.\end{aligned} \tag{5-2}$$

把式(5-2)代入式(5-1)中,得

$$\int_{-a}^{a}f(x)dx=\int_0^a f(-x)dx+\int_0^a f(x)dx$$

$$=\int_0^a[f(x)+f(-x)]dx.$$

(2)因为$f(x)$是偶函数,即$f(-x)=f(x)$,得

$$\int_{-a}^{a}f(x)dx=\int_0^a[f(x)+f(-x)]dx$$

$$=\int_0^a[f(x)+f(x)]dx=2\int_0^a f(x)dx.$$

(3)因为$f(x)$是奇函数,即$f(-x)=-f(x)$,得

$$\int_{-a}^{a} f(x)\mathrm{d}x = \int_{0}^{a}[f(x)+f(-x)]\mathrm{d}x$$
$$= \int_{0}^{a}[f(x)-f(x)]\mathrm{d}x = 0.$$

【例 6】 计算 $\int_{-1}^{1} \frac{x^3}{2+x^6}\mathrm{d}x$.

解 易知 $f(x) = \frac{x^3}{2+x^6}$ 为奇函数,又积分区间关于原点对称,因此

$$\int_{-1}^{1} \frac{x^3}{2+x^6}\mathrm{d}x = 0.$$

【例 7】 证明

$$\int_{0}^{\frac{\pi}{2}} f(\sin x)\mathrm{d}x = \int_{0}^{\frac{\pi}{2}} f(\cos x)\mathrm{d}x.$$

证 根据三角函数关系:$\sin x = \cos\left(\frac{\pi}{2}-x\right)$,令 $x = \frac{\pi}{2}-t$,则 $\mathrm{d}x = -\mathrm{d}t$,

x	$0 \to \frac{\pi}{2}$
t	$\frac{\pi}{2} \to 0$

于是
$$\int_{0}^{\frac{\pi}{2}} f(\sin x)\mathrm{d}x = \int_{\frac{\pi}{2}}^{0} f\left[\sin\left(\frac{\pi}{2}-t\right)\right]\mathrm{d}(-t)$$
$$= \int_{0}^{\frac{\pi}{2}} f(\cos t)\mathrm{d}t = \int_{0}^{\frac{\pi}{2}} f(\cos x)\mathrm{d}x.$$

特别地,当 $f(\sin x) = \sin^n x$ 时,n 为正整数,有

$$\int_{0}^{\frac{\pi}{2}} \sin^n x\,\mathrm{d}x = \int_{0}^{\frac{\pi}{2}} \cos^n x\,\mathrm{d}x.$$

【同步练习】计算下列定积分:

(1) $\int_{4}^{9} \frac{1}{4+\sqrt{x}}\mathrm{d}x$;　(2) $\int_{0}^{1} \frac{x}{\mathrm{e}^{x^2}}\mathrm{d}x$;　(3) $\int_{-2}^{2} \frac{x^3}{5+4x^4}\mathrm{d}x$.

5.3.2 定积分的分部积分法

设函数 $u = u(x)$,$v = v(x)$ 在区间 $[a,b]$ 上具有连续导数,即 $u' = u'(x)$,$v' = v'(x)$ 连续. 由乘积求导法则

$$u(x)v'(x) = [u(x)v(x)]' - v(x)u'(x),$$

两边在 $[a,b]$ 上积分,得

$$\int_{a}^{b} u(x)v'(x)\mathrm{d}x = u(x)v(x)\Big|_{a}^{b} - \int_{a}^{b} v(x)u'(x)\mathrm{d}x,$$

即
$$\int_{a}^{b} u\,\mathrm{d}v = uv\Big|_{a}^{b} - \int_{a}^{b} v\,\mathrm{d}u. \tag{5-3}$$

式(5-3)是定积分的分部积分公式.

【例 8】 计算 $\int_{1}^{4} \frac{\ln x}{\sqrt{x}}\mathrm{d}x$.

解 根据定积分的分部积分公式得

$$\int_1^4 \frac{\ln x}{\sqrt{x}}dx = 2\int_1^4 \ln x d(\sqrt{x})$$
$$= (2\sqrt{x}\ln x)\Big|_1^4 - 2\int_1^4 \sqrt{x}\cdot\frac{1}{x}dx$$
$$= 4\ln 4 - 2\int_1^4 \frac{1}{\sqrt{x}}dx = 4\ln 4 - 4\sqrt{x}\Big|_1^4$$
$$= 4(2\ln 2 - 1).$$

【例 9】 计算$\int_0^{\frac{\pi}{2}} x\cos 2x dx$.

解 根据定积分的分部积分公式得

$$\int_0^{\frac{\pi}{2}} x\cos 2x dx = \frac{1}{2}\int_0^{\frac{\pi}{2}} x d(\sin 2x)$$
$$= \frac{1}{2}(x\sin 2x)\Big|_0^{\frac{\pi}{2}} - \frac{1}{2}\int_0^{\frac{\pi}{2}} \sin 2x dx$$
$$= \frac{1}{4}\cos 2x\Big|_0^{\frac{\pi}{2}}$$
$$= -\frac{1}{2}.$$

【例 10】 计算$\int_0^2 xe^{-x}dx$.

解

$$\int_0^2 xe^{-x}dx = -\int_0^2 x d(e^{-x})$$
$$= -xe^{-x}\Big|_0^2 + \int_0^2 e^{-x}dx$$
$$= -2e^{-2} + (-e^{-x})\Big|_0^2$$
$$= 1 - 3e^{-2}.$$

【例 11】 计算$I_n = \int_0^{\frac{\pi}{2}} \sin^n x dx$,($n$ 为正整数).

解 用定积分的分部积分法.

$$I_n = \int_0^{\frac{\pi}{2}} \sin^n x dx = \int_0^{\frac{\pi}{2}} \sin^{n-1} x \sin x dx = -\int_0^{\frac{\pi}{2}} \sin^{n-1} x d(\cos x)$$
$$= -(\cos x \sin^{n-1} x)\Big|_0^{\frac{\pi}{2}} + (n-1)\int_0^{\frac{\pi}{2}} \sin^{n-2} x\cos^2 x dx$$
$$= 0 + (n-1)\int_0^{\frac{\pi}{2}} (1-\sin^2 x)\sin^{n-2} x dx$$
$$= (n-1)\int_0^{\frac{\pi}{2}} \sin^{n-2} x dx - (n-1)\int_0^{\frac{\pi}{2}} \sin^n x dx$$
$$= (n-1)I_{n-2} - (n-1)I_n.$$

把上式看做以 I_n 为未知量的方程,解得

$$I_n = \frac{n-1}{n}I_{n-2}.$$

即 $$\int_0^{\frac{\pi}{2}}\sin^n x\,dx=\frac{n-1}{n}\int_0^{\frac{\pi}{2}}\sin^{n-2}x\,dx.$$

称它为递推公式.

连续使用上述递推公式,可导出如下结果:当 n 为偶数时,有

$$I_n=\frac{n-1}{n}\times\frac{n-3}{n-2}\cdots\frac{3}{4}\times\frac{1}{2}\times I_0,$$

其中 $I_0=\int_0^{\frac{\pi}{2}}\sin^0 x\,dx=\int_0^{\frac{\pi}{2}}dx=\frac{\pi}{2}$,代入上式,得

$$I_n=\frac{n-1}{n}\times\frac{n-3}{n-2}\cdots\frac{3}{4}\times\frac{1}{2}\times\frac{\pi}{2},\tag{5-4}$$

当 n 为奇数时,有

$$I_n=\frac{n-1}{n}\times\frac{n-3}{n-2}\cdots\frac{4}{5}\times\frac{2}{3}\times I_1,$$

其中 $I_1=\int_0^{\frac{\pi}{2}}\sin x\,dx=-\cos x\Big|_0^{\frac{\pi}{2}}=1$,代入上式,得

$$I_n=\frac{n-1}{n}\times\frac{n-3}{n-2}\cdots\frac{4}{5}\times\frac{2}{3}\times 1,\tag{5-5}$$

由于 $\int_0^{\frac{\pi}{2}}\cos^n x\,dx=\int_0^{\frac{\pi}{2}}\sin^n x\,dx$,所以对于 $\int_0^{\frac{\pi}{2}}\cos^n x\,dx$ 也适用.

【例 12】 计算 $\int_0^1(1-x^2)^2\sqrt{1-x^2}\,dx$.

解 令 $x=\sin t$,则 $dx=\cos t\,dt$, $\begin{array}{c|c} x & 0\to 1 \\ \hline t & 0\to\frac{\pi}{2}\end{array}$,于是有

$$\begin{aligned}&\int_0^1(1-x^2)^2\sqrt{1-x^2}\,dx\\&=\int_0^{\frac{\pi}{2}}(1-\sin^2 t)^2\sqrt{1-\sin^2 t}\cos t\,dt\\&=\int_0^{\frac{\pi}{2}}\cos^6 t\,dt=\frac{5}{6}\times\frac{3}{4}\times\frac{1}{2}\times\frac{\pi}{2}\\&=\frac{5}{32}\pi.\end{aligned}$$

式(5-4)与式(5-5)可作为公式使用.

【同步练习】计算下列定积分:

(1) $\int_0^{\frac{\pi}{4}}x\cos 4x\,dx$; (2) $\int_0^1 xe^{-5x}\,dx$.

习 题 5-3

1. 计算下列定积分:

(1) $\int_0^1\frac{1}{x+2}\,dx$; (2) $\int_0^1 xe^{x^2}\,dx$;

(3) $\int_1^e \frac{1}{x(1+\ln^2 x)}\mathrm{d}x$；　(4) $\int_0^{\ln 2} \mathrm{e}^x\sqrt{1+\mathrm{e}^x}\,\mathrm{d}x$；

(5) $\int_0^2 \frac{1}{4+x^2}\mathrm{d}x$；　(6) $\int_0^{\frac{\pi}{4}} \sin^2 x\mathrm{d}x$；

(7) $\int_0^{\frac{\pi}{3}} \sin^2 x\cos x\mathrm{d}x$；　(8) $\int_0^{\frac{\pi}{2}} \cos^3 x\mathrm{d}x$.

2. 计算下列定积分：

(1) $\int_{-3}^1 \frac{x}{\sqrt{3-2x}}\mathrm{d}x$；　(2) $\int_1^4 \frac{1}{1+\sqrt{x}}\mathrm{d}x$；

(3) $\int_0^2 \sqrt{4-x^2}\,\mathrm{d}x$；　(4) $\int_1^{\sqrt{3}} \frac{1}{x^2\sqrt{1+x^2}}\mathrm{d}x$；

(5) $\int_{\frac{1}{\sqrt{2}}}^1 \frac{\sqrt{1-x^2}}{x^2}\mathrm{d}x$；　(6) $\int_{\sqrt{2}}^2 \frac{1}{\sqrt{x^2-1}}\mathrm{d}x$.

3. 利用函数的奇偶性计算下列定积分：

(1) $\int_{-\frac{\pi}{2}}^{\frac{\pi}{2}} \sin^5 x\mathrm{d}x$；　(2) $\int_{-2}^2 \frac{x^5}{2+x^4}\mathrm{d}x$；

(3) $\int_{-1}^1 \frac{1+x^3}{1+x^2}\mathrm{d}x$；　(4) $\int_{-5}^5 x\mathrm{e}^{-x^2}\,\mathrm{d}x$.

4. 计算下列定积分：

(1) $\int_0^{\pi} t\sin 2t\mathrm{d}t$；　(2) $\int_1^2 x\ln\sqrt{x}\mathrm{d}x$；

(3) $\int_0^{\frac{\pi}{2}} x\cos x\mathrm{d}x$；　(4) $\int_0^1 (x+1)\mathrm{e}^{2x}\mathrm{d}x$；

(5) $\int_{\frac{1}{e}}^{e} |\ln x|\,\mathrm{d}x$；　(6) $\int_0^1 \arctan x\mathrm{d}x$；

(7) $\int_0^{\frac{\pi}{4}} \frac{x}{\cos^2 x}\mathrm{d}x$；　(8) $\int_0^1 x^2\mathrm{e}^x\mathrm{d}x$.

5. 证明 $\int_0^1 t^n(1-t)^m\mathrm{d}t = \int_0^1 t^m(1-t)^n\mathrm{d}t$.

6. 证明 $\int_0^{\frac{\pi}{2}} \frac{\sin t}{\sin t+\cos t}\mathrm{d}t = \int_0^{\frac{\pi}{2}} \frac{\cos t}{\sin t+\cos t}\mathrm{d}t$，并求其值.

7. 设 $f(x) = \int_1^x \frac{\ln t}{1+t}\mathrm{d}t\ (x>0)$，证明 $f(x)+f\left(\frac{1}{x}\right) = \frac{1}{2}\ln^2 x$.

8. 设 $f(n) = \int_0^{\frac{\pi}{4}} \tan^n x\mathrm{d}x$，证明 $f(n)+f(n+2) = \frac{1}{n+1}(n\geqslant 1)$.

5.4 反常积分

对于定积分 $\int_a^b f(x)\mathrm{d}x$，我们总假设积分区间$[a,b]$为有限，而被积函数 $f(x)$在$[a,b]$上是有界的. 但是，在实际问题中还常遇到积分区间为无限或被积函数为无界的情形，前者称为无穷区间的积分，后者称为无界函数的积分，而两者统称为反常积分，相对地把前面讨论的定积分称为常义积分.

5.4.1 无穷区间的反常积分

【例 1】 求由曲线 $y=e^{-x}$，y 轴及 x 轴所围成开口曲边梯形的面积，如图 5-9 所示.

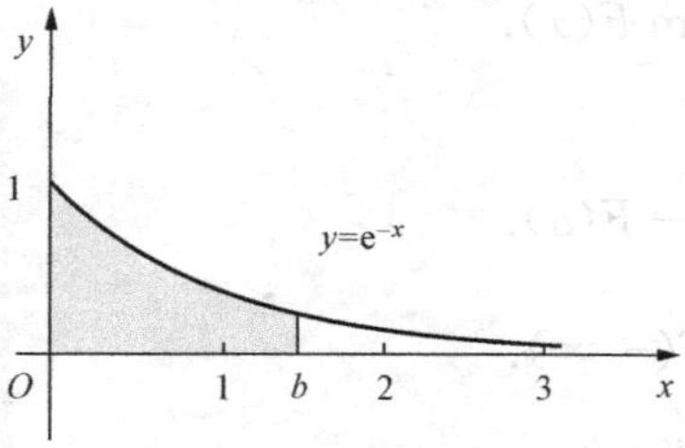

图 5-9

解 如果把开口曲边梯形面积，按着定积分几何意义那样，那么这块面积 A 就对应着一个无穷区间上的反常积分

$$A=\int_0^{+\infty}f(x)\mathrm{d}x=\int_0^{+\infty}e^{-x}\mathrm{d}x,$$

然而，这个积分已不是通常意义的定积分了. 因为它的积分区间是无限的. 怎样计算呢？任取实数 $b>0$，在有限区间$[0,b]$上，以曲线 $y=e^{-x}$为曲边的曲边梯形面积为

$$\int_0^b e^{-x}\mathrm{d}x=-e^{-x}\Big|_0^b=1-\frac{1}{e^b}.$$

如图 5-9 阴影部分所示. 显然，当 $b\to+\infty$ 时，阴影部分曲边梯形面积的极限就是开口曲边梯形面积的精确值. 即

$$A=\lim_{b\to+\infty}\int_0^b e^{-x}\mathrm{d}x=\lim_{b\to+\infty}\left(1-\frac{1}{e^b}\right)=1.$$

定义 1 设函数 $f(x)$在$[a,+\infty)$上连续，取实数 $b>a$，如果极限

$$\lim_{b\to+\infty}\int_a^b f(x)\mathrm{d}x$$

存在，则称此极限值为函数 $f(x)$在无穷区间$[a,+\infty)$上的反常积分，记作$\int_a^{+\infty}f(x)\mathrm{d}x$，即

$$\int_a^{+\infty}f(x)\mathrm{d}x=\lim_{b\to+\infty}\int_a^b f(x)\mathrm{d}x.$$

这时也称反常积分收敛；否则称反常积分发散.

类似地，可定义函数 $f(x)$在$(-\infty,b]$上的反常积分.

定义 2 设函数 $f(x)$在$(-\infty,b]$上连续，取实数 $a<b$，如果极限

$$\lim_{a\to-\infty}\int_a^b f(x)\mathrm{d}x$$

存在，则称此极限值为函数 $f(x)$在无穷区间$(-\infty,b]$上的反常积分，记作$\int_{-\infty}^b f(x)\mathrm{d}x$，即

$$\int_{-\infty}^b f(x)\mathrm{d}x=\lim_{a\to-\infty}\int_a^b f(x)\mathrm{d}x,$$

这时也称反常积分收敛；否则称反常积分发散.

定义 3 设函数 $f(x)$在区间$(-\infty,+\infty)$内连续，且对任意实数 c，如果反常积分

$$\int_{-\infty}^c f(x)\mathrm{d}x \text{ 与 } \int_c^{+\infty}f(x)\mathrm{d}x$$

都收敛，则称上面两个反常积分之和为 $f(x)$在无穷区间$(-\infty,+\infty)$内的反常积分，记作$\int_{-\infty}^{+\infty}f(x)\mathrm{d}x$，即

$$\int_{-\infty}^{+\infty}f(x)\mathrm{d}x=\int_{-\infty}^c f(x)\mathrm{d}x+\int_c^{+\infty}f(x)\mathrm{d}x,$$

这时也称反常积分收敛；否则称反常积分发散.

上述各反常积分统称为无穷区间的反常积分.

反常积分的基本思想是先计算定积分,再取极限.

若 $F(x)$ 是 $f(x)$ 的一个原函数,并记

$$F(+\infty)=\lim_{x\to+\infty}F(x),F(-\infty)=\lim_{x\to-\infty}F(x).$$

则定义 1、2、3 中的反常积分可表示为

$$\int_a^{+\infty}f(x)\mathrm{d}x=F(x)\Big|_a^{+\infty}=F(+\infty)-F(a).$$

$$\int_{-\infty}^{b}f(x)\mathrm{d}x=F(x)\Big|_{-\infty}^{b}=F(b)-F(-\infty).$$

$$\int_{-\infty}^{+\infty}f(x)\mathrm{d}x=F(x)\Big|_{-\infty}^{+\infty}=F(+\infty)-F(-\infty).$$

这时反常积分的收敛或发散就取决于 $F(+\infty)$ 和 $F(-\infty)$ 是否存在. 如存在就收敛,如不存在就发散.

【例 2】 求 $\int_0^{+\infty}\frac{1}{1+x^2}\mathrm{d}x$.

解 $\int_0^{+\infty}\frac{1}{1+x^2}\mathrm{d}x=\arctan x\Big|_0^{+\infty}=\frac{\pi}{2}-0=\frac{\pi}{2}$.

【例 3】 判断 $\int_0^{+\infty}\cos x\mathrm{d}x$ 的收敛性?

解 $\int_0^{+\infty}\cos x\mathrm{d}x=\sin x\ |_0^{+\infty}$.

由于当 $x\to+\infty$ 时, $\sin x$ 没有极限,所以反常积分发散.

【例 4】 求 $\int_0^{+\infty}xe^{-x}\mathrm{d}x$.

解 用分部积分法,得

$$\int_0^{+\infty}xe^{-x}\mathrm{d}x=-\int_0^{+\infty}x\mathrm{d}(e^{-x})=-xe^{-x}\Big|_0^{+\infty}+\int_0^{+\infty}e^{-x}\mathrm{d}x=-e^{-x}\Big|_0^{+\infty}=1.$$

其中 $\lim\limits_{x\to+\infty}xe^{-x}=\lim\limits_{x\to+\infty}\frac{x}{e^x}=\lim\limits_{x\to+\infty}\frac{1}{e^x}=0$, 即 $xe^{-x}\Big|_0^{+\infty}=0$.

【例 5】 判断 $\int_e^{+\infty}\frac{\mathrm{d}x}{x\ln x}$ 的收敛性?

解 $\int_e^{+\infty}\frac{\mathrm{d}x}{x\ln x}=\int_e^{+\infty}\frac{\mathrm{d}(\ln x)}{\ln x}=\ln\ln x\Big|_e^{+\infty}=+\infty$.

故该积分发散.

【例 6】 证明反常积分 $\int_1^{+\infty}\frac{1}{x^p}\mathrm{d}x$,当 $p>1$ 时收敛;当 $p\leqslant 1$ 时发散.

证 当 $p=1$ 时,则

$$\int_1^{+\infty}\frac{1}{x}\mathrm{d}x=\ln x\Big|_1^{+\infty}.$$

所以该反常积分发散.

当 $p\neq 1$ 时,则

$$\int_1^{+\infty}\frac{\mathrm{d}x}{x^p}=\frac{1}{1-p}x^{1-p}\Big|_1^{+\infty}=\begin{cases}\frac{1}{p-1},当 p>1\\+\infty,当 p<1\end{cases}.$$

综合上述：当 $p>1$ 时，该反常积分收敛；当 $p\leqslant 1$ 时，该反常积分发散.

【例 7】 计算广义积分 $\int_{-\infty}^{+\infty} f(x)\mathrm{d}x, \int_{-\infty}^{+\infty} x^2 f(x)\mathrm{d}x$.

其中 $f(x)=\begin{cases}4x^3, 0<x<1\\ 0, \quad x\leqslant 0, x\geqslant 1\end{cases}$.

解
$$\begin{aligned}\int_{-\infty}^{+\infty} f(x)\mathrm{d}x &= \int_{-\infty}^{0} f(x)\mathrm{d}x+\int_{0}^{1} f(x)\mathrm{d}x+\int_{1}^{+\infty} f(x)\mathrm{d}x\\ &= \int_{0}^{1} 4x^3\mathrm{d}x\\ &= 1.\end{aligned}$$
$$\begin{aligned}\int_{-\infty}^{+\infty} x^2 f(x)\mathrm{d}x &= \int_{-\infty}^{0} x^2 f(x)\mathrm{d}x+\int_{0}^{1} x^2 f(x)\mathrm{d}x+\int_{1}^{+\infty} x^2 f(x)\mathrm{d}x\\ &= \int_{0}^{1} 4x^5\mathrm{d}x\\ &= \frac{2}{3}.\end{aligned}$$

【同步练习】计算反常积分：
$$\int_{-\infty}^{+\infty} f(x)\mathrm{d}x，其中\ f(x)=\begin{cases}2\mathrm{e}^{-2x}, & x\geqslant 0\\ 0, & x<0\end{cases}.$$

5.4.2 无界函数的反常积分

对于被积函数为无界的情形，可采用类似于无穷区间的反常积分的定义.

定义 4 设函数 $f(x)$ 在区间 $(a,b]$ 上连续，且 $\lim\limits_{x\to a^+} f(x)=\infty$，取 $\varepsilon>0$，如果极限
$$\lim_{\varepsilon\to 0^+}\int_{a+\varepsilon}^{b} f(x)\mathrm{d}x$$
存在，则称此极限值为函数 $f(x)$ 在区间 $(a,b]$ 上的反常积分. 记作 $\int_a^b f(x)\mathrm{d}x$，即
$$\int_a^b f(x)\mathrm{d}x=\lim_{\varepsilon\to 0^+}\int_{a+\varepsilon}^{b} f(x)\mathrm{d}x.$$
这时也称反常积分收敛，否则称反常积分发散.

定义 5 设函数 $f(x)$ 在区间 $[a,b)$ 上连续，且 $\lim\limits_{x\to b^-} f(x)=\infty$，取 $\varepsilon>0$，如果极限
$$\lim_{\varepsilon\to 0^+}\int_{a}^{b-\varepsilon} f(x)\mathrm{d}x$$
存在，则称此极限值为函数 $f(x)$ 在区间 $[a,b)$ 上的反常积分. 记作 $\int_a^b f(x)\mathrm{d}x$，即
$$\int_a^b f(x)\mathrm{d}x=\lim_{\varepsilon\to 0^+}\int_{a}^{b-\varepsilon} f(x)\mathrm{d}x.$$
这时也称反常积分收敛，否则称反常积分发散.

定义 6 设函数 $f(x)$ 在 $[a,b]$ 上除点 $c\in(a,b)$ 外连续，且 $\lim\limits_{x\to c} f(x)=\infty$，如果下面两个反常积分

$$\int_a^c f(x)\mathrm{d}x \text{ 与} \int_c^b f(x)\mathrm{d}x$$

都收敛,则称这两个反常积分之和为函数 $f(x)$ 在区间 $[a,b]$ 上的反常积分,记作 $\int_a^b f(x)\mathrm{d}x$,即

$$\int_a^b f(x)\mathrm{d}x = \int_a^c f(x)\mathrm{d}x + \int_c^b f(x)\mathrm{d}x,$$

这时也称反常积分收敛;否则,称反常积分发散.

上述各反常积分统称为无界函数的反常积分.

若 $F(x)$ 是 $f(x)$ 的一个原函数,并记 $F(a) = \lim\limits_{x\to a^+}F(x)$, $F(b) = \lim\limits_{x\to b^-}F(x)$, $F(c^-) = \lim\limits_{x\to c^-}F(x)$ 与 $F(c^+) = \lim\limits_{x\to c^+}F(x)$. 则定义 4、5、6 中的反常积分可表示为

$$\int_a^b f(x)\mathrm{d}x = F(x)\Big|_a^b = F(b) - F(a),$$

$$\begin{aligned}\int_a^b f(x)\mathrm{d}x &= \int_a^c f(x)\mathrm{d}x + \int_c^b f(x)\mathrm{d}x = F(x)\Big|_a^{c^-} + F(x)\Big|_{c^+}^b \\ &= F(c^-) - F(a) + F(b) - F(c^+).\end{aligned}$$

【例 8】 判断 $\int_0^1 \frac{\mathrm{d}x}{\sqrt{1-x}}$ 收敛性.

解 $\int_0^1 \frac{\mathrm{d}x}{\sqrt{1-x}} = -2\sqrt{1-x}\Big|_0^1 = 2.$

故积分收敛.

【例 9】 讨论反常积分 $\int_0^1 \frac{\mathrm{d}x}{x^p}$ 的收敛性.

解 当 $p=1$ 时,则

$$\int_0^1 \frac{1}{x}\mathrm{d}x = \ln x\Big|_0^1.$$

故积分发散. 当 $p \neq 1$ 时

$$\int_0^1 \frac{\mathrm{d}x}{x^p} = \frac{1}{1-p}x^{1-p}\Big|_0^1 = \begin{cases}\frac{1}{1-p}, & p<1 \\ \text{发散}, & p>1\end{cases}.$$

综上所述:当 $p<1$ 时,该反常积分收敛,其值为 $\frac{1}{1-p}$;当 $p \geqslant 1$ 时,该反常积分发散.

习 题 5-4

1. 判断下列反常积分的敛散性,如果积分收敛,则计算其值:

(1) $\int_0^{+\infty} \mathrm{e}^{-3x}\mathrm{d}x$;　　(2) $\int_1^{+\infty} \frac{x}{1+x^2}\mathrm{d}x$;

(3) $\int_{2\pi}^{+\infty} \sin x\mathrm{d}x$;　　(4) $\int_3^{+\infty} \frac{1}{x\ln^2 x}\mathrm{d}x$;

(5) $\int_2^{+\infty} \frac{1}{x^5}\mathrm{d}x$;　　(6) $\int_1^{+\infty} x\mathrm{e}^{-3x^2}\mathrm{d}x$;

(7) $\int_0^2 \frac{1}{x}\mathrm{d}x$；　　(8) $\int_0^1 \ln x \mathrm{d}x$；

(9) $\int_0^3 \frac{1}{\sqrt{x}}\mathrm{d}x$；　　(10) $\int_1^{\mathrm{e}} \frac{1}{x\sqrt{1-\ln^2 x}}\mathrm{d}x$.

2. 当 λ 为何值时，反常积分 $\int_3^{+\infty} \frac{1}{x(\ln x)^{\lambda}}\mathrm{d}x$ 收敛？当 λ 为何值时，该反常积分发散？

5.5 定积分的几何应用

本节将介绍定积分在几何方面的应用，首先介绍定积分的微元法，然后介绍用定积分计算平面图形面积及立体体积.

5.5.1 定积分的微元法

用定积分表示一个量，如几何量、物理量或其他的量，一般分 4 步来考虑，现在回顾一下求曲边梯形面积的过程.

第 1 步分割：将区间 $[a,b]$ 任意分为 n 个子区间 $[x_{i-1},x_i]$ $(i=1,2,\cdots,n)$ 其中 $x_0=a$，$x_n=b$.

第 2 步取近似：在任意一个子区间 $[x_{i-1},x_i]$ 上，任取一点 ξ_i 作小曲边梯形面积 ΔA_i 的近似值，即

$$\Delta A_i \approx f(\xi_i)\Delta x_i.$$

第 3 步求和：曲边梯形面积 A，

$$A \approx \sum_{i=1}^{n} f(\xi_i)\Delta x_i.$$

第 4 步取极限：$n\to\infty$，$\lambda=\max\{\Delta x_i\}\to 0$，则

$$A=\lim_{\lambda\to 0}\sum_{i=1}^{n} f(\xi_i)\Delta x_i=\int_a^b f(x)\mathrm{d}x.$$

对照上述 4 步，我们发现第 2 步取近似时其形式 $f(\xi_i)\Delta x_i$ 与第 4 步积分 $\int_a^b f(x)\mathrm{d}x$ 中的被积分式 $f(x)\mathrm{d}x$ 具有类同的形式，如果把第 2 步中的 ξ 用 x 替代，Δx 用 $\mathrm{d}x$ 替代，那么它就是第 4 步积分中的被积分式，基于此，我们把上述 4 步简化为 2 步.

第 1 步：选取积分变量，例如选为 x，并确定其范围，例如 $x\in[a,b]$，在其上任取一个子区间记作 $[x,x+\mathrm{d}x]$.

第 2 步：取所求量 I 在子区间 $[x,x+\mathrm{d}x]$ 上的部分量 ΔI 的近似值

$$\Delta I \approx f(x)\mathrm{d}x,$$

记 $\mathrm{d}I=f(x)\mathrm{d}x$，称为所求量的微元，得

$$I=\int_a^b f(x)\mathrm{d}x.$$

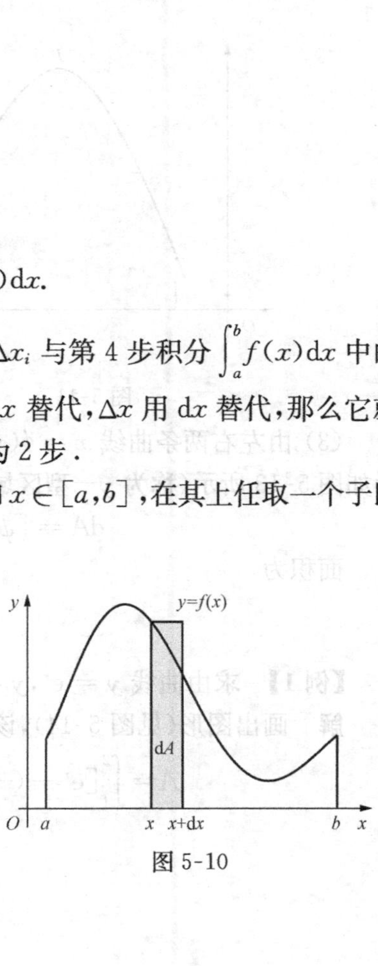

图 5-10

我们用简化后的步骤再解曲边梯形面积 A 的问题.

第 1 步：选积分变量为 $x\in[a,b]$，任取一个子区间 $[x,x+\mathrm{d}x]$，如图 5-10 所示.

第 2 步：在$[x,x+\mathrm{d}x]$上用矩形面积代替小曲边梯形面积ΔA，并用x处的高$f(x)$作为矩形的高，得

$$\Delta A \approx f(x)\mathrm{d}x.$$

于是

$$A=\int_a^b f(x)\mathrm{d}x.$$

上述简化了步骤的定积分方法称为定积分的微元法.

5.5.2 平面图形的面积

1. 直角坐标系中的平面图形的面积

(1) 由曲线$y=f(x)$，$(f(x)\geqslant 0)$与直线$x=a$，$x=b$及x轴所围成的平面图形(见图 5-11)的面积A的微元是

$$\mathrm{d}A=f(x)\mathrm{d}x.$$

$$A=\int_a^b f(x)\mathrm{d}x. \tag{5-6}$$

(2) 由上下两条曲线$y=f(x)$，$y=g(x)[f(x)\geqslant g(x)]$及$x=a$，$x=b(a<b)$所围图形(称为$x$一型区域)，如图 5-12 所示，其面积微元为$\mathrm{d}A=[f(x)-g(x)]\mathrm{d}x$，面积为

$$A=\int_a^b[f(x)-g(x)]\mathrm{d}x. \tag{5-7}$$

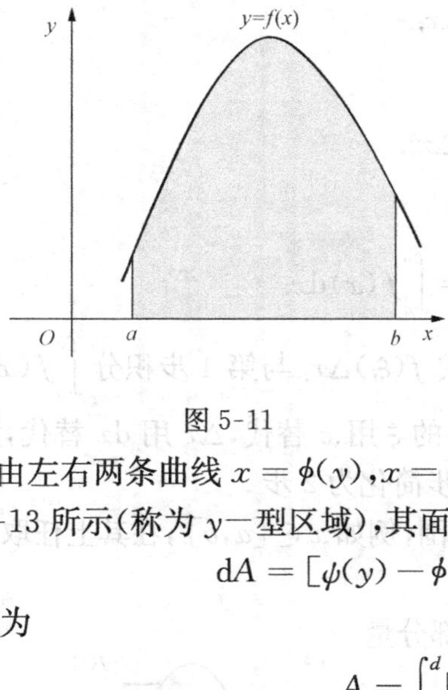

图 5-11

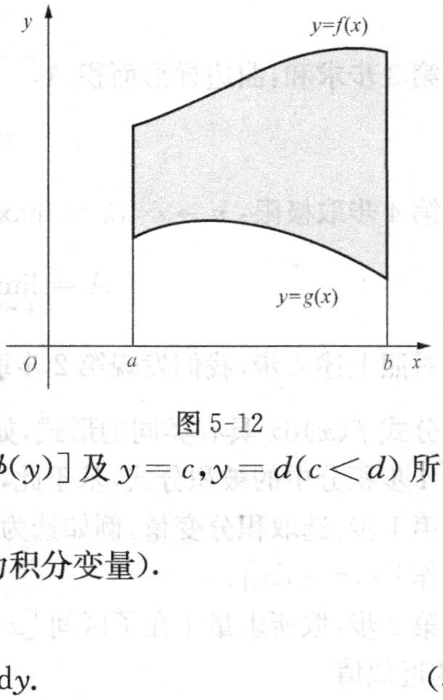

图 5-12

(3) 由左右两条曲线$x=\phi(y)$，$x=\psi(y)[\psi(y)\geqslant\phi(y)]$及$y=c$，$y=d(c<d)$所围图形如图 5-13 所示(称为$y$一型区域)，其面积微元为

$$\mathrm{d}A=[\psi(y)-\phi(y)]\mathrm{d}y\ (y\text{ 作为积分变量}).$$

面积为

$$A=\int_c^d[\psi(y)-\phi(y)]\mathrm{d}y. \tag{5-8}$$

【例 1】 求由曲线$y=\mathrm{e}^x$，$y=-x$，$x=1$，$x=2$所围成图形的面积.

解 画出图形(见图 5-14)，该图形为x一型区域由式(5-7)得

$$A=\int_1^2[\mathrm{e}^x-(-x)]\mathrm{d}x=\mathrm{e}^x\Big|_1^2+\frac{1}{2}x^2\Big|_1^2=\mathrm{e}^2-\mathrm{e}+\frac{3}{2}.$$

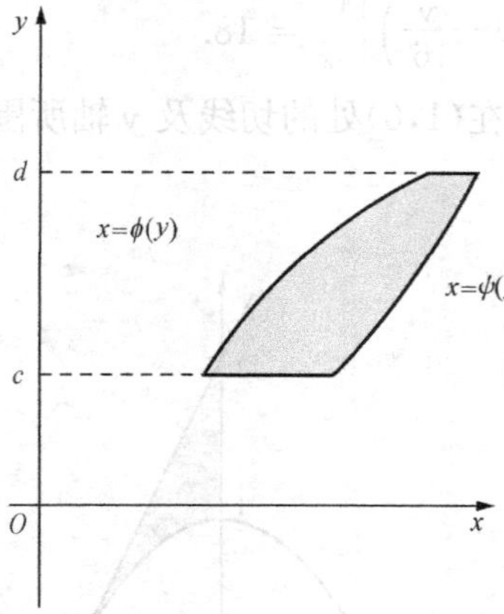

图 5-13

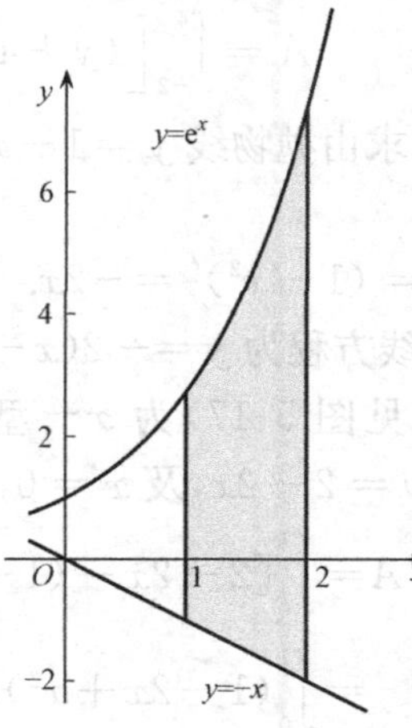

图 5-14

【例 2】 求由两条抛物线 $y^2=x,y=x^2$ 所围成图形的面积.

解 画出图形(见图 5-15),该图形既可看作为 x一型区域也可看做 y一型区域.

若看作 x一型区域,其图形由 $y=\sqrt{x},y=x^2,x=0,x=1$ 所围成,即

$$A=\int_0^1(\sqrt{x}-x^2)\mathrm{d}x$$

$$=\left(\frac{2}{3}x^{\frac{3}{2}}-\frac{1}{3}x^3\right)\Big|_0^1$$

$$=\frac{1}{3}.$$

若看作 y一型区域,其图形由 $x=y^2,x=\sqrt{y},y=0,y=1$ 所围成,则

$$A=\int_0^1(\sqrt{y}-y^2)\mathrm{d}y=\frac{1}{3}.$$

【例 3】 求由抛物线 $y^2=2x$ 与直线 $y=x-4$ 所围成图形的面积.

解 作出它的草图(见图 5-16),并求抛物线与直线的交点,即解方程组

$$\begin{cases}y^2=2x\\y=x-4\end{cases},$$

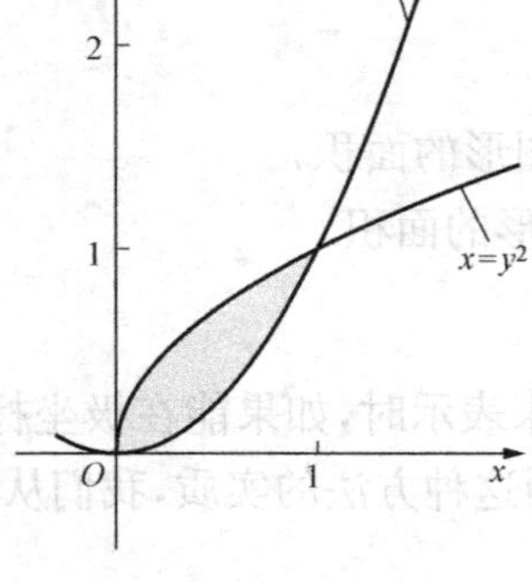

图 5-15

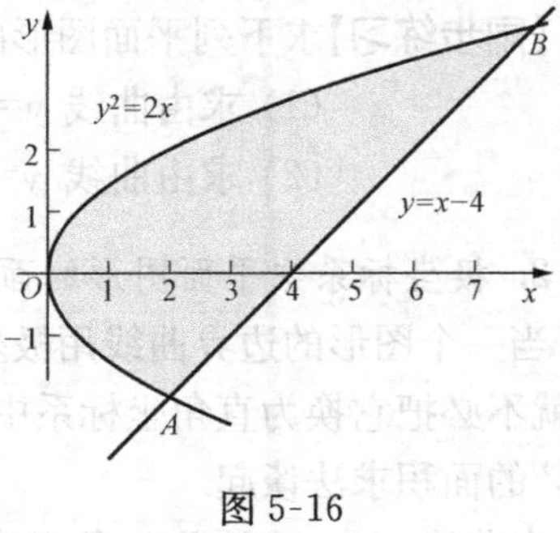

图 5-16

得交点 $A(2,-2),B(8,4)$,该图形为 y一型区域,可看作由 $x=\frac{y^2}{2},x=y+4,y=4,y=-2$ 所围成得

$$A=\int_{-2}^{4}\left[(y+4)-\frac{y^2}{2}\right]\mathrm{d}y=\left(\frac{y^2}{2}+4y-\frac{y^3}{6}\right)\Big|_{-2}^{4}=18.$$

【例 4】 求由抛物线 $y=1-x^2$，抛物线 $y=1-x^2$ 在(1,0)处的切线及 y 轴所围成图形的面积.

解 $y'=(1-x^2)'=-2x$. $y'|_{x=1}=-2$.

所以，切线方程为 $y=-2(x-1)$，即 $y=2-2x$.

该图形(见图 5-17)为 x-型区域，可看作由曲线 $y=1-x^2$，$y=2-2x$，及 $x=0$，$x=1$ 所围成，面积为

$$A=\int_0^1[2-2x-(1-x^2)]\mathrm{d}x$$
$$=\int_0^1(1-2x+x^2)\mathrm{d}x$$
$$=\int_0^1(x-1)^2\mathrm{d}(x-1)$$
$$=\frac{1}{3}(x-1)^3\Big|_0^1=\frac{1}{3}.$$

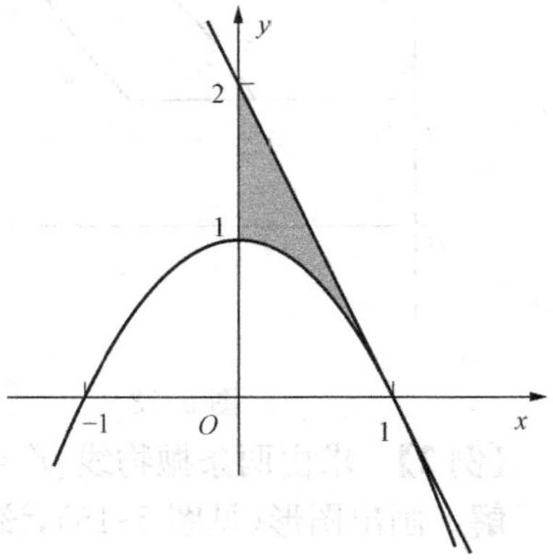

图 5-17

【例 5】 求椭圆 $\frac{x^2}{a^2}+\frac{y^2}{b^2}=1$，$(a>0,b>0)$ 的面积.

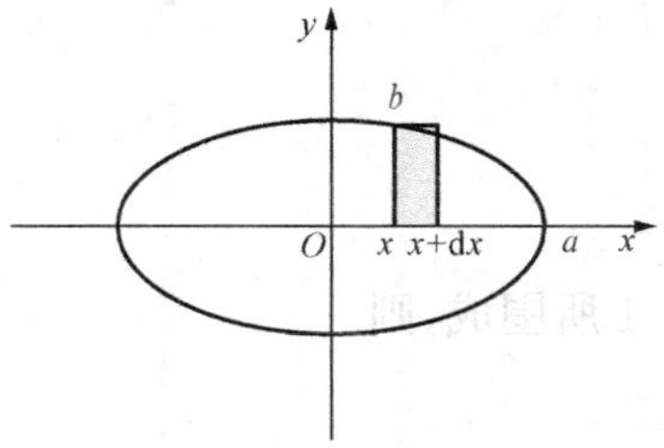

图 5-18

解 由椭圆的对称性知，椭圆的面积是它在第一象限部分的面积的 4 倍(见图 5-18)，即

$$A=4\int_0^a y\mathrm{d}x$$
$$=4\int_0^a\frac{b}{a}\sqrt{a^2-x^2}\mathrm{d}x$$
$$=\frac{4b}{a}\int_0^a\sqrt{a^2-x^2}\mathrm{d}x.$$

由习题 5-1 第 2 题可知

$$\int_0^a\sqrt{a^2-x^2}\mathrm{d}x=\frac{\pi a^2}{4}$$

所以

$$A=\frac{4b}{a}\times\frac{\pi a^2}{4}=\pi ab.$$

【同步练习】求下列平面图形的面积：

(1) 求由曲线 $y=x^2$，$y=2-x^2$ 所围图形的面积；

(2) 求由曲线 $y=4-x^2$，x 轴所围图形的面积.

2. 极坐标系中平面图形的面积

当一个图形的边界曲线用极坐标方程 $r=r(\theta)$ 来表示时，如果能在极坐标系中求它的面积，就不必把它换为直角坐标系中去求面积. 为了阐明这种方法的实质，我们从最简单的"曲边扇形"的面积求法谈起.

由曲线 $r=r(\theta)$ 及两条半直线 $\theta=\alpha$，$\theta=\beta(\alpha<\beta)$ 所围成的图形称为曲边扇形. 如图5-19 所示.

求曲边扇形的面积 A，积分变量就是 θ，$\theta\in[\alpha,\beta]$，应用微元法找面积 A 的微元 $\mathrm{d}A$，任取

一个子区间$[\theta,\theta+\mathrm{d}\theta]\subset[\alpha,\beta]$，用$\theta$处的极径，$r(\theta)$为半径，以$\mathrm{d}\theta$为圆心角的圆扇形的面积作为面积微元，图 5-20 中阴影部分的面积，即

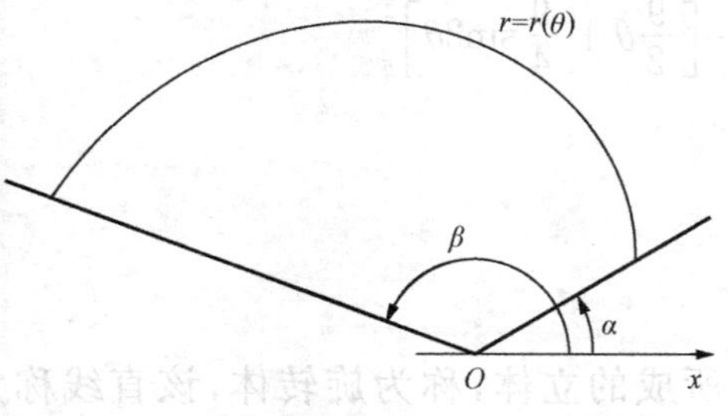

图 5-19

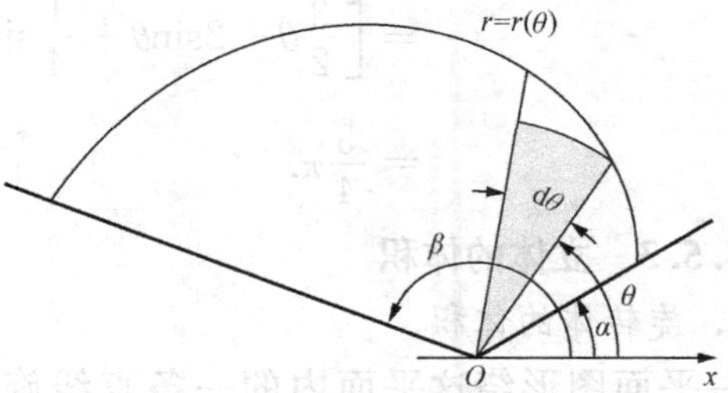

图 5-20

$$\mathrm{d}A=\frac{1}{2}[r(\theta)]^2\mathrm{d}\theta.$$

于是
$$A=\frac{1}{2}\int_{\alpha}^{\beta}[r(\theta)]^2\mathrm{d}\theta. \tag{5-9}$$

【例 6】 求心形线$r=a(1+\cos\theta)(a>0)$所围成的图形的面积.

解 作出它的草图如图 5-21 所示，由公式(5-9)，再利用图形的对称性，得

$$\begin{aligned}A&=2\int_0^{\pi}\frac{1}{2}[a(1+\cos\theta)]^2\mathrm{d}\theta\\&=a^2\int_0^{\pi}(1+2\cos\theta+\cos^2\theta)\mathrm{d}\theta\\&=a^2\int_0^{\pi}\left(\frac{3}{2}+2\cos\theta+\frac{1}{2}\cos2\theta\right)\mathrm{d}\theta\\&=a^2\left(\frac{3}{2}\theta+2\sin\theta+\frac{1}{4}\sin2\theta\right)\Big|_0^{\pi}=\frac{3}{2}\pi a^2.\end{aligned}$$

【例 7】 求由两条曲线$r=3\cos\theta$和$r=1+\cos\theta$所围成的公共部分的面积.

解 作出它的草图如图 5-22 所示，再求两条曲线的交点，解方程组

$$\begin{cases}r=3\cos\theta\\r=1+\cos\theta\end{cases}.$$

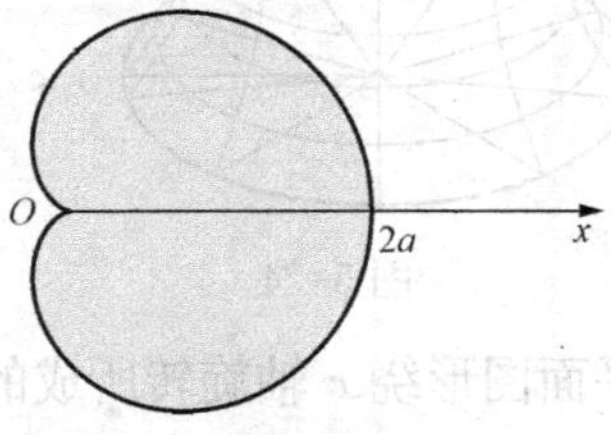

图 5-21

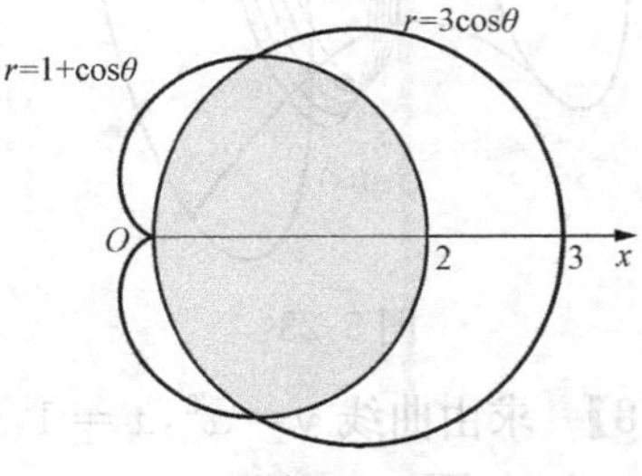

图 5-22

得两曲线的交点为$A\left(\frac{3}{2},\frac{\pi}{3}\right)$、$B\left(\frac{3}{2},-\frac{\pi}{3}\right)$. 考虑到图形的对称性，得面积

$$A=2\int_0^{\frac{\pi}{3}}\frac{1}{2}(1+\cos\theta)^2\mathrm{d}\theta+2\int_{\frac{\pi}{3}}^{\frac{\pi}{2}}\frac{1}{2}(3\cos\theta)^2\mathrm{d}\theta$$

$$
\begin{aligned}
&=\int_0^{\frac{\pi}{3}}(1+2\cos\theta+\cos^2\theta)\mathrm{d}\theta+\int_{\frac{\pi}{3}}^{\frac{\pi}{2}}9\cos^2\theta\mathrm{d}\theta \\
&=\left[\frac{3}{2}\theta+2\sin\theta+\frac{1}{4}\sin2\theta\right]_0^{\frac{\pi}{3}}+\left[\frac{9}{2}\theta+\frac{9}{4}\sin2\theta\right]_{\frac{\pi}{3}}^{\frac{\pi}{2}} \\
&=\frac{5}{4}\pi.
\end{aligned}
$$

5.5.3 立体的体积

1. 旋转体的体积

一平面图形绕这平面内的一条直线旋转一周所成的立体，称为旋转体，该直线称为旋转轴.

由连续曲线 $y=f(x)(f(x)\geqslant 0)$，直线 $x=a,x=b(a<b)$ 及 x 轴所围成的 x 一型曲边梯形，绕 x 轴旋转一周所成的旋转体，如图 5-23 所示，其体积如何计算？

由于垂直于 x 轴的截面都是圆，在 x 处的截面积 $A(x)=\pi y^2=\pi f^2(x)$. 小区间 $[x,x+\mathrm{d}x]$ 上的旋转体的小薄片体积，可近似看成薄圆柱体体积，即得体积微元 $\mathrm{d}V=\pi f^2(x)\mathrm{d}x$，所求旋转体的体积为

$$V_x=\pi\int_a^b f^2(x)\mathrm{d}x.$$

如果旋转体是由连续曲线 $x=\psi(y)(\psi(y)\geqslant 0)$ 与直线 $y=c,y=d(c<d)$ 及 y 轴所围成的 y 一型曲边梯形绕 y 轴旋转一周形成如图 5-24 所示，则类似地其旋转体体积为

$$V_y=\pi\int_c^d \psi^2(y)\mathrm{d}y.$$

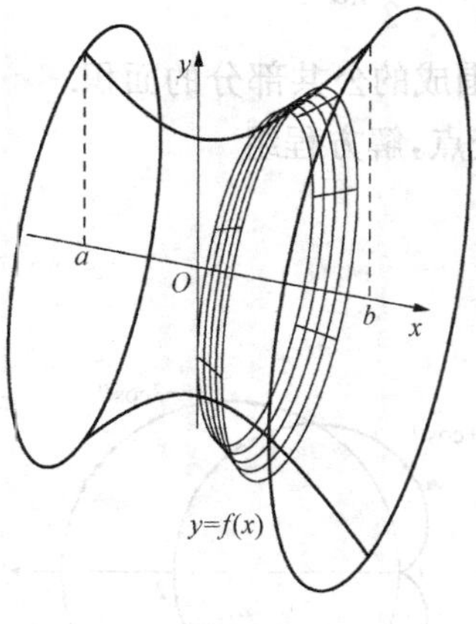

图 5-23

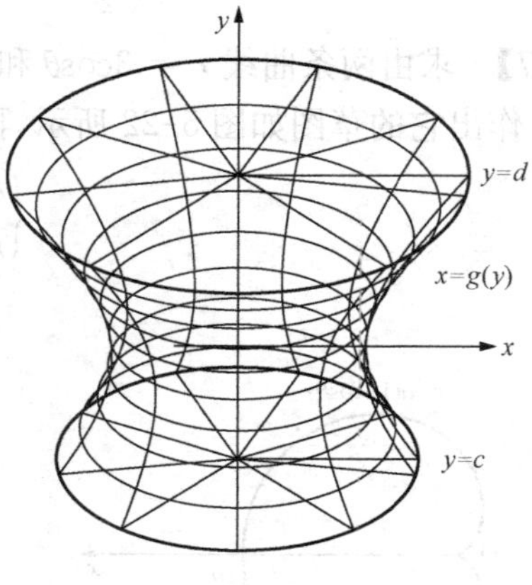

图 5-24

【例 8】 求由曲线 $y=x^2,x=1,x=2,x$ 轴围成的平面图形绕 x 轴旋转所成的旋转体体积(见图 5-25 与图 5-26).

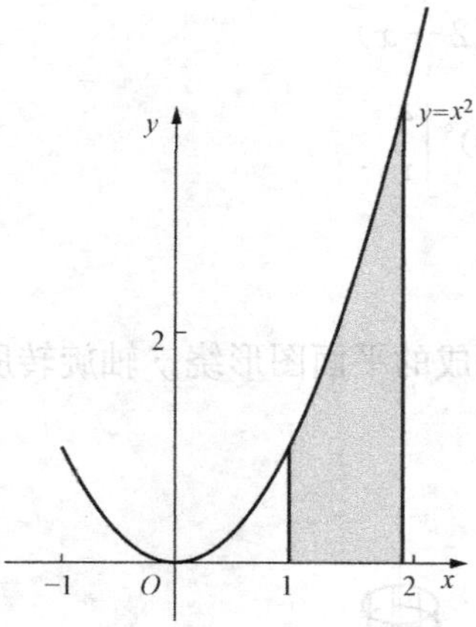

图 5-25

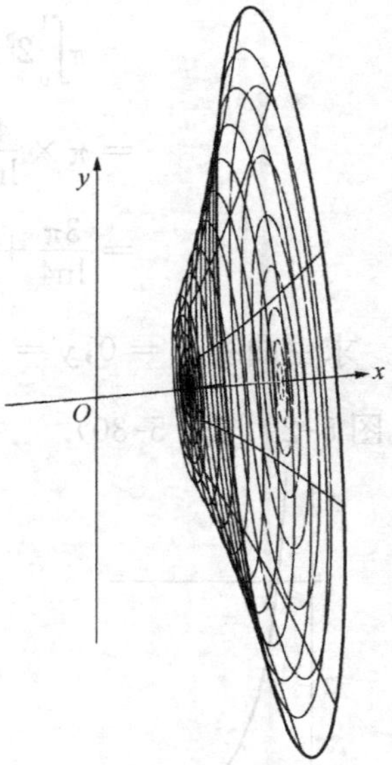

图 5-26

解　利用公式

$$V_x = \pi\int_1^2 (x^2)^2 \mathrm{d}x$$

$$= \pi \cdot \frac{1}{5}x^5\Big|_1^2$$

$$= \frac{31}{5}\pi.$$

【例 9】　求由曲线 $y = 2^x$，$y = 4 - 2x$，x 轴，y 轴围成的平面图形绕 x 轴旋转所成的旋转体体积(见图 5-27 与图 5-28).

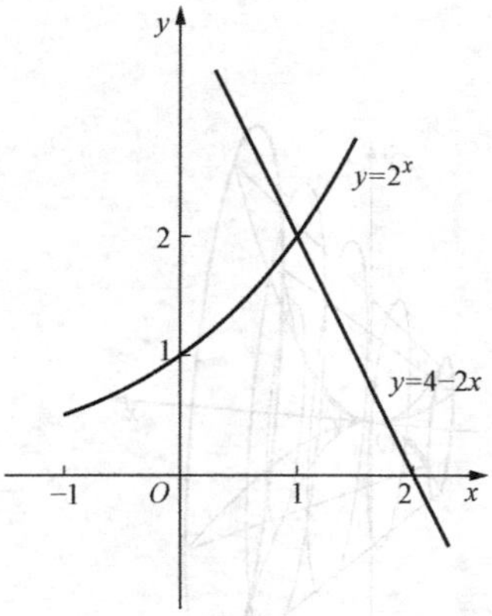

图 5-27

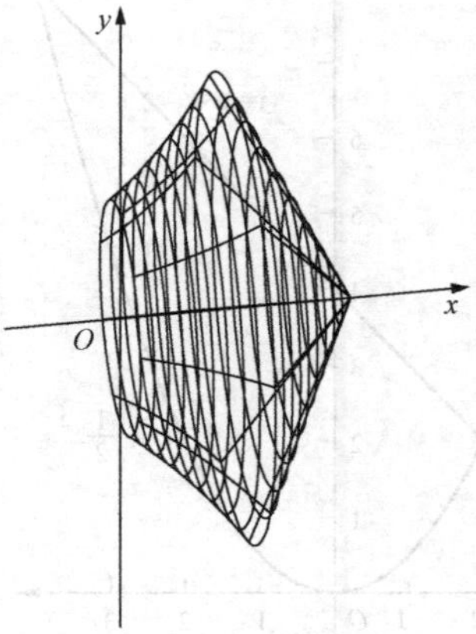

图 5-28

解　由图可得，平面图形可看做由 $y = 2^x$，$x = 0$，$x = 1$，$y = 0$ 所围成 x—型曲边梯形和由 $y = 4 - 2x$，$x = 1$，$x = 2$，$y = 0$ 所围成 x—型曲边梯形所合成的，于是

$$V_x = V_{1x} + V_{2x}$$

$$=\pi\int_0^1(2^x)^2\mathrm{d}x+\pi\int_1^2(4-2x)^2\mathrm{d}x$$

$$=\pi\int_0^1 2^{2x}\mathrm{d}x-4\pi\int_1^2(2-x)^2\mathrm{d}(2-x)$$

$$=\pi\times\frac{4^x}{\ln 4}\bigg|_0^1-4\pi\times\frac{1}{3}(2-x)^3\bigg|_1^2$$

$$=\frac{3\pi}{\ln 4}+\frac{4\pi}{3}.$$

【例 10】 求由曲线 $x=0, y=1, y=3, x=\dfrac{1}{y}$ 所围成的平面图形绕 y 轴旋转所成的旋转体体积(见图 5-29 与图 5-30).

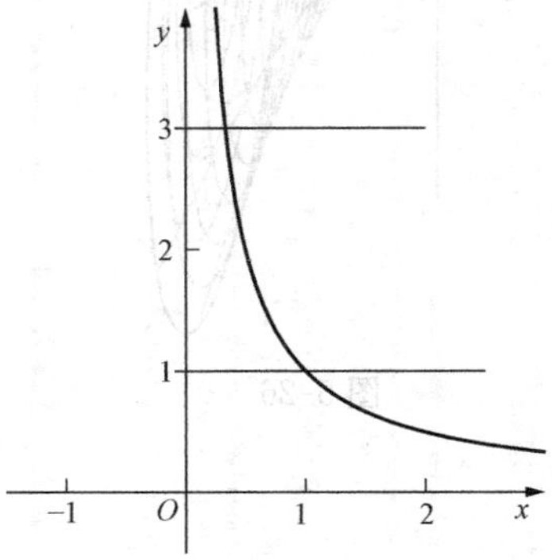

图 5-29

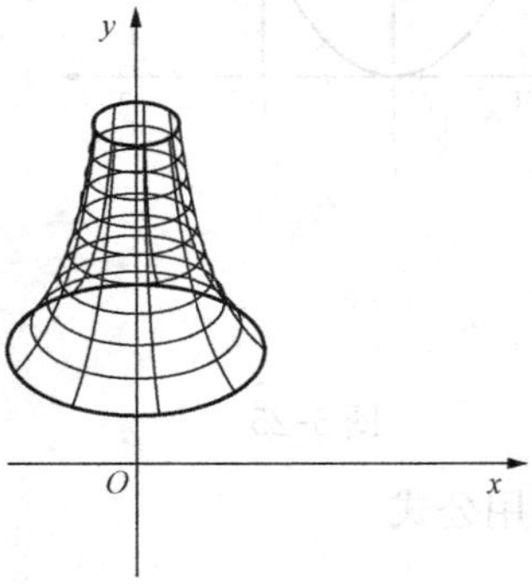

图 5-30

解 $V_y=\pi\int_1^3\frac{1}{y^2}\mathrm{d}y=\pi\left(-\frac{1}{y}\right)\bigg|_1^3=\frac{2\pi}{3}.$

【例 11】 求由曲线 $y=x+4$ 与抛物线 $y=\dfrac{1}{2}x^2$ 所围成的平面图形绕 x 轴旋转所成的旋转体体积(见图 5-31 与图 5-32).

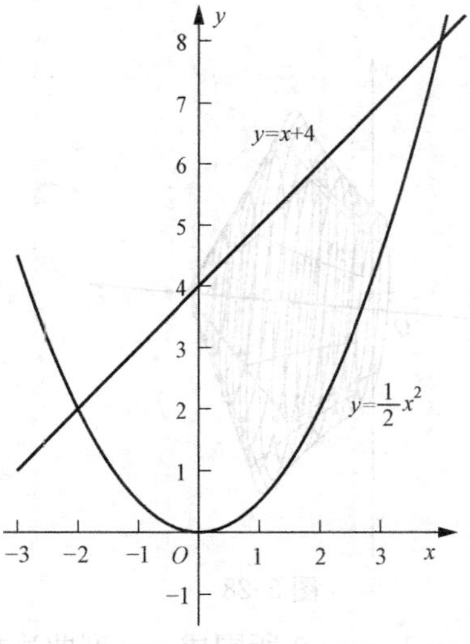

图 5-31

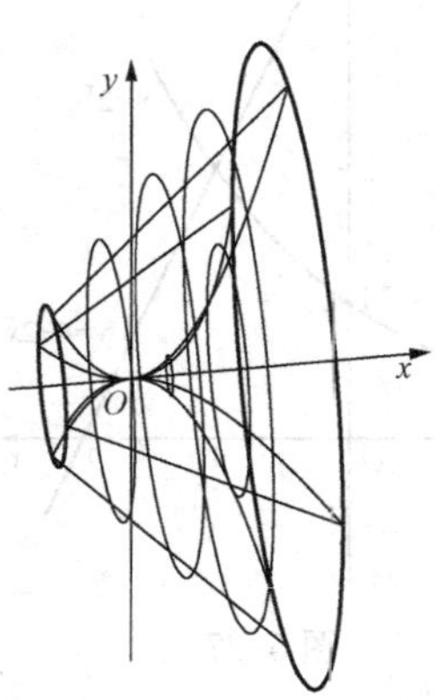

图 5-32

解 由方程组 $\begin{cases} y = x+4 \\ y = \dfrac{1}{2}x^2 \end{cases}$，得 $\begin{cases} x = -2 \\ y = 2 \end{cases}$，$\begin{cases} x = 4 \\ y = 8 \end{cases}$.

$$\begin{aligned} V_x &= V_{1x} - V_{2x} \\ &= \pi\int_{-2}^{4}(x+4)^2\mathrm{d}x - \pi\int_{-2}^{4}\left(\frac{1}{2}x^2\right)^2\mathrm{d}x \\ &= \pi\int_{-2}^{4}(x+4)^2\mathrm{d}(x+4) - \frac{\pi}{4}\int_{-2}^{4}x^4\mathrm{d}x \\ &= \pi\times\frac{1}{3}(x+4)^3\Big|_{-2}^{4} - \frac{\pi}{20}x^5\Big|_{-2}^{4} \\ &= 168\pi - \frac{264}{5}\pi \\ &= \frac{576}{5}\pi. \end{aligned}$$

【同步练习】求由曲线 $y=\sin x(0\leqslant x\leqslant\pi)$，$x$ 轴所围图形绕 x 轴旋转所得的旋转体的体积.

2. 平行截面面积为已知的立体体积

设一立体位于垂直于 x 轴的两平面 $x=a$ 和 $x=b$ 之间，若过 x 且垂直于 x 轴的截面面积为 $A(x)$，它是 x 的连续函数(如图 5-33 所示)，求此立体体积.

取 x 为积分变量，它在区间 $[a,b]$ 中变化，在 $[a,b]$ 中任取小区间 $[x,x+\mathrm{d}x]$，则位于 $[x,x+\mathrm{d}x]$ 小区间上的立体的体积微元为

$$\mathrm{d}V = A(x)\mathrm{d}x,$$

于是所求立体体积为

$$V = \int_a^b \mathrm{d}V = \int_a^b A(x)\mathrm{d}x.$$

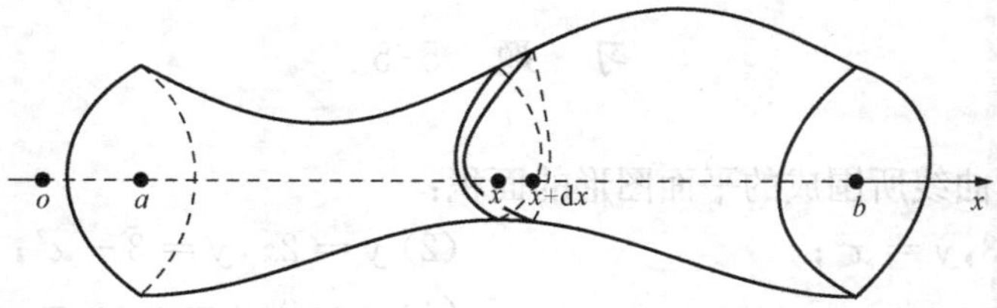

图 5-33

【例 12】 设一底半径为 R 的圆柱，被通过底直径与底面交成 α 角的平面所截，求截下的楔形的体积(如图 5-34 所示).

解 取平面与圆柱底面的交线为 x 轴，底面上过圆心且垂直于 x 轴的直线为 y 轴，则底圆方程为 $x^2+y^2=R^2$；在楔形中过点 x 且垂直于 x 轴的截面是一个直角三角形，它的两条直角边的长度分别是 $y=\sqrt{R^2-x^2}$ 及 $y\tan\alpha=\sqrt{R^2-x^2}\tan\alpha$，其面积是

$$A(x) = \frac{1}{2}(R^2-x^2)\tan\alpha.$$

从而得楔形的体积为

$$V=\int_{-R}^{R}\frac{1}{2}(R^2-x^2)\tan\alpha \mathrm{d}x$$

$$=\frac{1}{2}\tan\alpha\left[R^2x-\frac{x^3}{3}\right]\Big|_{-R}^{R}$$

$$=\frac{2}{3}R^3\tan\alpha.$$

【例 13】 设一高为 h 的立体,已知垂直于 x 轴的截面长、短半轴分别为 $a\sqrt{x}$、$b\sqrt{x}$ 的椭圆,试求其体积 V(见图 5-35).

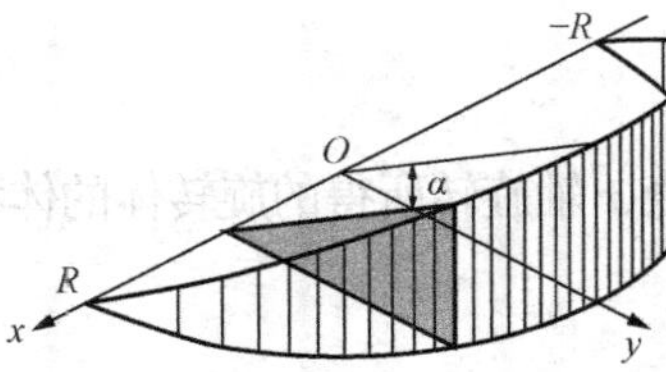

图 5-34

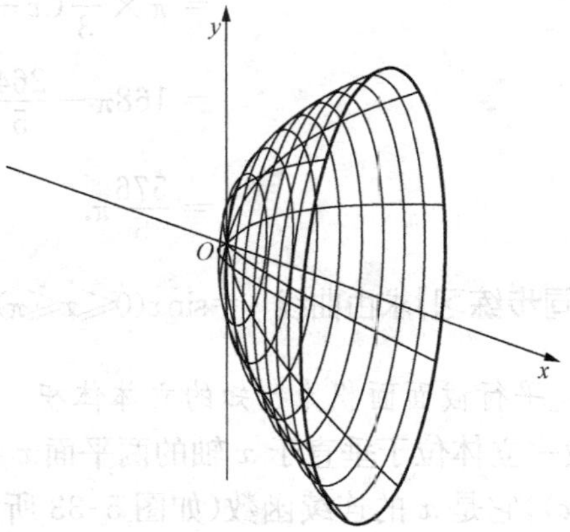

图 5-35

解 由椭圆面积公式可得截面积为

$$A(x)=\pi a\sqrt{x}b\sqrt{x}=\pi abx,$$

所以有

$$V=\int_0^h \pi abx\,\mathrm{d}x=\frac{\pi ab}{2}h^2.$$

习 题 5-5

1. 计算由下列曲线所围成的平面图形的面积:

(1) $y=2x+3, y=x^2$;

(2) $y=2x, y=3-x^2$;

(3) $y=x, y^2=x$;

(4) $x=0, y=\mathrm{e}^x, y=\mathrm{e}$;

(5) $y=\ln x, x=0, y=1, y=2$;

(6) $y=\frac{1}{x}, y=x, x=2$;

(7) $y=\frac{1}{x}, y=x, y=2$;

(8) $y^2=4-x, x=0$.

2. 已知抛物线 $y=4-x^2$,试求:

(1) 在抛物线上(2,0)处的切线方程;

(2) 由(1)中切线、抛物线及 y 轴围成的平面图形面积;

(3) (2)中平面图形绕 x 轴旋转一周所形成的旋转体的体积.

3. 求由 $y=2x+3, y=x^2$ 所围成的平面图形绕 x 轴旋转一周所形成的旋转体的体积.

4. 已知曲线 $y=x^3, y=2-x, y=0$ 所围成的平面图形.

(1) 此平面图形面积；

(2) 此平面图形绕 x 轴旋转时旋转体的体积；

(3) 此平面图形绕 y 轴旋转时旋转体的体积.

5.6 定积分在物理中的应用举例

定积分在物理中有广泛应用，这一节介绍用定积分来计算变力做功和液体压力.

5.6.1 变力沿直线所做的功

若物体在恒力 F 作用下，沿力的方向作直线运动，经过的路程为 s，则力对物体所做的功为

$$W = Fs.$$

若已知一个质点 m 在与 x 轴方向平行，且连续变化的力 $F=F(x)$ 的作用下做直线运动，并在 x 轴上从点 a 移动到点 b 时，如何计算变力 $F=F(x)$ 所做的功.

我们不能直接用上述公式来计算，仍用微元法来解决这个问题：取 x 为积分变量，其变化范围为$[a,b]$，在区间$[a,b]$上任取一小区间$[x,x+\mathrm{d}x]$，当小区间的长度 $\mathrm{d}x$ 很小时，由于变力 $F(x)$是连续变化的，于是可取左端点 x 处的力 $F(x)$近似地代替整个小区间各点处的力，这样力 $F(x)$在$[x,x+\mathrm{d}x]$上所做的功的近似值(功的微元)为

$$\mathrm{d}W = F(x)\mathrm{d}x.$$

以 $F(x)\mathrm{d}x$ 为被积式，从 a 到 b 作定积分，便得到变力 $F=F(x)$ 使质点 m 从点 a 移动到点 b 时，所做的功为

$$W = \int_a^b F(x)\mathrm{d}x.$$

【例 1】 将弹簧一端固定，另一端系着一个小球置于光滑平面上，O 为小球平衡位置，如果把小球从 O 点拉到点 A，已知 $|OA|=s$，如图 5-36 所示，求克服弹性力需做多少功?

解 由物理知识，弹簧在拉伸过程中需要克服的弹性力 F 与拉伸长度 x 成正比，即 $F=kx$ (k 为比例常数).

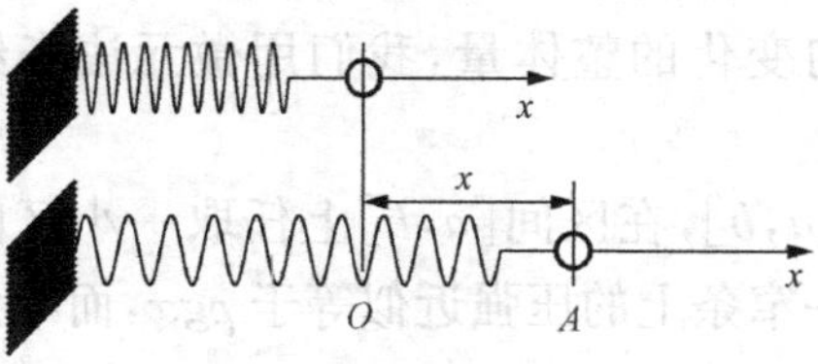

图 5-36

因此，将小球从点 O 拉到点 A 的过程中，F 是变化的，取 x 为积分变量，其变化范围为$[0,s]$，在区间$[0,s]$上任取一小区间$[x,x+\mathrm{d}x]$，当小球从点 x 处拉到点 $x+\mathrm{d}x$ 处，克服弹力需做功(功的微元) $\mathrm{d}W = F\mathrm{d}x = kx\mathrm{d}x$，于是将小球从点 O 拉到点 A，克服弹力需做的功为

$$W = k\int_0^s x\mathrm{d}x = \frac{1}{2}ks^2.$$

【例 2】 一圆台形容器高为 5m，上底面半径为 3m，下底面半径为 2m，容器内盛满了水，试求将水全部吸出需要做多少功?

解 这是一个克服重力做功的问题，可以按下列方法思考：吸水的过程看作是从水的表面到容器底部一层一层地吸出. 提取每薄层水的力的大小就是这薄层水的重量，但是由于每薄层水的深度不同，因此提取每薄层水至容器外的位移量是不同的.

选取坐标系如图 5-37 所示，取深度 x(单位为 m)为积分变量，它的变化范围为[0,5]，在区间[0,5]上任取一小区间$[x,x+\mathrm{d}x]$，下面计算相应于小区间$[x,x+\mathrm{d}x]$上的一薄层水吸出至容器外所做的功 $\mathrm{d}W$.

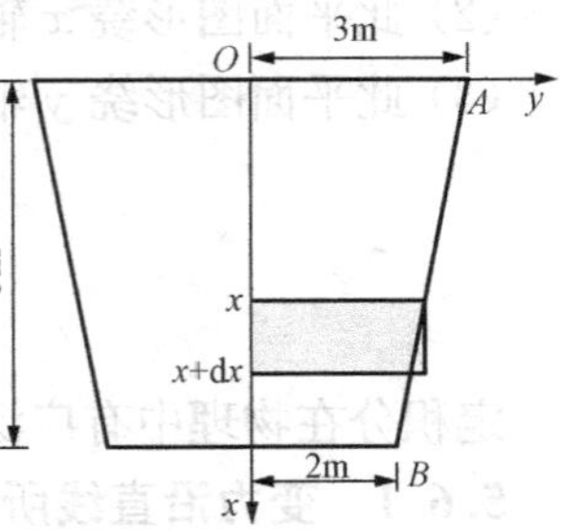

图 5-37

因为直线 AB 的方程为

$$y=-\frac{x}{5}+3.$$

所以相应于小区间$[x,x+\mathrm{d}x]$上的一薄层水的体积约为

$$\pi\left(-\frac{x}{5}+3\right)^2\mathrm{d}x.$$

其重量约为

$$\pi\rho g\left(-\frac{x}{5}+3\right)^2\mathrm{d}x.$$

式中：ρ 为水的密度 $\rho=1000\mathrm{kg/m^3}$.

把它吸出至容器外的位移为 x，所做的功为

$$\mathrm{d}W=x\cdot\pi\rho g\left(-\frac{x}{5}+3\right)^2\mathrm{d}x.$$

从而吸出全部的水需做的功为

$$\begin{aligned}W&=\pi\rho g\int_0^5 x\left(-\frac{x}{5}+3\right)^2\mathrm{d}x\\&=\pi\rho g\left[\frac{x^4}{100}-\frac{2}{5}x^3+\frac{9}{2}x^2\right]_0^5\\&=\frac{275}{4}\pi\rho g\\&\approx 2\,115\,575(\mathrm{J}).\end{aligned}$$

5.6.2 液体压力

由物理学知识可知，在液面下深为 h 处的压强为 $p=\rho gh$，ρ 是液体的密度，且同一点的压强在各个方向都是相等的. 如果一面积为 A 的平板，水平地放在深度为 h 的液体中，则平板一侧受到的压力为 $F=pA$. 如果平板是铅直地放在液体中，平板不同的深度处压强也是不同. 因此，求整个平板所受到侧压力是非均匀变化的整体量，我们用微元法来给出它的计算.

如图 5-38 所示，取 x 为积分变量，其变化范围为$[a,b]$，在区间$[a,b]$上任取一小区间$[x,x+\mathrm{d}x]$，当小区间的长度 $\mathrm{d}x$ 很小时，平板相应的这一窄条上的压强近似等于 ρgx，而窄条的面积近似为 $f(x)\mathrm{d}x$，因此，这一窄条一侧压力为

$$\mathrm{d}F=\rho gx\cdot f(x)\mathrm{d}x.$$

从而整个平板的一侧所受到的压力为

$$F=\rho g\int_a^b xf(x)\mathrm{d}x.$$

【例 3】 有一个半径为 3m 的圆形溢水洞，水半满，求作用在闸门上的压力.

解 建立坐标系如图 5-39 所示，由题意可知，只需求出第一象限部分的压力，乘以 2 即可. 取 x 为积分变量，其变化范围为[0,3]，在区间[0,3]上任取一小区间$[x,x+\mathrm{d}x]$，由于在第一象限，曲线表达式为

$$y=\sqrt{9-x^2},$$

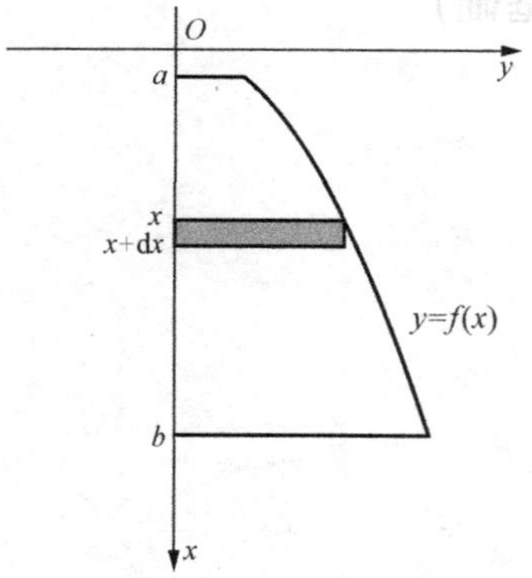

图 5-38

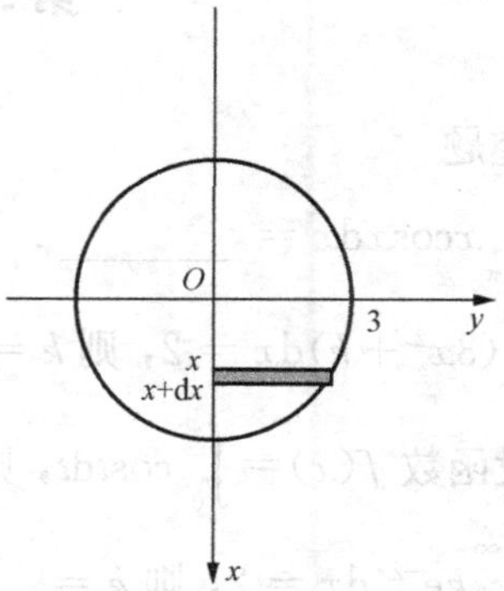

图 5-39

且水的密度 $\rho=1000\text{kg/m}^3$，当小区间的长度 dx 很小时，闸门上相应的这窄条上的压强近似等于 ρgx，而窄条的面积近似为

$$\sqrt{9-x^2}\,dx.$$

因此这一窄条闸门上的压力为

$$dF=\rho gx\cdot\sqrt{9-x^2}\,dx.$$

所以作用在闸门上的压力为

$$\begin{aligned}F&=2\rho g\int_0^3 x\sqrt{9-x^2}\,dx\\&=-\rho g\int_0^3\sqrt{9-x^2}\,d(9-x^2)\\&=-\frac{2}{3}\rho g(9-x^2)^{\frac{3}{2}}\Big|_0^3\\&=18\rho g\\&=176\,400(\text{N}).\end{aligned}$$

习　题　5-6

1. 今有一弹簧，在弹性限度内已知每拉长 1cm 要用 20N 的力，试求将此弹簧由水平位置拉长 6cm 时，为克服弹簧的弹性力所需要做的功.

2. 物体按规律 $x=kt^2(k>0)$ 作直线运动，设介质阻力与速度平方成正比，比例系数为 $c(c>0)$，设物体从 $x=0$ 运动到 $x=a$ 时，阻力所做的功.

3. 一个底半径为 3m，高为 6m 的倒立圆锥形容器，盛满了水，现要把容器的水全部抽完，需做功多少？

4. 一底为 8cm，高为 6cm 的等腰三角形薄片，铅直地浸没于水中，顶在下，底在上且与水面平行，而底离水面 3cm，试求它每面所受的水压力.

第5章　自测题A(基础)

1. 填空题

(1) $\int_{-\pi}^{\pi} x\cos x\mathrm{d}x =$ ________ .

(2) $\int_{0}^{1}(3x^2+k)\mathrm{d}x = 2$，则 $k =$ ________.

(3) 设函数 $f(x)=\int_{0}^{x}\cos t\mathrm{d}t$，则 $f'(\frac{\pi}{2})=$ ________.

(4) $\int_{0}^{+\infty} k\mathrm{e}^{-2x}\mathrm{d}x = 2$，则 $k =$ ________.

(5) $\int_{0}^{2}\frac{1}{2+x}\mathrm{d}x =$ ________.

2. 选择题

(1) 下列等式正确的是(　　).

(A) $\frac{\mathrm{d}}{\mathrm{d}x}\int_{a}^{b} f(x)\mathrm{d}x = f(x)$；　　(B) $\frac{\mathrm{d}}{\mathrm{d}x}\int f(x)\mathrm{d}x = f(x)+C$；

(C) $\frac{\mathrm{d}}{\mathrm{d}x}\int_{x}^{b} f(x)\mathrm{d}x = -f(x)$；　　(D) $\int f'(x)\mathrm{d}x = f(x)$.

(2) 极限 $\lim\limits_{x\to 0}\frac{\int_{0}^{x} t\sin t\mathrm{d}t}{\int_{0}^{x} t^2\mathrm{d}t} =$ (　　).

(A) -1；　　(B) 0；　　(C) 1；　　(D) 2.

(3) 下列定积分等于零的是(　　).

(A) $\int_{-1}^{1} x^2\cos x\mathrm{d}x$；　　(B) $\int_{-1}^{1} x\sin x\mathrm{d}x$；

(C) $\int_{-1}^{1}(2x-\sin^3 x)\mathrm{d}x$；　　(D) $\int_{-1}^{1}(2x-\mathrm{e}^{-x})\mathrm{d}x$.

(4) $\int_{0}^{1} f(3x)\mathrm{d}x =$ (　　).

(A) $\int_{0}^{1} f(t)\mathrm{d}t$；　　(B) $\frac{1}{3}\int_{0}^{1} f(t)\mathrm{d}t$；

(C) $3\int_{0}^{3} f(t)\mathrm{d}t$；　　(D) $\frac{1}{3}\int_{0}^{3} f(t)\mathrm{d}t$.

(5) 下列反常积分发散的是(　　).

(A) $\int_{1}^{+\infty}\frac{1}{x^3}\mathrm{d}x$；　　(B) $\int_{\mathrm{e}}^{+\infty}\frac{1}{x(\ln x)^2}\mathrm{d}x$；

(C) $\int_{1}^{+\infty}\frac{1}{1+x^2}\mathrm{d}x$；　　(D) $\int_{1}^{+\infty}\frac{1}{1+x}\mathrm{d}x$.

3. 计算题

(1) 求极限 $\lim\limits_{x\to 0}\frac{\int_{0}^{x} t(t+\sin t)\mathrm{d}t}{x^3}$；　　(2) 计算定积分 $\int_{-1}^{1}\frac{\mathrm{e}^x}{\mathrm{e}^x+1}\mathrm{d}x$；

(3) 计算定积分$\int_0^4 \frac{\sqrt{x}}{1+\sqrt{x}}dx$； (4) 计算定积分$\int_0^2 |1-x|dx$；

(5) 计算定积分$\int_0^{\frac{\pi}{2}} x\cos x dx$； (6) 计算定积分$\int_1^9 \sqrt{x}\ln x dx$；

(7) 计算反常积分$\int_0^{+\infty} xe^{-x}dx$；

(8) 设函数 $f(x)=\begin{cases} x^4, & 0\leqslant x\leqslant 1 \\ 3x^2, & 1<x\leqslant 2 \end{cases}$，求$\int_0^2 f(x)dx$.

4. 应用题

(1) 求由曲线 $y=\frac{1}{x}$，$y=x$，$x=2$ 所围图形的面积.

(2) 求由曲线 $y=x^2$，$y=2-x$，x 轴所围图形绕 x 轴旋转所得的旋转体的体积.

第5章 自测题B(提高)

1. 填空题

(1) $\int_{-2}^{-1} \frac{1}{1-x}dx=$ ________.

(2) $\int_1^2 (\frac{3}{x^2}+kx)dx=-3$，则 $k=$ ________.

(3) 设函数 $G(x)=\int_0^x \sin(3t)dt$，则 $G'(x)=$ ________.

(4) $\int_0^{+\infty} \frac{k}{1+x^2}dx=\pi$，则 $k=$ ________.

(5) $\int_{-2}^2 \frac{x^7}{6+x^4}dx=$ ________.

2. 选择题

(1) 下列等式正确的是(　　).

(A) $\int_{-a}^a f(x)dx=\int_{-a}^a f(-x)dx$； (B) $\int_{-a}^a f(x)dx=0$；

(C) $\int_{-a}^a f(x)dx=2\int_0^a f(x)dx$； (D) $\int_{-a}^a f(x)dx=-\int_{-a}^a f(-x)dx$.

(2) 极限 $\lim\limits_{x\to 0}\frac{\int_0^x te^{-2t}dt}{x\sin x}=$(　　).

(A) 1； (B) 0； (C) $\frac{1}{2}$； (D) 2.

(3) 下列定积分不等于零的是(　　).

(A) $\int_{-1}^1 x\cos^3 x dx$； (B) $\int_{-1}^1 \frac{x}{1+x^2}dx$；

(C) $\int_{-\pi}^{\pi} \sin^2 x\cos x dx$； (D) $\int_{-1}^1 (3x-e^x)dx$.

(4) 设函数 $f(x)$ 在闭区间$[a,b]$上连续，则$\int_a^b f(x)\mathrm{d}x-\int_a^b f(t)\mathrm{d}t$(　　).

(A) 小于零；　　(B) 等于零；

(C) 大于零；　　(D) 不确定.

(5) 下列反常积分收敛的是(　　).

(A) $\int_1^{+\infty}\frac{1}{x}\mathrm{d}x$；　　(B) $\int_4^{+\infty}\frac{1}{\sqrt{x}}\mathrm{d}x$；

(C) $\int_1^{+\infty}\frac{x}{1+x^2}\mathrm{d}x$；　　(D) $\int_1^{+\infty}\mathrm{e}^{-3x}\mathrm{d}x$.

3. 计算题

(1) 求极限 $\lim\limits_{x\to 0}\frac{\int_0^x (t\sin^2 t)\mathrm{d}t}{x^4}$；　　(2) 计算定积分$\int_0^1\frac{x^2}{x+1}\mathrm{d}x$；

(3) 计算定积分$\int_{-4}^1\frac{x}{\sqrt{4-3x}}\mathrm{d}x$；　　(4) 计算定积分$\int_0^{\pi}|\cos x|\mathrm{d}x$；

(5) 计算定积分$\int_0^1 x\mathrm{e}^{-x}\mathrm{d}x$；　　(6) 计算定积分$\int_1^4\frac{\ln x}{\sqrt{x}}\mathrm{d}x$；

(7) 计算反常积分$\int_0^{+\infty}\mathrm{e}^{-x}\mathrm{d}x$；

(8) 设函数 $f(x)=\begin{cases}\pi+\sin x, & 0\leqslant x\leqslant\pi\\ x, & \pi<x\leqslant 2\pi\end{cases}$，求$\int_0^{2\pi}f(x)\mathrm{d}x$.

4. 应用题

(1) 求由曲线 $y=\mathrm{e}^x, y=\mathrm{e}^{-x}, x=2$ 所围图形的面积.

(2) 求由曲线 $y=x^2, y=3-2x$ 所围图形绕 x 轴旋转所得的旋转体的体积.

第6章 微 分 方 程

寻求函数关系，建立函数关系式是解决实际问题中的一项重要工作，在许多问题中，不能直接找出变量与变量的关系式，但却可以根据实际情况建立起各变量与导数或微分之间的关系式，即微分方程. 本章介绍微分方程的一些基本概念，并讨论几种简单微分方程的解法及应用.

6.1 微分方程的基本概念

首先看两个具体的例子.

【例1】 一条曲线经过点(0,1)且在该曲线上任一点$M(x,y)$处的切线斜率为该点横坐标的平方，求这曲线的方程.

解 设该曲线的方程为$y=f(x)$，由导数的几何意义及题意，有

$$y' = x^2. \tag{6-1}$$

另外，曲线经过(0,1)，即$x=0$时$y=1$，即

$$y|_{x=0} = 1. \tag{6-2}$$

式(6-1)就是曲线方程所满足的关系式，式(6-2)是曲线的一个特定条件，由式(6-1)知，y为x^2的原函数，于是

$$y = \int x^2 \mathrm{d}x,$$

即
$$y=\frac{1}{3}x^3+C. \tag{6-3}$$

再由式(6-2)知

$1=\frac{1}{3}\times 0^3+C, C=1$，从而有

$$y = \frac{1}{3}x^3 + 1. \tag{6-4}$$

这就是所要求的曲线方程.

【例2】 在一高处，物体自由下落，求物体下落距离s与时间t的函数关系.

解 设物体质量为m，由牛顿第二定律

$$m\frac{\mathrm{d}^2 s}{\mathrm{d}t^2} = mg$$

即
$$\frac{\mathrm{d}^2 s}{\mathrm{d}t^2}=g. \tag{6-5}$$

这就是s与t函数关系式$s=s(t)$所满足的关系式，且还满足

$$s|_{t=0} = 0, \frac{\mathrm{d}s}{\mathrm{d}t}|_{t=0} = 0. \tag{6-6}$$

由式(6-5)得$\frac{\mathrm{d}s}{\mathrm{d}t} = \int g\mathrm{d}t$

$$\frac{ds}{dt}=gt+C_1, \tag{6-7}$$

$$s=\int(gt+C_1)dt,$$

$$s=\frac{1}{2}gt^2+C_1t+C_2. \tag{6-8}$$

将式(6-6)代入式(6-7)和式(6-8)可得 $C_1=0, C_2=0$ 于是

$$s=\frac{1}{2}gt^2. \tag{6-9}$$

这就是 s 与 t 的函数关系式.

在上面两个例子中，首先得到了含有未知数函数导数的关系式，即式(6-1)、式(6-5)，它们都是微分方程. 一般来说，包含自变量、未知函数及其导数或微分的等式称为微分方程. 如果微分方程中的未知函数是一元函数，则称为常微分方程. 这里只讨论常微分方程，为叙述方便，简称微分方程或方程.

微分方程中未知函数导数的最高阶数称为该微分方程的阶. 例如方程(6-1)为一阶微分方程，方程(6-5)为二阶微分方程，而微分方程 $x^2y'''+yy'=x\sin x$ 是三阶微分方程，$xy^{(4)}+y=xe^x$ 是四阶微分方程.

一阶微分方程的一般形式是 $F(x,y,y')=0$，二阶微分方程的一般形式是 $F(x,y,y',y'')=0$ 等.

若将某函数代入微分方程，能使方程成为恒等式，则称此函数为微分方程的解.

如式(6-3)和式(6-4)表示的函数都是微分方程(6-1)的解，式(6-8)和式(6-9)表示的函数都是微分方程(6-5)的解.

如果微分方程的解中含有任意常数，且含有独立的任意常数个数等于微分方程的阶，则称此解为微分方程的通解. 如果解中不含任意常数，则称其为微分方程的特解.

如式(6-3)的表示的函数是微分方程(6-1)的通解，式(6-8)表示的函数是微分方程(6-5)的通解. 式(6-4)表示的函数是微分方程(6-1)的特解，式(6-9)表示的函数是微分方程(6-5)的特解.

寻找出满足微分方程的函数的过程便是解微分方程.

通解中含有任意常数，它不能完全确定反映客观事物的规律性，必须通过对微分方程附加一定的条件或具体问题的实际含义所得的一定条件约束确定这些常数，从而得到微分方程的特解. 这种条件一般称为初始条件. 通常一阶微分方程的初始条件为

$$y|_{x=x_0}=y_0.$$

二阶微分方程的初始条件为

$$y|_{x=x_0}=y_0, y'|_{x=x_0}=y'_0.$$

求某微分方程满足初始条件的特解问题称为初始问题.

【例 3】 验证函数 $y=2e^{-x}-xe^{-x}$ 是微分方程

$$y''+2y'+y=0$$

的解.

解 计算 y 的一阶导数与二阶导数，得

$$y'=-3e^{-x}+xe^{-x}, y''=4e^{-x}-xe^{-x},$$

将 y,y' 及 y'' 代入原方程左边，有

$$4e^{-x}-xe^{-x}+2(-3e^{-x}+xe^{-x})+2e^{-x}-xe^{-x}=0.$$

即函数 $y=2e^{-x}-xe^{-x}$满足原方程，所以该函数是所给二阶微分方程的解.

【例 4】 验证函数 $y=C_1\cos x+C_2\sin x+x^2$ 是微分方程 $y''+y=x^2+2$ 的通解，并求满足初始条件 $y|_{x=0}=1, y'|_{x=0}=2$ 的特解.

解 $y=C_1\cos x+C_2\sin x+x^2, y'=-C_1\sin x+C_2\cos x+2x, y''=-C_1\cos x-C_2\sin x+2$，将 y, y', y''代入方程得

$$-C_1\cos x-C_2\sin x+2+C_1\cos x+C_2\sin x+x^2=x^2+2.$$

故 $y=C_1\cos x+C_2\sin x+x^2$ 是微分方程 $y''+y=x^2+2$ 的解，又由于 y 中有两个独立常数，而微分方程是二阶的，所以它是微分方程的通解. 由初始条件

$$\begin{cases}C_1\cos 0+C_2\sin 0+0^2=C_1=1\\ -C_1\sin 0+C_2\cos 0+0=C_2=2\end{cases},$$

所以微分方程满足初始条件的特解为

$$y=\cos x+2\sin x+x^2.$$

【同步练习】判断函数 $y=c_1x+c_2x^2$是否是微分方程 $y''-\frac{2}{x}y'+\frac{2y}{x^2}=0$ 的通解.

习 题 6-1

1. 下列方程，哪些是微分方程？并指出微分方程的阶数.

(1) $3x^2dy-ydx=0$；　　(2) $y^2-5y+6=0$；

(3) $y'y''+xy'-2=0$；　　(4) $(y')^2-2y'+x+y=0$；

(5) $\frac{d^2x}{dt^2}-3\frac{dx}{dt}=2x+t+1$；　　(6) $y^{(4)}-2y''y'''-x=e^{2x}$.

2. 指出下列各题中的函数是否为所给微分方程的解.

(1) $y''+y=e^x, y=2\cos x+\frac{1}{2}e^x$；

(2) $y''-2y'+y=1, y=x^2e^x$；

(3) $(x-2y)y'=2x-y, x^2-xy+y^2=0$；

(4) $y''-(\alpha+\beta)y'+\alpha\beta y=0, y=c_1e^{\alpha x}+c_2e^{\beta x}$.

3. 验证下列各题中的函数是所给微分方程的通解，并求满足初始条件的特解.

(1) $y=ce^x-2x-2, \frac{dy}{dx}-y-2x=0, y|_{x=0}=2$；

(2) $y=e^{2x}(c_1\cos 3x+c_2\sin 3x), y''-4y'+13y=0$,
$y|_{x=0}=6, y'|_{x=0}=-3$.

6.2 一 阶 微 分 方 程

一阶微分方程的一般形式为

$$F(x,y,y')=0. \tag{6-10}$$

其通解为 $y=h(x,c)$或 $g(x,y,c)=0$.

下面介绍几种常见的一阶微分方程及其解法.

6.2.1 可分离变量的微分方程

若一阶微分方程(6-10)可通过适当的变形化为

$$g(y)\mathrm{d}y = f(x)\mathrm{d}x \tag{6-11}$$

的形式,则称式(6-10)为可分离变量的微分方程.

对于这种微分方程,其一般解法就是将式(6-10)变形,化为式(6-11),即分离变量,再对式(6-11)两边积分

$$\int g(y)\mathrm{d}y = \int f(x)\mathrm{d}x.$$

得

$$G(y)=F(x)+C. \tag{6-12}$$

由式(6-12)得

$$y = h(x,c). \tag{6-13}$$

式(6-13)就是微分方程(6-11)也即微分方程(6-10)的通解,若由式(6-12)无法得到式(6-13),则保留式(6-12),式(6-12)就是微分方程的隐式通解.

【例 1】 求微分方程

$$\frac{\mathrm{d}y}{\mathrm{d}x} = 3x^2 y$$

的通解.

解 上述微分方程是可分离变量的,分离变量后得

$$\frac{1}{y}\mathrm{d}y = 3x^2\mathrm{d}x.$$

两边积分 $\int \frac{1}{y}\mathrm{d}y = \int 3x^2\mathrm{d}x$ 得

$$\ln|y| = x^3 + C_1.$$

从而

$$y=\pm \mathrm{e}^{C_1}\ \mathrm{e}^{x^3}.$$

令 $C=\pm\ \mathrm{e}^{C_1}$,则

$$y = C\mathrm{e}^{x^3}.$$

这就是微分方程的通解.

【例 2】 求微分方程 $x(1+y^2)\mathrm{d}x-y(1+x^2)\mathrm{d}y=0$ 的通解.

解 分离变量得

$$\frac{y}{1+y^2}\mathrm{d}y = \frac{x}{1+x^2}\mathrm{d}x$$

两边积分

$$\int \frac{2y}{1+y^2}\mathrm{d}y = \int \frac{2x}{1+x^2}\mathrm{d}x.$$

得 $\ln(1+y^2)=\ln(1+x^2)+C_1$,即 $\ln\frac{1+y^2}{1+x^2}=C_1$,$\frac{1+y^2}{1+x^2}=\mathrm{e}^{C_1}$. 令 $C=\ \mathrm{e}^{C_1}$,则通解为

$$1+y^2 = C(1+x^2).$$

【例 3】 求解初值问题 $\begin{cases} y' = y^2\cos x \\ y|_{x=0} = 1 \end{cases}$.

解 微分方程变形为

$$\frac{dy}{y^2} = \cos x dx.$$

两边积分
$$\int \frac{dy}{y^2} = \int \cos x dx.$$

即
$$-\frac{1}{y} = \sin x + C.$$

通解为
$$y = -\frac{1}{\sin x + C}.$$

由初始条件 $y|_{x=0} = 1$，有 $1 = -\frac{1}{C}$，$C = -1$.

所以初始问题的特解为

$$y = -\frac{1}{\sin x - 1}.$$

即
$$y = \frac{1}{1 - \sin x}.$$

【同步练习】求下列微分方程的通解：

(1) $y' = 2xy$；　　(2) $x(y^2+1)dx + y(1-x^2)dy = 0$.

6.2.2 一阶线性微分方程

形如
$$y' + P(x)y = Q(x) \tag{6-14}$$
的微分方程，称为一阶线性微分方程，其中 $P(x)$，$Q(x)$ 为 x 的已知函数.

当 $Q(x) \neq 0$ 时，称式(6-14)为一阶线性非齐次微分方程；当 $Q(x) = 0$ 时，式(6-14)成为
$$y' + P(x)y = 0 \tag{6-15}$$
称其为一阶线性齐次微分方程.

下面首先解一阶线性齐次微分方程(6-15). 分离变量得
$$\frac{dy}{y} = -P(x)dx.$$

两边积分
$$\int \frac{1}{y}dy = -\int P(x)dx,$$

即
$$\ln|y| = -\int P(x)dx + C_1,$$
$$y = \pm e^{-\int P(x)dx + C_1} = \pm e^{C_1} e^{-\int P(x)dx} = Ce^{-\int P(x)dx},$$

即微分方程(6-15)的通解为
$$y = Ce^{-\int P(x)dx}. \tag{6-16}$$

现用常数变易法求解非齐次微分方程(6-14)的解，设式(6-14)有形如 $y = C(x)e^{-\int P(x)dx}$ 的解，这里 $C(x)$ 为一待定函数. 则
$$y' = C'(x)e^{-\int P(x)dx} + C(x)(-P(x))e^{-\int P(x)dx}.$$

将 y，y' 代入式(6-14)，得
$$C'(x)e^{-\int P(x)dx} + C(x)(-P(x))e^{-\int P(x)dx} + P(x)C(x)e^{-\int P(x)dx} = Q(x)$$

整理得
$$C'(x) = Q(x)e^{\int P(x)dx},$$

$$C(x)=\int Q(x)e^{\int P(x)dx}dx+C.$$

于是非齐次方程(6-14)的通解为

$$y=e^{-\int P(x)dx}\left[C+\int Q(x)e^{\int P(x)dx}dx\right]. \tag{6-17}$$

对于非齐次微分方程(6-14)，可先用分离变量法求得相应齐次微分方程的通解，再由常数变易法求解得式(6-14)的通解. 也可直接用式(6-17)得到式(6-14)的通解.

【例 4】 求解微分方程

$$(x+1)\frac{dy}{dx}-3y=e^x(x+1)^4.$$

解 将原方程改写为

$$\frac{dy}{dx}-\frac{3}{x+1}y=e^x(x+1)^3.$$

它是一个一阶线性非齐次微分方程.

先求解对应的齐次微分方程 $\frac{dy}{dx}-\frac{3}{x+1}y=0$，分离变量得

$$\frac{dy}{y}=\frac{3}{x+1}dx.$$

两边积分，得

$$\ln y=3\ln(x+1)+\ln C$$
$$y=C(x+1)^3.$$

再用常数变易法求解非齐次微分方程，令

$$y=C(x)(x+1)^3.$$

则 $\frac{dy}{dx}=C'(x)(x+1)^3+3(x+1)^2C(x)$，代入原方程

$$C'(x)(x+1)^3+3(x+1)^2C(x)-\frac{3}{x+1}C(x)(x+1)^3=e^x(x+1)^3.$$

即

$$C'(x)=e^x,$$
$$C(x)=e^x+C.$$

于是原方程通解为

$$y=(x+1)^3(e^x+C).$$

或者，直接由式(6-17)得通解

$$\begin{aligned}y&=e^{\int\frac{3}{x+1}dx}\left[C+\int e^x(x+1)^3e^{-\int\frac{3}{x+1}dx}dx\right]\\&=e^{\ln(x+1)^3}\left[C+\int e^x(x+1)^3e^{\ln(x+1)^{-3}}dx\right]\\&=(x+1)^3\left[C+\int e^x dx\right]\\&=(x+1)^3(C+e^x).\end{aligned}$$

【例 5】 求微分方程 $y'+2xy=2x$ 的通解.

解 由式(6-17)，通解为

$$y=e^{-\int 2xdx}\left[C+\int 2x\,e^{\int 2xdx}dx\right]$$

$$=e^{-x^2}\left[C+\int 2x\,e^{x^2}dx\right]$$
$$=e^{-x^2}(C+e^{x^2})$$
$$=1+Ce^{-x^2}.$$

由于 x,y 的相对性，有些非线性一阶方程（即关于 y,y' 不是一次的）经变形可化为

$$\frac{dx}{dy}+P(y)x=Q(y). \tag{6-18}$$

若将 y 看作自变量，x 看做 y 的函数，则式(6-18)是一阶线性微分方程，有通解式

$$x=e^{-\int P(y)dy}\left[C+\int Q(y)\,e^{\int P(y)dy}dy\right].$$

【例 6】 求微分方程 $y^2dx+(x-2xy-y^2)dy=0$ 的通解.

解 原方程可改写为

$$\frac{dx}{dy}+\frac{1-2y}{y^2}x=1$$

通解为

$$x=e^{-\int\frac{1-2y}{y^2}dy}\left[C+\int e^{\int\frac{1-2y}{y^2}dy}dy\right]$$
$$=y^2e^{\frac{1}{y}}\left[C+\int\frac{1}{y^2}e^{-\frac{1}{y}}dy\right]$$
$$=y^2e^{\frac{1}{y}}(C+e^{-\frac{1}{y}})$$
$$=y^2+Cy^2e^{\frac{1}{y}}.$$

即所求通解为 $x=y^2+Cy^2e^{\frac{1}{y}}$.

【同步练习】求下列微分方程的通解：

(1) $y'+y=e^{-x}$；　　(2) $\frac{dy}{dx}+2xy=xe^{-x^2}$.

习 题 6-2

1. 求下列微分方程的通解：

(1) $2xdy=3y^2(1+x^2)dx$；　　(2) $y'=\frac{\sqrt{1-y^2}}{\sqrt{1-x^2}}$；

(3) $\frac{dy}{dx}=2^{x+y}$；　　(4) $y'=1+x+y^2+xy^2$；

(5) $\tan y dx-\cot x dy=0$；　　(6) $(1+e^x)yy'=e^x$.

2. 求下列微分方程的通解：

(1) $\frac{dy}{dx}+\frac{1}{x^2}y=4x^3e^{\frac{1}{x}}$；　　(2) $y'+y=e^{3x}$；

(3) $y'+y\sin x=2xe^{\cos x}$；　　(4) $xydy-y^2dx=(x+y)dy$.

3. 求下列微分方程满足初始条件的特解：

(1) $y'=y^3x^2, y|_{x=0}=3$；

(2) $x\dfrac{dy}{dx}-2y=x^3e^x, y|_{x=1}=0$;

(3) $\dfrac{dy}{dx}+5y=4e^{3x}, y|_{x=0}=-\dfrac{1}{2}$.

4. 一曲线过原点，且其点(x,y)处的切线斜率为$2x+3y$，求此曲线方程.

6.3 二阶常系数线性微分方程

形如

$$y''+P(x)y'+Q(x)y=f(x) \tag{6-19}$$

的方程称为二阶线性微分方程，其中$P(x)$，$Q(x)$，$f(x)$为x的已知函数，当$f(x)=0$时，方程(6-19)变为

$$y''+P(x)y'+Q(x)y=0 \tag{6-20}$$

称方程(6-20)为二阶线性齐次微分方程，而当$f(x)\neq 0$时，式(6-19)称为二阶线性非齐次微分方程.

6.3.1 二阶线性微分方程解的结构

在区间I内函数$y_1(x)$、$y_2(x)$不成比例，即$\dfrac{y_1(x)}{y_2(x)}\neq k$（$k$是常数），则称$y_1(x)$、$y_2(x)$在区间$I$上线性无关. 利用微分方程及通解的概念，以及代入验证的方法可得微分方程(6-19)和方程(6-20)的解及通解的几个定理与解的结构定理.

定理1 若$y=y_1(x)$及$y=y_2(x)$是齐次微分方程(6-20)的两个解，则$y=C_1y_1(x)+C_2y_2(x)$也是式(6-20)的解，其中C_1、C_2为任意常数.

若$y=y_1(x)$及$y=y_2(x)$是齐次微分方程(6-20)的两个线性无关的解，则$y=C_1y_1(x)+C_2y_2(x)$是微分方程(6-20)的通解，其中C_1、C_2为任意常数.

定理2 若$\overline{y}$是齐次微分方程(6-20)的通解，y^*是非齐次微分方程(6-19)的一个特解，则$y=\overline{y}+y^*$是非齐次微分方程的通解.

定理3 设有二阶线性非齐次微分方程

$$y''+P(x)y'+Q(x)y=f_1(x)+f_2(x), \tag{6-21}$$

且y_1^*和y_2^*分别是

$$y''+P(x)y'+Q(x)y=f_1(x)$$

和

$$y''+P(x)y'+Q(x)y=f_2(x)$$

的特解，则$y^*=y_1^*+y_2^*$是微分方程(6-21)的特解.

【同步练习】验证函数$y_1=\cos x$，$y_2=\sin x$为微分方程$y''+y=0$的两个特解，并写出该微分方程的通解.

6.3.2 二阶常系数线性齐次微分方程

如果二阶线性微分方程为

$$y''+py'+qy=f(x).$$

式中：p、q均为常数，则称该方程为二阶常系数线性微分方程.

先讨论二阶常系数线性齐次方程

$$y''+py'+qy=0 \tag{6-22}$$

的通解.

考虑到左边 p、q 均为常数,我们可以猜想该方程具有 $y=e^{rx}$ 形式的解. 其中 r 为待定常数. 将 $y'=re^{rx}$,$y''=r^2e^{rx}$ 及 $y=e^{rx}$ 代入上式,得

$$e^{rx}(r^2+pr+q)=0.$$

由于 $e^{rx}\neq 0$. 因此,只要 r 满足方程

$$r^2+pr+q=0 \tag{6-23}$$

即 r 是上述一元二次方程的根时,$y=e^{rx}$ 就是式(6-22)的解. 方程(6-23)称为方程(6-22)的特征方程. 特征方程的根称为特征根.

综上所述,我们已经把求常系数线性齐次方程(6-22)的解的问题转化为求它的特征方程的根问题.

特征方程根的情况:

(1) 特征方程具有两个不相等的实根 r_1 与 r_2,即 $r_1\neq r_2$. 那么,这时函数 $y_1=e^{r_1x}$ 和 $y_2=e^{r_2x}$ 都是方程(6-22)的解,且 $\frac{y_1}{y_2}=e^{(r_1-r_2)x}\neq$ 常数,所以 y_1 与 y_2 线性无关,因而它的通解为

$$y=C_1e^{r_1x}+C_2e^{r_2x}.$$

(2) 特征方程具有两个相等的实根,即 $r=r_1=r_2=\frac{-p}{2}$. 这时,由特征根可得到常系数线性齐次方程的一个特解 $y_1=e^{rx}$. 还需再找一个与 y_1 线性无关的特解 y_2,为此,设 $y_2=u(x)y_1$,其中 $u(x)$ 为待定函数. 将 y_2 及其一阶、二阶导数 $y_2'=[u(x)e^{rx}]'=e^{rx}[u'(x)+ru(x)]$,$y_2''=e^{rx}[u''(x)+2r\cdot u'(x)+r^2u(x)]$ 代入方程 $y''+py'+qy=0$ 中,得

$$e^{rx}[u''+(2r+p)u'+(r^2+pr+q)u]=0.$$

注意到 $r=\frac{-p}{2}$ 是特征方程的重根,所以有 $r^2+pr+q=0$ 及 $2r+p=0$.

且 $e^{rx}\neq 0$,因此,只要 $u(x)$ 满足

$$u''(x)=0.$$

则 $y_2=ue^{rx}$ 就是式(6-22)的解,为简便起见,取方程 $u''(x)=0$ 的一个解 $u=x$,于是得到方程(6-22)且与 $y_1=e^{rx}$ 线性无关的解 $y_2=xe^{rx}$. 因此,式(6-22)的通解为

$$y=C_1e^{rx}+C_2xe^{rx}=(C_1+C_2x)e^{rx}.$$

(3) 特征方程具有一对共轭复根 $r_1=\alpha+i\beta$ 与 $r_2=\alpha-i\beta$. 这时有两个线性无关的特解 $y_1=e^{(\alpha+i\beta)x}$ 与 $y_2=e^{(\alpha-i\beta)x}$. 这是两个复数解,为了便于在实数范围内讨论问题,我们再找两个线性无关的实数解.

由欧拉公式

$$e^{ix}=\cos x+i\sin x.$$

可得 $$y_1=e^{\alpha x}(\cos\beta x+i\sin\beta x),$$

$$y_2=e^{\alpha x}(\cos\beta x-i\sin\beta x).$$

于是有 $$\frac{1}{2}(y_1+y_2)=e^{\alpha x}\cos\beta x,$$

$$\frac{1}{2i}(y_1-y_2)=e^{\alpha x}\sin\beta x.$$

由定理 1 知，以上两个函数 $e^{\alpha x}\cos\beta x$ 与 $e^{\alpha x}\sin\beta x$ 均为式(6-22)的解，且它们线性无关. 因此，这时方程 $y''+py'+qy=0$ 的通解为

$$y=e^{\alpha x}(C_1\cos\beta x+C_2\sin\beta x).$$

求二阶常系数线性齐次方程通解的方法称为特征根法，其步骤是：

(1) 写出所给方程的特征方程；

(2) 求出特征根；

(3) 根据特征根的 3 种不同情况，写出对应的特解，并写出其通解.

【例 1】 求方程 $y''-5y'+6y=0$ 的通解.

解 该方程的特征方程为 $r^2-5r+6=0$，它有两个不等的实根 $r_1=2, r_2=3$. 其对应的两个线性无关的特解为 $y_1=e^{2x}$ 与 $y_2=e^{3x}$.
所以，方程的通解为

$$y=C_1e^{2x}+C_2e^{3x}.$$

【例 2】 求方程 $y''-4y'+4y=0$ 的满足初始条件 $y(0)=1, y'(0)=4$ 的特解.

解 该方程的特征方程为 $r^2-4r+4=0$，它有重根 $r=2$. 其对应的两个线性无关的特解为 $y_1=e^{2x}$ 与 $y_2=xe^{2x}$，所以通解为

$$y=(C_1+C_2x)e^{2x},$$

求得

$$y'=C_2e^{2x}+2(C_1+C_2x)e^{2x}.$$

将 $y(0)=1, y'(0)=4$ 代入上两式，得 $C_1=1$、$C_2=2$，因此，所求特解为

$$y=(1+2x)e^{2x}.$$

【例 3】 求方程 $2y''+2y'+3y=0$ 的通解.

解 该方程的特征方程为 $2r^2+2r+3=0$，它有共轭复根

$$r_{1,2}=\frac{-2\pm\sqrt{24-4i}}{4}=-\frac{1}{2}\pm\frac{1}{2}\sqrt{5}i.$$

即 $\alpha=-\frac{1}{2}, \beta=\frac{1}{2}\sqrt{5}$，对应的两个线性无关的解为 $y_1=e^{-\frac{1}{2}x}\cos\frac{\sqrt{5}}{2}x, y_2=e^{-\frac{1}{2}x}\sin\frac{\sqrt{5}}{2}x$，所以方程的通解为

$$y=e^{-\frac{1}{2}x}\left(C_1\cos\frac{\sqrt{5}}{2}x+C_2\sin\frac{\sqrt{5}}{2}x\right).$$

【例 4】 求方程 $y''+4y=0$ 的通解.

解 该方程的特征方程为 $r^2+4=0$，它有共轭复根 $r_{1,2}=\pm 2i$. 即 $\alpha=0, \beta=2$. 对应的两个线性无关的解 $y_1=\cos 2x, y_2=\sin 2x$. 所以方程的通解为

$$y=C_1\cos 2x+C_2\sin 2x.$$

【同步练习】写出下列微分方程的通解：

(1) $y''-6y'+8y=0$；(2) $y''-4y'+4y=0$；(3) $y''-4y'+9y=0$.

6.3.3 二阶常系数线性非齐次微分方程

二阶常系数线性非齐次微分方程一般形式为

$$y''+py'+qy=f(x). \tag{6-24}$$

式中：p、q是常数.

由定理2知，方程(6-24)的通解y是它的一个特解y^*与相应的线性齐次方程的通解之和.

上一段已详细讨论了齐次方程通解的特征方程法.因此只需讨论如何求方程(6-24)的一个特解y^*即可.

下面只介绍$f(x)$取两种常见形式时求y^*的方法.

1. $f(x)=P_m(x)e^{\mu x}$

$$y''+py'+qy=P_m(x)e^{\mu x}. \tag{6-25}$$

式中：μ是常数，$P_m(x)$是关于x的一个m次多项式，即

$$P_m(x)=a_mx^m+a_{m-1}x^{m-1}+\cdots+a_1x+a_0.$$

我们知道，$P_m(x)e^{\mu x}$的导数仍是多项式与指数函数乘积，因此推测方程的特解也是多项式与指数函数的乘积.故设

$$y^*=\theta(x)e^{\mu x}.$$

其中$\theta(x)$为多项式，把y^*及

$$y^{*\prime}=e^{\mu x}[\mu\theta(x)+\theta'(x)].$$

$$y^{*\prime\prime}=e^{\mu x}[\mu^2\theta(x)+2\mu\theta'(x)+\theta''(x)].$$

代入方程(6-25).经整理得

$$\theta''(x)+(2\mu+p)\theta'(x)+(\mu^2+p\mu+q)\theta(x)=P_m(x). \tag{6-26}$$

(1) 如果μ不是方程(6-25)的特征方程的根，即

$$\mu^2+p\mu+q\neq 0.$$

由于$P_m(x)$是一个m次多项式，要使式(6-26)两端恒等，$\theta(x)$应是一个与$P_m(x)$次数相同的多项式$\theta_m(x)$：

$$\theta_m(x)=b_mx^m+b_{m-1}x^{m-1}+\cdots+b_1x+b_0.$$

这时特解的形式为

$$y^*=\theta_m(x)e^{\mu x}.$$

为了确定未知系数$b_0,b_1,\cdots,b_m$，可将$y^*=\theta_m(x)e^{\mu x}$代入原方程，令同次幂的系数相等，即用待定系数法求得.

(2) 如果μ恰为特征方程的单根，即$\mu^2+p\mu+q=0$而$2\mu+p\neq 0$，则式(6-26)成为

$$\theta''(x)+(2\mu+p)\theta'(x)=P_m(x). \tag{6-27}$$

因$\theta'(x)$是比$\theta(x)$低一次的多项式，要使式(6-27)两端恒等，$\theta(x)$应是$m+1$次的多项式，此时可令

$$\theta(x)=x\theta_m(x).$$

这时特解y^*的形式为

$$y^*=x\theta_m(x)e^{\mu x}.$$

(3) 如果特征方程有重根，而μ恰为此重根，则$\mu^2+p\mu+q=0$，$2\mu+p=0$.式(6-26)成为

$$\theta''(x)=P_m(x).$$

此时$\theta(x)$为$m+2$次多项式，于是可令

$$y^*=x^2\theta_m(x)e^{\mu x}.$$

综上所述，当方程(6-25)中 $f(x)=P_m(x)e^{\mu x}$ 时，其特解形式为

$$y^* = x^k\theta_m(x)e^{\mu x}.$$

其中 $\theta_m(x)$ 是 $P_m(x)$ 同次的多项式，而 k 视 μ 不是特征根、是特征单根或是特征重根，分别取 0,1 或 2，然后将 y^* 代入式(6-25)，令两边同次幂的系数相等，可求出系数 $b_i(i=0,1,2,\cdots,m)$ 从而求得 y^*.

【例 5】 求微分方程 $y''-2y'-3y=(x+1)e^x$ 的一个特解.

解 这是二阶线性常系数非齐次方程，其自由项 $P_m(x)e^{\mu x}$ 的形式. 其中

$$P_m(x) = x+1 \quad (m=1,\mu=1).$$

而特征方程是

$$r^2-2r-3=0,$$

特征根是 $r_1=-1, r_2=3$，由于 $\mu=1$ 不是特征根，故设特解为

$$y^* = (b_1x+b_0)e^x.$$

为了确定 b_1 和 b_0，把 y^* 代入原方程，化简可得

$$-4b_1x-4b_0 = x+1.$$

所以有

$$\begin{cases}-4b_1 = 1\\ -4b_0 = 1\end{cases}.$$

解得 $b_1=-\dfrac{1}{4}, b_0=-\dfrac{1}{4}$，因此特解为 $y^*=-\dfrac{1}{4}(x+1)e^x$.

【例 6】 求 $y''-4y'+4y=e^{2x}$ 的通解.

解 特征方程为

$$r^2-4r+4=0$$

特征根为重根 $r=2$，故相应的齐次方程的通解为

$$Y=(C_1+C_2x)e^{2x}.$$

为了求非齐次方程的一个特解，考察自由项 $f(x)=e^{2x}$. 这里，$P_m(x)=1$，而 $\mu=2$ 恰为特征方程的重根，故应设特解为

$$y^* = b_0x^2e^{2x}.$$

把 y^* 代入原方程，得

$$2b_0e^{2x} = e^{2x}.$$

于是 $b_0=\dfrac{1}{2}$，即 $y^*=\dfrac{x^2}{2}e^{2x}$，因此原方程的通解为

$$y = Y+y^* = (C_1+C_2x)e^{2x}+\frac{x^2}{2}e^{2x}.$$

2. $f(x)=e^{\mu x}(A\cos\omega x+B\sin\omega x)$

对于微分方程

$$y''+py'+qy = e^{\mu x}(A\cos\omega x+B\sin\omega x). \tag{6-28}$$

式中：A、B、μ、ω 为常数($\omega\neq0$).

可以证明以下结论：

(1) 若 $\mu+\omega i$ 不是特征值，则方程(6-28)有形如

$$y^* = e^{\mu x}(a\cos\omega x + b\sin\omega x)$$

的特解；

(2) 若 $\mu+\omega i$ 是特征值，则方程(6-27)有形如

$$y^* = xe^{\mu x}(a\cos\omega x + b\sin\omega x)$$

的特解；

式中：a,b 为待定常数，仍可用代入方程，对比系数的方法求得.

【例 7】 求微分方程 $y''-4y'+8y=2e^x\cos x$ 的通解.

解 特征方程为 $r^2-4r+8=0$，特征根 $r_{1,2}=2\pm 2i$，$f(x)=2e^x\cos x$，$\mu+\omega i=1+i$ 不是特征根，故 $y^*=e^x(a\cos x+b\sin x)$，求得

$y^{*\prime}=e^x[(a+b)\cos x+(b-a)\sin x]$，$y^{*\prime\prime}=e^x(2b\cos x-2a\sin x)$，

代入方程约去 e^x，得 $(4a-2b)\cos x+(2a+4b)\sin x=2\cos x$.

比较系数得

$$\begin{cases}4a-2b=2\\2a+4b=0\end{cases}，解得\begin{cases}a=\dfrac{2}{5}\\b=-\dfrac{1}{5}\end{cases}，于是特解为$$

$$y^* = e^x\left(\frac{2}{5}\cos x-\frac{1}{5}\sin x\right).$$

所以原方程的通解为

$$y = e^{2x}(C_1\cos 2x + C_2\sin 2x) + e^x\left(\frac{2}{5}\cos x-\frac{1}{5}\sin x\right).$$

【同步练习】求微分方程 $y''-3y'+2y=2e^x$ 的通解.

习 题 6-3

1. 求下列微分方程的通解：

(1) $y''-4y'-5y=0$；　(2) $y''-6y'+9y=0$；

(3) $y''-4y'=0$；　(4) $y''+4y'+3y=0$；

(5) $y''+y'+y=0$；　(6) $y''+y'-2y=0$；

(7) $y''-4y=x+1$；　(8) $y''+2y'+y=xe^x$；

(9) $y''+3y'+2y=e^{-x}\cos x$；　(10) $y''-7y'+6y=\sin x$.

2. 求下列微分方程满足初始条件的特解：

(1) $y''+3y=0, y|_{x=0}=2, y'|_{x=0}=\sqrt{3}$；

(2) $y''-3y'-4y=0, y|_{x=0}=0, y'|_{x=0}=-5$；

(3) $4y''+4y'+y=0, y|_{x=0}=2, y'|_{x=0}=1$；

(4) $y''-3y'+2y=4, y|_{x=0}=3, y'|_{x=0}=5$.

6.4 微分方程的应用举例

【例 1】 放射性元素铀由于不断地有原子放射出微粒子而变成其他元素，铀的含量就不

断减少，这种现象叫做衰变. 由原子物理学知道，铀的衰变速度与当时未衰变的原子含量 M 成正比. 已知 $t=0$ 时铀的含量为 M_0，求在衰变过程中铀含量 $M(t)$ 随时间 t 变化的规律.

解 铀的衰变速度就是 $M(t)$ 对时间 t 的导数 $\frac{dM}{dt}$，由于铀的衰变速度与其含量成正比，故得微分方程

$$\frac{dM}{dt}=-\lambda M,$$

其中 $\lambda>0$ 为常数，叫做衰变系数. 由题意知初始条件为

$$M|_{t=0}=M_0,$$

将方程分离变量

$$\frac{dM}{M}=-\lambda dt.$$

两边积分得

$$\ln M=-\lambda t+C_1.$$

即

$$M=Ce^{-\lambda t}.$$

由初始条件，得 $C=M_0$，于是有

$$M=M_0e^{-\lambda t}.$$

这就是铀的衰变规律.

【例 2】 一只游船上有 800 人，一名游客患了某种传染病，12h 后有 3 人发病. 由于这种传染病没有早期症状，故感染者不能及时隔离，直升机将在 60～72h 将疫苗运到，试估算疫苗运到时患此传染病的人数. 设传染病的传播速度与感染者人数及未感染人数之积成正比.

解 用 $y(t)$ 表示发现首例病人后 t 小时的感染人数，由题意得，

$$\frac{dy}{dt}=ky(800-y).$$

式中：$k>0$ 为比例常数，将方程分离变量

$$\frac{dy}{y(800-y)}=kdt,$$

即

$$\left(\frac{1}{y}+\frac{1}{800-y}\right)dy=800kdt.$$

两边积分，有

$$\ln\frac{y}{800-y}=800kt+C_1,$$

化简，得通解

$$y=\frac{800}{1+Ce^{-800kt}}.$$

代入初始条件，$y|_{t=0}=1$，得 $C=799$，再由 $y|_{t=12}=3$，

可得出 $800k=-\frac{1}{12}\ln 0.3325\approx 0.09176$，

所以

$$y(t)=\frac{800}{1+799e^{-0.09176t}}.$$

当 $t=60$ 时，$y(60)\approx188$，$t=72$ 时，$y(72)=385$.

从上面数字看到，当72h疫苗运到时，感染人数将是60h感染人数的2倍，可见在传染病流行时及时采取措施是至关重要的。

【例3】 设有如图6-1所示电路，其中电源电动势为 E_0，电阻 R 和电感 L 为常数，求电流强度 $i(t)$.

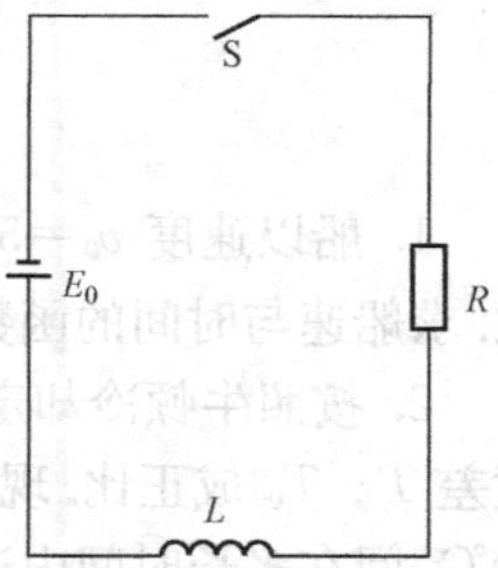

图6-1

解 由电学知识，当电流变化时，产生的感应电动势为 $-L\dfrac{di}{dt}$，根据基尔霍夫定理有

$$L\frac{di}{dt}+Ri=E_0,$$

这是关于 $i(t)$ 的一阶非齐次线性方程，设开关S闭合时 $t=0$，则初始条件为 $i(0)=0$，易求出解为

$$i(t)=\frac{E_0}{R}(1-e^{-\frac{R}{L}t}).$$

从解的表达式可看出，电流 i 是稳态部分 $\dfrac{E_0}{R}$ 和暂态部分 $-\dfrac{E_0}{R}e^{-\frac{R}{L}t}$ 组成，后者当 $t\to\infty$ 时，趋于零.

【例4】 假设一高温物体在冷却剂中均匀地冷却，其介质(冷却剂)温度始终保持为10℃，物体的初始温度为200℃，且由200℃冷却到100℃需要40s. 已知冷却定律：冷却速度与物体和介质的温度差成正比. 试求物体温度 θ 与时间 t 的函数关系，并求物体温度降到20℃所需的时间.

解 设物体温度 $\theta=\theta(t)$，它是时间 t 的函数，则物体的冷却速度就是温度 $\theta(t)$ 对时间 t 的变化率，即 $\theta'(t)$. 因此，由冷却定律可得 $\theta(t)$ 应该满足的微分方程为

$$\theta'(t)=-k[\theta(t)-10],$$

其中，比例系数 $k>0$，由于物体在冷却剂中降温，所以温度变化率不为正，因而上式右端有负号.

此外，由题意知 $\theta(t)$ 所满足的初始条件为

$$\theta|_{t=0}=200.$$

于是，初值问题是

$$\begin{cases}\theta'(t)=-k[\theta(t)-10]\\ \theta|_{t=0}=200\end{cases}.$$

解此初值问题，得特解为

$$\theta(t)=10+190e^{-kt}.$$

我们再由题意确定比例系数 k. 因为该物体由200℃冷却到100℃需要40s，即

$$100=10+190e^{-40k},$$

由此得

$$k=-\frac{1}{40}\ln\frac{9}{19}\approx0.01868.$$

从而得物体温度 θ 与时间 t 的函数关系为

$$\theta(t)=10+190e^{-0.01868t}.$$

最后，将 $\theta=20$ 代入上式，并解出

$$t=\frac{\ln 19}{0.01868}\approx 158\text{s}.$$

即物体温度降到 20℃大约需要 2min 38s.

习 题 6-4

1. 船以速度 $v_0=5(\text{m/s})$行驶,关闭发动机 1min 后,速度减少一半,已知阻力与速度成正比.求船速与时间的函数关系.

2. 按照牛顿冷却定律,温度为 T 的物体,在温度为 $T_0(T_0<T)$的环境中冷却的速度与温度差 $T-T_0$ 成正比.现有一加热后的物体置于 20℃的环境中,在 20min 之内,由 100℃冷却到 60℃,问在多长时间内这个物体的温度达到 30℃?

3. 一质量为 m 的质点从水面由静止开始下沉,所受阻力与下沉速度成正比(比例系数为 k),求此质点下沉深度 x 与时间 t 的函数关系式.

4. 粗糖加工过程中,有一步骤称为"聚化",就是改变粗糖分子结构.反应一旦开始,粗糖量的改变速度与当时粗糖量成正比,如果 1000kg 粗糖 10h 后只剩 800kg,那么再过 16h 还剩下多少?

5. 氡—222 气体的蜕变方程是 $y=y_0\mathrm{e}^{-0.18t}$,其中 t 以天为单位,将氡的样品放在密封容器中,大约多长时间它降到其最初值的 65%.

第 6 章 自测题 A(基础)

1. 填空题

(1)微分方程 $xy'=2y^2$ 的通解为________.

(2)微分方程 $y''+6y'+9y=0$ 的通解为________.

(3)通解为 $y=c_1\mathrm{e}^x+c_2x$ 的微分方程是________.

(4)微分方程 $y'+3y=0$ 的通解为________.

(5)微分方程 $y''=x+1$ 的通解为________.

2. 选择题

(1)下列方程是二阶微分方程的是( ).

(A) $x+2y=0$; (B) $xy'=x+2y^2$;

(C) $2y''-3y'+y-2x=y'''$; (D) $y=\frac{\mathrm{d}^2y}{\mathrm{d}x^2}+x^2$.

(2)微分方程 $y''-3y'=2x$ 的特解形式 y^* 可设为( ).

(A) $x(ax+b)$; (B) ax^2+b;

(C) ax; (D) $ax+b$.

(3)微分方程 $y\mathrm{d}y=x\mathrm{d}x$ 的一个特解为( ).

(A) $x^2-y^2=4$; (B) $x^2+y^2=4$;

(C) $x^2-4y^2=0$; (D) $y^2=4x^2$.

(4)若$\frac{\mathrm{d}y}{\mathrm{d}x}=\frac{k}{x}$,这里 k 为常数. $x=1$ 时,$y=2$;$x=\mathrm{e}$ 时,$y=4$.则 $x=2$ 时,$y=$( ).

(A) 4；　(B) ln8；

(C) 2＋ln2；　(D) 2＋ln4.

(5)设曲线经过点(1,1)，且其上任一点(x,y)处切线斜率为$\frac{3y}{x}$. 则曲线方程为(　　).

(A) $3x-2=y$；　(B) $y^3=x$；

(C) $y=x^3$；　(D) $3y^2=x^2+2$.

3. 计算题

求下列微分方程的通解或特解：

(1) $\cos^2 x\mathrm{d}y=(y+1)\mathrm{d}x$；

(2) $y'-\frac{2y}{x}=x^2\sin 2x$；

(3) $y''-3y'+2y=0, y|_{x=0}=1, y'|_{x=0}=-1$；

(4) $y''-3y'+2y=2\mathrm{e}^{3x}$；

(5) $y'=2y^2\cos x, y|_{x=0}=1$.

4. 应用题

把一个加热到100℃的物体放在20℃的恒温室中冷却，经过10min时测得物体温度为70℃. 问要使物体温度降至30℃需经过多少时间？

第6章　自测题B(提高)

1. 填空题

(1)微分方程 $xy\mathrm{d}x+(1+x^2)\mathrm{d}y=0$ 的通解为________.

(2)微分方程 $y''+4y'+5y=0$ 的通解为________.

(3)通解为 $y=c_1\mathrm{e}^x+c_2\mathrm{e}^{-2x}$ 的微分方程是________.

(4)微分方程 $y'+2y=x$ 的通解为________.

(5)微分方程 $y''=x+\mathrm{e}^x$ 的通解为________.

2. 选择题

(1)下列微分方程是可分离变量微分方程的是(　　).

(A) $\frac{\mathrm{d}y}{\mathrm{d}x}=x^2y-y$；　(B) $xy'=x+2y^2$；

(C) $\frac{\mathrm{d}y}{\mathrm{d}x}=x^2y+y^2$；　(D) $y=\frac{\mathrm{d}y}{\mathrm{d}x}+x^2$.

(2) 微分方程 $y''-2y'=2\mathrm{e}^x$ 的特解形式 y^* 可设为(　　).

(A) $a\mathrm{e}^x$；　(B) $ax\mathrm{e}^x$；

(C) $ax^2\mathrm{e}^x$；　(D) $2\mathrm{e}^{ax}$.

(3) 微分方程 $y\mathrm{d}y=-x\mathrm{d}x$ 的一个通解为(　　).

(A) $x^2-y^2=c$；　(B) $x^2+y^2=c$；

(C) $x^2-cy^2=0$；　(D) $y^2=cx^2$.

(4)若$\frac{\mathrm{d}y}{\mathrm{d}x}=\frac{y}{2\sqrt{x}}$, $x=4$ 时, $y=1$. 则有(　　).

(A) $y^2=4\sqrt{x}-7$；　　(B) $\ln y=4\sqrt{x}-8$；

(C) $y=e^{\sqrt{x}}$；　　(D) $y=e^{\sqrt{x}-2}$.

(5)微分方程 $yy'=x, y|_{x=0}=1$ 的特解为(　　).

(A) $y=x$；　　(B) $y=\sqrt{x^2+1}$；

(C) $y=\sqrt{1-x^2}$；　　(D) $y=e^x$.

3. 计算题

求下列微分方程的通解或特解：

(1) $(e^{x+y}-e^y)dx+(e^{x+y}+e^x)dy=0$；　　(2) $y'-\dfrac{2xy}{x^2-1}=x^2+x-1$；

(3) $y''-4y'+4y=0, y|_{x=0}=0, y'|_{x=0}=2$；　(4) $y''-5y'+6y=x-3$；

(5) $y'=2y^2e^{2x}, y|_{x=0}=1$.

4. 应用题

有某池塘养鱼，该池塘最多能养鱼 1000 尾. 在时刻 t，鱼数 y 是时间 t 的函数 $y=y(t)$，其变化率与鱼数 y 及 $1000-y$ 的乘积成正比. 已知在池塘内放养鱼 100 尾，在三个月后池塘内有鱼 250 尾. 求放养 t 月后池塘内鱼数 $y=y(t)$ 的公式.

第7章 多元函数微积分

前面各章讨论的函数都只有一个自变量，这种函数称为一元函数. 但在自然科学与工程技术等实际问题中，常常要考虑一个变量(因变量)与另外多个变量(自变量)的相互依赖关系，为此引入多元函数以及多元函数的微积分问题.

本章将在一元函数微积分学的基础上，进一步讨论多元函数的微积分学. 讨论中将以二元函数为主要对象，这不只是对有关的概念和方法大都有比较直观的解释，而且对这些概念和方法大都能推广到二元以上的多元函数.

7.1 空间解析几何简介

在平面解析几何中，用代数的方法研究了平面几何的问题，它是学习一元函数微积分不可缺少的基本知识. 空间解析几何用类似的方法研究空间图形的问题，通过将点和坐标的对应，使数学中研究的两个基本对象数和形统一了起来.

这里仅简单介绍空间解析几何的一些基本概念，包括空间直角坐标系、空间两点间的距离、空间曲面及其方程等概念. 在讨论多元函数微积分时，空间解析几何能给多元函数提供直观的几何解释，因此空间解析几何对学习多元函数的微分学和积分学将起到重要的作用.

7.1.1 空间直角坐标系

过空间定点 O 作三条互相垂直的数轴，它们以 O 为公共的原点，并且通常取相同的长度单位，记这三条数轴分别为 Ox、Oy、Oz，统称为坐标轴，依次简称为 x 轴、y 轴、z 轴，或称为横轴、纵轴、竖轴. 通常把 x 轴和 y 轴配置在水平面上，z 轴是铅垂直线. 这样的三条坐标轴就组成了一个空间直角坐标系，记作 $O-xyz$. 点 O 称为坐标原点. 通常三条坐标轴的正向满足右手法则的坐标系，即以右手握住 z 轴，让右手的四指从 x 轴的正向以 $\frac{\pi}{2}$ 的角度逆时针转向 y 轴的正向时，大拇指的指向就是 z 轴的正向. 如图 7-1 所示.

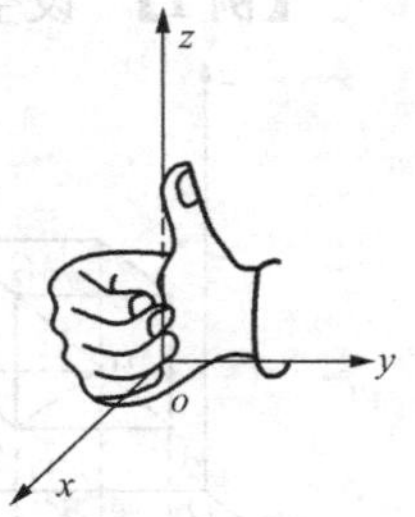

图 7-1

三条坐标轴中的任意两条都可以确定一个平面，这样的平面称为坐标平面，简称为坐标面. x 轴与 y 轴所确定的坐标面称为 xy 坐标面，类似地有 yz 坐标面、zx 坐标面. 这些坐标面把空间分成了八个部分，每一部分称为一个卦限(见图 7-2). x 轴、y 轴、z 轴的正半轴的卦限称为第Ⅰ卦限，从第Ⅰ卦限开始，从 Oz 轴的正向按逆时针方向看，先后出现的卦限依次称为第Ⅱ、Ⅲ、Ⅳ卦限. 第Ⅰ、Ⅱ、Ⅲ、Ⅳ卦限下面的空间部分依次称为第Ⅴ、Ⅵ、Ⅶ、Ⅷ卦限.

设 M 为空间中的一点，若过点 M 分别作垂直于 x 轴、y 轴、z 轴的平面，与三坐标轴分别相交于 P、Q、R 三点，且这三点在 x 轴、y 轴、z 轴上的坐标依次为 x、y、z，则点 M 唯一地确定了一组有序数组 x、y、z. 反之，设给定一组有序数组 x、y、z，依次在 x 轴、y 轴、z 轴上取坐标 x、y、z 的三点 P、Q、R，过此三点，分别作平面垂直于所在坐标轴，则这三张平面确定了唯一的

交点 M. 这样，空间的点 M 和一组有序数组 x、y、z 之间建立了一一对应关系(见图 7-3). 有序数组 x、y、z 称为点 M 的坐标，记作 $M(x,y,z)$，x、y、z 依次称为点 M 的横坐标、纵坐标、竖坐标.

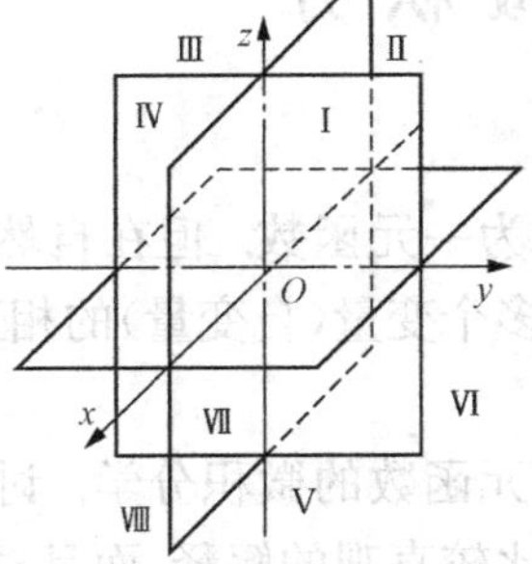

图 7-2

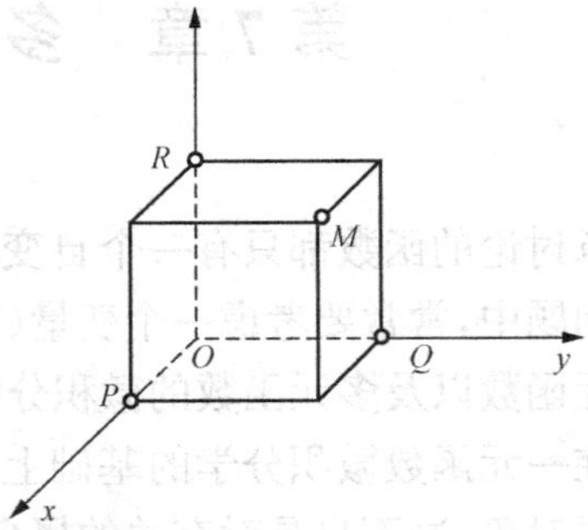

图 7-3

显然，坐标原点 O 的坐标为 $(0,0,0)$，坐标轴上的点至少有两个坐标为 0，坐标面上的点至少有一个坐标为 0. 例如，在 y 轴上的点 M，均有 $x=z=0$，即有 $M(0,y,0)$；在 xy 坐标面上的点 M，均有 $z=0$，即有 $M(x,y,0)$. 各卦限点的坐标特征见表 7-1.

表 7-1

卦限 / 符号 / 坐标	Ⅰ	Ⅱ	Ⅲ	Ⅳ	Ⅴ	Ⅵ	Ⅶ	Ⅷ
x	+	−	−	+	+	−	−	+
y	+	+	−	−	+	+	−	−
z	+	+	+	+	−	−	−	−

【例 1】 设空间两点 $M_1(x_1,y_1,z_1)$、$M_2(x_2,y_2,z_2)$，求它们之间的距离 $d=|M_1M_2$.

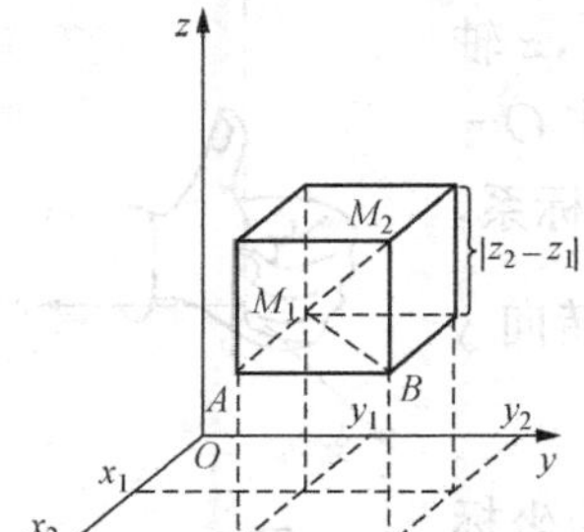

图 7-4

解 过点 M_1、M_2 各作三张平面分别垂直于三个坐标轴，这六个平面形成以 M_1M_2 为对角线的长方体，如图 7-4 所示.

由于 ΔM_1BM_2、ΔM_1AB 是直角三角形，易知

$$
\begin{aligned}
d^2 &= |M_1M_2|^2 = |M_1B|^2 + |BM_2|^2 \\
&= |M_1A|^2 + |AB|^2 + |BM_2|^2 \\
&= (x_2-x_1)^2 + (y_2-y_1)^2 + (z_2-z_1)^2,
\end{aligned}
$$

所以

$$d = |M_1M_2| = \sqrt{(x_2-x_1)^2 + (y_2-y_1)^2 + (z_2-z_1)^2}.$$

称此式为空间两点之间的距离公式.

特别地，点 $M(x,y,z)$ 与原点 $O(0,0,0)$ 的距离为

$$d = |OM| = \sqrt{x^2+y^2+z^2}.$$

【例 2】 在 x 轴上求与点 $A(4,1,3)$ 和 $B(3,-1,2)$ 等距离的点.

解 设所求点为 $C(x,0,0)$，

由题意可知 $|AC|=|BC|$，由距离公式得

$$\sqrt{(x-4)^2+(0-1)^2+(0-3)^2} = \sqrt{(x-3)^2+(0+1)^2+(0-2)^2},$$

化简得　$x=6$.

因此，所求点的坐标为$(6,0,0)$.

【同步练习】(1)求点$M(3,-4,2)$到坐标原点的距离.

(2)已知点$A(-1,3,2)$和$B(0,2,-1)$，求两点之间的距离$|AB|$.

7.1.2　空间曲面及其方程

1. 曲面方程的概念

在平面解析几何中，把平面曲线理解为满足一定条件的点的几何轨迹；空间解析几何中，把空间任何曲面都理解为满足一定条件的点的几何轨迹.

定义1　如果曲面Σ上任一点的坐标x,y,z都满足三元方程$F(x,y,z)=0$，而不在曲面Σ上的任何点的坐标x,y,z都不满足方程$F(x,y,z)=0$，则称方程$F(x,y,z)=0$为曲面Σ的方程，而曲面Σ就称为方程$F(x,y,z)=0$的图形.

2. 几种常见的曲面及其方程

平面是空间中最简单的特殊曲面. 利用向量知识可以证明空间中任一平面都可以用三元一次方程

$$Ax+By+Cz+D=0 \tag{7-1}$$

来表示，其中A、B、C、D是不全为零的常数；反之，任何三元一次方程表示的空间图形是一平面. 因此，称式(7-1)为平面的一般方程.

球面是空间中一动点到定点的距离为定值的点的几何轨迹. 利用两点之间的距离公式可以证明，球心在点$M_0(x_0,y_0,z_0)$、半径为R的球面可以用三元二次方程

$$(x-x_0)^2+(y-y_0)^2+(z-z_0)^2=R^2 \tag{7-2}$$

来表示，称式(7-2)为球面的标准方程.

由式(7-2)可知，球面方程具有以下特点：不含交叉项；平方项前面的系数相等.

特别地，当$x_0=y_0=z_0=0$，即球心在原点$O(0,0,0)$时，半径为R的球面方程为

$$x^2+y^2+z^2=R^2.$$

【例3】　方程$x^2+y^2+z^2-6x-2y+2z+2=0$表示怎样的曲面？

解　原方程配方得

$$(x-3)^2+(y-1)^2+(z+1)^2=9,$$

所以，原方程表示球心在$(3,1,-1)$、半径为3的球面.

【同步练习】(1)求球面$2x^2+2y^2+2z^2+6x-4z+1=0$的球心与半径.

(2)求球心为$(-1,3,-2)$，半径为$\sqrt{13}$的球面方程.

柱面是一条动直线L沿给定的曲线C进行平行移动所形成的曲面. 动直线L称为柱面的母线，定曲线C称为柱面的准线(见图7-5).

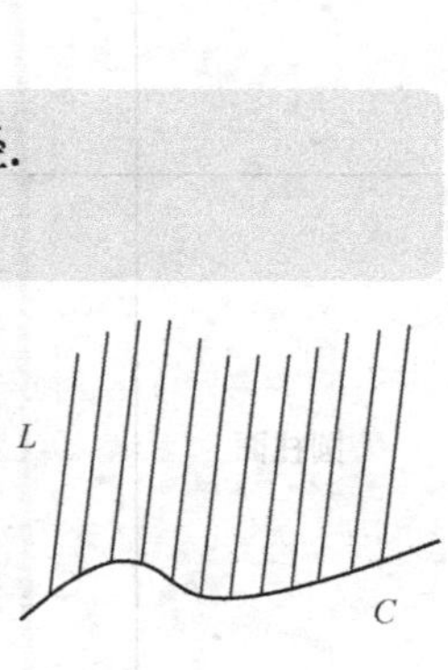

图7-5

例如，空间中，以xy坐标面上的曲线C：$\begin{cases} f(x,y)=0 \\ z=0 \end{cases}$为准线，平行于$z$轴的直线$L$为母线的柱面方程：$f(x,y)=0$；以$yz$坐标面上的曲线$C$：$\begin{cases} f(y,z)=0 \\ x=0 \end{cases}$为准线，平行于$x$轴的直线为母线的柱面方程：$f(y,z)=0$；以

zx 坐标面上的曲线 C：$\begin{cases} f(x,z)=0 \\ y=0 \end{cases}$ 为准线，平行于 y 轴的直线为母线的柱面方程：$f(x,z)=0$.

例如，方程 $x^2+y^2=R^2$ 在空间表示以 xy 坐标面上的圆为准线，平行于 z 轴的直线为母线的柱面，称为圆柱面. 方程 $z=y^2$ 在空间表示以 yz 坐标面上的抛物线为准线，平行于 x 轴的直线为母线的柱面，称为抛物柱面. 方程 $\frac{x^2}{9}+\frac{z^2}{4}=1$ 在空间表示以 zx 坐标面上的椭圆为准线，平行于 y 轴的直线为母线的柱面，称为椭圆柱面.

旋转曲面是指平面曲线 C 绕着同一平面上一条定直线 L 旋转一周所形成的曲面. 平面曲线 C 称为旋转曲面的母线，定直线 L 称为旋转轴.

例如，以 yz 坐标面上曲线 Γ：$\begin{cases} f(y,z)=0 \\ x=0 \end{cases}$ 绕 z 轴旋转所形成的旋转曲面方程：$f(\pm\sqrt{x^2+y^2},z)=0$；绕 y 轴旋转所形成的旋转曲面方程：$f(y,\pm\sqrt{x^2+z^2})=0$.

一般地，坐标平面上的曲线绕该坐标面上的一条坐标轴旋转时，只要将坐标平面上的曲线方程中与旋转轴同名的变量保持不动，而将另一个变量换成与旋转轴不同名的两个变量的平方和的平方根，这样所得的方程就是所求旋转曲面的方程.

例如，xy 坐标面上的椭圆 $\frac{x^2}{a^2}+\frac{y^2}{b^2}=1$ 绕 x 轴旋转所形成的旋转曲面方程为 $\frac{x^2}{a^2}+\frac{y^2}{b^2}+\frac{z^2}{b^2}=1$，该曲面称为旋转椭球面；绕 y 轴旋转所形成的旋转椭球面的方程为 $\frac{x^2}{a^2}+\frac{y^2}{b^2}+\frac{z^2}{a^2}=1$.

在空间直角坐标系中，通常把三元二次方程所表示的图形称为二次曲面. 下面是一些常见的二次曲面方程和图形(见表 7-2).

表 7-2

曲面	曲 面 方 程	图 像
球面	$x^2+y^2+z^2=R^2\,(R>0)$	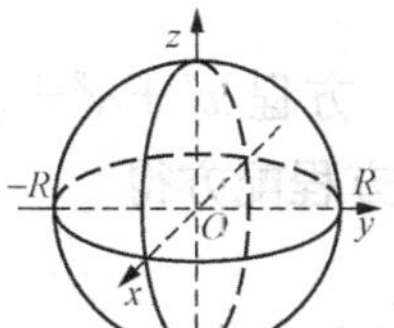
圆柱面	$x^2+y^2=R^2\,(R>0)$	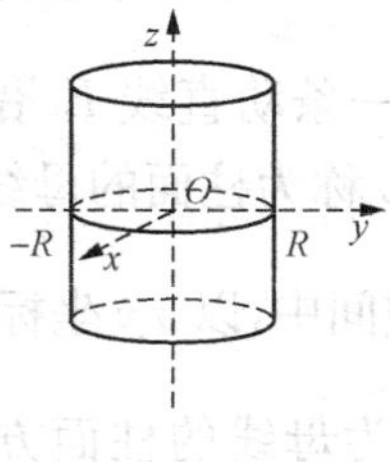

续表

曲面	曲　面　方　程	图　　像
椭圆柱面	$\frac{x^2}{a^2}+\frac{z^2}{b^2}=1(a>0,b>0)$	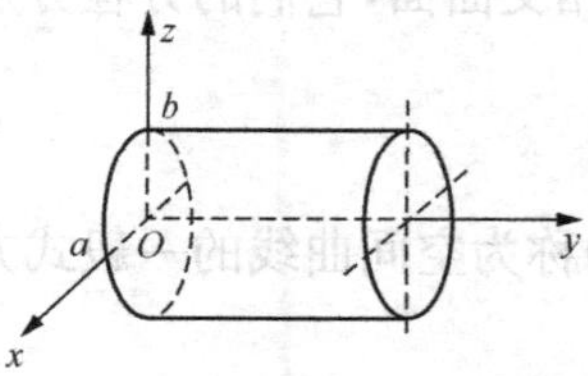
抛物柱面	$y^2=2px(p>0)$	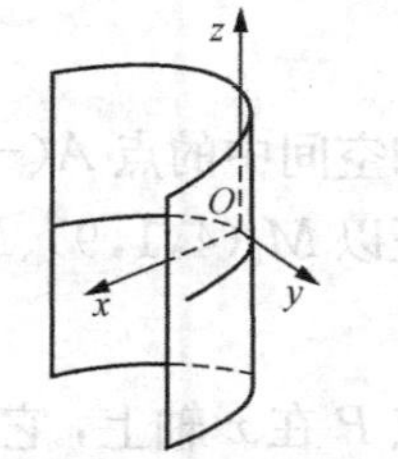
双曲柱面	$\frac{x^2}{a^2}-\frac{y^2}{b^2}=1(a>0,b>0)$	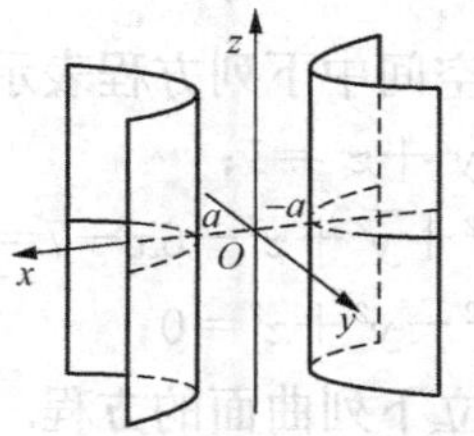
圆锥面	$z^2=a^2(x^2+y^2)(a\neq 0)$	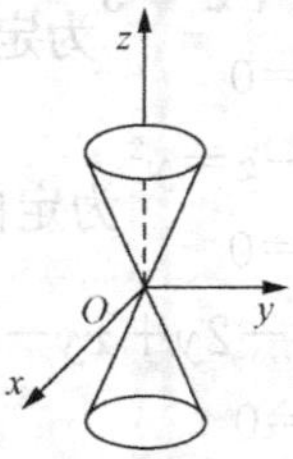
旋转椭球面	$\frac{x^2}{b^2}+\frac{y^2}{b^2}+\frac{z^2}{c^2}=1(b>0,c>0)$	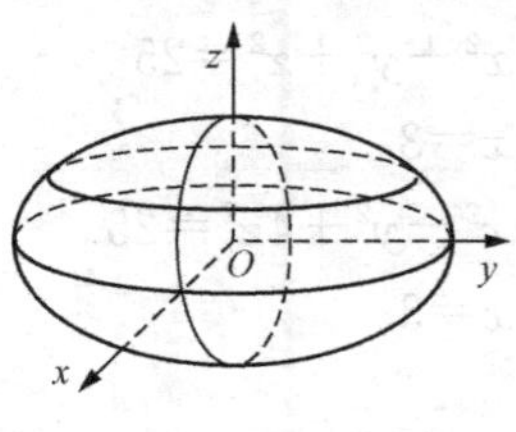

【同步练习】写出方程在空间中所表示的曲面名称：

(1)$3x^2+2y^2=2$；(2)$\frac{y^2}{9}-\frac{x^2}{4}=1$；(3)$x^2+y^2=4z$；

(4)$z^2=4x^2+4y^2$；(5)$\frac{x^2}{3}+\frac{y^2}{2}+\frac{z^2}{3}=1$.

7.1.3 空间曲线及其方程

空间直线可以看成两个平面的交线，同样，空间曲线也可以看成是两个曲面的交线. 如果有两个相交曲面，它们的方程分别是 $F_1(x,y,z)=0$ 和 $F_2(x,y,z)=0$，则其交线 Γ 的方程为

$$\begin{cases}F_1(x,y,z)=0\\F_2(x,y,z)=0\end{cases}. \tag{7-3}$$

式(7-3)称为空间曲线的一般式方程.

习 题 7-1

1. 已知空间中的点 $A(-4,3,0)$、$B(2,1,2)$，求三角形 AOB 的周长.

2. 试证以 $M_1(4,1,9)$、$M_2(2,4,3)$、$M_3(10,-1,6)$ 为顶点的三角形是一个等腰直角三角形.

3. 设点 P 在 x 轴上，它到点 $P_1(0,1,-1)$ 的距离为到点 $P_2(0,\sqrt{2},3)$ 的距离的一半，求点 P 的坐标.

4. 在空间中下列方程表示什么曲面？

(1) $3y^2+z^2=1$；　　(2) $x^2+y^2=3z$；

(3) $x^2+y^2+z^2-6x-7=0$；　　(4) $z^2=5x$；

(5) $x^2-y^2+z^2=0$；　　(6) $x^2+2y^2+z^2=1$.

5. 建立下列曲面的方程.

(1) 以 $\begin{cases}x^2+z^2=3\\y=0\end{cases}$ 为定曲线，绕 x 轴旋转一周而形成的曲面；

(2) 以 $\begin{cases}1-z=y^2\\x=0\end{cases}$ 为定曲线，绕 z 轴旋转一周而形成的曲面；

(3) 以 $\begin{cases}x^2-2y+xy-3x+2=0\\z=0\end{cases}$ 为准线，母线平行于 z 轴的柱面.

6. 指出下列各曲线方程所表示的曲线，并指出该曲线在哪个平面上.

(1) $\begin{cases}x^2+y^2+z^2=25\\x=3\end{cases}$；　　(2) $\begin{cases}x^2+4y^2+6z^2=36\\y=2\end{cases}$；

(3) $\begin{cases}x^2-y^2+4z^2=25\\x=3\end{cases}$；　　(4) $\begin{cases}y^2+z^2-4x=16\\y=4\end{cases}$.

7.2 二元函数的极限与连续

7.2.1 多元函数的概念

前面讨论的都是只有一个自变量的函数，称为一元函数. 在自然科学与工程技术问题中，常遇到含有两个或更多个自变量的函数，称为多元函数.

【例 1】 (圆柱体的体积)已知圆柱体的高为 h，底面半径为 r，则圆柱体的体积 V 可表示为 $V=\pi r^2h$.

【例 2】 （长方体的体积）已知长方体的长度 x，宽度 y，高度为 z，则长方体的体积 V 可表示为 $V=xyz$.

圆柱体的体积 V 依赖于 r 和 h 的变化而变化，长方体的体积 V 依赖于 x、y 和 z 的变化而变化. 这两个问题的共同特征是某一变量依赖于另外多个变量的变化而变化. 从这些问题中可抽象出多元函数的概念.

定义 1 设有三个变量 x、y 和 z，如果当变量 x、y 在一定范围 D 内任意取定一对数值时，变量 z 按照一定的对应法则 f 都有唯一确定的值与它们对应，则称 z 是变量 x、y 的二元函数，记为 $z=f(x,y)$. 其中 x、y 称为自变量，z 称为因变量. 自变量 x、y 的取值范围 D 称为函数的定义域.

二元函数 $z=f(x,y)$ 在点 (x_0,y_0) 处所取得的函数值记为

$$z\big|_{(x_0,y_0)},\ z\big|_{\substack{x=x_0\\ y=y_0}} \text{ 或 } f(x_0,y_0).$$

类似地，可以定义三元函数 $u=f(x,y,z)$ 以及 n 元函数 $u=f(x_1,x_2,\cdots,x_n)$，二元及二元以上的函数统称为多元函数.

定义域和对应法则是二元函数定义的两个要素. 对于用解析式子表示的二元函数 $z=f(x,y)$，其定义域就是使式子有意义的自变量的取值范围，它可以是整个 xy 坐标面，可以是一条平面曲线，也可以是由曲线所围成的部分平面等. 全部 xy 坐标面或由曲线所围成的部分平面称为区域，常用字母 D 表示. 围成平面区域的曲线称为该区域的边界. 不包括边界的区域称为开区域，包括边界在内的区域称为闭区域，包含部分边界的区域称为半开区域. 如果一个区域可以被包含在一个以原点为圆心、适当长为半径的圆内，则称此区域为有界区域，否则称为无界区域. 开区域内的点称为内点，而边界上的点称为边界点.

类似区间可以用不等式表示，区域也可以用不等式或不等式组来表示.

如图 7-6 所示，设 $P_0(x_0,y_0)$ 是 xy 坐标平面上的一个定点，δ 是某一正数，以 $P_0(x_0,y_0)$ 为圆心、δ 为半径的开区域，即

$$U(P_0,\delta)=\{P\mid |P_0P|<\delta\}=\{(x,y)\mid \sqrt{(x-x_0)^2+(y-y_0)^2}<\delta\}$$

称为点 P_0 的 δ 邻域，记为 $U(P_0,\delta)$.

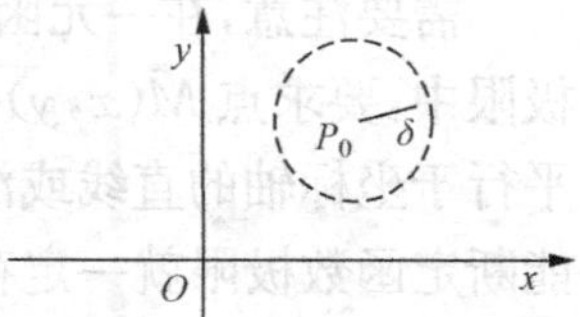

图 7-6

【例 3】 求下列函数的定义域 D，并画出 D 的图形.

(1) $z=\dfrac{x+3y}{2\sqrt{y-3x^2}}$;

(2) $z=\ln(4-x^2-y^2)+\dfrac{2x}{3\sqrt{x^2+y^2-1}}$.

解 (1)因为要使函数有意义，x、y 必须满足 $y-3x^2>0$，即定义域 $D=\{(x,y)\mid y>3x^2\}$ 是以抛物线 $y=3x^2$ 为边界的上方部分，不包括边界(见图 7-7).

(2)因为要使函数有意义，x、y 必须满足

$$\begin{cases}4-x^2-y^2>0\\ x^2+y^2-1>0\end{cases},$$

即

$$1<x^2+y^2<4,$$

所以函数的定义域 $D=\{(x,y)\mid 1<x^2+y^2<4\}$ 是以原点为圆心的环形区域，是有界的开区域(见图 7-8).

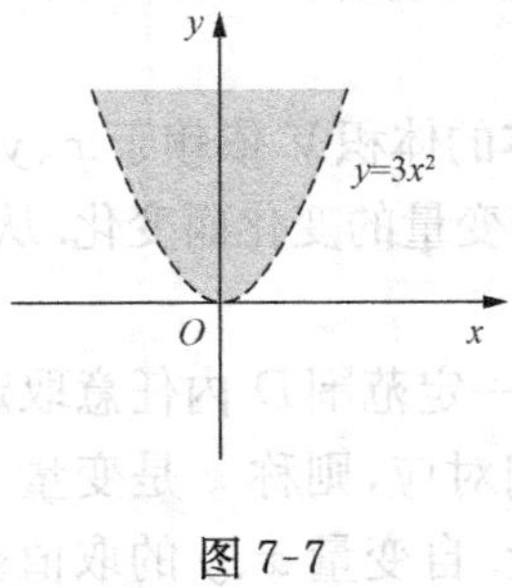

图 7-7

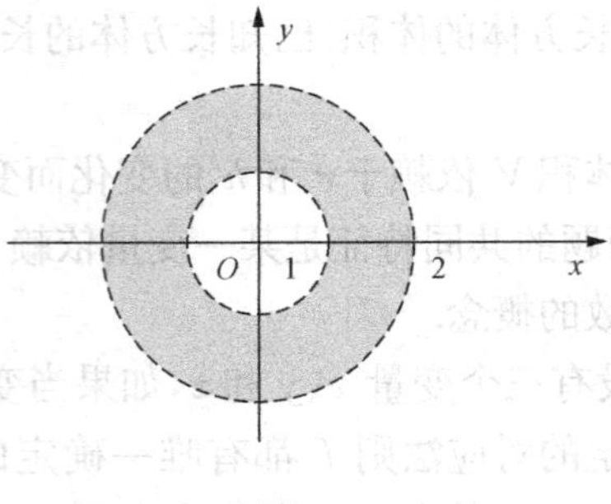

图 7-8

【同步练习】求下列函数的定义域 D,并画出 D 的图形.

$$(1)z=\ln(2x-y);\ (2)z=x+\sqrt{2y};\ (3)z=\arccos(x^2+y^2+1).$$

7.2.2 二元函数的极限

对于二元函数 $z=f(x,y)$,需要考察当自变量 x、y 无限趋向于常数 x_0、y_0 时,对应的函数值的变化趋势,这就是二元函数的极限问题.

显然 x、y 趋向于 x_0、y_0(记为 $x\to x_0,y\to y_0$)可以看成点 $M(x,y)$ 趋向于点 $M_0(x_0,y_0)$,记为 $M\to M_0$ 或 $(x,y)\to(x_0,y_0)$.

定义 2 设函数 $z=f(x,y)$ 在点 $M_0(x_0,y_0)$ 的某去心邻域内有定义,对邻域内任意一点 $M(x,y)$ 按任意路线无限趋向于点 $M_0(x_0,y_0)$ 时,函数 $z=f(x,y)$ 的值趋向于一个确定的常数 A,则称 A 为二元函数 $z=f(x,y)$ 当点 (x,y) 趋向于点 (x_0,y_0) 时的极限,又称二重极限. 记作

$$\lim_{\substack{x\to x_0\\ y\to y_0}} f(x,y)=A,\quad \lim_{(x,y)\to(x_0,y_0)} f(x,y)=A \text{ 或 } \lim_{M\to M_0} f(M)=A.$$

需要注意,在一元函数 $y=f(x)$ 的极限中,点 x 只是沿 x 轴趋向于点 x_0,而在二元函数的极限中,要求点 $M(x,y)$ 按任意方式趋向于点 $M_0(x_0,y_0)$. 如果点 M 只取某些特殊方式,如沿平行于坐标轴的直线或沿某一条曲线趋向于点 M_0,即使这时函数趋向于某一个确定值,也不能断定函数极限就一定存在. 因此,如果点 M 沿不同路径趋向于点 M_0 时,函数趋向于不同的值,则函数的极限一定不存在.

二元函数的极限具有与一元函数极限相类似的性质和四则运算法则.

【例 4】 求 $\lim\limits_{\substack{x\to 1\\ y\to 2}}(3x^2+2y-1)$.

解 $\lim\limits_{\substack{x\to 1\\ y\to 2}}(3x^2+2y-1)=\lim\limits_{\substack{x\to 1\\ y\to 2}}3x^2+\lim\limits_{\substack{x\to 1\\ y\to 2}}2y-\lim\limits_{\substack{x\to 1\\ y\to 2}}1=3\times1^2+2\times2-1=6.$

【例 5】 求 $\lim\limits_{\substack{x\to 0\\ y\to 0}}\dfrac{\sin(x^3+y^2)}{x^3+y^2}$.

解 令 $u=x^3+y^2$,因为当 $x\to0,y\to0$ 时,$u\to0$,所以

$$\lim_{\substack{x\to 0\\ y\to 0}}\frac{\sin(x^3+y^2)}{x^3+y^2}=\lim_{u\to 0}\frac{\sin u}{u}=1.$$

【例 6】 试说明函数 $f(x,y)=\begin{cases}\dfrac{xy}{x^2+y^2}, & x^2+y^2\neq0\\ 0, & x^2+y^2=0\end{cases}$ 在点 $(0,0)$ 处的极限不存在.

分析 要说明极限不存在,只需要找到一条路径极限不存在,或找到两条路径的极限值不

相等即可.

解 当点(x,y)沿直线$y=x$趋向于点$(0,0)$,即$y=x,x\to 0$时,有

$$\lim_{\substack{x\to 0\\ y=x\to 0}} f(x,y)=\lim_{\substack{x\to 0\\ y=x\to 0}}\frac{xy}{x^2+y^2}=\lim_{\substack{x\to 0\\ y=x\to 0}}\frac{x\cdot x}{x^2+x^2}=\frac{1}{2}.$$

当点(x,y)沿直线$y=2x$趋向于点$(0,0)$,即$y=2x,x\to 0$时,有

$$\lim_{\substack{x\to 0\\ y=2x}} f(x,y)=\lim_{\substack{x\to 0\\ y=2x}}\frac{xy}{x^2+y^2}=\lim_{\substack{x\to 0\\ y=2x}}\frac{x\cdot 2x}{x^2+4x^2}=\frac{2}{5}.$$

所以,$f(x,y)=\begin{cases}\dfrac{xy}{x^2+y^2}, & x^2+y^2\neq 0\\ 0, & x^2+y^2=0\end{cases}$在点$(0,0)$处的极限不存在.

【同步练习】求下列二元函数极限:

(1) $\lim\limits_{\substack{x\to 3\\ y\to -4}}(2x^3+y^2)$; (2) $\lim\limits_{\substack{x\to 0\\ y\to 0}}(x^2-3y^2)\sin\dfrac{1}{x^2-3y^2}$.

7.2.3 二元函数的连续性

定义3 设函数$z=f(x,y)$在点$M_0(x_0,y_0)$的一个邻域内有定义,如果当点$M(x,y)$趋向于点$M_0(x_0,y_0)$时,函数$z=f(x,y)$的极限存在且等于它在点$M_0(x_0,y_0)$处的函数值$f(x_0,y_0)$,即

$$\lim_{\substack{x\to x_0\\ y\to y_0}} f(x,y)=f(x_0,y_0),$$

则称函数$z=f(x,y)$在点$M_0(x_0,y_0)$处连续,称(x_0,y_0)为连续点. 否则称函数$z=f(x,y)$在点$M_0(x_0,y_0)$处间断,称(x_0,y_0)为间断点.

由[例6]可知,函数$f(x,y)=\begin{cases}\dfrac{xy}{x^2+y^2}, & x^2+y^2\neq 0\\ 0, & x^2+y^2=0\end{cases}$在点$(0,0)$处的极限不存在,故函数$f(x,y)$在点$(0,0)$处不连续.

如果函数$z=f(x,y)$在区域D内的每一点都连续,则称函数$z=f(x,y)$在区域D内连续,此时称$z=f(x,y)$是区域D内的连续函数. 在区域D内,二元连续函数的图形成了一张无孔隙、无裂缝的曲面.

二元连续函数经过有限次的四则运算后仍是二元连续函数,二元连续函数经过有限次的复合后的函数也仍是二元连续函数. 因此,多元初等函数在其定义域内也是连续的.

有界闭区域上连续的二元函数,有与闭区间上连续的一元函数相似的性质.

定理1 (最大值、最小值定理) 如果函数$f(x,y)$在有界闭区域D上连续,则在D上一定能取到最大值和最小值,即在D上至少存在点(x_1,y_1)和(x_2,y_2),使任意$(x,y)\in D$,都有$f(x_1,y_1)\leqslant f(x,y)\leqslant f(x_2,y_2)$.

定理2 (介值定理) 如果函数$f(x,y)$在有界闭区域D上连续,则在D上必能取得介于它的两个不同函数值之间的任何值至少一次,即在区域D上两点(x_1,y_1)和(x_2,y_2),如果有$f(x_1,y_1)<f(x_2,y_2)$,对任意实数c满足$f(x_1,y_1)<c<f(x_2,y_2)$,则至少存在一点$(\xi,\eta)\in D$,使得$f(\xi,\eta)=c$.

关于二元函数极限与连续的讨论完全可以推广到三元以及三元以上的函数.

习 题 7-2

1. 求下列函数的定义域 D,并画出 D 的图形.

(1) $z=\sqrt{y+3x^2}$;　　(2) $z=\dfrac{\ln(1+x)}{x^2+y^2+2}$;

(3) $z=\arcsin\dfrac{x^2+y^2}{4}+\arccos\dfrac{1}{x^2+y^2}$.

2. 设函数 $f(x,y)=\dfrac{x^2-y^2}{2xy}$,求:

(1) $f(-2,3)$;　　(2) $f(1,\dfrac{y}{x})$.

3. 求下列极限:

(1) $\lim\limits_{\substack{x\to 0\\ y\to 0}}\dfrac{2x^2+3y^2}{\sqrt{1+2x^2+3y^2}-1}$;　　(2) $\lim\limits_{\substack{x\to 0\\ y\to 1}}\dfrac{3x-y+2}{x^2y+2y^3}$.

7.3 多元函数微分及其应用

7.3.1 偏导数

1. 偏导数的概念

在一元函数微分学中,研究了函数的变化率,即导数. 对于多元函数,同样需要研究它的变化率,需要考虑各个方向的变化率,所以要对不同的自变量分别求变化率,这就产生了偏导数.

【例 1】 具有一定质量的理想气体,如果压强为 P,体积为 V,热力学温度为 T,则由理想气态方程可知它们之间的依赖关系为 $PV=RT$(R 是常数),试分析压强 P 随着体积 V 或温度 T 变化的情况.

如果研究等温过程,即温度 T 不变的条件下的变化率,此时将 P 视为 V 的一元函数,压强 P 对体积 V 的变化率为 $P_V'=-\dfrac{RT}{V^2}$;研究保持体积 V 不变的条件下的变化率,此时将 P 视为 T 的一元函数,压强 P 对温度 T 的变化率为 $P_T'=\dfrac{R}{V}$.

以上变化率的特点是,考虑函数对其中某一自变量的变化率,此时把其余自变量都看成了常量进行求导得到,这种形式的变化率称为多元函数的偏导数.

定义 1 设函数 $z=f(x,y)$ 在点 (x_0,y_0) 的某个邻域内有定义,当 x 在 x_0 处有改变量 Δx $(\neq 0)$,而 $y=y_0$ 保持不变时,函数 z 得到一个改变量

$$\Delta_x z=f(x_0+\Delta x,y_0)-f(x_0,y_0),$$

称为函数 z 对 x 的偏增量. 如果当 $\Delta x\to 0$ 时,极限

$$\lim_{\Delta x\to 0}\frac{\Delta_x z}{\Delta x}=\lim_{\Delta x\to 0}\frac{f(x_0+\Delta x,y_0)-f(x_0,y_0)}{\Delta x}$$

存在,则称此极限值为函数 $z=f(x,y)$ 在点 (x_0,y_0) 处对 x 的偏导数,记作

$$\left.\frac{\partial z}{\partial x}\right|_{\substack{x=x_0\\ y=y_0}},\left.\frac{\partial f}{\partial x}\right|_{\substack{x=x_0\\ y=y_0}},z_x'\big|_{\substack{x=x_0\\ y=y_0}}\quad 或\quad f_x'(x_0,y_0).$$

类似地，称 $\Delta_y z=f(x_0,y_0+\Delta y)-f(x_0,y_0)$ 为函数 z 对 y 的偏增量. 如果极限

$$\lim_{\Delta y\to 0}\frac{\Delta_y z}{\Delta y}=\lim_{\Delta y\to 0}\frac{f(x_0,y_0+\Delta y)-f(x_0,y_0)}{\Delta y}$$

存在，则称此极限值为函数 $z=f(x,y)$ 在点 (x_0,y_0) 处对 y 的偏导数，记作

$$\left.\frac{\partial z}{\partial y}\right|_{\substack{x=x_0\\y=y_0}},\left.\frac{\partial f}{\partial y}\right|_{\substack{x=x_0\\y=y_0}},z_y'\big|_{\substack{x=x_0\\y=y_0}}\quad 或\quad f_y'(x_0,y_0).$$

如果函数 $z=f(x,y)$ 在平面区域 D 内每一个点 (x,y) 处对 x 的偏导数都存在，则称函数 $z=f(x,y)$ 在 D 内有对 x 的偏导数，这偏导数仍是 x、y 的函数，此函数称为函数 $z=f(x,y)$ 对自变量 x 的偏导函数，记作 $\frac{\partial z}{\partial x},\frac{\partial f(x,y)}{\partial x},z_x'$ 或 $f_x'(x,y)$. 类似地，可以定义函数 $z=f(x,y)$ 关于自变量 y 的偏导函数，记作 $\frac{\partial z}{\partial y},\frac{\partial f(x,y)}{\partial y},z_y'$ 或 $f_y'(x,y)$. 在不致混淆的情况下，偏导函数也简称为偏导数.

偏导数的概念可以推广到二元以上的函数，不再一一叙述.

由偏导数的定义可知，求多元函数对某一个自变量的偏导数，只需将其余变量看做常数，对该变量用一元函数求导法则即可求得. 并且二元函数 $z=f(x,y)$ 在点 (x_0,y_0) 处对 x 的偏导数 $f_x'(x_0,y_0)$ 就是偏导函数 $f_x'(x,y)$ 在点 (x_0,y_0) 处的函数值；$f_y'(x_0,y_0)$ 就是偏导函数 $f_y'(x,y)$ 在点 (x_0,y_0) 处的函数值.

【例 2】 求函数 $f(x,y)=x^3+3xy+y^2$ 在点 $(0,1)$ 处的偏导数.

解 将 y 看成常数，对 x 求导，利用一元函数的求导公式可得

$$f_x'(x,y)=3x^2+3y.$$

将 x 看成常数，对 y 求导，利用一元函数的求导公式可得

$$f_y'(x,y)=3x+2y.$$

将 $x=0,y=1$ 代入可得

$$f_x'(0,1)=(3x^2+3y)\big|_{\substack{x=0\\y=1}}=3,f_y'(0,1)=(3x+2y)\big|_{\substack{x=0\\y=1}}=2.$$

【例 3】 求函数 $z=x^y(x>0)$ 的偏导数 $\frac{\partial z}{\partial x},\frac{\partial z}{\partial y}$.

解 将 y 看成常数，对 x 求导，利用幂函数的求导公式可得

$$\frac{\partial z}{\partial x}=yx^{y-1}.$$

将 x 看成常数，对 y 求导，利用指数函数的求导公式可得

$$\frac{\partial z}{\partial y}=x^y\ln x.$$

【例 4】 在直流电路中，电流 I、电压 U 和电阻 R 的关系为 $I=\frac{U}{R}$. 求 $\frac{\partial I}{\partial U},\frac{\partial I}{\partial R}$.

解 将 R 看成常数，对 U 求导，得 $\frac{\partial I}{\partial U}=\frac{1}{R}$，将 U 看成常数，对 R 求导，得

$$\frac{\partial I}{\partial R}=U(-\frac{1}{R^2})=-\frac{U}{R^2}.$$

【例 5】 设函数 $u=\ln(4x+y^2+z^3)$，求偏导数 $\frac{\partial u}{\partial x},\frac{\partial u}{\partial y},\frac{\partial u}{\partial z}$.

解 求对 x 的偏导数时，把 y、z 暂时看做常量，有

$$\frac{\partial u}{\partial x}=\frac{4}{4x+y^2+z^3},$$

同理可得
$$\frac{\partial u}{\partial y}=\frac{2y}{4x+y^2+z^3},\frac{\partial u}{\partial z}=\frac{3z^2}{4x+y^2+z^3}.$$

要注意的是，偏导数$\frac{\partial z}{\partial x}$、$\frac{\partial z}{\partial y}$等记号为一个整体记号，不能看成$\partial z$与$\partial x$，$\partial z$与$\partial y$之商，这与一元函数的导数记号$\frac{\mathrm{d}y}{\mathrm{d}x}$有本质的区别，因为$\frac{\mathrm{d}y}{\mathrm{d}x}$可以看成 $\mathrm{d}y$ 与 $\mathrm{d}x$ 之商，即微商.

同时，二元函数 $z=f(x,y)$ 在点 (x_0,y_0) 处的偏导数都存在，却不能保证函数在该点连续.

如函数 $f(x,y)=\begin{cases}\dfrac{xy}{x^2+y^2}, & x^2+y^2\neq 0\\ 0, & x^2+y^2=0\end{cases}$ 的两个偏导数 $f_x{}'(0,0)$ 与 $f_y{}'(0,0)$ 都存在，但是在点 $(0,0)$ 处不连续.

【同步练习】(1)已知函数 $z=5x^3-3y^2$，求 z_x'，z_y'.

(2)求函数 $f(x,y)=3x^2-3xy+2y+4$ 在点 $(4,-5)$ 处的偏导数.

2. 偏导数的几何意义

一元函数 $y=f(x)$ 的导数的几何意义是曲线 $y=f(x)$ 在点 (x_0,y_0) 处切线的斜率，而二元函数 $z=f(x,y)$ 在点 (x_0,y_0) 处的偏导数，实际上就是一元函数 $z=f(x,y_0)$ 在点 $x=x_0$ 处的导数，及 $z=f(x_0,y)$ 在点 $y=y_0$ 处的导数. 因此，二元函数 $z=f(x,y)$ 的偏导数的几何意义也是曲线切线的斜率，如$\left.\frac{\partial z}{\partial x}\right|_{\substack{x=x_0\\y=y_0}}$表示曲面 $z=f(x,y)$ 与平面 $y=y_0$ 相交的曲线在点 $(x_0,y_0,f(x_0,y_0))$ 处的切线关于 x 轴的斜率，即$\left.\frac{\partial z}{\partial x}\right|_{\substack{x=x_0\\y=y_0}}=\tan\alpha$；$\left.\frac{\partial z}{\partial y}\right|_{\substack{x=x_0\\y=y_0}}$表示曲面 $z=f(x,y)$ 与平面 $x=x_0$ 相交的曲线在点 $(x_0,y_0,f(x_0,y_0))$ 处的切线关于 y 轴的斜率，即$\left.\frac{\partial z}{\partial y}\right|_{\substack{x=x_0\\y=y_0}}=\tan\beta$. 具体如图 7-9 所示.

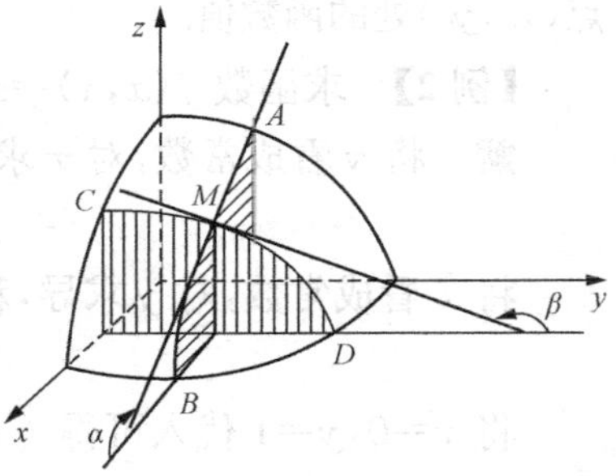

图 7-9

3. 高阶偏导数

一般说来，函数 $z=f(x,y)$ 的两个偏导数$\frac{\partial z}{\partial x}=f_x'(x,y)$，$\frac{\partial z}{\partial y}=f_y'(x,y)$在平面区域 D 内仍然是 x,y 的二元函数. 如果这两个函数关于 x,y 的偏导数也存在，则称它们的偏导数为函数 $z=f(x,y)$ 的二阶偏导数. 依照对变量的不同求导次序，二阶偏导数有四个，即：

$\left(\frac{\partial z}{\partial x}\right)_x'=\frac{\partial}{\partial x}\left(\frac{\partial z}{\partial x}\right)$，记为$\frac{\partial^2 z}{\partial x^2}$，$z''_{xx}$，或 $f''_{xx}(x,y)$；

$\left(\frac{\partial z}{\partial x}\right)_y'=\frac{\partial}{\partial y}\left(\frac{\partial z}{\partial x}\right)$，记为$\frac{\partial^2 z}{\partial x\partial y}$，$z''_{xy}$，或 $f''_{xy}(x,y)$；

$$\left(\frac{\partial z}{\partial y}\right)'_x=\frac{\partial}{\partial x}\left(\frac{\partial z}{\partial y}\right)，记为\frac{\partial^2 z}{\partial y\partial x}，z''_{yx}，或 f''_{yx}(x,y)；$$

$$\left(\frac{\partial z}{\partial y}\right)'_y=\frac{\partial}{\partial y}\left(\frac{\partial z}{\partial y}\right)，记为\frac{\partial^2 z}{\partial y^2}，z''_{yy}，或 f''_{yy}(x,y).$$

其中，$f''_{xy}(x,y)$和 $f''_{yx}(x,y)$称为二阶混合偏导数.

类似地，可以定义三阶、四阶、…、n 阶偏导数. 二阶及二阶以上的偏导数称为高阶偏导数. 而 $f'_x(x,y)$、$f'_y(x,y)$称为函数 $z=f(x,y)$的一阶偏导数.

【例 6】 求函数 $z=3xy^2-x^2\sin y$ 的所有二阶偏导数.

解 因为
$$\frac{\partial z}{\partial x}=3y^2-2x\sin y，\frac{\partial z}{\partial y}=6xy-x^2\cos y，$$

所以
$$\frac{\partial^2 z}{\partial x^2}=-2\sin y，\frac{\partial^2 z}{\partial x\partial y}=6y-2x\cos y，$$
$$\frac{\partial^2 z}{\partial y\partial x}=6y-2x\cos y，\frac{\partial^2 z}{\partial y^2}=6x+x^2\sin y.$$

本例中可以看出$\frac{\partial^2 z}{\partial x\partial y}=\frac{\partial^2 z}{\partial y\partial x}$，这不是偶然的，有下述定理.

定理 1 如果函数 $z=f(x,y)$的两个二阶混合偏导数 $f''_{xy}(x,y)$、$f''_{yx}(x,y)$在区域 D 内连续，则在该区域内这两个混合偏导数相等，即 $f''_{xy}(x,y)=f''_{yx}(x,y)$.

定理说明，当二阶混合偏导数在区域 D 内连续时，求导结果与求导次序无关. 这个定理也适用于三元及三元以上的函数.

【同步练习】(1)求 $z=3x^4-2y^3+x^2y^2$ 的所有二阶偏导数.

(2)求 $z=y^2\ln x-2xy^3$ 的所有二阶偏导数.

7.3.2 全微分

【例 7】 设有一块矩形金属薄片，长为 x_0，宽为 y_0，受温度变化的影响，其长由 x_0变化到 $x_0+\Delta x$，宽由 y_0变化到 $y_0+\Delta y$，问此薄片的面积改变了多少？

设矩形金属薄片的面积为 A，则有 $A=xy$，显然当长由 x_0变化到 $x_0+\Delta x$，宽由 y_0变化到 $y_0+\Delta y$ 时，面积的改变量为

$$\Delta A=(x_0+\Delta x)(y_0+\Delta y)-x_0y_0=y_0\Delta x+x_0\Delta y+\Delta x\Delta y$$

其中 $y_0\Delta x+x_0\Delta y$ 是关于 Δx、Δy 的线性函数，而 $\Delta x\Delta y$ 是比 ρ 较高阶的无穷小量，$\rho=\sqrt{\Delta x^2+\Delta y^2}$，当 Δx、Δy 很小时，$\Delta A\approx y_0\Delta x+x_0\Delta y$，类似于一元函数，称 $y_0\Delta x+x_0\Delta y$ 为二元函数 $A=xy$ 在点(x_0,y_0)处的全微分.

定义 2 设函数 $z=f(x,y)$在点(x_0,y_0)的某个邻域内有定义，当自变量 x、y 在点(x_0,y_0)处分别有改变量 Δx、Δy 时，相应的函数 z 的改变量

$$\Delta z=f(x_0+\Delta x,y_0+\Delta y)-f(x_0,y_0)，$$

称为函数 z 在点(x_0,y_0)的全增量.

定义 3 如果函数 $z=f(x,y)$在点(x_0,y_0)的全增量 Δz 可以表示为

$$\Delta z=A\Delta x+B\Delta y+o(\rho)，$$

其中 A、B 与 Δx、Δy 无关，$\rho=\sqrt{\Delta x^2+\Delta y^2}$，$o(\rho)$表示一个比 ρ 较高阶的无穷小量，则称 $z=f(x,y)$在点(x_0,y_0)处可微. 称 $A\Delta x+B\Delta y$ 为函数 $z=f(x,y)$在点(x_0,y_0)处的全微分. 记

作$\mathrm{d}z\big|_{\substack{x=x_0\\y=y_0}}$或$\mathrm{d}z\big|_{(x_0,y_0)}$，即

$$\mathrm{d}z\big|_{\substack{x=x_0\\y=y_0}}=A\Delta x+B\Delta y.$$

如果函数在区域D内每一点都可微，则称函数$z=f(x,y)$在区域D内可微.

与一元函数类似，二元函数有如下性质：

定理 2 如果函数$z=f(x,y)$在点(x,y)处可微，则函数$z=f(x,y)$在点(x,y)处连续.

定理 3 （可微的必要条件）如果函数$z=f(x,y)$在点(x,y)处可微，则$z=f(x,y)$在点(x,y)处的偏导数$\frac{\partial z}{\partial x}$、$\frac{\partial z}{\partial y}$存在，并且

$$\mathrm{d}z=\frac{\partial z}{\partial x}\mathrm{d}x+\frac{\partial z}{\partial y}\mathrm{d}y.$$

称此式为函数$z=f(x,y)$的全微分公式.

值得指出的是，在一元函数中，可微与可导是等价的，但在多元函数里，这个结论并不成立. 如函数$f(x,y)=\begin{cases}\dfrac{xy}{x^2+y^2}, & x^2+y^2\neq 0\\ 0, & x^2+y^2=0\end{cases}$的两个偏导数$f_x'(0,0)$与$f_y'(0,0)$都存在，但是在点$(0,0)$处不连续，由定理 4 可知，$f(x,y)$在点$(0,0)$处不可微. 因此，两个偏导数存在只是函数可微的必要条件，那么，全微分存在的充分条件是什么呢？

定理 4 （可微的充分条件）如果函数$z=f(x,y)$在点(x,y)的某一邻域内有连续的偏导数$f_x'(x,y)$和$f_y'(x,y)$，则函数$z=f(x,y)$在点(x,y)可微.

由上可知，二元函数在点(x,y)处可微、偏导数存在与连续之间的关系如下：

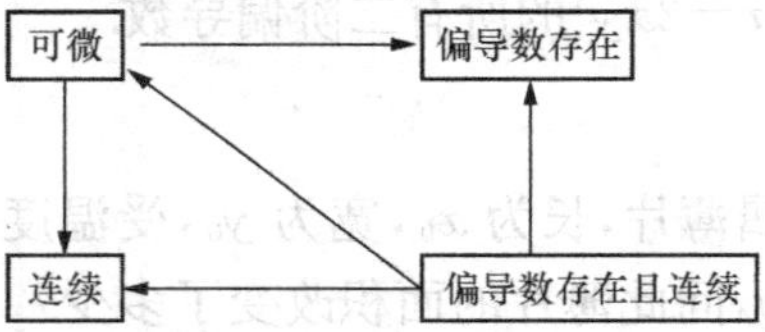

以上二元函数的可微条件与全微分公式可以推广到更一般的情形. 例如，三元函数$u=f(x,y,z)$，如果三个偏导数$\frac{\partial u}{\partial x}$、$\frac{\partial u}{\partial y}$、$\frac{\partial u}{\partial z}$都存在且连续，则$u=f(x,y,z)$可微且全微分公式为

$$\mathrm{d}u=\frac{\partial u}{\partial x}\mathrm{d}x+\frac{\partial u}{\partial y}\mathrm{d}y+\frac{\partial u}{\partial z}\mathrm{d}z.$$

由以上定理可知，求函数的全微分，只需要先求函数的所有偏导数，然后代入全微分公式即可.

【例 8】 求函数$z=x^{3y}(x>0)$的全微分$\mathrm{d}z$.

解 因为$\frac{\partial z}{\partial x}=3yx^{3y-1}$，$\frac{\partial z}{\partial y}=3x^{3y}\ln x$，所以，由全微分公式可得

$$\mathrm{d}z=3yx^{3y-1}\mathrm{d}x+3x^{3y}\ln x\mathrm{d}y.$$

【例 9】 求函数$z=\mathrm{e}^{x^2y}$在点$(1,2)$处的全微分$\mathrm{d}z\big|_{\substack{x=1\\y=2}}$.

解 因为$\frac{\partial z}{\partial x}=2xy\mathrm{e}^{x^2y}$，$\frac{\partial z}{\partial y}=x^2\mathrm{e}^{x^2y}$，所以

$$\left.\frac{\partial z}{\partial x}\right|_{\substack{x=1\\y=2}}=(2xye^{x^2y})\Big|_{\substack{x=1\\y=2}}=4e^2,\left.\frac{\partial z}{\partial y}\right|_{\substack{x=1\\y=2}}=(x^2e^{x^2y})\Big|_{\substack{x=1\\y=2}}=e^2.$$

由全微分公式可得

$$dz\Big|_{\substack{x=1\\y=2}}=\left.\frac{\partial z}{\partial x}\right|_{\substack{x=1\\y=2}}dx+\left.\frac{\partial z}{\partial y}\right|_{\substack{x=1\\y=2}}dy=4e^2dx+e^2dy.$$

【例 10】 求函数 $u=2x^y+\sin y+x^2z^3$ 的全微分 du.

解 因为

$$\frac{\partial u}{\partial x}=2yx^{y-1}+2xz^3,\frac{\partial u}{\partial y}=2x^y\ln x+\cos y,\frac{\partial u}{\partial z}=3x^2z^2.$$

所以,由全微分公式可得

$$du=(2yx^{y-1}+2xz^3)dx+(2x^y\ln x+\cos y)dy+3x^2z^2dz.$$

微分的四则运算法则及微分形式的不变性在多元函数中仍成立,也可以利用微分的运算法则来求全微分.

【同步练习】(1) 设 $z=3x^2+x\sin y-y^3$,求全微分 dz;

(2)设 $z=2x^3-y^3+3xy^2$,求在点(1,1)处的全微分.

【例 11】 假设某工厂要制造圆柱形的半径为3cm、高为22cm的存储罐,当半径 r 和高 h 分别有微小的变化 dr 和 dh 时,该存储罐的体积 V 近似的变化值 dV 是多少?

解 圆柱形罐的体积

$$V=\pi r^2h,$$

所以 $V_r'\Big|_{\substack{r=3\\h=22}}=(2\pi rh)\Big|_{\substack{r=3\\h=22}}=132\pi,V_h'\Big|_{\substack{r=3\\h=22}}=(\pi r^2)\Big|_{\substack{r=3\\h=22}}=9\pi,$

由此,半径 r 和高 h 的微小变化 dr 和 dh 引起的罐的体积 V 近似的变化值是

$$dV=V_r'\Big|_{\substack{r=3\\h=22}}dr+V_h'\Big|_{\substack{r=3\\h=22}}dh=132\pi dr+9\pi dh.$$

此结果告诉我们,半径 r 变化1个单位,V 将变化大约 132π 个单位;高 h 变化1个单位,V 将变化大约 9π 个单位. 罐的体积 V 对 r 的微小变化的敏感度大约是对 h 的同样大小的变化的敏感度的15倍,半径的误差将对该罐的体积的准确度有较大影响.

7.3.3 多元复合函数的求导法则

前面我们学过一元复合函数的求导法则,如果函数 $y=f(u)$ 对 u 可导,$u=\varphi(x)$ 对 x 可导,则有

$$\frac{dy}{dx}=\frac{dy}{du}\frac{du}{dx}=f'(u)\varphi'(x).$$

而多元复合函数的情形多种多样,因此求导问题也相对比较复杂,这里对多元复合函数的求导问题作简单讨论.

定理5 (多元复合函数的全导数) 如果一元函数 $u=\varphi(t)$、$v=\psi(t)$ 在点 t 处可导,二元函数 $z=f(u,v)$ 在对应的点 (u,v) 处有一阶连续偏导数 $\frac{\partial z}{\partial u}$、$\frac{\partial z}{\partial v}$,则复合函数 $z=f[\varphi(t),\psi(t)]$ 在点 t 处可导,这时函数 z 对 t 的导数称为全导数,记为 $\frac{dz}{dt}$,且全导数为

$$\frac{dz}{dt}=\frac{\partial z}{\partial u}\frac{du}{dt}+\frac{\partial z}{\partial v}\frac{dv}{dt}. \tag{7-4}$$

由定理可知,复合函数的中间变量都为一元函数,复合后得到的是一元函数,它的导数称

为全导数，函数的复合关系可以用线路图（见图 7-10）来表示，式（7-4）也常用该线路图来记忆.

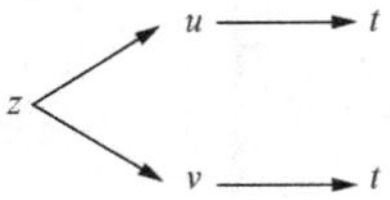

图 7-10

图 7-10 表示：为求$\frac{dz}{dt}$，从函数 z 开始沿每条路径往下读到自变量 t，把一条路径上的导数相乘，然后把乘积相加. 因此，通常把多元复合函数的求导法则称为链式求导法则. 一般地，函数到达自变量有几条路径，就有几项相加，而一条路径中有几个环节，这项就有几个导数（或偏导数）相乘.

上述定理中的中间变量为一元函数，推广到中间变量为多元函数的情形，即有如下定理.

定理 6 （多元复合函数的偏导数）如果函数 $u=\varphi(x,y)$、$v=\psi(x,y)$ 在点 (x,y) 处的偏导数$\frac{\partial u}{\partial x}$、$\frac{\partial u}{\partial y}$及$\frac{\partial v}{\partial x}$、$\frac{\partial v}{\partial y}$都存在，函数 $z=f(u,v)$ 在对应点 (u,v) 处有连续的偏导数$\frac{\partial z}{\partial u}$、$\frac{\partial z}{\partial v}$，则复合函数 $z=f[\varphi(x,y),\psi(x,y)]$ 在点 (x,y) 处的两个偏导数存在，且

$$\frac{\partial z}{\partial x}=\frac{\partial z}{\partial u}\frac{\partial u}{\partial x}+\frac{\partial z}{\partial v}\frac{\partial v}{\partial x},\quad \frac{\partial z}{\partial y}=\frac{\partial z}{\partial u}\frac{\partial u}{\partial y}+\frac{\partial z}{\partial v}\frac{\partial v}{\partial y}. \tag{7-5}$$

式（7-5）常用函数复合关系的线路图（见图 7-11）来记忆.

对于自变量或中间变量多于两个的情形，也有相应的链式求导法则.

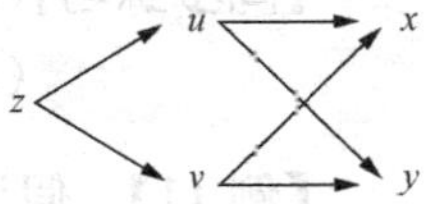

图 7-11

【例 12】 设 $z=u^3\sin v,u=\cos t,v=\ln t$，求$\frac{dz}{dt}$.

解 因为 $\frac{\partial z}{\partial u}=3u^2\sin v,\frac{\partial z}{\partial v}=u^3\cos v;\frac{du}{dt}=-\sin t,\frac{dv}{dt}=\frac{1}{t}$.

由式（7-4）可得

$$\begin{aligned}\frac{dz}{dt}&=\frac{\partial z}{\partial u}\frac{du}{dt}+\frac{\partial z}{\partial v}\frac{dv}{dt}\\&=3u^2\sin v(-\sin t)+u^3\cos v\cdot\frac{1}{t}\\&=3\cos^2 t\sin(\ln t)(-\sin t)+\cos^3 t\cos(\ln t)\cdot\frac{1}{t}\\&=-3\cos^2 t\sin t\sin(\ln t)+\frac{1}{t}\cos^3 t\cos(\ln t)\\&=\cos^2 t\left[-3\sin t\sin(\ln t)+\frac{1}{t}\cos t\cos(\ln t)\right]\end{aligned}$$

该题还可以转化为关于自变量 t 的一元函数直接求导.

【例 13】 设 $z=e^u\sin v,u=x^2y,v=3x+2y$，求$\frac{\partial z}{\partial x}$，$\frac{\partial z}{\partial y}$.

解 因为

$$\frac{\partial z}{\partial u}=e^u\sin v,\frac{\partial z}{\partial v}=e^u\cos v;$$

$$\frac{\partial u}{\partial x}=2xy,\frac{\partial u}{\partial y}=x^2,\frac{\partial v}{\partial x}=3,\frac{\partial v}{\partial y}=2.$$

由式（7-5）可得

$$\begin{aligned}\frac{\partial z}{\partial x}&=e^u\sin v\cdot 2xy+e^u\cos v\cdot 3\\&=e^u(2xy\sin v+3\cos v)\end{aligned}$$

$$=e^{x^2y}[2xy\sin(3x+2y)+3\cos(3x+2y)].$$

$$\frac{\partial z}{\partial y}=e^u\sin v\cdot x^2+e^u\cos v\cdot 2$$

$$=e^u(x^2\sin v+2\cos v)$$

$$=e^{x^2y}[x^2\sin(3x+2y)+2\cos(3x+2y)].$$

求多元复合函数的偏导数时要注意以下几点：

(1)要搞清楚函数的复合关系(线路图)；

(2)对某个自变量求偏导数，要经过一切有关的中间变量对该自变量求导；

(3)对函数的变量个数要清楚，严格区别导数$\frac{dz}{dx}$与偏导数$\frac{\partial z}{\partial x}$的记号，不能混淆.

【例 14】 若椭圆$\frac{x^2}{a^2}+\frac{y^2}{b^2}=1$的长、短半轴$a$、$b$都随时间$t$增长．假设它们的增长速度分别为5cm/min和3cm/min，问当$a=20$cm，$b=16$cm时，椭圆面积$S=\pi ab$随时间t的增长速度是多少？

解 由题意可得

$$\frac{da}{dt}=5,\frac{db}{dt}=3.$$

有

$$\frac{dS}{dt}=\frac{\partial S}{\partial a}\frac{da}{dt}+\frac{\partial S}{\partial b}\frac{db}{dt}=\pi b\cdot 5+\pi a\cdot 3=5\pi b+3\pi a.$$

所以

$$\left.\frac{dS}{dt}\right|_{\substack{a=20\\b=16}}=(5\pi b+3\pi a)\big|_{\substack{a=20\\b=16}}=80\pi+60\pi=140\pi(\text{cm}^2/\text{min}).$$

也就是说，当$a=20$cm，$b=16$cm时，椭圆面积$S=\pi ab$的增长速度是$140\pi\text{cm}^2/\text{min}$.

【同步练习】(1)设$z=e^{2u+3v}$，$u=\sin t$，$v=t^3$，求$\frac{dz}{dt}$；

(2)设$z=e^u\cos v$，$u=xy^3$，$v=x-3y$，求$\frac{\partial z}{\partial x}$，$\frac{\partial z}{\partial y}$.

7.3.4 隐函数的求导法则

在一元隐函数中，曾学习过直接从方程入手，利用复合函数的求导法则求隐函数的导数的方法，但没有给出一般的求导公式.现在根据多元复合函数的链式求导法则可以得出隐函数的求导公式，给出了求隐函数导数的一种简便方法.

定理 7 （一元隐函数的求导公式）如果函数$F(x,y)$可微，方程$F(x,y)=0$确定了一元函数$y=y(x)$，则当$F'_y(x,y)\neq 0$时，有

$$\frac{dy}{dx}=-\frac{F'_x(x,y)}{F'_y(x,y)}.\tag{7-6}$$

称式(7-6)为一元隐函数的求导公式.

定理 8 （二元隐函数的求导公式）如果函数$F(x,y,z)$可微，方程$F(x,y,z)=0$确定了二元函数$z=f(x,y)$，则当$F'_z(x,y,z)\neq 0$时，有

$$\frac{\partial z}{\partial x}=-\frac{F'_x}{F'_z},\ \frac{\partial z}{\partial y}=-\frac{F'_y}{F'_z}.\tag{7-7}$$

称式(7-7)为二元隐函数的求导公式.

【例 15】 已知方程 $y^2+x^2e^y-2x=0$ 确定了函数 $y=y(x)$，求 $\frac{dy}{dx}$.

解 设 $F(x,y)=y^2+x^2e^y-2x$，则

$$F'_x=2xe^y-2,F'_y=2y+x^2e^y.$$

所以
$$\frac{dy}{dx}=-\frac{2xe^y-2}{2y+x^2e^y}=\frac{2-2xe^y}{2y+x^2e^y}.$$

【例 16】 已知方程 $z^3+3x^2y^2z=6$ 确定了函数 $z=z(x,y)$，求 $\frac{\partial z}{\partial x},\frac{\partial z}{\partial y}$.

解 设 $F(x,y,z)=z^3+3x^2y^2z-6$，则

$$F'_x=6xy^2z,F'_y=6x^2yz,F'_z=3z^2+3x^2y^2.$$

所以
$$\frac{\partial z}{\partial x}=-\frac{6xy^2z}{3z^2+3x^2y^2}=-\frac{2xy^2z}{z^2+x^2y^2},$$
$$\frac{\partial z}{\partial y}=-\frac{6x^2yz}{3z^2+3x^2y^2}=-\frac{2x^2yz}{z^2+x^2y^2}.$$

【例 17】 设方程 $2\sin(3x-2y+z)=3x-2y+z$ 确定了二元隐函数 $z=z(x,y)$，试证 $\frac{\partial z}{\partial x}+\frac{\partial z}{\partial y}=-1$.

证 设 $F(x,y,z)=2\sin(3x-2y+z)-(3x-2y+z)$，则

$$F'_x=6\cos(3x-2y+z)-3,$$
$$F'_y=-4\cos(3x-2y+z)+2,$$
$$F'_z=2\cos(3x-2y+z)-1.$$

所以
$$\frac{\partial z}{\partial x}=-\frac{6\cos(3x-2y+z)-3}{2\cos(3x-2y+z)-1}=-3,$$
$$\frac{\partial z}{\partial y}=-\frac{-4\cos(3x-2y+z)+2}{2\cos(3x-2y+z)-1}=2.$$

由此可得
$$\frac{\partial z}{\partial x}+\frac{\partial z}{\partial y}=-3+2=-1.$$

【同步练习】(1)求由方程 $x^2+y^2+3z^2=4z$ 所确定的函数 $z=z(x,y)$ 的偏导数 $\frac{\partial z}{\partial x},\frac{\partial z}{\partial y}$.

(2)求由方程 $x^2y^2+x^4-y^4=10$ 所确定的隐函数 $y=y(x)$ 的导数 $\frac{dy}{dx}$.

7.3.5 多元函数的极值

1. 二元函数的极值

引例 某货运公司只接收长方体形状的箱子，其长为 x 米，宽为 y 米，高为 z 米，并要求其长宽高三者之和不超过 6 米，问可以接收的箱子的最大体积是多少？

分析 因为要使满足条件 $x+y+z=6$ 的箱子的体积 $V=xyz$ 最大(可以接收的最大的箱子)，可以把箱子的体积写成两个变量的函数：

$$V(y,z)=(6-y-z)yz=6yz-y^2z-yz^2\ (y>0,z>0).$$

这样，本问题就转化成了二元函数的最值问题. 类似一元函数，讨论二元函数极值与最值的问题.

定义 4　设二元函数 $z=f(x,y)$ 在点 (x_0,y_0) 的某邻域内有定义，对于该邻域内异于 (x_0,y_0) 的点 (x,y)，都有不等式 $f(x,y)<f(x_0,y_0)$，则称 $f(x_0,y_0)$ 为函数 $z=f(x,y)$ 的极大值，点 (x_0,y_0) 称为极大值点；如果都有不等式 $f(x,y)>f(x_0,y_0)$，则称 $f(x_0,y_0)$ 为函数 $z=f(x,y)$ 的极小值，点 (x_0,y_0) 称为极小值点.

函数的极大值与极小值统称为极值；使函数取得极值的点称为极值点.

由极值定义易知，函数 $z=\sqrt{9-2x^2-2y^2}$ 在 $(0,0)$ 处有极大值，函数 $z=4x^2+y^2$ 在 $(0,0)$ 处有极小值，函数 $z=x^2y$ 在 $(0,0)$ 处无极值.

由二元函数极值的定义可知，如果函数 $z=f(x,y)$ 在点 (x_0,y_0) 有极值，则只随 x 变化的一元函数 $f(x,y_0)$ 就在点 x_0 有极值，于是由一元函数在极值点的必要条件，有 $f'_x(x_0,y_0)=0$；同理可知 $f'_y(x_0,y_0)=0$.

定理 9　（极值存在的必要条件）设函数 $z=f(x,y)$ 在点 (x_0,y_0) 处一阶偏导数存在，且在点 (x_0,y_0) 处有极值，则它在该点的偏导数必然为零，即 $f'_x(x_0,y_0)=0,f'_y(x_0,y_0)=0$.

这个定理可以推广到三元及三元以上函数.

与一元函数类似，凡能使函数的一阶偏导数同时为零的点，称为函数的驻点. 由定理 11 可知，极值点可能在驻点取得，但驻点不一定是极值点. 偏导数不存在的点也可能是极值点.

例如：点 $(0,0)$ 是函数 $z=xy$ 的驻点，函数在点 $(0,0)$ 处的值为 0，但在原点的任一邻域内既取得正值又取得负值，故点 $(0,0)$ 不是函数的极值点. 函数 $z=\sqrt{x^2+y^2}$ 在 $(0,0)$ 处取得极小值，但函数在 $(0,0)$ 处偏导数不存在.

如何判断函数的驻点是否为极值点？下面的定理回答了这个问题.

定理 10　（极值存在的充分条件）如果函数 $z=f(x,y)$ 在点 (x_0,y_0) 的某邻域内连续，且有连续的二阶偏导数，又点 (x_0,y_0) 是函数的驻点（即 $f'_x(x_0,y_0)=0,f'_y(x_0,y_0)=0$），设 $f''_{xx}(x_0,y_0)=A,f''_{xy}(x_0,y_0)=B,f''_{yy}(x_0,y_0)=C,\Delta=B^2-AC$，则

(1)当 $\Delta<0$ 时，函数 $z=f(x,y)$ 在点 (x_0,y_0) 处有极值，且当 $A<0$ 时，$f(x_0,y_0)$ 是极大值；当 $A>0$ 时，$f(x_0,y_0)$ 是极小值.

(2)当 $\Delta>0$ 时，$f(x_0,y_0)$ 不是极值.

(3)当 $\Delta=0$ 时，不能确定 $f(x_0,y_0)$ 是否为极值，$f(x_0,y_0)$ 可能是极值，也可能不是极值，还需另作讨论.

【例 18】　求函数 $f(x,y)=x^3+y^3-3xy$ 的极值.

解　因为 $f'_x(x,y)=3x^2-3y,f'_y(x,y)=3y^2-3x$，

令 $\begin{cases}3x^2-3y=0\\3y^2-3x=0\end{cases}$，得驻点 $(0,0)$ 和 $(1,1)$. 又

$$f''_{xx}(x,y)=6x,f''_{xy}(x,y)=-3,f''_{yy}(x,y)=6y.$$

在 $(0,0)$ 处，$A=f''_{xx}(0,0)=0,B=f''_{xy}(0,0)=-3,C=f''_{yy}(0,0)=0,\Delta=B^2-AC=9>0$. 因此，驻点 $(0,0)$ 不是极值点.

在 $(1,1)$ 处，$A=f''_{xx}(1,1)=6>0,B=f''_{xy}(1,1)=-3,C=f''_{yy}(1,1)=6,\Delta=B^2-AC=-27<0$. 因此，驻点 $(1,1)$ 是极小值点，极小值为

$$f(1,1)=1^3+1^3-3\times1\times1=-1.$$

【同步练习】求函数 $f(x,y)=x^3-y^3+3x^2+3y^2-9x$ 的极值.

2. 二元函数的最值

与一元函数闭区间上连续的性质类似，如果二元函数 $z=f(x,y)$ 在有界闭区域 D 上连续，则函数 $z=f(x,y)$ 在该区域 D 上必然取得最大值和最小值，如何求得最大值和最小值呢？

与一元函数相类似，可以利用函数的极值来求函数的最大值和最小值. 但对于一般的二元函数 $z=f(x,y)$，在区域 D 上求最大值和最小值还是相当复杂的. 但在实际问题中，如果问题本身能够判断函数的最大值（或最小值）确实存在，且在定义域内有唯一的驻点，那么可以断定在该驻点处函数取得最大值（或最小值）.

【例 19】 要制造一个体积为 2m^3 的无盖长方体水槽，问如何选取它的尺寸，才能使所用的材料最省？

解 设水槽的长为 x、宽为 y，高为 z，

由题意 $V=xyz=2$，则有 $z=\dfrac{2}{xy}$.

此水槽所用材料的面积为

$$A=xy+2(yz+xz)=xy+2\left(y\frac{2}{xy}+x\frac{2}{xy}\right)=xy+4\left(\frac{1}{x}+\frac{1}{y}\right),(x>0,y>0),$$

求偏导数得 $$A'_x=y-\frac{4}{x^2},A'_y=x-\frac{4}{y^2}.$$

令

$$\begin{cases}A'_x=y-\dfrac{4}{x^2}=0\\ A'_y=x-\dfrac{4}{y^2}=0\end{cases}.$$

解得唯一驻点 $(\sqrt[3]{4},\sqrt[3]{4})$. 而由该问题的实际意义可知，面积最小值在定义域内应存在. 因此，可断定此唯一驻点就是最小值点，即当长、宽均为 $\sqrt[3]{4}\text{m}$，高为 $\dfrac{2}{\sqrt[3]{4}\cdot\sqrt[3]{4}}=\dfrac{1}{\sqrt[3]{2}}\text{m}$ 时，水槽所用材料最省.

3. 多元函数的条件极值

在许多实际问题中，求多元函数的极值时，其自变量除了限制在定义域内以外，还受到其他一些附加条件的限制. 如[例 19]中，求函数 $A=xy+2(yz+xz)$ 的最小值，自变量 x、y、z 要受条件 $xyz=2$ 的约束.

这种对自变量有附加条件的极值问题称为条件极值问题，称此条件为约束条件或约束方程. 而对自变量仅仅限制在定义域内，此外没有其他约束条件的极值问题，称为无条件极值问题，简称极值.

当约束条件比较简单时，条件极值问题可化为无条件极值问题来处理. 如[例 19]，就是从约束条件 $xyz=2$ 中解出 $z=\dfrac{2}{xy}$，代入函数 $A(x,y,z)$ 中，则此条件极值问题就化为二元函数的无条件极值问题. 但在许多情形中，上述这种形式的转化会遇到困难，由约束条件解出某个变量用其余变量来表示的解析表达式常常不容易，或者不可能做到. 因此介绍一种求解条件极

值问题的常用方法——拉格朗日乘数法.

设二元函数 $z=f(x,y)$ 和 $\varphi(x,y)=0$ 在所考虑的区域内有连续的一阶偏导数，且 $\varphi_x'(x,y)$、$\varphi_y'(x,y)$ 不同时为零，利用拉格朗日乘数法找函数 $z=f(x,y)$ 在约束条件 $\varphi(x,y)=0$ 下的可能极值点的一般步骤如下：

第一步，构造拉格朗日函数 $F(x,y,\lambda)=f(x,y)+\lambda\varphi(x,y)$，其中 λ 为待定常数，称 λ 为拉格朗日乘数. 把条件极值问题化为三元函数 $F(x,y,\lambda)$ 的无条件极值问题.

第二步，求 $F(x,y,\lambda)$ 分别对 x、y 和 λ 的一阶偏导数，并由极值存在的必要条件，构成一个联立方程组

$$\begin{cases}F_x'=f_x'(x,y)+\lambda\varphi_x'(x,y)=0\\F_y'=f_y'(x,y)+\lambda\varphi_y'(x,y)=0.\\F_\lambda'=\varphi(x,y)=0\end{cases}$$

消去 λ，解出 x、y，得点 (x_0,y_0)，则函数 $z=f(x,y)$ 的极值可能在点 (x_0,y_0) 处取得.

第三步，判别点 (x_0,y_0) 是否是极值点，但一般可以由问题的实际意义来进行判别.

拉格朗日乘数法可推广到自变量多于两个或附加条件多于一个的情况.

【例 20】 小新有 160 元钱，他决定用来购买袜子与毛巾，设他购买 x 双袜子，y 条毛巾达到最佳效果，效果函数为 $U(x,y)=\ln x+\ln y$. 设每双袜子 8 元，每条毛巾 10 元，问他如何分配这 160 元以达到最佳效果？

解 因为效果函数为 $U(x,y)=\ln x+\ln y$，由题意可得约束条件 $8x+10y=160$. 问题转化成了求 $U(x,y)=\ln x+\ln y$ 在条件 $8x+10y=160$ 下的极值点. 构造拉格朗日函数

$$F(x,y,\lambda)=\ln x+\ln y+\lambda(8x+10y-160),$$

可得联立方程组

$$\begin{cases}F_x'=\dfrac{1}{x}+8\lambda=0\\F_y'=\dfrac{1}{y}+10\lambda=0\\F_\lambda'=8x+10y-160=0\end{cases}$$

消去 λ，解得 $x=10$，$y=8$. 根据问题的实际意义，在点 $(10,8)$ 处 $U(x,y)$ 有唯一的极大值，即最大值. 所以用这 160 元，当购买 10 双袜子、8 条毛巾时达到最佳效果.

习 题 7-3

1. 求下列函数的偏导数：

(1) $z=2x^2-y^5+3$；　　(2) $z=e^y+y\sin 2x$；

(3) $z=x\ln(xy)$；　　(4) $z=\ln(x^2+2y^3)$；

(5) $z=\sin(x^2y^5+4)$；　　(6) $z=y+x\sin(3y)$；

(7) $z=x^3e^y+y^2$；　　(8) $z=(1-xy)^3$；

(9) $z=\sqrt{x^2+y^2}$；　　(10) $z=\sin\dfrac{y}{x}$.

2. 已知函数 $f(x,y)=y^2+\sin(xy)$，求在点 $(0,2)$ 处的偏导数.

3. 求函数 $f(x,y)=e^{2x+y}$ 的所有二阶偏导数.

4. 求函数 $z=y\sin xy+x^2$ 的所有二阶偏导数.

5. 求下列函数的全微分：

(1) $z=e^y\cos 3x$； (2) $z=x^2-xy^2+y^5$；

(3) $z=\ln(2x^2+3y^2)$； (4) $z=e^{3x+y}$.

6. 设 $z=x^2y+e^{x+y}$，其中 $x=\sin t, y=\tan t$，求 $\frac{dz}{dt}$.

7. 设 $z=u^2v-uv^2$，其中 $u=x\cos y, v=x\sin y$，求 $\frac{\partial z}{\partial x}$，$\frac{\partial z}{\partial y}$.

8. 设 $z=u^2\ln v$，其中 $u=\frac{x}{y}, v=3x-2y$，求 $\frac{\partial z}{\partial x}$，$\frac{\partial z}{\partial y}$.

9. 已知方程 $y^2-x^3+2\sin x=0$ 确定的隐函数 $y=y(x)$，求 $\frac{dy}{dx}$.

10. 求下列各方程所确定的隐函数 $z=f(x,y)$ 的偏导数 $\frac{\partial z}{\partial x}$，$\frac{\partial z}{\partial y}$.

(1) $e^x-z+xy^3z=0$； (2) $z^2-2xyz=9$；

(3) $x^3y^2-3z+z^2=5$.

11. 已知 R_1 和 R_2 的电阻并联成 R 的电阻，R 的值可以从下式求得

$$\frac{1}{R}=\frac{1}{R_1}+\frac{1}{R_2}.$$

求：当 $R_1=30, R_2=45$ 时，$\frac{\partial R}{\partial R_1}$ 和 $\frac{\partial R}{\partial R_2}$ 的值.

12. 求下列函数的极值：

(1) $z=y^3-x^2-6x-12y$； (2) $z=e^{2x}(x+y^2+2y)$.

13. 求函数 $f(x,y)=x^2+y^2+1$ 在条件 $x+y-3=0$ 下的极值.

7.4 二重积分及其应用

定积分是一元函数在闭区间上一种特定形式的无限和式的极限，类似地我们可以得到二元函数和三元函数在相应的范围上的重积分的概念，重积分是定积分的推广，它们的基本思想是一致的. 下面介绍重积分的概念、计算方法和简单应用.

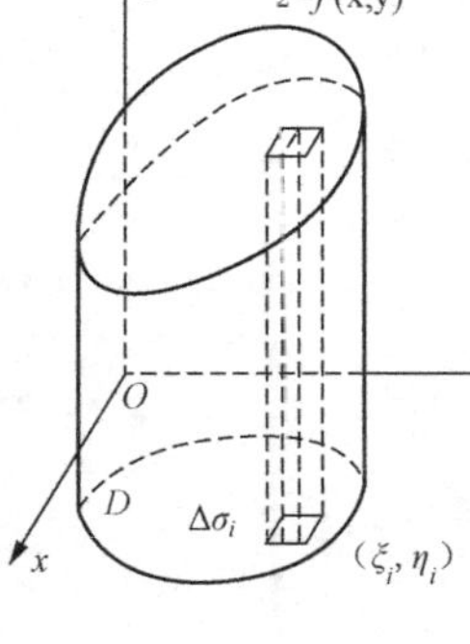

图 7-12

7.4.1 二重积分的概念与性质

1. 二重积分的概念

【例 1】 求曲顶柱体的体积

设有一立体，它的底是 xy 面上的有界闭区域 D，侧面是以区域 D 的边界曲线为准线、平行于 z 轴的直线为母线的柱面，顶是由二元非负连续函数 $z=f(x,y)$ $((x,y)\in D)$ 所表示的曲面，如图 7-12 所示，这种立体图形叫做曲顶柱体. 试求该曲顶柱体的体积 V.

平顶柱体的体积＝底面积×高(高为常量)，

而曲顶柱体的高 $f(x,y)$ 是随着点 $(x,y)\in D$ 的不同而不断变化的量，其体积不能直接用上面的公式计算，解决这个问题的困难在于顶是曲面，与求曲边梯形的面积问题十分类似. 因此，可以仿照求曲边梯形面积的思路来计算

曲顶柱体的体积，具体作法如下：

(1)分割. 将区域 D 任意分成 n 个小区域，称为子域：$\Delta\sigma_1, \Delta\sigma_2, \cdots, \Delta\sigma_n$. 同时用 $\Delta\sigma_i(i=1,2,\cdots,n)$ 表示第 i 个子域的面积；然后分别对每个子域作以它的边界曲线为准线、母线平行于 z 轴的柱面，这些柱面就把原来的曲顶柱体分成 n 个小曲顶柱体.

(2)取近似. 对于每个小曲顶柱体，在底面 $\Delta\sigma_i$ 上任取一点 $(\xi_i, \eta_i)(i=1,2,\cdots,n)$，用高为 $f(\xi_i, \eta_i)$、底为 $\Delta\sigma_i$ 的平顶柱体的体积 $f(\xi_i, \eta_i)\Delta\sigma_i$ 近似替代第 i 个小曲顶柱体的体积，即：

$$\Delta V_i \approx f(\xi_i, \eta_i)\Delta\sigma_i (i=1,2,\cdots,n).$$

(3)求和. 把这 n 个小平顶柱体的体积相加，得到原曲顶柱体的体积的近似值，即

$$V = \sum_{i=1}^{n} \Delta V_i \approx \sum_{i=1}^{n} f(\xi_i, \eta_i)\Delta\sigma_i.$$

(4)取极限. 当区域 D 无限细分，且每个小区域 $\Delta\sigma_i$ 收缩于一点时，近似值 $\sum_{i=1}^{n} f(\xi_i, \eta_i)\Delta\sigma_i$ 就趋向于原曲顶柱体体积的精确值 V. 记小区域 $\Delta\sigma_i(i=1,2,\cdots,n)$ 的直径的最大值为 $\lambda = \max_i\{d_i\}$，其中 d_i 为 $\Delta\sigma_i$ 的直径（有界闭区域上任意两点间距离的最大值称为该区域的直径），即有

$$V = \lim_{\lambda \to 0} \sum_{i=1}^{n} f(\xi_i, \eta_i)\Delta\sigma_i.$$

对于上述和式的极限问题，抽去它的具体意义，就有如下的二重积分定义.

定义1　设二元函数 $z=f(x,y)$ 在有界闭区域 D 上有定义. 将区域 D 任意分成 n 个小区域：$\Delta\sigma_1, \Delta\sigma_2, \cdots, \Delta\sigma_n$，其中 $\Delta\sigma_i$ 也表示第 i 个子域的面积. 在小区域 $\Delta\sigma_i$ 上任取一点 (ξ_i, η_i)，作乘积 $f(\xi_i, \eta_i)\Delta\sigma_i$，并作和式 $\sum_{i=1}^{n} f(\xi_i, \eta_i)\Delta\sigma_i$. 如果当各个小区域的直径的最大值 $\lambda \to 0$ 时，不论点 (ξ_i, η_i) 的取法与区域 D 的分割方式，和式的极限 $\lim_{\lambda \to 0} \sum_{i=1}^{n} f(\xi_i, \eta_i)\Delta\sigma_i$ 总存在，则称函数 $f(x,y)$ 在区域 D 上可积. 称此极限值为函数 $f(x,y)$ 在区域 D 上的二重积分，记为 $\iint_D f(x,y)\mathrm{d}\sigma$. 即

$$\iint_D f(x,y)\mathrm{d}\sigma = \lim_{\lambda \to 0} \sum_{i=1}^{n} f(\xi_i, \eta_i)\Delta\sigma_i.$$

其中函数 $f(x,y)$ 称为被积函数，x 和 y 称为积分变量，区域 D 称为积分区域，$\mathrm{d}\sigma$ 称为面积元素，$f(x,y)\mathrm{d}\sigma$ 称为被积表达式，$\iint$ 称为二重积分号.

二重积分 $\iint_D f(x,y)\mathrm{d}\sigma$ 是一个数值，其值的大小只与被积函数 $f(x,y)$ 和积分区域 D 有关，与积分变量记号无关，即 $\iint_D f(x,y)\mathrm{d}\sigma = \iint_D f(u,v)\mathrm{d}\sigma$.

根据二重积分的定义可知，[例1]所讨论的曲顶柱体的体积可表示为 $V=\iint_D f(x,y)\mathrm{d}\sigma$.

若函数 $f(x,y)$ 在有界闭区域 D 上连续，则 $f(x,y)$ 在区域 D 上可积.

当 $f(x,y) \geqslant 0, (x,y) \in D$ 时，二重积分 $\iint_D f(x,y)\mathrm{d}\sigma$ 在几何上表示以曲面 $z=f(x,y)$ 为顶，以 xy 面上的区域 D 为底，侧面是母线平行于 z 轴的柱面的曲顶柱体的体积. 当 $f(x,y) \leqslant 0$

时，二重积分$\iint\limits_D f(x,y)\mathrm{d}\sigma$表示曲顶柱体的体积的相反数. 当$f(x,y)$在区域$D$上有正有负时，二重积分$\iint\limits_D f(x,y)\mathrm{d}\sigma$的值就等于各个部分区域上的柱体体积的代数和.

2. 二重积分的性质

二重积分有着与定积分相似的一些性质，假定以下所遇到的二元函数都可积.

性质1 被积函数中的常数因子可以提到二重积分号的外面，即

$$\iint\limits_D kf(x,y)\mathrm{d}\sigma=k\iint\limits_D f(x,y)\mathrm{d}\sigma(k\text{ 为常数}).$$

性质2 函数的和（或差）的二重积分等于各个函数的二重积分的和（或差），即

$$\iint\limits_D [f(x,y)\pm g(x,y)]\mathrm{d}\sigma=\iint\limits_D f(x,y)\mathrm{d}\sigma\pm\iint\limits_D g(x,y)\mathrm{d}\sigma.$$

该性质对有限个函数的代数和也成立.

性质3 （对积分区域的可加性）如果积分区域D被有限条曲线分成有限个子区域，则在D上的二重积分等于各子区域上的二重积分之和.

如区域D被分割为D_1与D_2两部分，即$D=D_1+D_2$，则有

$$\iint\limits_D f(x,y)\mathrm{d}\sigma=\iint\limits_{D_1} f(x,y)\mathrm{d}\sigma+\iint\limits_{D_2} f(x,y)\mathrm{d}\sigma.$$

性质4 如果在区域D上有$f(x,y)\equiv 1$，σ为D的面积，则$\iint\limits_D \mathrm{d}\sigma=\sigma$.

性质5 （积分不等式）如果在区域D上，$f(x,y)\leqslant g(x,y)$，则有

$$\iint\limits_D f(x,y)\mathrm{d}\sigma\leqslant\iint\limits_D g(x,y)\mathrm{d}\sigma.$$

推论 在区域D上，有 $\left|\iint\limits_D f(x,y)\mathrm{d}\sigma\right|\leqslant\iint\limits_D |f(x,y)|\mathrm{d}\sigma.$

性质6 （估值定理）如果M与m分别是函数$z=f(x,y)$在D上的最大值与最小值，即$m\leqslant f(x,y)\leqslant M$，则有$m\sigma\leqslant\iint\limits_D f(x,y)\mathrm{d}\sigma\leqslant M\sigma$（$\sigma$为区域$D$的面积）.

性质7 （二重积分的中值定理）如果函数$z=f(x,y)$在有界闭区域D上连续，σ为D的面积，则在D内至少存在一点(ξ,η)，使得

$$\iint\limits_D f(x,y)\mathrm{d}\sigma=f(\xi,\eta)\sigma.$$

二重积分的中值定理的几何意义：在区域D上以曲面$z=f(x,y)$为顶的曲顶柱体的体积，等于区域D上以某一点(ξ,η)的函数值$f(\xi,\eta)$为高的平顶柱体的体积.

7.4.2 二重积分的计算方法

按定义来计算二重积分显然是很困难的，需要找一种实际可行的计算方法. 我们将首先介绍在直角坐标系中的计算法，然后再介绍在极坐标系中的计算法.

1. 直角坐标系中的累次积分法

由于当$f(x,y)\geqslant 0$，$(x,y)\in D$时，二重积分$\iint\limits_D f(x,y)\mathrm{d}\sigma$在几何上表示以曲面$z=f(x,y)$

为顶,以平面区域 D 为底,侧面是母线平行于 z 轴的柱面的曲顶柱体的体积. 下面利用微元法来计算曲顶柱体的体积,从而给出二重积分的计算方法.

由二重积分的定义可知,二重积分的值与区域的划分方法无关,因此分别用平行于两个坐标轴的直线来划分区域 D,如图 7-13,那么除了 D 的边界小区域外,其他的小区域都是矩形,显然有图中阴影部分的面积 $\mathrm{d}\sigma=\mathrm{d}x\mathrm{d}y$,因此二重积分又可记作 $\iint\limits_D f(x,y)\mathrm{d}x\mathrm{d}y$.

如果积分区域 D 可以用不等式组表示为

$$\begin{cases}a\leqslant x\leqslant b\\ \varphi_1(x)\leqslant y\leqslant\varphi_2(x)\end{cases},$$

称为 x 型区域(见图 7-14). 该区域的特点是用垂直于 x 轴的直线 $x=x_0(a<x_0<b)$ 穿过区域 D 的内部时,直线与其边界至多交于两点.

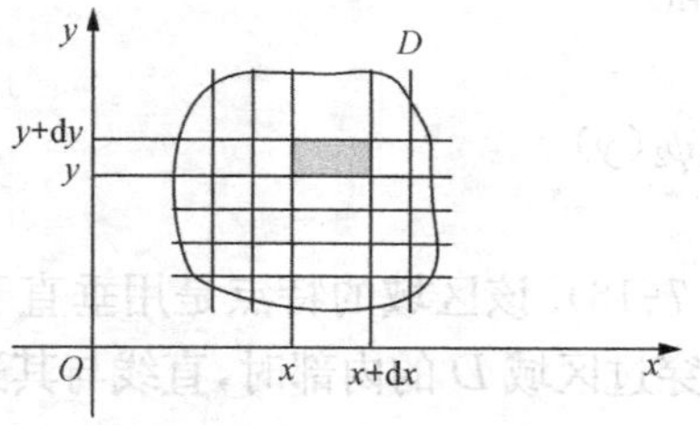

图 7-13

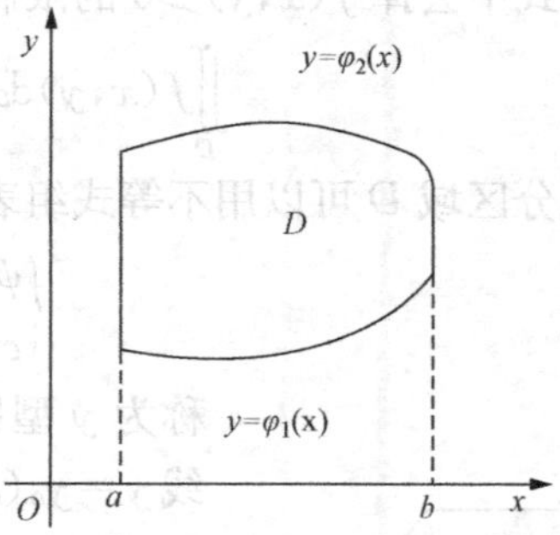

图 7-14

函数 $z=f(x,y)$ 在区域 D 上连续,假定当 $(x,y)\in D$ 时 $f(x,y)\geqslant 0$,下面用定积分的微元法来计算二重积分 $\iint\limits_D f(x,y)\mathrm{d}\sigma$ 所表示的曲顶柱体的体积 V.

在任意 $x_0\in[a,b]$ 处用平行于 yz 坐标面的平面去截曲顶柱体,如图 7-15 所示,设过点 x_0 且垂直于 x 轴的平面与曲顶柱体相交的截面面积为 $A(x_0)$,由图 7-15 可见,截面是一个以区间 $[\varphi_1(x_0),\varphi_2(x_0)]$ 为底边、由方程 $z=f(x_0,y)$ 确定的对 y 的一元函数的曲线为曲边的曲边梯形,其截面面积 $A(x_0)$ 可表示为

$$A(x_0)=\int_{\varphi_1(x_0)}^{\varphi_2(x_0)}f(x_0,y)\mathrm{d}y.$$

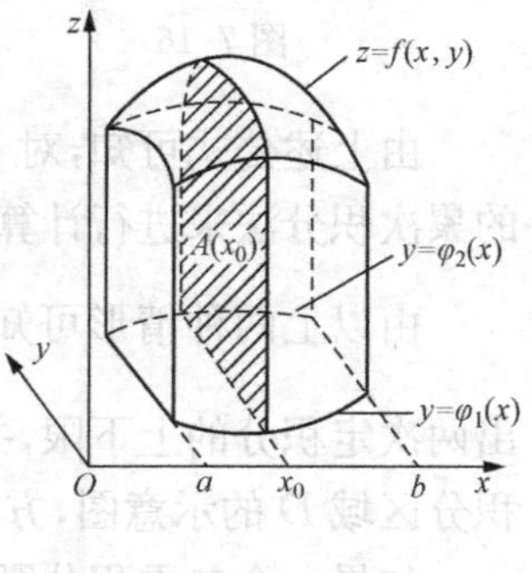

图 7-15

一般地,过区间 $[a,b]$ 上任意一点 x,且平行于 yz 坐标面的平面去截曲顶柱体,与曲顶柱体相交的截面面积为

$$A(x)=\int_{\varphi_1(x)}^{\varphi_2(x)}f(x,y)\mathrm{d}y.$$

取 x 为积分变量,$x\in[a,b]$,则该曲顶柱体可以看成是平行截面面积为已知的立体图形,其体积为

$$V=\int_a^b A(x)\mathrm{d}x.$$

将 $A(x)$ 代入,可得曲顶柱体的体积

$$V=\int_a^b\left[\int_{\varphi_1(x)}^{\varphi_2(x)}f(x,y)\mathrm{d}y\right]\mathrm{d}x.$$

于是有二重积分

$$\iint_D f(x,y)\mathrm{d}\sigma=\int_a^b\left[\int_{\varphi_1(x)}^{\varphi_2(x)}f(x,y)\mathrm{d}y\right]\mathrm{d}x. \tag{7-8}$$

式(7-8)又常写成如下形式

$$\iint_D f(x,y)\mathrm{d}\sigma=\int_a^b\mathrm{d}x\int_{\varphi_1(x)}^{\varphi_2(x)}f(x,y)\mathrm{d}y. \tag{7-9}$$

由此看到，二重积分的计算可化为两次定积分来计算. 第一次积分时，把 x 看成常数，对变量 y 积分，它的积分限一般为 x 的函数；第二次是对变量 x 积分，它的积分限是常量. 这种先对一个变量积分，然后再对另一个变量积分的方法，称为累次积分法，又称二次积分法.

上述公式中去掉 $f(x,y)\geqslant 0$ 的限制条件，对任意连续函数 $f(x,y)$ 也成立，即有

$$\iint_D f(x,y)\mathrm{d}\sigma=\int_a^b\mathrm{d}x\int_{\varphi_1(x)}^{\varphi_2(x)}f(x,y)\mathrm{d}y.$$

如果积分区域 D 可以用不等式组表示为

$$\begin{cases}\psi_1(y)\leqslant x\leqslant\psi_2(y)\\ c\leqslant y\leqslant d\end{cases},$$

称为 y 型区域(见图 7-16). 该区域的特点是用垂直于 y 轴的直线 $y=y_0(c<y_0<d)$ 穿过区域 D 的内部时，直线与其边界至多交于两点.

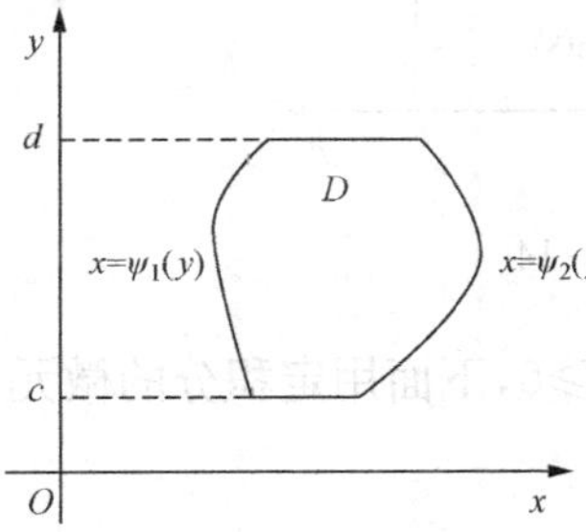

图 7-16

用类似的方法，可得 y 型区域 D 上的二重积分计算公式为

$$\iint_D f(x,y)\mathrm{d}\sigma=\int_c^d\left[\int_{\psi_1(y)}^{\psi_2(y)}f(x,y)\mathrm{d}x\right]\mathrm{d}y. \tag{7-10}$$

式(7-10)又常写成如下形式

$$\iint_D f(x,y)\mathrm{d}\sigma=\int_c^d\mathrm{d}y\int_{\psi_1(y)}^{\psi_2(y)}f(x,y)\mathrm{d}x. \tag{7-11}$$

由上述公式可知，对 y 型区域的二重积分，可以转化为先对变量 x 积分，再对变量 y 积分的累次积分法来进行计算.

由以上两种情形可知，化 $\iint\limits_D f(x,y)\mathrm{d}\sigma$ 为累次积分的关键是根据给出的积分区域 D，确定出两次定积分的上下限，并且累次积分的下限必须小于上限. 同时，在计算二重积分时，应画出积分区域 D 的示意图，方便确定出定积分的上下限.

如果一个二重积分既可以用式(7-8)，又可以用式(7-10)，这两种不同的积分次序有时会导致计算积分的繁简程度差别较大，此时就有选择合适的积分次序问题.

如果积分区域 D 的边界线与平行于坐标轴的直线的交点多于两点，则不能直接应用式(7-8)和式(7-10)，这时可以用平行于 y 轴(或平行于 x 轴)的直线，把 D 分成几个小区域，使每个小区域的边界线与平行于坐标轴的直线的交点不多于两个，再利用二重积分对积分区域的可加性，即有 D 上的二重积分就是这些小区域上的二重积分的和. 例如，图 7-17 所示的区域 D，若先积 y 后积 x，就要用如图 7-17 所示的一条平行于 y 轴的虚线把 D 分割成 D_1、D_2、D_3 三部分.

因此,计算二重积分的方法如下:首先在 xy 平面上画出曲线所围成的积分区域 D 的图形;然后确定积分次序,将二重积分化为二次积分;最后计算二次积分.

【例 2】 计算二重积分 $\iint\limits_D xy^2\,dxdy$,其中 D 是由抛物线 $y=x^2$ 与 $y^2=x$ 所围成的区域.

解 画出积分区域 D 的图形,如图 7-18.

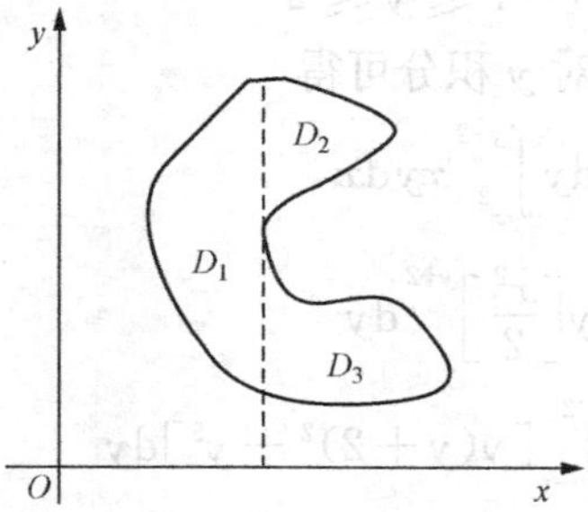

图 7-17

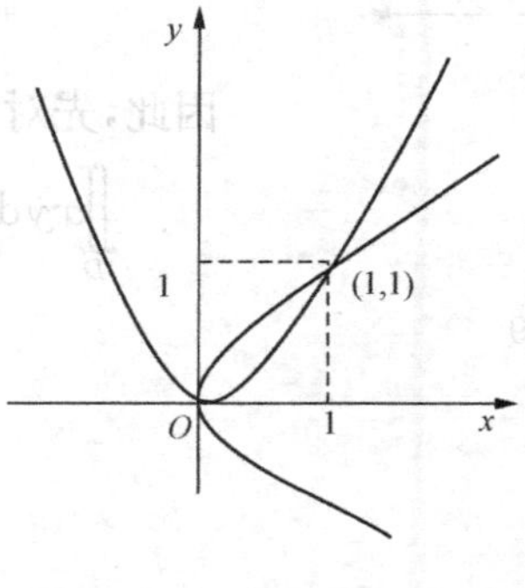

图 7-18

由 $\begin{cases}y=x^2\\y^2=x\end{cases}$,得边界曲线的交点(1,1),(0,0). 因此,区域 D 可表示成

$$D:\begin{cases}0\leqslant x\leqslant 1\\x^2\leqslant y\leqslant\sqrt{x}\end{cases},$$

因此,先对 y 积分,再对 x 积分可得

$$\iint\limits_D xy^2\,dxdy=\int_0^1 dx\int_{x^2}^{\sqrt{x}}xy^2\,dy$$

$$=\int_0^1\left[x\frac{y^3}{3}\right]_{x^2}^{\sqrt{x}}dx=\frac{1}{3}\int_0^1\left(x^{\frac{5}{2}}-x^7\right)dx$$

$$=\frac{1}{3}\left[\frac{2}{7}x^{\frac{7}{2}}-\frac{1}{8}x^8\right]_0^1=\frac{3}{56}.$$

另外,区域 D 又可表示成

$$D:\begin{cases}y^2\leqslant x\leqslant\sqrt{y}\\0\leqslant y\leqslant 1\end{cases},$$

因此,先对 x 积分,再对 y 积分可得

$$\iint\limits_D xy^2\,dxdy=\int_0^1 dy\int_{y^2}^{\sqrt{y}}xy^2\,dx$$

$$=\int_0^1\left[y^2\,\frac{x^2}{2}\right]_{y^2}^{\sqrt{y}}dy=\frac{1}{2}\int_0^1\left(y^3-y^6\right)dy$$

$$=\frac{1}{2}\left[\frac{1}{4}y^4-\frac{1}{7}y^7\right]_0^1=\frac{3}{56}.$$

显然对本例来说,积分次序的不同,求解的难易程度没区别.

【例 3】 计算二重积分 $\iint\limits_D xy\,dxdy$,其中 D 是由抛物线 $y^2=x$ 与直线 $y=x-2$ 所围成的区域.

解 画出积分区域 D 的图形,如图 7-19 所示.

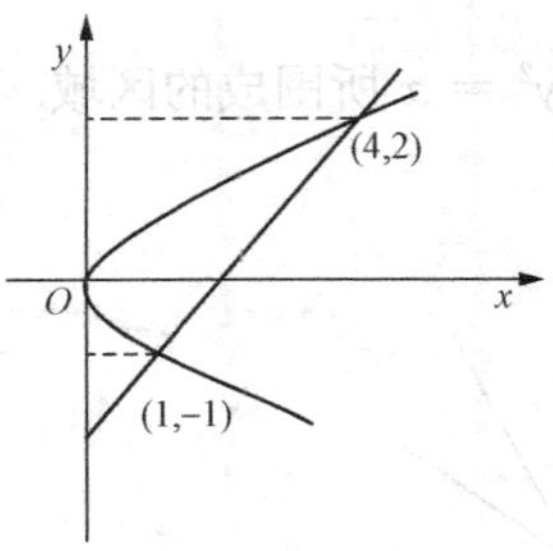

图 7-19

由 $\begin{cases} y^2 = x \\ y = x-2 \end{cases}$,得边界曲线的交点 $(1,-1)$,$(4,2)$. 因此,区域 D 可表示成

$$D:\begin{cases} y^2 \leqslant x \leqslant y+2 \\ -1 \leqslant y \leqslant 2 \end{cases},$$

因此,先对 x 积分,再对 y 积分可得

$$\begin{aligned}\iint_D xy\,\mathrm{d}x\mathrm{d}y &= \int_{-1}^{2}\mathrm{d}y\int_{y^2}^{y+2} xy\,\mathrm{d}x \\ &= \int_{-1}^{2} y\left[\frac{x^2}{2}\right]_{y^2}^{y+2}\mathrm{d}y \\ &= \frac{1}{2}\int_{-1}^{2}[y(y+2)^2 - y^5]\mathrm{d}y \\ &= \frac{1}{2}\left[\frac{1}{4}y^4 + \frac{4}{3}y^3 + 2y^2 - \frac{1}{6}y^6\right]_{-1}^{2} = 5\,\frac{5}{8}.\end{aligned}$$

在本例中,如果先对 y 积分,再对 x 积分,就必须将区域 D 分成两个小区域,可得下面的计算形式

$$\iint_D xy\,\mathrm{d}x\mathrm{d}y = \int_0^1\mathrm{d}x\int_{-\sqrt{x}}^{\sqrt{x}} xy\,\mathrm{d}y + \int_1^4\mathrm{d}x\int_{x-2}^{\sqrt{x}} xy\,\mathrm{d}y.$$

比较两种不同次序的累次积分,难易程度显然是不同的.

【例 4】 计算二重积分 $\iint_D \mathrm{e}^{-x^2}\,\mathrm{d}x\mathrm{d}y$,其中 D 是由直线 $y=x$,$x=1$ 与 $y=0$ 所围成的区域.

解 画出积分区域 D 的图形,如图 7-20 所示.

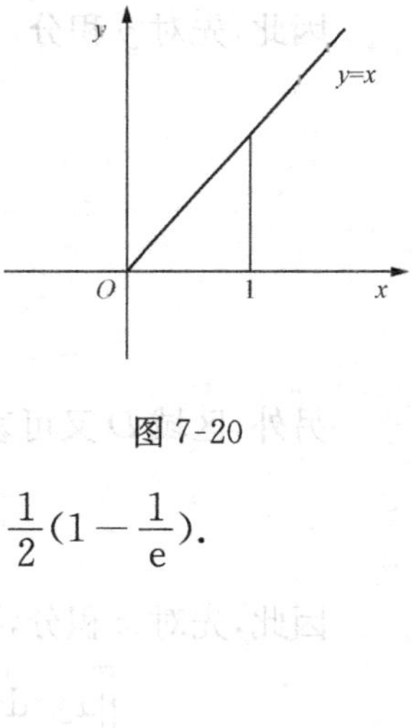

图 7-20

区域 D 可表示成

$$D:\begin{cases} 0\leqslant x\leqslant 1 \\ 0\leqslant y\leqslant x \end{cases},$$

因此,先对 y 积分,再对 x 积分可得

$$\iint_D \mathrm{e}^{-x^2}\,\mathrm{d}x\mathrm{d}y = \int_0^1\mathrm{d}x\int_0^x \mathrm{e}^{-x^2}\,\mathrm{d}y = \int_0^1 \mathrm{e}^{-x^2}x\,\mathrm{d}x = -\frac{1}{2}[\mathrm{e}^{-x^2}]_0^1 = \frac{1}{2}(1-\frac{1}{\mathrm{e}}).$$

如果将区域 D 表示成

$$D:\begin{cases} y\leqslant x\leqslant 1 \\ 0\leqslant y\leqslant 1 \end{cases}.$$

先对 x 积分,再对 y 积分,则有

$$\iint_D \mathrm{e}^{-x^2}\,\mathrm{d}x\mathrm{d}y = \int_0^1\mathrm{d}y\int_y^1 \mathrm{e}^{-x^2}\,\mathrm{d}x\,.$$

因为 $\int \mathrm{e}^{-x^2}\,\mathrm{d}x$ 积不出来(即 e^{-x^2} 的原函数不能用初等函数表示),因此按这样的积分次序无法算出结果.

综上所述,积分次序的选择,不仅要看积分区域的特征,而且要考虑到被积函数的特点. 原则上既要使计算能进行,又要使计算尽可能地简便.

【例 5】　已知累次积分$\int_0^2 \mathrm{d}y\int_{y^2}^{2y} f(x,y)\mathrm{d}x$，交换其积分次序.

解　这是一个 y 型区域 D

$$D:\begin{cases} y^2\leqslant x\leqslant 2y \\ 0\leqslant y\leqslant 2 \end{cases}.$$

如图 7-21 所示. D 可以表示成 x 型区域

$$D:\begin{cases} 0\leqslant x\leqslant 4 \\ \dfrac{x}{2}\leqslant y\leqslant \sqrt{x} \end{cases}.$$

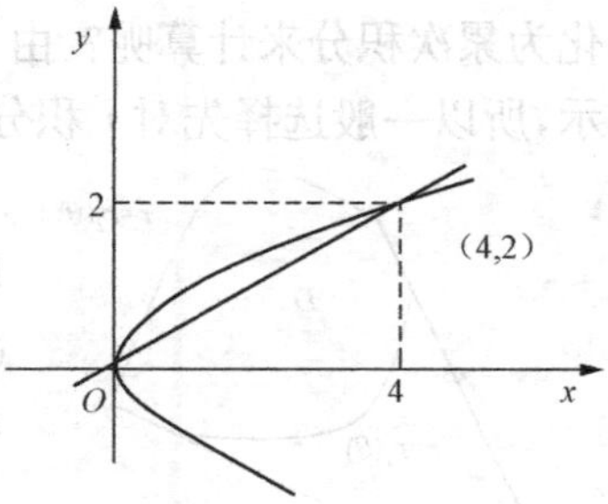

图 7-21

改变积分次序得

$$\int_0^2 \mathrm{d}y\int_{y^2}^{2y} f(x,y)\mathrm{d}x=\int_0^4 \mathrm{d}x\int_{\frac{x}{2}}^{\sqrt{x}} f(x,y)\mathrm{d}y.$$

【同步练习】(1)计算二重积分$\iint\limits_D x\sqrt{y}\,\mathrm{d}x\mathrm{d}y$，其中 D 由 $y=1$，$y=x^2$ 所围成的区域.

(2)计算二重积分$\iint\limits_D y\mathrm{e}^x\,\mathrm{d}x\mathrm{d}y$，其中 D 由 $x=1$，$x=2$，$y=1$，$y=2$ 所围成的矩形区域.

2. 极坐标系中的累次积分法

某些二重积分其积分区域是圆形、扇形、圆环形等，在直角坐标系下虽然能化为累次积分，但计算定积分往往很麻烦，但改用极坐标来计算就相对简单得多. 下面介绍用极坐标计算二重积分的方法.

要将直角坐标系下的二重积分化为极坐标系下的二重积分，要解决两个问题：一个是如何把被积函数 $f(x,y)$ 化为极坐标形式，另一个是如何把面积元素 $\mathrm{d}\sigma$ 化为极坐标形式.

第一个问题是容易解决的. 如果选取极点 O 为直角坐标系的原点、极轴为 x 轴，则平面直角坐标系下坐标 (x,y) 与极坐标系下的坐标 (r,θ) 之间的变换关系为

$$\begin{cases} x=r\cos\theta \\ y=r\sin\theta \end{cases},$$

即有　　$f(x,y)=f(r\cos\theta,r\sin\theta)$.

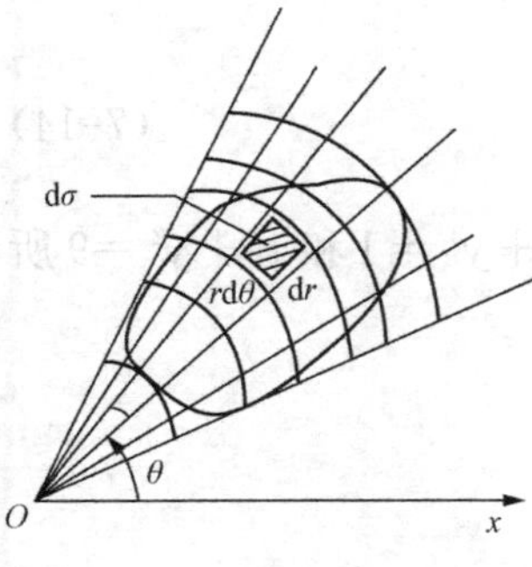

图 7-22

下面解决第二个问题. 与直角坐标系中类似，在极坐标系中，可以用一族圆心在极点的同心圆和一组从极点发出的射线，将区域 D 分成很多个小区域，这些小区域除靠边界曲线的一些子域外，绝大多数的都是扇形域(见图 7-22). 当分割更细时，这些不规则子域的面积之和趋向于 0，所以不必考虑.

于是，图 7-22 中阴影所示的子域的面积近似等于以 $r\mathrm{d}\theta$ 为长、$\mathrm{d}r$ 为宽的矩形面积，因此在极坐标系中的面积元素可记为 $\mathrm{d}\sigma=r\mathrm{d}r\mathrm{d}\theta$.

由此可得，极坐标系下的二重积分为

$$\iint\limits_{D} f(x,y)\mathrm{d}\sigma=\iint\limits_{D} f(r\cos\theta,r\sin\theta)r\mathrm{d}r\mathrm{d}\theta. \tag{7-12}$$

极坐标系中的二重积分同样是化为累次积分来计算.那么,怎样把二重积分的极坐标形式化为累次积分来计算呢?由于在极坐标系中,区域 D 的边界曲线方程,通常用 $r=r(\theta)$ 来表示,所以一般选择先对 r 积分,后对 θ 积分的次序.在计算中,一般分以下两种情形来考虑:

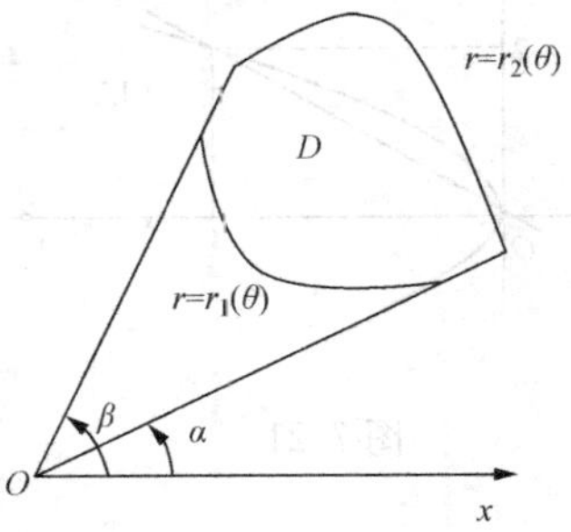

图 7-23

(1)极点 O 在积分区域 D 的外部,且过极点的任一射线与 D 的边界的交点不多于两点.如图 7-23 所示,区域 D 由射线 $\theta=\alpha$, $\theta=\beta(\alpha<\beta)$,曲线 $r=r_1(\theta)$ 及 $r=r_2(\theta)$ $(r_1(\theta)\leqslant r_2(\theta))$ 所围成,则区域 D 可表示为

$$D:\begin{cases}\alpha\leqslant\theta\leqslant\beta\\ r_1(\theta)\leqslant r\leqslant r_2(\theta)\end{cases},$$

所以二重积分可化为如下累次积分

$$\iint\limits_{D} f(x,y)\mathrm{d}\sigma=\iint\limits_{D} f(r\cos\theta,r\sin\theta)r\mathrm{d}r\mathrm{d}\theta$$

$$=\int_{\alpha}^{\beta}\mathrm{d}\theta\int_{r_1(\theta)}^{r_2(\theta)} f(r\cos\theta,r\sin\theta)r\mathrm{d}r. \tag{7-13}$$

特殊地,极点 O 在积分区域 D 的边界曲线上,即 $r_1(\theta)=0$,则区域 D 可表示为 $D:\begin{cases}\alpha\leqslant\theta\leqslant\beta\\ 0\leqslant r\leqslant r(\theta)\end{cases}$,有

$$\iint\limits_{D} f(x,y)\mathrm{d}\sigma=\iint\limits_{D} f(r\cos\theta,r\sin\theta)r\mathrm{d}r\mathrm{d}\theta$$

$$=\int_{\alpha}^{\beta}\mathrm{d}\theta\int_{0}^{r(\theta)} f(r\cos\theta,r\sin\theta)r\mathrm{d}r.$$

(2)极点 O 在积分区域 D 的内部,且过极点的任一射线与 D 的边界只有一个交点.如图 7-24 所示,区域 D 由封闭曲线 $r=r(\theta)$ 所围成,则区域 D 可表示为

$$D:\begin{cases}0\leqslant\theta\leqslant 2\pi\\ 0\leqslant r\leqslant r(\theta)\end{cases},$$

所以二重积分可化为如下累次积分

$$\iint\limits_{D} f(x,y)\mathrm{d}\sigma=\iint\limits_{D} f(r\cos\theta,r\sin\theta)r\mathrm{d}r\mathrm{d}\theta$$

$$=\int_{0}^{2\pi}\mathrm{d}\theta\int_{0}^{r(\theta)} f(r\cos\theta,r\sin\theta)r\mathrm{d}r. \tag{7-14}$$

【例 6】 计算二重积分 $\iint\limits_{D}\sqrt{x^2+y^2}\,\mathrm{d}\sigma$,其中积分区域 D 是由圆 $x^2+y^2=1$ 和 $x^2+y^2=9$ 所围成的圆环形区域的第一象限部分.

解 区域 D 如图 7-25 所示,可表示为 $D:\begin{cases}0\leqslant\theta\leqslant\dfrac{\pi}{2},\\ 1\leqslant r\leqslant 3\end{cases}$

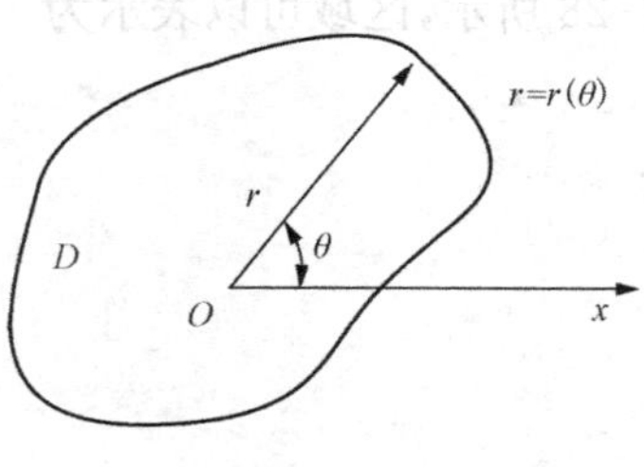

图 7-24

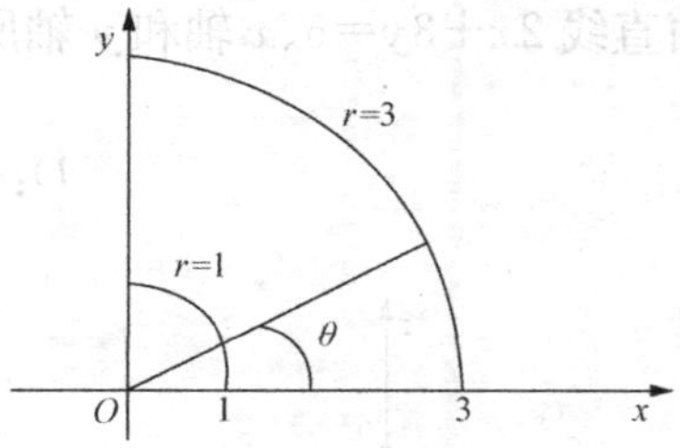

图 7-25

则有

$$\iint_D \sqrt{x^2+y^2}\,\mathrm{d}\sigma = \iint_D r\cdot r\mathrm{d}r\mathrm{d}\theta = \int_0^{\frac{\pi}{2}}\mathrm{d}\theta\int_1^3 r^2\,\mathrm{d}r = \frac{13}{3}\pi.$$

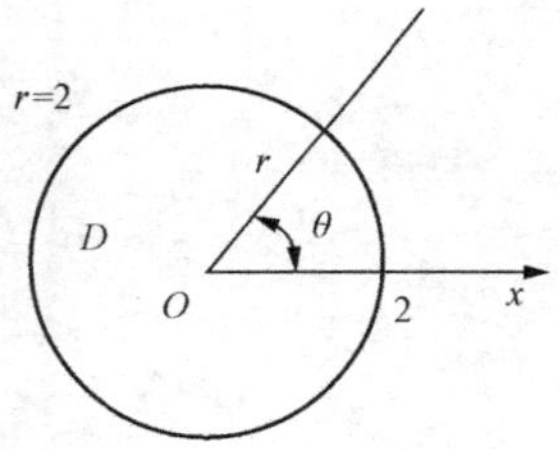

图 7-26

【例 7】 计算二重积分 $\iint_D \mathrm{e}^{-(x^2+y^2)}\,\mathrm{d}\sigma$，其中积分区域 D 是由圆 $x^2+y^2=4$ 所围成的区域.

解 区域 D 如图 7-26 所示，可表示为

$$D:\begin{cases}0\leqslant\theta\leqslant 2\pi,\\ 0\leqslant r\leqslant 2\end{cases}$$

则有

$$\iint_D \mathrm{e}^{-(x^2+y^2)}\,\mathrm{d}\sigma = \iint_D \mathrm{e}^{-r^2}\cdot r\mathrm{d}r\mathrm{d}\theta = \int_0^{2\pi}\mathrm{d}\theta\int_0^2 r\mathrm{e}^{-r^2}\,\mathrm{d}r = \pi(1-\mathrm{e}^{-4}).$$

【同步练习】 利用极坐标计算二重积分 $\iint_D \ln(1+x^2+y^2)\,\mathrm{d}\sigma$，其中积分区域 D 是由圆 $x^2+y^2=1$ 所围成的第一象限部分区域.

7.4.3 二重积分在几何上的应用

与定积分相似，二重积分在几何、物理、力学等方面有许多应用.

由二重积分的几何意义，以曲面 $z=f(x,y)$（$f(x,y)\geqslant 0$）为顶，以 xy 面上的有界闭区域 D 为底，以 D 的边界为准线，母线平行于 z 轴的柱面为侧面的曲顶柱体的体积 $V=\iint_D f(x,y)\,\mathrm{d}\sigma$. 因此，利用几何意义，可以求某些简单的立体图形的体积.

【例 8】 求由平面 $2x+3y+z=6$ 和三个坐标面所围成的立体图形的体积.

解 平面 $2x+3y+z=6$ 与三个坐标面的交点分别为(3,0,0)、(0,2,0)、(0,0,6)，如图 7-27 所示. 显然该立体图形可以看作是以曲面 $z=6-2x-3y$ 为顶的曲顶柱体，底面区域是在

xy 面上由直线 $2x+3y=6$、x 轴和 y 轴所围成的，如图 7-28 所示，区域可以表示为

$$D:\begin{cases}0\leqslant x\leqslant 3\\0\leqslant y\leqslant 2-\dfrac{2}{3}x\end{cases}.$$

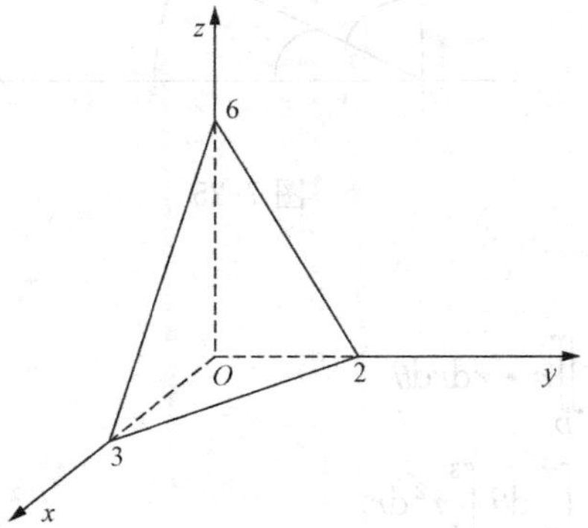

图 7-27

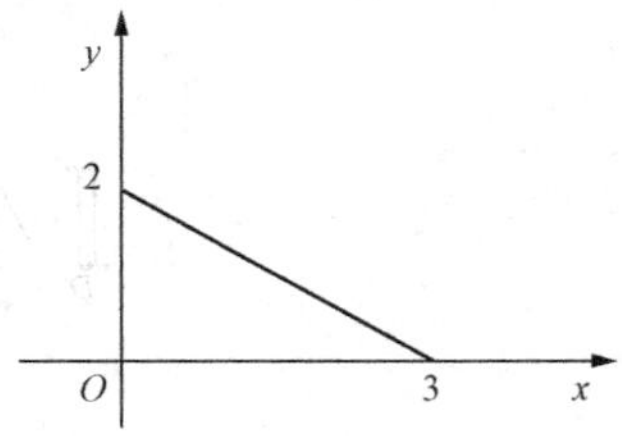

图 7-28

因此，所求立体的体积为

$$\begin{aligned}V&=\iint_D(6-2x-3y)\mathrm{d}\sigma\\&=\int_0^3\mathrm{d}x\int_0^{2-\frac{2}{3}x}(6-2x-3y)\mathrm{d}y\\&=\int_0^3\left[(6-2x)y-\frac{3}{2}y^2\right]_0^{2-\frac{2}{3}x}\mathrm{d}x\\&=\int_0^3(6-4x+\frac{2}{3}x^2)\mathrm{d}x=6.\end{aligned}$$

【例 9】 求由平面 $z=4-x-y$、$x=2$、$y=1$ 和三个坐标面所围成的立体图形的体积.

解 立体图形如图 7-29 所示. 显然该立体图形可以看做是以曲面 $z=4-x-y$ 为顶的曲顶柱体，底面区域是在 xy 面上由直线 $x=2$、$y=1$、x 轴和 y 轴所围成的矩形域，区域可以表示为

$$D:\begin{cases}0\leqslant x\leqslant 2\\0\leqslant y\leqslant 1\end{cases}.$$

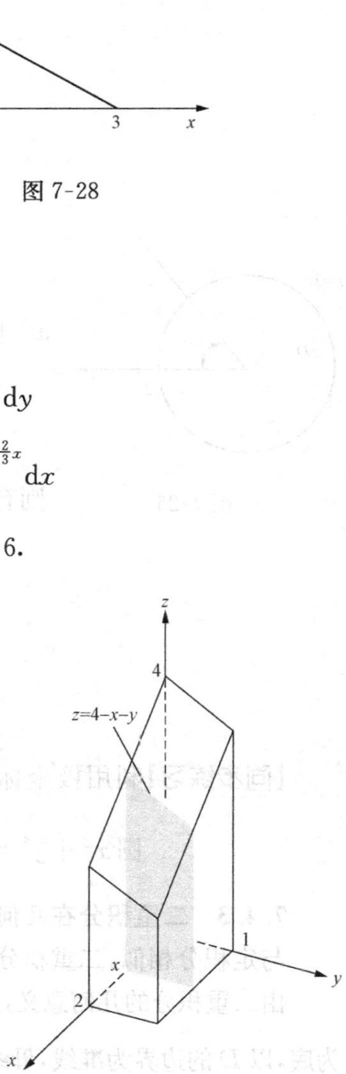

图 7-29

因此，所求立体的体积为

$$\begin{aligned}V&=\iint_D(4-x-y)\mathrm{d}\sigma\\&=\int_0^2\mathrm{d}x\int_0^1(4-x-y)\mathrm{d}y\\&=\int_0^2\left[4y-xy-\frac{1}{2}y^2\right]_0^1\mathrm{d}x\\&=\int_0^2(\frac{7}{2}-x)\mathrm{d}x=5.\end{aligned}$$

【同步练习】已知一立体图形，其底是 xy 平面上的三角形，由 x 轴、直线 $y=x$ 和 $x=1$ 围成，其顶是平面 $z=3-x-y$ 的棱柱. 求该棱柱的体积.

习　题　7-4

1. 计算下列各累次积分：

(1) $\int_0^1 dx\int_0^2 (x-y)dy$；　(2) $\int_0^1 dx\int_0^1 xe^{xy}dy$.

(3) $\int_1^e dx\int_0^{\ln x} xdy$；　(4) $\int_1^2 dx\int_x^{2x} e^y dy$.

2. 画出积分区域，并计算下列二重积分：

(1) $\iint\limits_D x^2e^y dxdy$，其中 D 由 $x=1,x=3,y=2,y=4$ 所围成的矩形区域；

(2) $\iint\limits_D xydxdy$，其中 D 是由抛物线 $y=x^2$ 与直线 $y=x+2$ 所围成的区域；

(3) $\iint\limits_D (x^2+y-1)dxdy$，其中 D 由直线 $y=x,y=2x$ 与 $y=2$ 所围成的区域；

(4) $\iint\limits_D xd\sigma$，其中 D 由 $y=\ln x$、直线 $x=e$ 与 x 轴所围成的区域.

3. 交换下列各累次积分的积分次序：

(1) $\int_0^4 dx\int_{\frac{x}{2}}^{\sqrt{x}} f(x,y)dy$；　(2) $\int_1^e dx\int_0^{\ln x} f(x,y)dy$.

4. 计算下列二重积分：

(1) $\iint\limits_D (x^2+y^2-1)d\sigma$，其中 D 是由圆环形区域 $1\leqslant x^2+y^2\leqslant 4$ 所围成.

(2) $\iint\limits_D x^2ydxdy$，其中 D 由 $x=0,y=0$ 与 $x^2+y^2=4$ 所围成的第一象限部分.

(3) $\iint\limits_D \sqrt{25-x^2-y^2}d\sigma$，其中 D 是由圆形区域 $x^2+y^2\leqslant 4$ 所围成.

5. 求由曲面 $z=x^2+y^2$ 和平面 $z=3$ 所围成的立体图形的体积.

第7章　自测题A(基础)

1. 填空题

(1)球面 $x^2+y^2+z^2-2x=0$ 的球心是________，半径是________.

(2)设二元函数 $f(x,y)=x^3+3y^2-2xy$，则 $f(-2,3)=$________.

(3)函数 $z=x+\sqrt{2y}$ 的定义域为________________.

(4)函数 $z=x^3y+y^3x$ 的偏导数 $\frac{\partial z}{\partial x}=$________，$\frac{\partial z}{\partial y}=$________.

(5) 累次积分$\int_1^2 dx \int_1^x f(x,y)dy$交换积分次序后为________.

2. 选择题

(1)二元函数 $z=\frac{1}{\sqrt{1-x^2}}+\sqrt{y^2-1}$的定义域是(　　).

(A)$\{(x,y)|x\leqslant 1 且 y\geqslant 1\}$；　　(B)$\{(x,y)||x|\leqslant 1 且 |y|>1\}$；

(C)$\{(x,y)||x|\leqslant 1 且 |y|\geqslant 1\}$；　　(D)$\{(x,y)||x|<1 且 |y|\geqslant 1\}$.

(2)二重极限$\lim\limits_{\substack{x\to 1\\ y\to 0}}\frac{3x-5y-2}{x^2+y^2}$的值为(　　).

(A)0；　　(B)1；　　(C)2；　　(D)3.

(3)已知函数 $z=x^3-e^{2y}$,则全微分 $dz=$(　　).

(A)$x^3dx-2e^y dy$；　　(B)$3x^2dx-2e^y dy$；

(C)$3x^2dx-2e^{2y}dy$；　　(D)$x^3dx-2e^{2y}dy$.

(4)二次积分$\int_0^{\sqrt{2}} dx\int_{x^3}^{2x} xy dy$的值为(　　).

(A)-1；　　(B)2；　　(C)1；　　(D)-2.

(5)不是函数 $f(x,y)=x^3-y^3+3x^2+3y^2-9x$ 的驻点的点为(　　).

(A)(3,0)；　　(B)(−3,2)；

(C)(1,0)；　　(D)(1,2).

3. 计算题

(1)求以$\begin{cases}x^2-2y^2-4z^2+2x-6y+z+6=0\\ y+z=0\end{cases}$为准线,母线平行于 z 轴的柱面方程.

(2)求函数 $z=2x^3+x^2y^5-y^4$ 的所有二阶偏导数.

(3)已知方程 $x^2y^2-x^4-y^4=10$ 确定的隐函数 $y=y(x)$,求$\frac{dy}{dx}$.

(4)设 $z=v^2+3uv, u=e^{xy}, v=y\sin x$,求$\frac{\partial z}{\partial x},\frac{\partial z}{\partial y}$.

(5)求函数 $f(x,y)=x^3+y^3-3(x^2+y^2)$的极值.

(6)计算二重积分$\iint\limits_D x^2y^2 dxdy$,其中 D 由 $x=0, x=1, y=-1, y=1$ 所围成的矩形区域.

4. 应用题

(1)要建造一个底面是正方形的无盖长方体水池,底面造价每平方米 10 元,侧面造价每平方米 5 元,现有经费 1000 元,问底面正方形边长 x 和池高 y 取多少时,才能使水池的容积最大?

(2)求由旋转抛物面 $z=2-x^2-y^2$ 和 $z=x^2+y^2$ 所围成的立体图形的体积.

第7章　自测题B(提高)

1. 填空题

(1)以$\begin{cases}\dfrac{x^2}{9}-\dfrac{z^2}{4}=1\\ y=0\end{cases}$为母线,绕 z 轴旋转一周而形成的曲面方程为________.

(2)函数 $z=\sqrt{x+y}+\ln(2-x)$的定义域为________________.

(3)空间中,由方程组$\begin{cases}2x^2+3y^2=6\\ z=5\end{cases}$表示的图形为________________.

(4)设二元函数 $z=\sin(xy^2)$,则全微分 $\mathrm{d}z=$________________________.

(5)设 $f(x,y)=x^2-y^2$,则 $f(x+y,x-y)=$______________________.

2. 选择题

(1)二重极限$\lim\limits_{\substack{x\to0\\ y\to0}}\dfrac{\sin(x^2+y^2)}{x^2+y^2}$的值为(　　).

(A)0;　　(B)1;　　(C)2;　　(D)∞.

(2)使 $z''_{xy}=2x-y$ 不成立的函数是(　　).

(A)$z=x^2y-\dfrac{1}{2}xy^2+2x$;　　(B)$z=x^2y-\dfrac{1}{2}xy^2-3$;

(C)$z=x^2y-\dfrac{1}{2}xy^2+\mathrm{e}^y-3$;　　(D)$z=x^2y-\dfrac{1}{2}xy^2+\mathrm{e}^{x+y}-3$.

(3)二次积分$\int_0^1\mathrm{d}x\int_x^{2x}\mathrm{e}^{x^2}\mathrm{d}y$ 的值为(　　).

(A) $\dfrac{3}{2}(\mathrm{e}-1)$;　　(B)$\mathrm{e}-1$;

(C) $\dfrac{1}{2}(\mathrm{e}-1)$;　　(D) $\dfrac{1}{2}(1-\mathrm{e})$.

(4)已知函数 $f(x+y,x-y)=x^2-y^2$,则 $f''_{xy}(x,y)=$(　　).

(A)0;　　(B)1;　　(C)x;　　(D)y.

(5)二元函数 $f(x,y)=y^3-x^2+6x-12y+3$ 的极大值点是(　　).

(A)$(3,-2)$;　　(B)$(3,2)$;

(C)$(2,3)$;　　(D)$(-2,3)$.

3. 计算题

(1)设 $z=\dfrac{y}{x}$,其中 $x=\mathrm{e}^t$,$y=1-\mathrm{e}^{2t}$,求$\dfrac{\mathrm{d}z}{\mathrm{d}t}$.

(2)求二元函数 $z=\ln(x\mathrm{e}^x+\mathrm{e}^y)$的偏导数$\dfrac{\partial z}{\partial x},\dfrac{\partial z}{\partial y}$.

(3)求三元函数 $u=\mathrm{e}^{x+y^2+z^3}$ 的全微分.

(4)求由方程$\dfrac{x}{z}=\ln\dfrac{z}{y}$所确定的隐函数 $z=f(x,y)$的偏导数$\dfrac{\partial z}{\partial x},\dfrac{\partial z}{\partial y}$.

(5)设 $f(x,y)=\ln(x^2+xy+y^2)$,求 $f'_x(1,2)$,$f_y'(1,2)$,$f''_{xy}(1,2)$,$f''_{xx}(1,2)$,$f''_{yy}(1,2)$.

(6)计算二重积分$\iint\limits_{D} y\mathrm{e}^{x}\mathrm{d}x\mathrm{d}y$,其中$D$由$y^{2}=x, y=x-2$所围成的区域.

4. 应用题

(1)求平面$2x+y-z-5=0$上到原点最近的点.

(2)求表面积为$a^{2}(a>0)$而体积为最大的长方体的体积.

(3)求由旋转抛物面$z=4-x^{2}-y^{2}$和xy坐标面所围成的立体图形的体积.

第8章 线 性 代 数

在工程实践中，有许多问题可以直接或近似地表示成一些变量间的线性关系，因此研究变量间的线性关系是非常重要的. 例如两组变量间的线性变换、解线性方程组等. 而行列式、矩阵、向量又是研究线性变换、线性方程组的重要工具. 本章引出行列式概念，讨论行列式的性质、行列式的计算方法，介绍矩阵概念及其运算，并在讨论向量组的线性相关的基础上，给出一般线性方程组求解方法.

8.1 行 列 式

8.1.1 二阶、三阶行列式

考虑下述二元一次线性方程组：

$$\begin{cases} a_{11}x_1 + a_{12}x_2 = b_1 \\ a_{21}x_1 + a_{22}x_2 = b_2 \end{cases} \tag{8-1}$$

这里 $a_{11},a_{12},a_{21},a_{22},b_1,b_2$ 为常数，x_1,x_2 为未知元.

在式(8-1)中消去未知元 x_2，则 $(a_{11}a_{22}-a_{12}a_{21})x_1=b_1a_{22}-b_2a_{12}$，在式(8-1)中消去未知元 x_1，有 $(a_{11}a_{22}-a_{12}a_{21})x_2=b_2a_{11}-b_1a_{21}$. 当 $a_{11}a_{22}-a_{12}a_{21}\neq 0$ 时，得

$$x_1=\frac{b_1a_{22}-b_2a_{12}}{a_{11}a_{22}-a_{12}a_{21}},\quad x_2=\frac{b_2a_{11}-b_1a_{21}}{a_{11}a_{22}-a_{12}a_{21}}.$$

可见，方程组的解完全可由方程组中的未知元系数 $a_{11},a_{12},a_{21},a_{22}$ 以及常数项 b_1,b_2 表示出来

$$\begin{cases} x_1=\dfrac{b_1a_{22}-a_{12}b_2}{a_{11}a_{22}-a_{12}a_{21}} \\ x_2=\dfrac{a_{11}b_2-b_1a_{21}}{a_{11}a_{22}-a_{12}a_{21}} \end{cases}.$$

如果规定记号 $\begin{vmatrix} a_{11} & a_{12} \\ a_{21} & a_{22} \end{vmatrix}=a_{11}a_{22}-a_{12}a_{21}$，则有

$$b_1a_{22}-b_2a_{12}=\begin{vmatrix} b_1 & a_{12} \\ b_2 & a_{22} \end{vmatrix},b_2a_{11}-b_1a_{21}=\begin{vmatrix} a_{11} & b_1 \\ a_{21} & b_2 \end{vmatrix}.$$

因此，二元一次方程组的解可以表示为

$$x_1=\frac{\begin{vmatrix} b_1 & a_{12} \\ b_2 & a_{22} \end{vmatrix}}{\begin{vmatrix} a_{11} & a_{12} \\ a_{21} & a_{22} \end{vmatrix}},\qquad x_2=\frac{\begin{vmatrix} a_{11} & b_1 \\ a_{21} & b_2 \end{vmatrix}}{\begin{vmatrix} a_{11} & a_{12} \\ a_{21} & a_{22} \end{vmatrix}}.$$

定义1 由4个数 $a_{ij}(i,j=1、2)$ 组成的记号 $\begin{vmatrix} a_{11} & a_{12} \\ a_{21} & a_{22} \end{vmatrix}$，称为二阶行列式. 它的值等于

$a_{11}a_{22}-a_{12}a_{21}$，即

$$\begin{vmatrix} a_{11} & a_{12} \\ a_{21} & a_{22} \end{vmatrix} = a_{11}a_{22}-a_{12}a_{21}.$$

说明：(1)数 $a_{ij}(i,j=1、2)$ 称为行列式的元素.元素 a_{ij} 的第一个下标 i 称为行标，表明该元素位于第 i 行，第二个下标 j 称为列标，表明该元素位于第 j 列.

(2)行列式的横排叫行，竖排叫列.从左上角到右下角称为主对角线，从右上角到左下角称为次对角线.所以二阶行列式的值等于主对角线上两个元素的乘积减去次对角线上两个元素的乘积.

【例 1】 计算下列行列式的值

(1) $\begin{vmatrix} 1 & -3 \\ 3 & 4 \end{vmatrix}$；

(2) $\begin{vmatrix} -1 & 5 \\ 0 & 2 \end{vmatrix}$；

(3) $\begin{vmatrix} 2 & -1 \\ 1 & -6 \end{vmatrix}$.

解 (1) $\begin{vmatrix} 1 & -3 \\ 3 & 4 \end{vmatrix} = 1\times4-(-3)\times3=13.$

(2) $\begin{vmatrix} -1 & 5 \\ 0 & 2 \end{vmatrix} = -1\times2-5\times0=-2.$

(3) $\begin{vmatrix} 2 & -1 \\ 1 & -6 \end{vmatrix} = 2\times(-6)-(-1)\times1=-11.$

在式(8-1)中

$$D=\begin{vmatrix} a_{11} & a_{12} \\ a_{21} & a_{22} \end{vmatrix},$$

称为二元一次方程组(8-1)的系数行列式，当系数行列式

$$D=\begin{vmatrix} a_{11} & a_{12} \\ a_{21} & a_{22} \end{vmatrix} \neq 0$$

时，二元一次方程组(8-1)有唯一解，即

$$x_1=\frac{D_1}{D}, x_2=\frac{D_2}{D}.$$

D 中将第 1 列元素 a_{11}, a_{21} 换成常数项 b_1, b_2，可得二阶行列式 D_1，类似可得二阶行列式 D_2.

由于解三元线性方程组的需要，可以类似地定义三阶行列式.

定义 2 设有 9 个数排成 3 行 3 列的数表记为 $\begin{vmatrix} a_{11} & a_{12} & a_{13} \\ a_{21} & a_{22} & a_{23} \\ a_{31} & a_{32} & a_{33} \end{vmatrix}$ 表示代数和

$$a_{11}a_{22}a_{33}+a_{12}a_{23}a_{31}+a_{13}a_{21}a_{32}-a_{13}a_{22}a_{31}-a_{12}a_{21}a_{33}-a_{11}a_{23}a_{32},$$

称为三阶行列式，即

$$\begin{vmatrix} a_{11} & a_{12} & a_{13} \\ a_{21} & a_{22} & a_{23} \\ a_{31} & a_{32} & a_{33} \end{vmatrix} = a_{11}a_{22}a_{33} + a_{12}a_{23}a_{31} + a_{13}a_{21}a_{32} - a_{13}a_{22}a_{31} - a_{12}a_{21}a_{33} - a_{11}a_{23}a_{32}.$$

三阶行列式可以用画线的方法记忆。如图 8-1，其中各实线（主对角线方向）连接的三个元素的乘积是代数和中的正项，各虚线（次对角线方向）连接的三个元素的乘积是代数和中的负项.

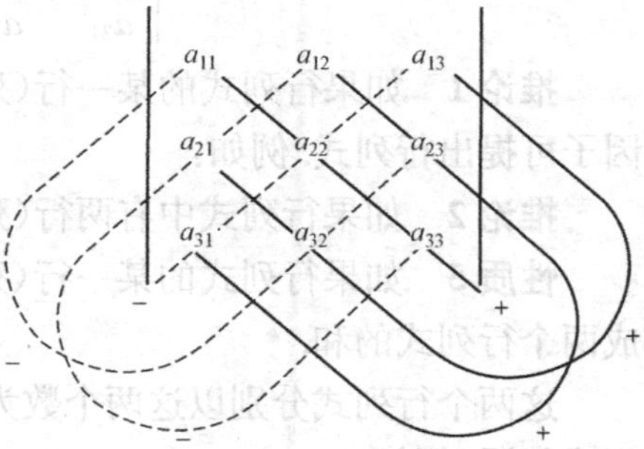

图 8-1

【例 2】 计算下列三阶行列式：

$$\begin{vmatrix} 1 & 1 & -4 \\ -2 & 2 & 1 \\ 3 & 0 & -2 \end{vmatrix}.$$

解
$$\begin{vmatrix} 1 & 1 & -4 \\ -2 & 2 & 1 \\ 3 & 0 & -2 \end{vmatrix} = 1\times2\times(-2) + 1\times1\times3 + (-2)\times0\times(-4) - (-4)\times2\times3$$
$$-1\times(-2)\times(-2) - 1\times0\times1$$
$$= 19.$$

【同步练习】计算下列行列式：

(1)$\begin{vmatrix} 3 & 5 \\ -2 & 2 \end{vmatrix}$；(2)$\begin{vmatrix} 1 & 7 & -3 \\ 0 & 3 & 8 \\ 0 & 0 & -7 \end{vmatrix}$；(3)$\begin{vmatrix} 1 & 3 & -3 \\ -1 & 2 & 1 \\ 4 & 1 & -8 \end{vmatrix}$.

8.1.2 行列式的性质

为了简化行列式的计算，必须研究行列式的性质，并利用行列式的性质，计算行列式的值.

行列式 D 中的行与列对换后得到的行列式称为 D 的转置行列式，记作 D^{T}.

即，若
$$D = \begin{vmatrix} a_{11} & a_{12} & a_{13} \\ a_{21} & a_{22} & a_{23} \\ a_{31} & a_{32} & a_{33} \end{vmatrix},$$

则有
$$D^{\mathrm{T}} = \begin{vmatrix} a_{11} & a_{21} & a_{31} \\ a_{12} & a_{22} & a_{32} \\ a_{13} & a_{23} & a_{33} \end{vmatrix}.$$

性质 1 行列式与它的转置行列式相等. 即 $D = D^{\mathrm{T}}$.

由本性质可知，行列式的行具有的性质，列同样也有.

性质 2 交换行列式的两行（列），行列式的值变号.

注：以 r_i 表示行列式的第 i 行，以 c_i 表示第 i 列；交换 i、j 两行记为 $r_i \leftrightarrow r_j$，交换 i、j 两列记为 $c_i \leftrightarrow c_j$.

性质 3 如果行列式 D 中有两行（列）的对应元素相同，则 $D = 0$.

性质 4 用数 k 乘以行列式的某一行（列）等于以数 k 乘以此行列式，即

$$\begin{vmatrix} a_{11} & a_{12} & a_{13} \\ ka_{21} & ka_{22} & ka_{23} \\ a_{31} & a_{32} & a_{33} \end{vmatrix} = k\begin{vmatrix} a_{11} & a_{12} & a_{13} \\ a_{21} & a_{22} & a_{23} \\ a_{31} & a_{32} & a_{33} \end{vmatrix}.$$

推论 1 如果行列式的某一行(列)有公因子,则公因子可提到行列式外面. 即单行(列)公因子可提出行列式. 例如:

推论 2 如果行列式中有两行(列)成比例,则行列式的值为零.

性质 5 如果行列式的某一行(列)的每一个元素都写成两个数的和,则此行列式可以写成两个行列式的和.

这两个行列式分别以这两个数为所在行(列)对应位置的元素,而其他位置的元素与原行列式相同. 例如:

$$\begin{vmatrix} a_{11} & a_{12} & a_{13} \\ a_{21}+b_{21} & a_{22}+b_{22} & a_{23}+b_{23} \\ a_{31} & a_{32} & a_{33} \end{vmatrix} = \begin{vmatrix} a_{11} & a_{12} & a_{13} \\ a_{21} & a_{22} & a_{23} \\ a_{31} & a_{32} & a_{33} \end{vmatrix} + \begin{vmatrix} a_{11} & a_{12} & a_{13} \\ b_{21} & b_{22} & b_{23} \\ a_{31} & a_{32} & a_{33} \end{vmatrix}.$$

性质 6 将行列式的某一行(列)的 k 倍加与另一行(列),其值不变.

比如:$D=\begin{vmatrix} a_{11} & a_{12} & a_{13} \\ a_{21} & a_{22} & a_{23} \\ a_{31} & a_{32} & a_{33} \end{vmatrix}$ 将第二行每一个元素乘以 k 加到第三行上,得到行列式

$$D_1=\begin{vmatrix} a_{11} & a_{12} & a_{13} \\ a_{21} & a_{22} & a_{23} \\ a_{31}+ka_{21} & a_{32}+ka_{22} & a_{33}+ka_{23} \end{vmatrix},$$

而 $D_1=\begin{vmatrix} a_{11} & a_{12} & a_{13} \\ a_{21} & a_{22} & a_{23} \\ a_{31}+ka_{21} & a_{32}+ka_{22} & a_{33}+ka_{23} \end{vmatrix}$

$$=\begin{vmatrix} a_{11} & a_{12} & a_{13} \\ a_{21} & a_{22} & a_{23} \\ a_{31} & a_{32} & a_{33} \end{vmatrix} + \begin{vmatrix} a_{11} & a_{12} & a_{13} \\ a_{21} & a_{22} & a_{23} \\ ka_{21} & ka_{22} & ka_{23} \end{vmatrix} = D+0.$$

因而 $D_1=D$.

【同步练习】计算下列行列式:

(1) $\begin{vmatrix} 2 & 3 & -5 \\ 5 & 8 & 9 \\ -4 & -6 & 10 \end{vmatrix}$; (2) $\begin{vmatrix} 8 & -7 & -3 \\ 5 & 3 & -12 \\ 0 & 0 & 0 \end{vmatrix}$; (3) $\begin{vmatrix} 1 & 9 & 100 \\ -1 & 2 & -99 \\ -3 & 8 & -301 \end{vmatrix}$.

8.1.3 行列式的展开

定义 3 (余子式,代数余子式)在三阶行列式 D 中,划去元素 a_{ij} 所在的第 i 行第 j 列后,余下的元素按原次序构成的二阶行列式,称为元素 a_{ij} 的余子式,记作 D_{ij};在前添加符号 $(-1)^{i+j}$ 称为 a_{ij} 的代数余子式,记为 A_{ij},即 $A_{ij}=(-1)^{i+j}M_{ij}$.

类似可定义二阶行列式中各元素的余子式及代数余子式.

【例 3】 试求 $D=\begin{vmatrix}0 & 1 & 2\\ -2 & 1 & 3\\ 2 & -3 & 1\end{vmatrix}$ 中元素 -2 的余子式以及代数余子式.

解 在 D 中去掉元素 -2 所在的行、列，则元素 -2 的余子式为

$$D_{21}=\begin{vmatrix}1 & 2\\ -3 & 1\end{vmatrix}=-1+6=7,$$

-2 的代数余子式 $A_{21}=(-1)^{2+1}D_{21}=-7$.

【例 4】 二阶行列式 $D=\begin{vmatrix}a_{11} & a_{12}\\ a_{21} & a_{22}\end{vmatrix}$ 中各元素的代数余子式：

a_{11} 的代数余子式 $A_{11}=(-1)^{1+1}D_{11}=|a_{22}|=a_{22}$；

a_{12} 的代数余子式 $A_{12}=(-1)^{1+2}D_{12}=-|a_{21}|=-a_{21}$；

a_{21} 的代数余子式 $A_{21}=(-1)^{2+1}D_{21}=-|a_{21}|=-a_{21}$；

a_{22} 的代数余子式 $A_{22}=(-1)^{2+2}D_{22}=|a_{12}|=a_{12}$.

定理 1 三阶行列式 D 可以表示成它的任意一行(列)的各元素与其对应代数余子式乘积之和，即

按照第 i 行展开行列式：$D=a_{i1}A_{i1}+a_{i2}A_{i2}+a_{i3}A_{i3}$.

按照第 j 列展开行列式：$D=a_{1j}A_{1j}+a_{2j}A_{2j}+a_{3j}A_{3j}$.

此定理称为拉普拉斯展开定理.

定理 2 三阶行列式 D 的某一行(列)的各元素与另一行(列)元素的代数余子式乘积之和为零. 即

$$a_{i1}A_{j1}+a_{i2}A_{j2}+a_{i3}A_{j3}=0\,(i\neq j)$$

或

$$a_{1i}A_{1j}+a_{2i}A_{2j}+a_{3i}A_{3j}=0\,(i\neq j).$$

【例 5】 设 $D=\begin{vmatrix}2 & 1 & 2\\ -4 & 3 & 1\\ 2 & 3 & 5\end{vmatrix}$，将 D 按第二行展开求值.

解 $D=-4\cdot(-1)^{2+1}\begin{vmatrix}1 & 2\\ 3 & 5\end{vmatrix}+3\cdot(-1)^{2+2}\begin{vmatrix}2 & 2\\ 2 & 5\end{vmatrix}+1\cdot(-1)^{2+3}\begin{vmatrix}2 & 1\\ 2 & 3\end{vmatrix}$

$=4\times(-1)+3\times6-4=10.$

【例 6】 按第一行和第三列展开行列式 $D=\begin{vmatrix}1 & 0 & -2\\ 1 & 1 & 3\\ -2 & 3 & 1\end{vmatrix}$.

解 (1)按第一行展开：

$$D=1\times(-1)^{1+1}\begin{vmatrix}1 & 3\\ 3 & 1\end{vmatrix}+0\times(-1)^{1+2}\begin{vmatrix}1 & 3\\ -2 & 1\end{vmatrix}+(-2)\times(-1)^{1+3}\begin{vmatrix}1 & 1\\ -2 & 3\end{vmatrix}=-18.$$

(2)按第三列展开：

$$D=(-2)\times(-1)^{1+3}\begin{vmatrix}1 & 1\\ -2 & 3\end{vmatrix}+3\times(-1)^{2+3}\begin{vmatrix}1 & 0\\ -2 & 3\end{vmatrix}+1\times(-1)^{3+3}\begin{vmatrix}1 & 0\\ 1 & 1\end{vmatrix}$$

$=-10-9+1=-18.$

【同步练习】将行列式

$$D=\begin{vmatrix} 2 & 3 & -1 \\ a & b & c \\ -1 & -5 & 3 \end{vmatrix}$$ 按第二行展开.

8.1.4 n 阶行列式的定义

有了拉普拉斯展开定理，就可以给出 n 阶行列式的定义. 行列式某一元素的代数余子式总是比原行列式降低一阶的，而二阶三阶行列式是有明确定义的，三阶行列式中讲到的余子式以及代数余子式的概念完全适用于 n 阶行列式，其定义和记号可以照搬过来. 从而用拉普拉斯展开定理可由三阶行列式定义四阶行列式，由四阶行列式定义五阶行列式，由 $n-1$ 阶行列式定义 n 阶行列式.

定义 4 将 n^2 个数排列成 n 行 n 列(横排称为行，竖排称为列)，并在左右两边各加一竖线的算式，即

$$D_n=\begin{vmatrix} a_{11} & a_{12} & \cdots & a_{1n} \\ a_{21} & a_{22} & \cdots & a_{2n} \\ \cdots & \cdots & \cdots & \cdots \\ a_{n1} & a_{n2} & \cdots & a_{nn} \end{vmatrix}$$

$$=a_{11}A_{11}+a_{12}A_{12}+\cdots+a_{1n}A_{1n}=\sum_{j=1}^{n}a_{1j}A_{1j},$$

称为 n 阶行列式，它表示一个由确定的运算关系所得到的代数式. 其中 a_{ij} 为 D 的第 i 行第 j 列元素($i,j=1,2,\cdots n$)，$A_{ij}=(-1)^{i+j}D_{ij}$ 为 a_{ij} 的代数余子式，D_{ij} 是由 D 中划去第 i 行和第 j 列后剩下元素按原来顺序组成的 $n-1$ 阶行列式，为 a_{ij} 的余子式. 一般地，有

$$D_n=a_{i1}A_{i1}+a_{i2}A_{i2}+\cdots+a_{in}A_{in}=\sum_{k=1}^{n}a_{ik}A_{ik},$$

$$D_n=a_{1j}A_{1j}+a_{2j}A_{2j}+\cdots+a_{nj}A_{nj}=\sum_{k=1}^{n}a_{kj}A_{kj}.$$

【例 7】 用定义计算四阶行列式：

$$D=\begin{vmatrix} a_{11} & 0 & 0 & 0 \\ 0 & a_{22} & 0 & 0 \\ 0 & 0 & a_{33} & 0 \\ 0 & 0 & 0 & a_{44} \end{vmatrix}.$$

解 由定义，将行列式按照第一行展开可得

$$D=\begin{vmatrix} a_{11} & 0 & 0 & 0 \\ 0 & a_{22} & 0 & 0 \\ 0 & 0 & a_{33} & 0 \\ 0 & 0 & 0 & a_{44} \end{vmatrix}=a_{11}\begin{vmatrix} a_{22} & 0 & 0 \\ 0 & a_{33} & 0 \\ 0 & 0 & a_{44} \end{vmatrix}=a_{11}a_{22}a_{33}a_{44},$$

称此行列式为对角线行列式. 一般地有

$$D=\begin{vmatrix} a_{11} & 0 & 0 & \cdots & 0 \\ 0 & a_{22} & 0 & \cdots & 0 \\ 0 & 0 & a_{33} & \cdots & 0 \\ \vdots & \vdots & \vdots & & \vdots \\ 0 & 0 & 0 & \cdots & a_{nn} \end{vmatrix}=a_{11}a_{22}a_{33}\cdots a_{nn}.$$

用与[例 7]完全类似的方法可求得

$$D=\begin{vmatrix} a_{11} & 0 & 0 & \cdots & 0 \\ a_{21} & a_{22} & 0 & \cdots & 0 \\ a_{31} & a_{32} & a_{33} & \cdots & 0 \\ \vdots & \vdots & \vdots & & \vdots \\ a_{n1} & a_{n2} & a_{n3} & \cdots & a_{nn} \end{vmatrix}=a_{11}a_{22}a_{33}\cdots a_{nn}.$$

称此行列式为下三角形行列式.

同理,可求得上三角形行列式

$$D=\begin{vmatrix} a_{11} & a_{12} & a_{13} & \cdots & a_{1n} \\ 0 & a_{22} & a_{23} & \cdots & a_{2n} \\ 0 & 0 & a_{33} & \cdots & a_{3n} \\ \vdots & \vdots & \vdots & & \vdots \\ 0 & 0 & 0 & \cdots & a_{nn} \end{vmatrix}=a_{11}a_{22}a_{33}\cdots a_{nn}.$$

【例 8】 由定义可得

$$D=\begin{vmatrix} 0 & 0 & 0 & a_{11} \\ 0 & 0 & a_{22} & 0 \\ 0 & a_{33} & 0 & 0 \\ a_{44} & 0 & 0 & 0 \end{vmatrix}=a_{11}a_{22}a_{33}a_{44}.$$

此例说明了对角线展开法对四阶行列式不再适用,它仅适用于二阶、三阶行列式.

同理,可求得 n 阶行列式

$$D=\begin{vmatrix} 0 & 0 & \cdots & 0 & a_{11} \\ 0 & 0 & \cdots & a_{22} & 0 \\ 0 & 0 & \cdots & 0 & 0 \\ \cdots & \cdots & \cdots & \cdots & \cdots \\ a_{nn} & 0 & \cdots & 0 & 0 \end{vmatrix}=(-1)^{\frac{n(n-1)}{2}}a_{11}a_{22}a_{33}\cdots a_{nn}.$$

【例 9】 计算下列行列式:

(1) $\begin{vmatrix} 1 & 1 & 2 \\ -2 & 3 & -3 \\ 4 & -1 & 3 \end{vmatrix}$; (2) $\begin{vmatrix} -1 & 2 & 0 & 1 \\ 0 & 2 & 2 & 0 \\ 2 & 3 & 3 & 7 \\ 4 & -5 & 1 & 2 \end{vmatrix}$.

解 (1) $\begin{vmatrix} 1 & 1 & 2 \\ -2 & 3 & -3 \\ 4 & -1 & 3 \end{vmatrix}\xlongequal[2r_1+r_2]{-4r_1+r_3}\begin{vmatrix} 1 & 1 & 2 \\ 0 & 5 & 1 \\ 0 & -5 & -5 \end{vmatrix}=\begin{vmatrix} 5 & 1 \\ -5 & -5 \end{vmatrix}=-5\begin{vmatrix} 5 & 1 \\ 1 & 1 \end{vmatrix}=-20.$

$$(2)\begin{vmatrix}-1&2&0&1\\0&2&2&0\\2&3&3&7\\4&-5&1&2\end{vmatrix}\xlongequal[1c_1+c_2]{2c_1+c_2}\begin{vmatrix}-1&0&0&0\\0&2&2&0\\2&7&3&9\\4&3&1&6\end{vmatrix}=(-1)\begin{vmatrix}2&2&0\\7&3&9\\3&1&6\end{vmatrix}\xlongequal{(-1)c_1+c_2}(-1)\begin{vmatrix}2&0&0\\7&-4&9\\3&-2&6\end{vmatrix}$$

$$=-2\begin{vmatrix}-4&9\\-2&6\end{vmatrix}=-2\times(-2)\times3\times\begin{vmatrix}2&3\\1&2\end{vmatrix}=12.$$

或

$$\begin{vmatrix}-1&2&0&1\\0&2&2&0\\2&3&3&7\\4&-5&1&2\end{vmatrix}\xlongequal[4r_1+r_4]{2r_1+r_3}\begin{vmatrix}-1&2&0&1\\0&2&2&0\\0&7&3&9\\0&3&1&6\end{vmatrix}=(-1)\begin{vmatrix}2&2&0\\7&3&9\\3&1&6\end{vmatrix}\xlongequal{(-1)c_1+c_2}(-1)\begin{vmatrix}2&0&0\\7&-4&9\\3&-2&6\end{vmatrix}$$

$$=-2\begin{vmatrix}-4&9\\-2&6\end{vmatrix}=-2\times(-2)\times3\times\begin{vmatrix}2&3\\1&2\end{vmatrix}=12.$$

【同步练习】计算下列行列式：

$$(1)\begin{vmatrix}1&0&0\\2&-7&0\\-7&-6&5\end{vmatrix};(2)\begin{vmatrix}2&5&0&1\\-7&1&0&1\\1&5&-5&3\\7&8&0&-1\end{vmatrix};(3)\begin{vmatrix}2&3&5&4\\-1&2&2&-3\\0&7&-2&6\\3&4&8&4\end{vmatrix}.$$

8.1.5　克莱姆法则

在第一节中已经讨论了二阶行列式与二元线性方程组的解之间的关系.在解 n 元线性方程组时，能用 n 阶行列式表示其解吗？本节主要讨论这个问题.

含有 n 个未知数 $x_1,x_2,\cdots,x_n$ 的 n 个线性方程的方程组

$$\begin{cases}a_{11}x_1+a_{12}x_2+\cdots+a_{1n}x_n=b_1\\a_{21}x_1+a_{22}x_2+\cdots+a_{2n}x_n=b_2\\\cdots\\a_{n1}x_1+a_{n2}x_2+\cdots+a_{nn}x_n=b_n\end{cases}\tag{8-2}$$

与二元线性方程组相类似，它的解可以用 n 阶行列式表示，即有

定理(克莱姆法则)如果线性方程组(8-2)的系数行列式不等于零，即

$$D=\begin{vmatrix}a_{11}&\cdots&a_{1n}\\\vdots&&\vdots\\a_{n1}&\cdots&a_{nn}\end{vmatrix}\neq0,$$

那么，方程组(8-2)有唯一解：

$$x_1=\frac{D_1}{D},x_2=\frac{D_2}{D},\cdots,x_n=\frac{D_n}{D},$$

其中 $D_j(j=1,2,\cdots,n)$ 是把系数行列式 D 中的 j 列的元素用方程组右端的常数项代替后所得到的 n 阶行列式.

【例 10】 求解线性方程组

$$\begin{cases} x_1 - x_2 + 2x_4 = -5 \\ 3x_1 + 2x_2 - x_3 - 2x_4 = 6 \\ 4x_1 + 3x_2 - x_3 - x_4 = 0 \\ 2x_1 - x_3 = 0 \end{cases}.$$

解 系数行列式

$$D=\begin{vmatrix} 1 & -1 & 0 & 2 \\ 3 & 2 & -1 & -2 \\ 4 & 3 & -1 & -1 \\ 2 & 0 & -1 & 0 \end{vmatrix} \xlongequal[-r_4+r_3]{-r_4+r_2} \begin{vmatrix} 1 & -1 & 0 & 2 \\ 1 & 2 & 0 & -2 \\ 2 & 3 & 0 & -1 \\ 2 & 0 & -1 & 0 \end{vmatrix}$$

$$\xlongequal[\text{展开}]{\text{按第三列}} (-1)\times(-1)^{4+3}\begin{vmatrix} 1 & -1 & 2 \\ 1 & 2 & -2 \\ 2 & 3 & -1 \end{vmatrix} = \begin{vmatrix} 2 & 1 & 0 \\ 1 & 2 & -2 \\ 2 & 3 & -1 \end{vmatrix}$$

$$= \begin{vmatrix} 2 & 1 & 0 \\ -3 & -4 & 0 \\ 2 & 3 & -1 \end{vmatrix} \xlongequal[\text{展开}]{\text{按第三列}} (-1)\times(-1)^{3+3}\begin{vmatrix} 2 & 1 \\ -3 & -4 \end{vmatrix} = 5 \neq 0.$$

同样可以计算

$$D_1=\begin{vmatrix} -5 & -1 & 0 & 2 \\ 6 & 2 & -1 & -2 \\ 0 & 3 & -1 & -1 \\ 0 & 0 & -1 & 0 \end{vmatrix}=10, \quad D_2=\begin{vmatrix} 1 & -5 & 0 & 2 \\ 3 & 6 & -1 & -2 \\ 4 & 0 & -1 & -2 \\ 2 & 0 & -1 & 0 \end{vmatrix}=-15,$$

$$D_3=\begin{vmatrix} 1 & -1 & -5 & 2 \\ 3 & 2 & 6 & -2 \\ 4 & 3 & 0 & -1 \\ 2 & 0 & 0 & 0 \end{vmatrix}=20, \quad D_4=\begin{vmatrix} 1 & -1 & 0 & -5 \\ 3 & 2 & -1 & 6 \\ 4 & 3 & -1 & 0 \\ 2 & 0 & -1 & 0 \end{vmatrix}=-25.$$

所以 $x_1=\dfrac{D_1}{D}=2, x_2=\dfrac{D_2}{D}=-3, x_3=\dfrac{D_3}{D}=4, x_4=\dfrac{D_4}{D}=-5.$

线性方程组(8-2)右端的自由项 $b_1, b_2, \cdots, b_n$ 不全为零时，线性方程组(8-2)叫做非齐次方程组，当 $b_1, b_2, \cdots, b_n$ 全为零时，线性方程组(8-2)叫做齐次方程组.

对于齐次线性方程组

$$\begin{cases} a_{11}x_1 + a_{12}x_2 + \cdots a_{1n}x_n = 0 \\ a_{21}x_1 + a_{22}x_2 + \cdots a_{2n}x_n = 0 \\ \cdots \\ a_{n1}x_1 + a_{n2}x_2 + \cdots a_{nn}x_n = 0 \end{cases}. \tag{8-3}$$

$x_1 = x_2 = \cdots = x_n = 0$ 一定是它的解，这个解叫做齐次方程组(8-3)的零解. 如果一组不全为零的数是(8-3)的解，则它叫做齐次方程组(8-3)的非零解. 齐次方程组(8-3)一定有零解，但不一定有非零解.

把定理(克莱姆法则)应用于齐次方程组(8-3)，可得

推论 1 如果齐次方程组(8-3)的系数行列式 $D \neq 0$，则齐次方程组(8-3)只有零解.

推论 2 如果齐次方程组(8-3)有非零解，则它的系数行列式必为零.

【例 11】 问 λ 取何值时，齐次方程组

$$\begin{cases}(5-\lambda)x+2y+2z=0\\2x+(6-\lambda)y=0\\2x+(4-\lambda)z=0\end{cases}\tag{8-4}$$

有非零解？

解 由推论 2 可知，若齐次方程组(8-4)有非零解，则(8-4)的系数行列式 $D=0$. 而

$$D=\begin{vmatrix}5-\lambda & 2 & 2\\2 & 6-\lambda & 0\\2 & 0 & 4-\lambda\end{vmatrix}$$

$$=(5-\lambda)(6-\lambda)(4-\lambda)-4(4-\lambda)-4(6-\lambda)$$

$$=(5-\lambda)(2-\lambda)(8-\lambda),$$

由 $D=0$，得 $\lambda=2,\lambda=5$ 或 $\lambda=8$.

不难验证，当 $\lambda=2,\lambda=5$ 或 $\lambda=8$ 时，齐次方程组(8-4)确有非零解.

【同步练习】用克莱姆法则求解线性方程组：

(1) $\begin{cases}2x_1+3x_2=3\\-8x_1+7x_2=-9\end{cases}$； (2) $\begin{cases}x_1-2x_2+2x_3=8\\2x_1+6x_2-3x_3=-4.\\-3x_2+x_2-2x_3=6\end{cases}$

习 题 8-1

1. 计算下列二阶行列式：

(1) $\begin{vmatrix}5 & 4\\3 & 2\end{vmatrix}$；(2) $\begin{vmatrix}3 & 6\\-1 & 2\end{vmatrix}$；(3) $\begin{vmatrix}\cos x & -\sin x\\\sin x & \cos x\end{vmatrix}$；(4) $\begin{vmatrix}a^2 & a^3\\b^2 & ab^2\end{vmatrix}$.

2. 计算下列三阶行列式：

(1) $\begin{vmatrix}2 & 1 & 3\\3 & -2 & -1\\1 & 4 & 3\end{vmatrix}$；(2) $\begin{vmatrix}0 & a & 0\\b & 0 & c\\0 & d & 0\end{vmatrix}$；(3) $\begin{vmatrix}a & 0 & b\\0 & e & 0\\c & 0 & d\end{vmatrix}$；(4) $\begin{vmatrix}x_1 & x_2 & 0\\y_1 & y_2 & 0\\0 & 0 & z\end{vmatrix}$；

(5) $\begin{vmatrix}1 & 4 & 7\\8 & 2 & 5\\9 & 6 & 3\end{vmatrix}$；(6) $\begin{vmatrix}0 & 1 & 1\\-1 & 0 & -1\\1 & 1 & 0\end{vmatrix}$；(7) $\begin{vmatrix}1 & 0 & 1\\2 & 1 & 1\\3 & 2 & 1\end{vmatrix}$；(8) $\begin{vmatrix}2 & 7 & 3\\-4 & -4 & -6\\10 & -8 & 18\end{vmatrix}$.

3. 计算行列式：

(1) $\begin{vmatrix}0 & 0 & 1 & 0\\0 & 2 & 0 & 3\\3 & 0 & 5 & 0\\7 & 6 & 17 & 4\end{vmatrix}$； (2) $\begin{vmatrix}-1 & 2 & -2 & 1\\2 & 3 & 1 & -1\\2 & 0 & 0 & 3\\4 & 1 & 0 & 1\end{vmatrix}$；

(3) $\begin{vmatrix} 0 & 0 & 0 & 1 & 0 \\ 0 & 0 & 2 & 0 & 0 \\ 0 & 3 & 0 & 0 & 0 \\ 4 & 0 & 0 & 0 & 0 \\ 0 & 0 & 0 & 0 & 5 \end{vmatrix}$； (4) $\begin{vmatrix} a & 1 & 0 & 0 \\ -1 & b & 1 & 0 \\ 0 & -1 & c & 1 \\ 0 & 0 & -1 & d \end{vmatrix}$；

(5) $\begin{vmatrix} 4 & 3 & 2 & 1 \\ 3 & 2 & 1 & 4 \\ 2 & 1 & 4 & 3 \\ 1 & 4 & 3 & 2 \end{vmatrix}$； (6) $\begin{vmatrix} 1 & 0 & -2 & 4 \\ -3 & 7 & 2 & 1 \\ 2 & 1 & -5 & -3 \\ 0 & -4 & 11 & 12 \end{vmatrix}$；

(7) $\begin{vmatrix} a-5 & -2 & 4 \\ -2 & a-2 & 2 \\ 4 & 2 & a-5 \end{vmatrix}$.

4. 用行列式的性质证明：

(1) $\begin{vmatrix} a^2 & ab & b^2 \\ 2a & a+b & 2b \\ 1 & 1 & 1 \end{vmatrix}=(a-b)^3$； (2) $\begin{vmatrix} b & a & a \\ a & b & a \\ a & a & b \end{vmatrix}=(2a+b)(b-a)^2$.

8.2 矩阵的概念与基本运算

8.2.1 矩阵的概念

【例 1】 在物资调运中，经常要考虑如何分配物资供应销售地，使物资的总运费最低. 如果某地区的煤有两个产地 x_1, x_2，有四个销售地 y_1, y_2, y_3, y_4，则可以用一个数表来表示煤的调运方案(见表 8－1).

表 8-1

产地 \ 销地	x_1	x_2
y_1	a_{11}	a_{12}
y_2	a_{21}	a_{22}
y_3	a_{31}	a_{32}
y_4	a_{41}	a_{42}

表中数字 a_{ij} 表示物资由产地 x_j 运到销地 y_i 的数量，这个按一定次序排列的数表

$$\begin{pmatrix} a_{11} & a_{12} \\ a_{21} & a_{22} \\ a_{31} & a_{32} \\ a_{41} & a_{42} \end{pmatrix}$$

表示了煤的调运方案.

类似这种矩形表，在自然科学、工程技术及经济领域中常常被应用，用来表达某种状态或数量关系. 这种数表在数学上就叫做矩阵.

定义 1 由 $m\times n$ 个数 $a_{ij}(i=1,2,\cdots,m;j=1,2,\cdots,n)$ 排成 m 行 n 列的矩形数表

$$\begin{pmatrix} a_{11} & a_{12} & \cdots & a_{1n} \\ a_{21} & a_{22} & \cdots & a_{2n} \\ \cdots & \cdots & \cdots & \cdots \\ a_{m1} & a_{m2} & \cdots & a_{mn} \end{pmatrix},$$

称为 m 行 n 列矩阵，简称 $m\times n$ 矩阵. 通常用大写黑体字母 $\boldsymbol{A},\boldsymbol{B},\boldsymbol{C}\cdots$ 或 (a_{ij})，(b_{ij})，$\cdots$ 表示，有时为了表明矩阵的行数 m 与列数 n，常记作 $\boldsymbol{A}_{m\times n}$ 或 $(a_{ij})_{m\times n}$.

这 $m\times n$ 个数称为矩阵 $\boldsymbol{A}$ 的元素，简称为元，其中 a_{ij} 叫做矩阵 $\boldsymbol{A}$ 的第 i 行第 j 列元素，i 称为 a_{ij} 的行标，j 称为 a_{ij} 的列标.

元素是实数的矩阵称为实矩阵，元素是复数的矩阵称为复矩阵. 本章只讨论实矩阵.

当矩阵的行数与列数相等，即 $m=n$ 时，矩阵 $\boldsymbol{A}$ 称为 n 阶方阵，记 $\boldsymbol{A}_n$. 方阵 $\boldsymbol{A}$ 的左上角到右下角称为主对角线，其元素 $a_{11},a_{22},\cdots,a_{nn}$ 称为主对角线元素，简称主对角元.

当矩阵只有一行，即 $m=1$ 时，矩阵 $\boldsymbol{A}$ 称为行矩阵，此时

$$\boldsymbol{A}=(a_{11},a_{12},\cdots,a_{1n}).$$

当矩阵只有一列，即 $n=1$ 时，矩阵 $\boldsymbol{A}$ 称为列矩阵，此时 $\boldsymbol{A}=\begin{pmatrix} a_{11} \\ a_{21} \\ \vdots \\ a_{m1} \end{pmatrix}$.

当矩阵元素都为零，即 $a_{ij}=0(i=1,2,\cdots,m;j=1,2,\cdots,n)$ 时，称矩阵 $\boldsymbol{A}$ 为零矩阵，一般记为 $O_{m\times n}$ 或 O.

在 n 阶方阵中，若主对角线左下方元素全为零，此矩阵称为上三角矩阵. 如

$$\begin{pmatrix} 1 & 3 & 5 & 7 \\ 0 & -2 & 4 & 3 \\ 0 & 0 & 3 & 6 \\ 0 & 0 & 0 & 5 \end{pmatrix}.$$

如果主对角线右上方的元素全为零，这样的方阵称之为下三角矩阵. 如

$$\begin{pmatrix} 3 & 0 & 0 & 0 \\ 2 & -1 & 0 & 0 \\ 3 & 4 & 5 & 0 \\ 1 & 2 & 3 & -4 \end{pmatrix}.$$

如果方阵除主对角线以外的元素都为零，则这个方阵称为对角方阵. 如

$$\begin{pmatrix} a_{11} & 0 & \cdots & 0 \\ 0 & a_{22} & \cdots & 0 \\ \cdots & \cdots & \cdots & \cdots \\ 0 & 0 & \cdots & a_{nn} \end{pmatrix}.$$

显然，对角矩阵既是上三角矩阵也是下三角矩阵.

主对角线上的元素都是 1，其余元素都是零的方阵称为单位矩阵，记作 $\boldsymbol{E}$ 或 $\boldsymbol{E}_n$.

$$E=\begin{pmatrix}1 & 0 & \cdots & 0\\ 0 & 1 & \cdots & 0\\ \cdots & \cdots & \cdots & \cdots\\ 0 & 0 & \cdots & 1\end{pmatrix}.$$

当 $n=2,3$ 时，

$$E_2=\begin{pmatrix}1 & 0\\ 0 & 1\end{pmatrix},E_3=\begin{pmatrix}1 & 0 & 0\\ 0 & 1 & 0\\ 0 & 0 & 1\end{pmatrix}.$$

分别为二阶、三阶单位矩阵.

8.2.2 矩阵的加减法

如果两个矩阵的行数相等，列数也相等，称它们是同型矩阵.

定义 2 若矩阵 $\boldsymbol{A}=(a_{ij})$ 和矩阵 $\boldsymbol{B}=(b_{ij})$ 为同型矩阵，并且对应的元素相等，即 $a_{ij}=b_{ij}$ $(i=1,2,\cdots,m;j=1,2,\cdots,n)$，则称矩阵 $\boldsymbol{A}$ 与矩阵 $\boldsymbol{B}$ 相等，记为 $\boldsymbol{A}=\boldsymbol{B}$.

例如：设矩阵 $A=B$，其中

$$\boldsymbol{A}=\begin{pmatrix}x & 3 & 1\\ 2 & y & 4\end{pmatrix},\quad \boldsymbol{B}=\begin{pmatrix}-1 & 3 & z\\ 2 & 7 & 4\end{pmatrix},$$

则 $x=-1,y=7,z=1$.

【例 2】 线性方程组的矩阵表示.

n 元线性方程组：

$$\begin{cases}a_{11}x_1+a_{12}x_2+\cdots+a_{1n}x_n=b_1\\ a_{21}x_1+a_{22}x_2+\cdots+a_{2n}x_n=b_2\\ \cdots\\ a_{m1}x_1+a_{m2}x_2+\cdots+a_{mn}x_n=b_m\end{cases}$$

可以用矩阵相等表示为

$$\begin{pmatrix}a_{11}x_1+a_{12}x_2+\cdots+a_{1n}x_n\\ a_{21}x_1+a_{22}x_2+\cdots+a_{2n}x_n\\ \cdots\\ a_{m1}x_1+a_{m2}x_2+\cdots+a_{mn}x_n\end{pmatrix}=\begin{pmatrix}b_1\\ b_2\\ \vdots\\ b_m\end{pmatrix}.$$

定义 3 两个 $m\times n$ 矩阵 $\boldsymbol{A}=(a_{ij})$，$\boldsymbol{B}=(b_{ij})$ 对应位置元素相加得到的新的 $m\times n$ 矩阵

$$\boldsymbol{C}=\begin{pmatrix}a_{11}+b_{11} & a_{12}+b_{12} & \cdots & a_{1n}+b_{1n}\\ a_{21}+b_{21} & a_{22}+b_{22} & \cdots & a_{2n}+b_{2n}\\ \cdots & \cdots & \cdots & \cdots\\ a_{m1}+b_{m1} & a_{m2}+b_{m2} & \cdots & a_{mn}+b_{mn}\end{pmatrix},$$

称为矩阵 $\boldsymbol{A}$ 与矩阵 $\boldsymbol{B}$ 的和，记作 $\boldsymbol{C}=\boldsymbol{A}+\boldsymbol{B}$. 即 $\boldsymbol{A}+\boldsymbol{B}=(a_{ij}+b_{ij})$.

注意：只有当两个矩阵是同型矩阵时，即行数和列数分别相同时，这两个矩阵才能进行加法运算.

矩阵的加法运算满足下列运算规律(设 $\boldsymbol{A}$、$\boldsymbol{B}$、$\boldsymbol{C}$ 都是 $m\times n$ 矩阵)：

(1)交换律：$\boldsymbol{A}+\boldsymbol{B}=\boldsymbol{B}+\boldsymbol{A}$.

(2)结合律：$\boldsymbol{A}+(\boldsymbol{B}+\boldsymbol{C})=(\boldsymbol{A}+\boldsymbol{B})+\boldsymbol{C}$.

显然有 $\boldsymbol{A}+\boldsymbol{O}=\boldsymbol{A}$.

设矩阵 $\boldsymbol{A}=(a_{ij})$，记 $-\boldsymbol{A}=(-a_{ij})$，$-\boldsymbol{A}$ 称为矩阵 $\boldsymbol{A}$ 的负矩阵，显然有

$$\boldsymbol{A}+(-\boldsymbol{A})=O.$$

由此规定矩阵的减法运算为

$$\boldsymbol{A}-\boldsymbol{B}=\boldsymbol{A}+(-\boldsymbol{B}).$$

【例 3】 有两种物资(单位:吨)从四个产地运往三个销地，其调运方案分别为矩阵 A 与矩阵 B，

$$\boldsymbol{A}=\begin{bmatrix}3&5&7&2\\2&0&4&3\\0&1&2&3\end{bmatrix},\boldsymbol{B}=\begin{bmatrix}1&3&2&0\\2&1&5&7\\0&6&4&8\end{bmatrix},$$

则从各产地运往各销地两种物资的总运量(单位:吨)为

$$\boldsymbol{A}+\boldsymbol{B}=\begin{bmatrix}3&5&7&2\\2&0&4&3\\0&1&2&3\end{bmatrix}+\begin{bmatrix}1&3&2&0\\2&1&5&7\\0&6&4&8\end{bmatrix}=\begin{bmatrix}4&8&9&2\\4&1&9&10\\0&7&6&11\end{bmatrix}.$$

8.2.3 数与矩阵相乘(数乘矩阵)

定义 4 以数 λ 乘矩阵 $\boldsymbol{A}$ 的每一个元素所得到的矩阵，称为数 λ 与矩阵 $\boldsymbol{A}$ 的积，记作 $\lambda\boldsymbol{A}$ 或 $\boldsymbol{A}\lambda$. 如果 $\boldsymbol{A}=(a_{ij})$，那么

$$\lambda\boldsymbol{A}=\boldsymbol{A}\lambda=(\lambda a_{ij}).$$

也就是说，数 λ 乘矩阵 $\boldsymbol{A}$ 就是用数 λ 乘矩阵 $\boldsymbol{A}$ 的每一个元素.

例如：$2\begin{pmatrix}2&4&1\\3&5&-2\end{pmatrix}=\begin{pmatrix}4&8&2\\6&10&-4\end{pmatrix}$.

容易验证，数乘矩阵满足下列运算规律(设 $\boldsymbol{A}$、$\boldsymbol{B}$ 为同型矩阵，λ、μ 是数)：

(1) 结合律：$(\lambda\mu)\boldsymbol{A}=\lambda(\mu\boldsymbol{A})$；

(2) 分配律：$(\lambda+\mu)\boldsymbol{A}=\lambda\boldsymbol{A}+\mu\boldsymbol{A}$，$\lambda(\boldsymbol{A}+\boldsymbol{B})=\lambda\boldsymbol{A}+\lambda\boldsymbol{B}$.

【例 4】 设

$$\boldsymbol{A}=\begin{pmatrix}3&-1&2\\1&5&7\\5&4&-3\end{pmatrix},\boldsymbol{B}=\begin{pmatrix}7&5&-4\\5&1&9\\3&-2&1\end{pmatrix},$$

且 $\boldsymbol{A}+2\boldsymbol{X}=\boldsymbol{B}$，求矩阵 $\boldsymbol{X}$.

解 $\boldsymbol{X}=\frac{1}{2}(\boldsymbol{B}-\boldsymbol{A})=\frac{1}{2}\begin{pmatrix}7-3&5+1&-4-2\\5-1&1-5&9-7\\3-5&-2-4&1+3\end{pmatrix}$

$$=\frac{1}{2}\begin{pmatrix}4&6&-6\\4&-4&2\\-2&-6&4\end{pmatrix}=\begin{pmatrix}2&3&-3\\2&-2&1\\-1&-3&2\end{pmatrix}.$$

【同步练习】设

$$\boldsymbol{A}=\begin{pmatrix}3&-1&2\\1&5&7\\5&4&-3\end{pmatrix},\boldsymbol{B}=\begin{pmatrix}7&5&-4\\5&1&9\\3&-2&1\end{pmatrix}.$$

计算 $\boldsymbol{A}+\boldsymbol{B}$，$\boldsymbol{B}-\boldsymbol{A}$，$-2\boldsymbol{A}+3\boldsymbol{B}$.

8.2.4 矩阵与矩阵相乘(矩阵乘法)

定义 5 设$\boldsymbol{A}=(a_{ij})$是一个$m\times s$矩阵,$\boldsymbol{B}=(b_{ij})$是一个$s\times n$矩阵,那么规定矩阵$\boldsymbol{A}$与矩阵$\boldsymbol{B}$的乘积是一个$m\times n$矩阵$\boldsymbol{C}=(c_{ij})$,其中

$$c_{ij}=a_{i1}b_{1j}+a_{i2}b_{2j}+\cdots+a_{is}b_{sj}=\sum_{k=1}^{s}a_{ik}b_{kj}\,(i=1,2,\cdots,m;j=1,2,\cdots,n).$$

并把此乘积记作

$$\boldsymbol{C}=\boldsymbol{AB}.$$

【例 5】 设矩阵$\boldsymbol{A}=\begin{pmatrix}1&2\\3&-1\\0&4\end{pmatrix}$,$\boldsymbol{B}=\begin{pmatrix}2&4\\3&1\end{pmatrix}$,求$\boldsymbol{AB}$.

解

$$\boldsymbol{AB}=\begin{pmatrix}1\times2+2\times3&1\times4+2\times1\\3\times2+(-1)\times3&3\times4+(-1)\times1\\0\times2+4\times3&0\times4+4\times1\end{pmatrix}=\begin{pmatrix}8&6\\3&11\\12&4\end{pmatrix}.$$

这里$\boldsymbol{A}$为3×2的矩阵,$\boldsymbol{B}$为2×2矩阵,故$\boldsymbol{AB}$为3×2矩阵,而$\boldsymbol{BA}$没有意义,称$\boldsymbol{B}$与$\boldsymbol{A}$不可乘.

【例 6】 设$\boldsymbol{A}=\begin{pmatrix}1&2\\0&1\end{pmatrix}$,$\boldsymbol{B}=\begin{pmatrix}-1&1\\1&-1\end{pmatrix}$,求$\boldsymbol{AB}$和$\boldsymbol{BA}$.

解 $\boldsymbol{AB}=\begin{pmatrix}1&2\\0&1\end{pmatrix}\begin{pmatrix}-1&1\\1&-1\end{pmatrix}=\begin{pmatrix}1&-1\\1&-1\end{pmatrix}$,$\boldsymbol{BA}=\begin{pmatrix}-1&1\\1&-1\end{pmatrix}\begin{pmatrix}1&2\\0&1\end{pmatrix}=\begin{pmatrix}-1&-1\\1&1\end{pmatrix}$.

显然,$\boldsymbol{AB}\neq\boldsymbol{BA}$,即矩阵乘法不满足交换律.

由[例 6]可以看出,矩阵的乘法不满足交换律.有时$\boldsymbol{AB}$有意义,而$\boldsymbol{BA}$不一定有意义;有时即使$\boldsymbol{AB}$,$\boldsymbol{BA}$都有意义,但$\boldsymbol{AB}$,$\boldsymbol{BA}$也不一定相等.所以,在进行矩阵的乘法运算时,要注意是左乘(在矩阵$\boldsymbol{B}$的左边乘一个矩阵$\boldsymbol{A}$称为矩阵$\boldsymbol{A}$左乘矩阵$\boldsymbol{B}$)还是右乘(在矩阵$\boldsymbol{B}$的右边乘一个矩阵$\boldsymbol{A}$称为矩阵$\boldsymbol{A}$右乘矩阵$\boldsymbol{B}$).

【例 7】 设$\boldsymbol{A}$是一个行矩阵,$\boldsymbol{B}$是一个列矩阵,且

$$\boldsymbol{A}=(2\quad3\quad7),\boldsymbol{B}=\begin{pmatrix}1\\5\\4\end{pmatrix}.$$

求$\boldsymbol{AB}$和$\boldsymbol{BA}$.

解

$$\boldsymbol{AB}=(2\quad3\quad7)\begin{pmatrix}1\\5\\4\end{pmatrix}=2+15+28=45.$$

$$\boldsymbol{BA}=\begin{pmatrix}1\\5\\4\end{pmatrix}(2\quad3\quad7)=\begin{pmatrix}2&3&7\\10&15&35\\8&12&28\end{pmatrix}.$$

矩阵的乘法满足如下运算规律(假设运算都是可行的).

(1)结合律:$(\boldsymbol{AB})\boldsymbol{C}=\boldsymbol{A}(\boldsymbol{BC})$,$\lambda(\boldsymbol{AB})=(\lambda\boldsymbol{A})\boldsymbol{B}=\boldsymbol{A}(\lambda\boldsymbol{B})$(其中$\lambda$为常数).

(2)分配律:$\boldsymbol{A}(\boldsymbol{B}+\boldsymbol{C})=\boldsymbol{AB}+\boldsymbol{AC}$,$(\boldsymbol{B}+\boldsymbol{C})\boldsymbol{A}=\boldsymbol{BA}+\boldsymbol{CA}$.

单位矩阵满足：

(1)$E_m A_{m\times n}=A_{m\times n}$，$A_{m\times n}E_n=A_{m\times n}$；

(2)当 A 是与 E 同阶的方阵时，$EA=AE=A$.

显然，单位矩阵 E 在矩阵乘法中的作用类似于数 1 在数的乘法中的作用.

【例 8】 设 $A=\begin{pmatrix}1 & 1\\ -1 & -1\end{pmatrix}$，$B=\begin{pmatrix}1 & -1\\ -1 & 1\end{pmatrix}$. 则 $AB=\begin{pmatrix}0 & 0\\ 0 & 0\end{pmatrix}$.

此例说明，两个非零矩阵的乘积可能是零矩阵，这种现象在数的乘法运算中是不可能出现的.

同时还容易得到：当矩阵 $A\neq O$ 时，一般不能由 $AB=AC$ 得到 $B=C$. 这又是和数的乘法运算的区别.

例如设 $A=\begin{pmatrix}1 & 0\\ 0 & 0\end{pmatrix}$，$B=\begin{pmatrix}3 & 2\\ 4 & 6\end{pmatrix}$，$C=\begin{pmatrix}3 & 2\\ 2 & -1\end{pmatrix}$，则 $AB=\begin{pmatrix}3 & 2\\ 0 & 0\end{pmatrix}$，$AC=\begin{pmatrix}3 & 2\\ 0 & 0\end{pmatrix}$.

显然，$B\neq C$，但 $AB=AC$. 即矩阵的乘法不满足消去律.

【例 9】 线性方程组的矩阵表示.

对于 n 元线性方程组：

$$\begin{cases}a_{11}x_1+a_{12}x_2+\cdots+a_{1n}x_n=b_1\\ a_{21}x_1+a_{22}x_2+\cdots+a_{2n}x_n=b_2\\ \qquad\cdots\\ a_{m1}x_1+a_{m2}x_2+\cdots+a_{mn}x_n=b_m\end{cases}.$$

设

$$A=\begin{pmatrix}a_{11} & a_{12} & \cdots & a_{1n}\\ a_{21} & a_{22} & \cdots & a_{2n}\\ \cdots & \cdots & \cdots & \cdots\\ a_{m1} & a_{m2} & \cdots & a_{mn}\end{pmatrix},X=\begin{pmatrix}x_1\\ x_2\\ \vdots\\ x_n\end{pmatrix},B=\begin{pmatrix}b_1\\ b_2\\ \vdots\\ b_m\end{pmatrix},$$

则线性方程组可用矩阵乘法表示为

$$\begin{pmatrix}a_{11} & a_{12} & \cdots & a_{1n}\\ a_{21} & a_{22} & \cdots & a_{2n}\\ \cdots & \cdots & \cdots & \cdots\\ a_{m1} & a_{m2} & \cdots & a_{mn}\end{pmatrix}\begin{pmatrix}x_1\\ x_2\\ \vdots\\ x_n\end{pmatrix}=\begin{pmatrix}b_1\\ b_2\\ \vdots\\ b_m\end{pmatrix}.$$

即 $$AX=B.$$

通过矩阵的乘法还可以定义方阵的幂.

定义 6 设 A 是 n 阶方阵，k 是正整数，则规定

$$A^1=A,A^2=A^1A^1,\cdots,A^k=A^{k-1}A^1,$$

称 A^k 为方阵 A 的 k 次幂. 并规定，n 阶方阵的零次幂为单位矩阵 E，即 $A^0=E$.

显然，$E^n=E$.

由于矩阵乘法满足结合律，所以方阵的幂满足以下运算规律：

$$A^kA^l=A^{k+l},(A^k)^l=A^{kl}.$$

其中 k、l 为正整数.

又因矩阵乘法不满足交换律，因此一般地

$$(AB)^k\neq A^kB^k\,(k\text{ 为正整数}).$$

【同步练习】设 $A=\begin{pmatrix}2&-1&3\\4&0&5\end{pmatrix}$，$B=\begin{pmatrix}4&3&-1\\0&1&2\\1&-5&3\end{pmatrix}$，$C=\begin{pmatrix}-3&4\\1&-2\\0&1\end{pmatrix}$.

计算 AB，CA.

8.2.5 矩阵的转置

定义 7 把 $m\times n$ 矩阵 A 的行与列互换得到的 $n\times m$ 矩阵，称为矩阵 A 的转置矩阵，记作 A^{T}.

设

$$A=\begin{pmatrix}a_{11}&a_{12}&\cdots&a_{1n}\\a_{21}&a_{22}&\cdots&a_{2n}\\\cdots&\cdots&\cdots&\cdots\\a_{m1}&a_{m2}&\cdots&a_{mn}\end{pmatrix},$$

则

$$A^{\mathrm{T}}=\begin{pmatrix}a_{11}&a_{21}&\cdots&a_{m1}\\a_{12}&a_{22}&\cdots&a_{m2}\\\cdots&\cdots&\cdots&\cdots\\a_{1n}&a_{2n}&\cdots&a_{mn}\end{pmatrix}$$

例如，矩阵 $A=\begin{pmatrix}2&6&3\\5&-4&1\end{pmatrix}$ 的转置矩阵为

$$A^{\mathrm{T}}=\begin{pmatrix}2&5\\6&-4\\3&1\end{pmatrix}.$$

显然，$E^{\mathrm{T}}=E$.

矩阵的转置满足下列运算律（假设运算都是可行的）：

(1) $(A^{\mathrm{T}})^{\mathrm{T}}=A$；

(2) $(A+B)^{\mathrm{T}}=A^{\mathrm{T}}+B^{\mathrm{T}}$；

(3) $(\lambda A)^{\mathrm{T}}=\lambda A^{\mathrm{T}}$；

(4) $(AB)^{\mathrm{T}}=B^{\mathrm{T}}A^{\mathrm{T}}$.

【例 10】 设 $A=\begin{pmatrix}1&1&0\\-1&2&3\\0&3&2\end{pmatrix}$，$B=\begin{pmatrix}1&2\\3&2\\1&-1\end{pmatrix}$. 计算 $(AB)^{\mathrm{T}}$，$B^{\mathrm{T}}A^{\mathrm{T}}$.

解 由于

$$AB=\begin{pmatrix}4&4\\8&-1\\11&4\end{pmatrix},$$

所以

$$(AB)^{\mathrm{T}}=\begin{pmatrix}4&8&11\\4&-1&4\end{pmatrix},$$

又

$$B^{\mathrm{T}}=\begin{pmatrix}1&3&1\\2&2&-1\end{pmatrix},A^{\mathrm{T}}=\begin{pmatrix}1&-1&0\\1&2&3\\0&3&2\end{pmatrix}.$$

所以

$$\boldsymbol{B}^{\mathrm{T}}\boldsymbol{A}^{\mathrm{T}}=\begin{pmatrix}1&3&1\\2&2&-1\end{pmatrix}\begin{bmatrix}1&-1&0\\1&2&3\\0&3&2\end{bmatrix}=\begin{pmatrix}4&8&11\\4&-1&4\end{pmatrix}.$$

从而看到
$$(\boldsymbol{AB})^{\mathrm{T}}=\boldsymbol{B}^{\mathrm{T}}\boldsymbol{A}^{\mathrm{T}}.$$

8.2.6　方阵的行列式

定义 8　由 n 阶方阵 $\boldsymbol{A}$ 的元素按原来排列的形式构成的 n 阶行列式称为矩阵 $\boldsymbol{A}$ 的行列式，记作 $|\boldsymbol{A}|$ 或 $\det\boldsymbol{A}$.

显然，设

$$\boldsymbol{A}=\begin{bmatrix}a_{11}&a_{12}&\cdots&a_{1n}\\a_{21}&a_{22}&\cdots&a_{2n}\\\cdots&\cdots&\cdots&\cdots\\a_{n1}&a_{n2}&\cdots&a_{nn}\end{bmatrix},$$

则

$$|\boldsymbol{A}|=\begin{vmatrix}a_{11}&a_{12}&\cdots&a_{1n}\\a_{21}&a_{22}&\cdots&a_{2n}\\\cdots&\cdots&\cdots&\cdots\\a_{n1}&a_{n2}&\cdots&a_{nn}\end{vmatrix}.$$

n 阶矩阵只是表示由 n^2 个元素排成的一个正方形数表，与 n 阶矩阵不同，n 阶行列式表示的是一个数值.

方阵的行列式也是一种运算，它满足以下运算律：

(1) $|\boldsymbol{A}^{\mathrm{T}}|=|\boldsymbol{A}|$；

(2) $|\lambda\boldsymbol{A}|=\lambda^n|\boldsymbol{A}|$；

也就是说，数乘矩阵不同于数乘行列式.

(3) $|\boldsymbol{AB}|=|\boldsymbol{A}|\cdot|\boldsymbol{B}|$.

也就是说，$\boldsymbol{A}$、$\boldsymbol{B}$ 两个同阶方阵的乘积的行列式等于这两个方阵所对应的行列式之乘积. 其中，$\boldsymbol{A}$、$\boldsymbol{B}$ 为 n　阶方阵，λ 为实数.

【同步练习】设 $\boldsymbol{A}=\begin{pmatrix}1&2&3\\0&3&0\\0&0&-1\end{pmatrix}$，$\boldsymbol{B}=\begin{pmatrix}2&3&-1\\-1&1&3\\3&-2&0\end{pmatrix}$.

计算 $|\boldsymbol{A}|$，$|\boldsymbol{B}|$，$|\boldsymbol{AB}|$，$|3\boldsymbol{A}|$.

习　题　8-2

1. 已知 $\boldsymbol{A}=\begin{pmatrix}4&2&3\\x_1-x_2&1&5\end{pmatrix}$，$\boldsymbol{B}=\begin{pmatrix}4&2&x_1+2x_2\\-6&1&5\end{pmatrix}$.

若 $\boldsymbol{A}=\boldsymbol{B}$，求 x_1，x_2.

2. 设 $\boldsymbol{A}=\begin{pmatrix}1&2&3&4\\5&-1&5&2\\3&3&1&0\end{pmatrix}$，$\boldsymbol{B}=\begin{pmatrix}0&2&1&3\\4&1&0&1\\0&-3&2&3\end{pmatrix}$.

求 $\boldsymbol{A}+\boldsymbol{B}$，$2\boldsymbol{A}-3\boldsymbol{B}$.

3. 设 $\boldsymbol{A}=\begin{pmatrix}2&4&1\\0&3&5\end{pmatrix}$，$\boldsymbol{B}=\begin{pmatrix}-1&3&1\\2&0&5\end{pmatrix}$，$\boldsymbol{C}=\begin{pmatrix}0&1&2\\-3&-1&3\end{pmatrix}$.

求 $3\boldsymbol{A}-2\boldsymbol{B}+\boldsymbol{C}$.

4. 已知 $\boldsymbol{A}=\begin{pmatrix}3&-2&0\\-1&5&4\end{pmatrix}$，$\boldsymbol{B}=\begin{pmatrix}-1&0\\2&3\\5&1\end{pmatrix}$.

求 $3\boldsymbol{A}^{\mathrm{T}}-2\boldsymbol{B}$，$\boldsymbol{AB}$，$(\boldsymbol{AB})^{\mathrm{T}}$，$\boldsymbol{B}^{\mathrm{T}}\boldsymbol{A}^{\mathrm{T}}$.

5. 计算下列矩阵的乘积：

(1) $\begin{pmatrix}4&3&1\\1&-2&3\\5&7&0\end{pmatrix}\begin{pmatrix}2\\-3\\1\end{pmatrix}$；(2) $(1\quad 2\quad 3)\begin{pmatrix}3\\2\\1\end{pmatrix}$；(3) $\begin{pmatrix}2\\1\\3\end{pmatrix}(-1\quad 2)$；

(4) $\begin{pmatrix}2&1&1&0\\1&-1&3&2\end{pmatrix}\begin{pmatrix}1&3&1\\0&-1&2\\1&-3&1\\2&0&1\end{pmatrix}$.

6. 设 $\boldsymbol{A}=\begin{pmatrix}1&1&1\\-1&1&1\\1&-1&1\end{pmatrix}$，$\boldsymbol{B}=\begin{pmatrix}1&3&1\\1&-2&-1\\2&1&2\end{pmatrix}$.

求：(1) $\boldsymbol{AB}-2\boldsymbol{B}$；(2) $\boldsymbol{AB}-\boldsymbol{BA}$；(3) $(\boldsymbol{A}+\boldsymbol{B})(\boldsymbol{A}-\boldsymbol{B})$；(4) $\boldsymbol{A}^2-\boldsymbol{B}^2$.

7. 设 $\boldsymbol{A}=\begin{pmatrix}3&2&-1\\2&-1&1\\0&2&3\end{pmatrix}$　$\boldsymbol{B}=\begin{pmatrix}1&0&2\\-1&2&3\\2&3&-1\end{pmatrix}$.

(1) 计算行列式 $|(\boldsymbol{A}-\boldsymbol{B})^{\mathrm{T}}+\boldsymbol{B}|$ 的值；

(2) 求行列式 $|\boldsymbol{A}-\boldsymbol{A}^2|$.

8.3 逆 矩 阵

8.3.1 逆矩阵的定义

解一元线性方程 $ax=b$，当 $a\neq 0$ 时，存在数 a^{-1}，使 $x=a^{-1}b$ 为方程的解，且 $a^{-1}a=aa^{-1}=1$. 而线性方程组

$$\begin{cases}a_{11}x_1+a_{12}x_2+\cdots+a_{1n}x_n=b_1\\a_{21}x_1+a_{22}x_2+\cdots+a_{2n}x_n=b_2\\\cdots\\a_{m1}x_1+a_{m2}x_2+\cdots+a_{mn}x_n=b_m\end{cases}\tag{8-5}$$

系数所成的矩阵是

$$A=\begin{pmatrix} a_{11} & a_{12} & \cdots & a_{1n} \\ a_{21} & a_{22} & \cdots & a_{2n} \\ \cdots & \cdots & \cdots & \cdots \\ a_{m1} & a_{m2} & \cdots & a_{mn} \end{pmatrix},$$

未知数所成的矩阵是

$$X=\begin{pmatrix} x_1 \\ x_2 \\ \vdots \\ x_n \end{pmatrix},$$

右端常数所成的矩阵是

$$B=\begin{pmatrix} b_1 \\ b_2 \\ \vdots \\ b_m \end{pmatrix}.$$

方程组(8-5)可表示成矩阵方程

$$\begin{pmatrix} a_{11} & a_{12} & \cdots & a_{1n} \\ a_{21} & a_{22} & \cdots & a_{2n} \\ \cdots & \cdots & \cdots & \cdots \\ a_{m1} & a_{m2} & \cdots & a_{mn} \end{pmatrix}\begin{pmatrix} x_1 \\ x_2 \\ \vdots \\ x_n \end{pmatrix}=\begin{pmatrix} b_1 \\ b_2 \\ \vdots \\ b_m \end{pmatrix},$$

即

$$AX = B. \tag{8-6}$$

思考:式(8-6)与一元线性方程 $ax=b$ 相似,是否有相似的解法呢?即是否存在一个矩阵,使这个矩阵乘以 B 等于 X?

为此引进逆矩阵的概念。

定义 1 对于 n 阶方阵 A,如果存在 n 阶矩阵 B,使得

$$AB=BA=E,$$

则称 n 阶矩阵 A 是可逆矩阵,B 称为 A 的逆矩阵(简称逆阵).

显然,单位阵 E 是可逆矩阵,且 $E^{-1}=E$.

例如 $A=\begin{bmatrix} 2 & 5 \\ 1 & 3 \end{bmatrix}$,$B=\begin{bmatrix} 3 & -5 \\ -1 & 2 \end{bmatrix}$,满足 $AB=BA=E$. 于是 A 可逆,且 $A^{-1}=B$.

8.3.2 矩阵可逆的条件及求法

下面讨论在什么条件下矩阵 A 是可逆的,如果逆矩阵存在,如何求 A^{-1}? 为此,先引进非奇异矩阵和伴随矩阵的概念.

定义 2 若 n 阶方阵 A 的行列式 $|A|\neq 0$,则称 A 为非奇异矩阵,否则称为奇异阵.

定义 3 设 A_{ij} 是矩阵

$$A=\begin{pmatrix} a_{11} & a_{12} & \cdots & a_{1n} \\ a_{21} & a_{22} & \cdots & a_{2n} \\ \cdots & \cdots & \cdots & \cdots \\ a_{n1} & a_{n2} & \cdots & a_{nn} \end{pmatrix}$$

所对应的行列式$|A|$中元素 a_{ij} 的代数余子式，矩阵

$$A^*=\begin{pmatrix} A_{11} & A_{12} & \cdots & A_{1n} \\ A_{21} & A_{22} & \cdots & A_{2n} \\ \vdots & \vdots & & \vdots \\ A_{n1} & A_{n2} & \cdots & A_{nn} \end{pmatrix}^{\mathrm{T}}=\begin{pmatrix} A_{11} & A_{21} & \cdots & A_{n1} \\ A_{12} & A_{22} & \cdots & A_{n2} \\ \vdots & \vdots & & \vdots \\ A_{1n} & A_{2n} & \cdots & A_{nn} \end{pmatrix}$$

称为 A 的伴随矩阵.

定理 1　n 阶方阵 A 可逆的充分必要条件是 A 的行列式$|A|\neq 0$，且有

$$A^{-1}=\frac{1}{|A|}A^*,$$

其中

$$A^*=\begin{pmatrix} A_{11} & A_{21} & \cdots & A_{n1} \\ A_{12} & A_{22} & \cdots & A_{n2} \\ \vdots & \vdots & & \vdots \\ A_{1n} & A_{2n} & \cdots & A_{nn} \end{pmatrix}$$

为 A 的伴随矩阵.

推论　设 A、B 都是 n 阶方阵，若 $AB=E$ 或 $BA=E$，则 A、B 都可逆，且 $B^{-1}=A$，$A^{-1}=B$.

【例 1】　求矩阵 $A=\begin{bmatrix} a & b \\ c & d \end{bmatrix}$的逆矩阵 A^{-1}. 其中 $ad-bc\neq 0$.

解　$|A|=\begin{vmatrix} a & b \\ c & d \end{vmatrix}=ad-bc\neq 0.$

a 的代数余子式 $A_{11}=(-1)^{1+1}D_{11}=|d|=d$；

b 的代数余子式 $A_{12}=(-1)^{1+2}D_{12}=-|c|=-c$；

c 的代数余子式 $A_{21}=(-1)^{2+1}D_{21}=-|b|=-b$；

d 的代数余子式 $A_{22}=(-1)^{2+2}D_{22}=|a|=a$.

$$A^*=\begin{bmatrix} d & -b \\ -c & a \end{bmatrix},A^{-1}=\frac{1}{ad-bc}\begin{bmatrix} d & -b \\ -c & a \end{bmatrix}.$$

特别地，$\begin{bmatrix} 2 & 1 \\ -3 & 3 \end{bmatrix}^{-1}=\frac{1}{9}\begin{bmatrix} 3 & -1 \\ 3 & 2 \end{bmatrix}$，　$\begin{bmatrix} -2 & 6 \\ -3 & 5 \end{bmatrix}^{-1}=\frac{1}{8}\begin{bmatrix} 5 & -6 \\ 3 & -2 \end{bmatrix}$.

【例 2】　求矩阵

$$A=\begin{pmatrix} 2 & 3 & 5 \\ 1 & -1 & 2 \\ -1 & 3 & -1 \end{pmatrix}$$

的逆矩阵 A^{-1}.

解　$|A|=\begin{vmatrix} 2 & 3 & 5 \\ 1 & -1 & 2 \\ -1 & 3 & -1 \end{vmatrix}\xlongequal[-2c_1+c_3]{1c_1+c_2}\begin{vmatrix} 2 & 5 & 1 \\ 1 & 0 & 0 \\ -1 & 2 & 1 \end{vmatrix}=-\begin{vmatrix} 5 & 1 \\ 2 & 1 \end{vmatrix}=-3\neq 0,$

从而 A^{-1} 存在.

$$A_{11}=\begin{vmatrix}-1 & 2\\ 3 & -1\end{vmatrix}=-5,\quad A_{12}=-\begin{vmatrix}1 & 2\\ -1 & -1\end{vmatrix}=-1,\quad A_{13}=\begin{vmatrix}1 & -1\\ -1 & 3\end{vmatrix}=2,$$

$$A_{21}=-\begin{vmatrix}3 & 5\\ 3 & -1\end{vmatrix}=18,\quad A_{22}=\begin{vmatrix}2 & 5\\ -1 & -1\end{vmatrix}=3,\quad A_{23}=-\begin{vmatrix}2 & 3\\ -1 & 3\end{vmatrix}=-9,$$

$$A_{31}=\begin{vmatrix}3 & 5\\ -1 & 2\end{vmatrix}=11,\quad A_{32}=-\begin{vmatrix}2 & 5\\ 1 & 2\end{vmatrix}=1,\quad A_{33}=\begin{vmatrix}2 & 3\\ 1 & -1\end{vmatrix}=-5.$$

得 $\boldsymbol{A}^*=\begin{pmatrix}-5 & 18 & 11\\ -1 & 3 & 1\\ 2 & -9 & -5\end{pmatrix}$，有 $\boldsymbol{A}^{-1}=\dfrac{1}{|\boldsymbol{A}|}\boldsymbol{A}^*=-\dfrac{1}{3}\begin{pmatrix}-5 & 18 & 11\\ -1 & 3 & 1\\ 2 & -9 & -5\end{pmatrix}$.

【例 3】 解线性方程组 $\begin{cases}2x_1-x_2+2x_3=4\\ x_1+x_2+2x_3=1\\ 4x_1+x_2+4x_3=2\end{cases}$.

解 $\boldsymbol{A}=\begin{pmatrix}2 & -1 & 2\\ 1 & 1 & 2\\ 4 & 1 & 4\end{pmatrix}$，$\boldsymbol{B}=\begin{pmatrix}4\\ 1\\ 2\end{pmatrix}$，$\boldsymbol{X}=\begin{pmatrix}x_1\\ x_2\\ x_3\end{pmatrix}$，线性方程组的矩阵式为

$$AX=B,$$

$$|\boldsymbol{A}|=\begin{vmatrix}2 & -1 & 2\\ 1 & 1 & 2\\ 4 & 1 & 4\end{vmatrix}\xlongequal[1r_1+r_2]{1r_1+r_2}\begin{vmatrix}2 & -1 & 2\\ 3 & 0 & 4\\ 6 & 0 & 6\end{vmatrix}=(-1)(-1)\begin{vmatrix}3 & 4\\ 6 & 6\end{vmatrix}=6\begin{vmatrix}3 & 4\\ 1 & 1\end{vmatrix}=-6.$$

$$A_{11}=2,\quad A_{12}=4,\quad A_{13}=-3,$$
$$A_{21}=6,\quad A_{22}=0,\quad A_{23}=-6,$$
$$A_{31}=-4,\quad A_{32}=-2,\quad A_{33}=3.$$

$$\boldsymbol{A}^*=\begin{pmatrix}2 & 6 & -4\\ 4 & 0 & -2\\ -3 & 6 & 3\end{pmatrix},\boldsymbol{A}^{-1}=\frac{1}{|\boldsymbol{A}|}\boldsymbol{A}^*=-\frac{1}{6}\begin{pmatrix}2 & 6 & -4\\ 4 & 0 & -2\\ -3 & 6 & 3\end{pmatrix}.$$

从而有

$$\boldsymbol{A}^{-1}(\boldsymbol{AX})=\boldsymbol{A}^{-1}\boldsymbol{B},(\boldsymbol{A}^{-1}\boldsymbol{A})\boldsymbol{X}=\boldsymbol{A}^{-1}\boldsymbol{B},\boldsymbol{EX}=\boldsymbol{A}^{-1}\boldsymbol{B},\boldsymbol{X}=\boldsymbol{A}^{-1}\boldsymbol{B},$$

$\boldsymbol{X}=-\dfrac{1}{6}\begin{pmatrix}2 & 6 & -4\\ 4 & 0 & -2\\ -3 & 6 & 3\end{pmatrix}\begin{pmatrix}4\\ 1\\ 2\end{pmatrix}=-\dfrac{1}{6}\begin{pmatrix}6\\ 12\\ -12\end{pmatrix}=\begin{pmatrix}-1\\ -2\\ 2\end{pmatrix}$. 线性方程组的解为

$$\begin{cases}x_1=-1\\ x_2=-2\\ x_3=2\end{cases}.$$

【同步练习】求下列矩阵的伴随矩阵：

(1) $\boldsymbol{A}=\begin{bmatrix}4 & -2\\ 8 & 9\end{bmatrix}$；　(2) $\boldsymbol{A}=\begin{bmatrix}6 & 0 & 3\\ -8 & 1 & 0\\ 2 & 2 & -1\end{bmatrix}$.

8.3.3 可逆矩阵的性质

可逆矩阵具有以下性质：

(1)若 $\boldsymbol{A}$ 是可逆矩阵，则其逆矩阵 $\boldsymbol{A}^{-1}$ 也是可逆矩阵，且 $(\boldsymbol{A}^{-1})^{-1}=\boldsymbol{A}$.

(2)若 $\boldsymbol{A}$ 可逆，常数 $\lambda\neq 0$，则 $\lambda\boldsymbol{A}$ 也可逆，且 $(\lambda\boldsymbol{A})^{-1}=\dfrac{1}{\lambda}\boldsymbol{A}^{-1}$.

(3)若 $\boldsymbol{A}$、$\boldsymbol{B}$ 都为 n 阶可逆矩阵，则 $\boldsymbol{AB}$ 也是可逆矩阵，且 $(\boldsymbol{AB})^{-1}=\boldsymbol{B}^{-1}\boldsymbol{A}^{-1}$.

(4)若 $\boldsymbol{A}$ 可逆，则 $\boldsymbol{A}^{\mathrm{T}}$ 也可逆，且 $(\boldsymbol{A}^{\mathrm{T}})^{-1}=(\boldsymbol{A}^{-1})^{\mathrm{T}}$.

【例 4】 设 $\boldsymbol{AXB}=\boldsymbol{C}$.

其中 $\boldsymbol{A}=\begin{bmatrix}2 & 1\\3 & 2\end{bmatrix}$，$\boldsymbol{B}=\begin{bmatrix}1 & -4 & -3\\1 & -5 & -3\\-1 & 6 & 4\end{bmatrix}$，$\boldsymbol{C}=\begin{bmatrix}1 & 2 & 3\\1 & 0 & 1\end{bmatrix}$，求未知矩阵 $\boldsymbol{X}$.

解 由于 $|\boldsymbol{A}|=\begin{vmatrix}2 & 1\\3 & 2\end{vmatrix}=1\neq 0$，$|\boldsymbol{B}|=\begin{vmatrix}1 & -4 & -3\\1 & -5 & -3\\-1 & 6 & 4\end{vmatrix}=-1\neq 0$.

故 $\boldsymbol{A}$，$\boldsymbol{B}$ 均存在可逆矩阵. 分别用 $\boldsymbol{A}^{-1}$，$\boldsymbol{B}^{-1}$ 左乘，右乘方程的左右两边

$\boldsymbol{A}^{-1}\boldsymbol{AXBB}^{-1}=\boldsymbol{A}^{-1}\boldsymbol{CB}^{-1}$，$(\boldsymbol{A}^{-1}\boldsymbol{A})\boldsymbol{X}(\boldsymbol{BB}^{-1})=\boldsymbol{A}^{-1}\boldsymbol{CB}^{-1}$，$\boldsymbol{EXE}=\boldsymbol{A}^{-1}\boldsymbol{CB}^{-1}$，$\boldsymbol{X}=\boldsymbol{A}^{-1}\boldsymbol{CB}^{-1}$，

而
$$\boldsymbol{A}^{-1}=\begin{bmatrix}2 & -1\\-3 & 2\end{bmatrix},\ \boldsymbol{B}^{-1}=\begin{bmatrix}2 & 2 & 3\\1 & -1 & 0\\-1 & 2 & 1\end{bmatrix}.$$

于是
$$\boldsymbol{X}=\begin{bmatrix}2 & -1\\-3 & 2\end{bmatrix}\begin{bmatrix}1 & 2 & 3\\1 & 0 & 1\end{bmatrix}\begin{bmatrix}2 & 2 & 3\\1 & -1 & 0\\-1 & 2 & 1\end{bmatrix}=\begin{bmatrix}1 & 8 & 8\\-1 & -10 & -10\end{bmatrix}.$$

【例 5】 设 $\boldsymbol{A}=\begin{bmatrix}2 & 0\\-1 & 2\end{bmatrix}$，$\boldsymbol{AB}=\boldsymbol{A}+\boldsymbol{B}$，求矩阵 $\boldsymbol{B}$.

解 由 $\boldsymbol{AB}=\boldsymbol{A}+\boldsymbol{B}$，得到

$\boldsymbol{AB}-\boldsymbol{B}=\boldsymbol{AB}-\boldsymbol{EB}=(\boldsymbol{A}-\boldsymbol{E})\boldsymbol{B}=\boldsymbol{A}$，而 $|\boldsymbol{A}-\boldsymbol{E}|=\begin{vmatrix}1 & 0\\-1 & 1\end{vmatrix}=1\neq 0$，

所以 $\boldsymbol{A}-\boldsymbol{E}$ 可逆矩阵，那么 $(\boldsymbol{A}-\boldsymbol{E})^{-1}(\boldsymbol{A}-\boldsymbol{E})\boldsymbol{B}=(\boldsymbol{A}-\boldsymbol{E})^{-1}\boldsymbol{A}\Rightarrow\boldsymbol{B}=(\boldsymbol{A}-\boldsymbol{E})^{-1}\boldsymbol{A}$，

又 $(\boldsymbol{A}-\boldsymbol{E})^{-1}=\begin{bmatrix}1 & 0\\1 & 1\end{bmatrix}$，$B=(A-E)^{-1}A=\begin{bmatrix}1 & 0\\1 & 1\end{bmatrix}\begin{bmatrix}2 & 0\\-1 & 2\end{bmatrix}=\begin{bmatrix}2 & 0\\1 & 2\end{bmatrix}$.

【例 6】 设 $\boldsymbol{A}^2+\boldsymbol{A}=\boldsymbol{E}$，证明：$\boldsymbol{A}$ 和 $\boldsymbol{A}+\boldsymbol{E}$ 都可逆，并求 $\boldsymbol{A}^{-1}$ 和 $(\boldsymbol{A}+\boldsymbol{E})^{-1}$.

证 由 $\boldsymbol{A}^2+\boldsymbol{A}=\boldsymbol{E}$，得 $\boldsymbol{A}(\boldsymbol{A}+\boldsymbol{E})=\boldsymbol{E}$，又 $|\boldsymbol{A}(\boldsymbol{A}+\boldsymbol{E})|=|\boldsymbol{A}||\boldsymbol{A}+\boldsymbol{E}|=|\boldsymbol{E}|=1$，所以 $\boldsymbol{A}$ 与 $\boldsymbol{A}+\boldsymbol{E}$ 均非奇异. 由定理 1 的推论知道，$\boldsymbol{A}$ 和 $\boldsymbol{A}+\boldsymbol{E}$ 均可逆，并且 $\boldsymbol{A}^{-1}=\boldsymbol{A}+\boldsymbol{E}$，$(\boldsymbol{A}+\boldsymbol{E})^{-1}=\boldsymbol{A}$.

【同步练习】 求下列矩阵的逆矩阵：

(1) $\boldsymbol{A}=\begin{bmatrix}2 & -3\\6 & 1\end{bmatrix}$；(2) $\boldsymbol{A}=\begin{bmatrix}1 & 0 & 1\\0 & 1 & 0\\0 & 2 & -1\end{bmatrix}$；(3) $\boldsymbol{A}=\begin{bmatrix}1 & 2 & -4\\0 & 1 & 2\\-3 & 0 & 3\end{bmatrix}$.

习 题 8-3

1.求下列矩阵的逆矩阵：

(1)$\boldsymbol{A}=\begin{bmatrix}4&3\\-2&1\end{bmatrix}$； (2)$\boldsymbol{A}=\begin{bmatrix}-5&4\\-2&2\end{bmatrix}$； (3)$\boldsymbol{A}=\begin{bmatrix}1&2&-5\\3&1&-2\\-2&0&1\end{bmatrix}$；

(4)$\boldsymbol{A}=\begin{bmatrix}1&2&3\\-4&1&1\\3&1&1\end{bmatrix}$； (5)$\boldsymbol{A}=\begin{bmatrix}0&0&1\\0&-2&0\\6&0&0\end{bmatrix}$； (6)$\boldsymbol{A}=\begin{bmatrix}2&0&7\\-1&4&5\\3&1&2\end{bmatrix}$.

2.解下列矩阵方程：

(1)$\begin{bmatrix}2&5\\2&4\end{bmatrix}\boldsymbol{X}=\begin{bmatrix}3&-6\\1&-5\end{bmatrix}$； (2)$\boldsymbol{X}\begin{bmatrix}1&-2\\-2&3\end{bmatrix}=\begin{bmatrix}0&3\\5&-5\end{bmatrix}$；

(3)$\begin{bmatrix}1&-2&2\\1&-1&0\\0&1&1\end{bmatrix}\boldsymbol{X}\begin{bmatrix}3&1\\4&2\end{bmatrix}=\begin{bmatrix}2&0\\-1&3\\1&5\end{bmatrix}$；

(4)$\begin{bmatrix}3&-5\\2&-4\end{bmatrix}\boldsymbol{X}\begin{bmatrix}2&-2\\-1&0\end{bmatrix}=\begin{bmatrix}3&-6\\1&-2\end{bmatrix}$.

3.解下列线性方程组：

(1)$\begin{cases}x_1-x_2+2x_3=-5\\x_1+2x_2-3x_3=7\\-2x_1+x_2-3x_3=2\end{cases}$； (2)$\begin{cases}-x_1+3x_2+2x_3=3\\2x_1-2x_2-5x_3=4\\-2x_1+3x_2+4x_3=0\end{cases}$.

4.设$\boldsymbol{A}=\begin{bmatrix}3&-1\\-1&5\end{bmatrix}$，$\boldsymbol{AB}=\boldsymbol{A}+3\boldsymbol{B}$，求矩阵$\boldsymbol{B}$.

5.设$\boldsymbol{A}=\begin{bmatrix}0&-1\\1&2\end{bmatrix}$，$2\boldsymbol{AB}=\boldsymbol{A}-\boldsymbol{B}$，求矩阵$\boldsymbol{B}$.

6.设$\boldsymbol{A}^2-2\boldsymbol{A}-3\boldsymbol{E}=\boldsymbol{O}$，证明：$\boldsymbol{A}$和$2\boldsymbol{A}+3\boldsymbol{E}$都可逆，并求$\boldsymbol{A}^{-1}$和$(2\boldsymbol{A}+3\boldsymbol{E})^{-1}$.

8.4 矩阵的初等变换与初等阵

8.4.1 矩阵的初等变换

矩阵的初等变换在矩阵的求逆及解线性方程组等问题中有着重要的作用，我们知道，在利用消元法解线性方程组时经常反复使用以下三种初等变换(或运算).

(1)互换变换：互换两个方程的位置.

(2)倍法变换：用一个非零的数乘某一方程.

(3)消去变换：用一个非零的数乘某一方程，加到另一方程上去(主要用它来消去某个未知数).

把以上三种变换称为方程组的初等变换.易知，由以上三种变换后所得的方程组的解与原方程组的解不变，即线性方程组经过初等变换后其解不变.

对应于方程组的初等变换，相应地有矩阵的初等行变换.

定义 1 对矩阵施以下三种变换：

(1)互换变换：矩阵的两行(列)互换位置(交换第 i,j 两行，记作 $r_i\leftrightarrow r_j$；交换第 s,t 两列，记作 $c_s\leftrightarrow c_t$).

(2)倍法变换：用一个不等于零的数乘矩阵某一行(列)的所有元素(k 乘第 i 行，记作 $kr_i(k\neq0)$；k 乘第 s 列，记作 $kc_s(k\neq0)$).

(3)消去变换：把矩阵某一行(列)所有元素的 k 倍加到另一行(列)的对应元素上去(第 i 行的 k 倍加到第 j 行上，记作 kr_i+r_j；第 s 列的 k 倍加到第 t 列上，记作 kc_s+c_t).

这三种变换叫做矩阵的初等行(列)变换，简称矩阵的初等变换.

说明：设矩阵 $\boldsymbol{A}$ 为 n 阶矩阵，施以初等变换后的矩阵 $\boldsymbol{B}$ 的行列式是否为零(是否奇异阵)不会因为初等变换而改变，即若 $|\boldsymbol{A}|\neq0$，则 $|\boldsymbol{B}|\neq0$.

定理 1 任何非奇异方阵都可以用初等行变换将其化为单位矩阵.

【例 1】 用初等变换化矩阵

$$\boldsymbol{A}=\begin{bmatrix}-2&3&4\\0&1&2\\1&-2&3\end{bmatrix}$$

为单位阵.

解

$$\boldsymbol{A}=\begin{bmatrix}-2&3&4\\0&1&2\\1&-2&3\end{bmatrix}\xrightarrow{r_1\leftrightarrow r_3}\begin{bmatrix}1&-2&3\\0&1&2\\-2&3&4\end{bmatrix}\xrightarrow{2r_1+r_3}\begin{bmatrix}1&-2&3\\0&1&2\\0&-1&10\end{bmatrix}\xrightarrow{r_2+r_3}\begin{bmatrix}1&-2&3\\0&1&2\\0&0&12\end{bmatrix}$$

$$\xrightarrow{\frac{1}{12}r_3}\begin{bmatrix}1&-2&3\\0&1&2\\0&0&1\end{bmatrix}\xrightarrow[-3r_3+r_1]{-2r_3+r_2}\begin{bmatrix}1&-2&0\\0&1&0\\0&0&1\end{bmatrix}\xrightarrow{2r_2+r_1}\begin{bmatrix}1&0&0\\0&1&0\\0&0&1\end{bmatrix}.$$

8.4.2 单位矩阵的初等变换与初等阵

由单位矩阵经过一次初等变换所得到的方阵称为初等矩阵，简称初等阵．三种初等变换对应着三种初等矩阵，初等阵有以下三种类型：

(1)互换阵(交换单位矩阵 $\boldsymbol{E}$ 的两行或两列得到的方阵)，由 $\boldsymbol{E}$ 的第 i,j 行互换的互换阵记为 $\boldsymbol{E}(i,j)$.

(2)倍乘阵(以数 $k\neq0$ 乘单位矩阵 $\boldsymbol{E}$ 的某行或某列得到的方阵)，以数 $k\neq0$ 乘单位矩阵 $\boldsymbol{E}$ 的第 i 行的倍乘阵记为 $\boldsymbol{E}(i(k))$.

(3)倍加阵(以数 k 乘 $\boldsymbol{E}$ 的某一行加到另一行上去所得到的方阵)，$\boldsymbol{E}$ 的第 i 行的 k 倍加到第 j 行上去所得到的倍加阵记为 $\boldsymbol{E}(j,i(k))$.

初等阵具有以下的性质：

(1)初等阵都是可逆的.

(2)初等阵的逆矩阵仍是初等阵，且

$$\boldsymbol{E}^{-1}(i,j)=\boldsymbol{E}(i,j);$$

$$\boldsymbol{E}^{-1}(i(k))=\boldsymbol{E}(i(\frac{1}{k}));$$

$$\boldsymbol{E}^{-1}(i,j(k))=\boldsymbol{E}(i,j(-k)).$$

定理 2　设 $\boldsymbol{A}=(a_{ij})_{m\times n}$.

(1)对 $\boldsymbol{A}$ 施以一次初等行变换，就相当于在 $\boldsymbol{A}$ 的左边乘上一个相应的 m 阶初等阵，即

$$\boldsymbol{A}\xrightarrow{r_i\leftrightarrow r_j}\boldsymbol{A}_1\text{，则 }\boldsymbol{A}_1=\boldsymbol{E}(i,j)\boldsymbol{A}\text{，反之亦然；}$$

$$\boldsymbol{A}\xrightarrow{kr_i}\boldsymbol{A}_2\text{，则 }\boldsymbol{A}_2=\boldsymbol{E}(i(k))\boldsymbol{A}\text{，反之亦然；}$$

$$\boldsymbol{A}\xrightarrow{kr_i+r_j}\boldsymbol{A}_3\text{，则 }\boldsymbol{A}_3=\boldsymbol{E}(j,i(k))\boldsymbol{A}\text{，反之亦然.}$$

(2)对 $\boldsymbol{A}$ 施以一次初等列变换，就相当于在 $\boldsymbol{A}$ 的右边乘上一个相应的 n 阶初等阵.

定理 3　非奇异方阵 $\boldsymbol{A}$ 的逆阵 $\boldsymbol{A}^{-1}$ 等于一组初等阵的积.

证　对于非奇异方阵 $\boldsymbol{A}$ 总可以经过初等行变换把 $\boldsymbol{A}$ 化为单位矩阵 $\boldsymbol{E}$，即存在初等阵 $\boldsymbol{P}_1$，$\boldsymbol{P}_2,\cdots,\boldsymbol{P}_m$，使得

$$\boldsymbol{P}_m\boldsymbol{P}_{m-1}\cdots\boldsymbol{P}_2P_1\boldsymbol{A}=\boldsymbol{E}. \tag{8-7}$$

上式两边右乘 $\boldsymbol{A}^{-1}$，得

$$\boldsymbol{P}_m\boldsymbol{P}_{m-1}\cdots\boldsymbol{P}_2\boldsymbol{P}_1\boldsymbol{A}\boldsymbol{A}^{-1}=\boldsymbol{E}\boldsymbol{A}^{-1},$$

$$\boldsymbol{P}_m\boldsymbol{P}_{m-1}\cdots\boldsymbol{P}_2\boldsymbol{P}_1\boldsymbol{E}=\boldsymbol{A}^{-1}, \tag{8-8}$$

即

$$\boldsymbol{A}^{-1}=\boldsymbol{P}_m\boldsymbol{P}_{m-1}\cdots\boldsymbol{P}_2\boldsymbol{P}_1.$$

【同步练习】下列矩阵中哪些矩阵是初等阵：

$$\boldsymbol{A}=\begin{pmatrix}1&0\\-3&1\end{pmatrix},\boldsymbol{B}=\begin{bmatrix}1&0&0\\1&1&0\\1&0&1\end{bmatrix},\boldsymbol{C}=\begin{bmatrix}1&0&-1\\0&1&0\\0&0&1\end{bmatrix},\boldsymbol{D}=\begin{bmatrix}2&0&0\\0&2&0\\0&0&1\end{bmatrix}.$$

8.4.3　利用初等变换求逆矩阵

由定理 3 中的式(8-7)、式(8-8)可知，存在有限个 n 阶初等阵 $P_1,P_2,\cdots,P_m$，使得

$$\boldsymbol{P}_m\boldsymbol{P}_{m-1}\cdots\boldsymbol{P}_2\boldsymbol{P}_1\boldsymbol{A}=\boldsymbol{E},$$

$$\boldsymbol{P}_m\boldsymbol{P}_{m-1}\cdots\boldsymbol{P}_2\boldsymbol{P}_1=A^{-1}.$$

也就是说，将可逆阵 $\boldsymbol{A}$ 化为单位阵 $\boldsymbol{E}$ 的有限个初等行变换，同时也将单位阵 $\boldsymbol{E}$ 化为 $\boldsymbol{A}$ 的逆阵 $\boldsymbol{A}^{-1}$. 即有

$$(\boldsymbol{A}|\boldsymbol{E})\xrightarrow{\text{初等行变换}}(\boldsymbol{E}|\boldsymbol{A}^{-1}).$$

【例 2】　求矩阵

$$\boldsymbol{A}=\begin{pmatrix}3&-8\\1&4\end{pmatrix}\text{的逆矩阵 }\boldsymbol{A}^{-1}.$$

解

$$(\boldsymbol{A}|\boldsymbol{E})=\begin{pmatrix}3&-8&1&0\\1&4&0&1\end{pmatrix}\xrightarrow{r_1\leftrightarrow r_2}\begin{pmatrix}1&4&0&1\\3&-8&1&0\end{pmatrix}\xrightarrow{-3r_1+r_2}\begin{pmatrix}1&4&0&1\\0&-20&1&-3\end{pmatrix}$$

$$\xrightarrow{(-\frac{1}{20})r_2}\begin{bmatrix}1&4&0&1\\0&1&-\frac{1}{20}&\frac{3}{20}\end{bmatrix}\xrightarrow{-4r_2+r_1}\begin{bmatrix}1&0&\frac{1}{5}&\frac{2}{5}\\0&1&-\frac{1}{20}&\frac{3}{20}\end{bmatrix}=(\boldsymbol{E}|\boldsymbol{A}^{-1}).$$

于是 $A^{-1}=\begin{pmatrix}\frac{1}{5} & \frac{2}{5}\\ -\frac{1}{20} & \frac{3}{20}\end{pmatrix}$.

【例 3】 求矩阵

$$A=\begin{pmatrix}1 & 3 & -4\\ -2 & -5 & 10\\ 3 & 9 & -13\end{pmatrix}$$

的逆矩阵 A^{-1}.

解

$$(A|E)=\left(\begin{array}{ccc|ccc}1 & 3 & -4 & 1 & 0 & 0\\ -2 & -5 & 10 & 0 & 1 & 0\\ 3 & 9 & -13 & 0 & 0 & 1\end{array}\right)\xrightarrow[-3r_1+r_3]{2r_1+r_2}\left(\begin{array}{ccc|ccc}1 & 3 & -4 & 1 & 0 & 0\\ 0 & 1 & 2 & 2 & 1 & 0\\ 0 & 0 & -1 & -3 & 0 & 1\end{array}\right)$$

$$\xrightarrow{-3r_2+r_1}\left(\begin{array}{ccc|ccc}1 & 0 & -10 & -5 & -3 & 0\\ 0 & 1 & 2 & 2 & 1 & 0\\ 0 & 0 & -1 & -3 & 0 & 1\end{array}\right)\xrightarrow[2r_3+r_2]{-10r_3+r_1}\left(\begin{array}{ccc|ccc}1 & 0 & 0 & 25 & -3 & -10\\ 0 & 1 & 0 & -4 & 1 & 2\\ 0 & 0 & -1 & -3 & 0 & 1\end{array}\right)$$

$$\xrightarrow{(-1)r_3}\left(\begin{array}{ccc|ccc}1 & 0 & 0 & 25 & -3 & -10\\ 0 & 1 & 0 & -4 & 1 & 2\\ 0 & 0 & 1 & 3 & 0 & -1\end{array}\right)=(E|A^{-1}).$$

于是 $A^{-1}=\begin{pmatrix}25 & -3 & -10\\ -4 & 1 & 2\\ 3 & 0 & -1\end{pmatrix}$.

【同步练习】用初等行变换求下列矩阵的逆矩阵：

$$A=\begin{pmatrix}4 & -7\\ -2 & 3\end{pmatrix},\quad B=\begin{pmatrix}1 & -2 & -1\\ -4 & 2 & 3\\ 3 & -2 & -1\end{pmatrix}.$$

8.4.4 用初等变换解线性方程组

n 阶线性方程组的矩阵形式

$$AX=B,$$

当 $|A|\neq 0$ 时，有

$$X=A^{-1}B,$$

由以上求解逆矩阵的方法可得

$$(A|B)\xrightarrow{\text{初等行变换}}(E|A^{-1}B).$$

【例 4】 解线性方程组

$$\begin{cases}2x-y+3z=1\\ 4x+2y+5z=4\\ 2x\quad +2z=6\end{cases}.$$

解

$$\left(\begin{array}{ccc|c}2&-1&3&1\\4&2&5&4\\2&0&2&6\end{array}\right)\xrightarrow[-r_1+r_3]{-2r_1+r_2}\left(\begin{array}{ccc|c}2&-1&3&1\\0&4&-1&2\\0&1&-1&5\end{array}\right)$$

$$\xrightarrow[-\frac{1}{4}r_2-r_3]{\frac{1}{4}r_2+r_1}\left(\begin{array}{ccc|c}2&0&\frac{11}{4}&\frac{3}{2}\\0&4&-1&2\\0&0&-\frac{3}{4}&\frac{9}{2}\end{array}\right)\xrightarrow[-\frac{4}{3}r_3+r_2]{\frac{11}{3}r_3+r_1}\left(\begin{array}{ccc|c}2&0&0&18\\0&4&0&-4\\0&0&-\frac{3}{4}&\frac{9}{2}\end{array}\right)$$

$$\xrightarrow[-\frac{4}{3}r_3]{\frac{1}{2}r_1,\ \frac{1}{4}r_2}\left(\begin{array}{ccc|c}1&0&0&9\\0&1&0&-1\\0&0&1&-6\end{array}\right),$$

得线性方程组的解为

$$\begin{cases}x=9\\y=-1\\z=-6\end{cases}.$$

【同步练习】用初等行变换解线性方程组：

$$\begin{cases}2x_1+2x_2+3x_3=4\\x_1-x_2=1\\-x_1+2x_2+x_3=-1\end{cases}.$$

习　题　8-4

1. 利用矩阵的初等行变换求逆矩阵：

(1) $\begin{bmatrix}2&3\\-5&-7\end{bmatrix}$；(2) $\begin{bmatrix}1&-3&2\\-3&0&1\\1&1&-1\end{bmatrix}$；(3) $\begin{bmatrix}1&-3&2\\-4&9&-3\\0&-6&5\end{bmatrix}$.

2. 利用矩阵的初等行变换求下列矩阵的逆矩阵：

(1) $\begin{bmatrix}1&1&-3&5\\0&1&3&-3\\0&0&1&-2\\0&0&0&1\end{bmatrix}$；　(2) $\begin{bmatrix}3&-2&0&-1\\0&1&2&3\\1&-2&-3&-2\\0&1&2&1\end{bmatrix}$.

3. 利用矩阵的初等行变换解线性方程组：

(1) $\begin{cases}x_1-x_2-x_3=-2\\2x_1-x_2-3x_3=5\\-x_1-3x_2+2x_3=-10\end{cases}$；　(2) $\begin{cases}x_1-2x_2+3x_3=3\\2x_1-x_2+x_3=2\\-2x_1-5x_2+8x_3=5\end{cases}$.

8.5 矩 阵 的 秩

为了能进一步讨论方程组解的问题,有必要引进矩阵秩的概念.

定义 1 设矩阵 $A=(a_{ij})_{m\times n}$,从 $\boldsymbol{A}$ 中任取 r 行、r 列,在这 r 行 r 列相交处的 r^2 个元素按原次序组成一个 r 阶行列式,称为矩阵 $\boldsymbol{A}$ 的一个 r 阶子行列式(简称 r 阶子式),其中 $r\leqslant \min(m,n)$.

定义 2 设矩阵 $\boldsymbol{A}=(a_{ij})_{m\times n}$,若矩阵 $\boldsymbol{A}$ 至少有一个 r 阶子式不为零,而所有高于 r 阶的子式都为零,则称矩阵 $\boldsymbol{A}$ 的秩为 r. 记为 $\boldsymbol{R}(\boldsymbol{A})=r$.

显然,由定义可知:

(1)如果矩阵 $\boldsymbol{A}$ 的秩为 r,则存在一个 r 阶子式不为零,而所有 $r+1$ 阶子式均为零.

(2)若 $\boldsymbol{A}$ 是 n 阶非奇异方阵,则 $\boldsymbol{R}(\boldsymbol{A})=n$,称 $\boldsymbol{A}$ 是一个满秩阵.

(3)若 $\boldsymbol{A}=0$,规定 $\boldsymbol{R}(\boldsymbol{A})=0$.

(4)若矩阵 $\boldsymbol{A}=(a_{ij})_{m\times n}$,则 $0\leqslant \boldsymbol{R}(\boldsymbol{A})\leqslant \min(m,n)$.

【例 1】 求矩阵

$$\boldsymbol{A}=\begin{pmatrix}1 & 2 & -1 & 4\\ 2 & 4 & 3 & 5\\ -1 & -2 & 6 & -7\end{pmatrix}$$

的秩.

解 有一个二阶子式 $\begin{vmatrix}1 & -1\\ 2 & 3\end{vmatrix}=5\neq 0$,并且所有的三阶子式全为零,因此 $\boldsymbol{R}(\boldsymbol{A})=2$.

【例 2】 求矩阵

$$\boldsymbol{A}=\begin{pmatrix}2 & 3 & -3 & 0 & 6\\ 0 & -5 & 2 & 3 & 0\\ 0 & 0 & 0 & 2 & 5\\ 0 & 0 & 0 & 0 & 0\end{pmatrix}$$

的秩.

解 有一个三阶子式 $\begin{vmatrix}2 & 3 & 0\\ 0 & -5 & 3\\ 0 & 0 & 2\end{vmatrix}=-20\neq 0$,并且所有的四阶子式全为零,因此 $\boldsymbol{R}(\boldsymbol{A})=3$.

[例 2]中的矩阵为阶梯形矩阵.

定义 3 称满足下列两个条件的矩阵为阶梯形矩阵:

(1)如果存在零行(元素全是零的行),则零行都在非零行(元素不全为零的行)的下边;

(2)每个首非零元(非零行最左边的非零元素)所在的列中,位于这个首非零元下边的元素全是零.

例如,矩阵

$$\begin{pmatrix}1 & 4 & -1 & 0\\ 0 & -5 & 1 & 5\\ 0 & 0 & 2 & 1\end{pmatrix},\quad \begin{pmatrix}1 & 2 & -1 & -7 & 0\\ 0 & 2 & -5 & 0 & -4\\ 0 & 0 & 0 & -1 & 3\\ 0 & 0 & 0 & 0 & 0\end{pmatrix}$$

就是阶梯形矩阵.

而矩阵

$$\begin{pmatrix}1&2&0&4\\0&0&0&0\\0&1&0&2\end{pmatrix},\quad\begin{pmatrix}1&3&-1&4&0\\0&1&-2&0&-2\\0&2&0&1&-5\\0&0&0&0&0\end{pmatrix}$$

不是阶梯形矩阵.

易知，阶梯形矩阵的秩为其非零行个数.

可以证明下列定理：

定理 1 任一矩阵经过初等行变换一定能化为阶梯形矩阵.

定理 2 矩阵经过初等行(列)变换后，其秩不变.

由此可得求非零矩阵秩的方法：对矩阵施行初等行变换，使其化为阶梯形矩阵，那么阶梯形矩阵非零行的个数就是所给矩阵的秩.

【例 3】 求矩阵

$$\boldsymbol{A}=\begin{pmatrix}1&0&-1&1&0\\3&-1&-4&2&-2\\1&2&1&3&4\\-1&4&3&-3&0\end{pmatrix}$$

的秩.

解

$$\boldsymbol{A}=\begin{pmatrix}1&0&-1&1&0\\3&-1&-4&2&-2\\1&2&1&3&4\\-1&4&3&-3&0\end{pmatrix}\xrightarrow[\substack{-r_1+r_3\\r_1+r_4}]{-3r_1+r_2}\begin{pmatrix}1&0&-1&1&0\\0&-1&-1&-1&-2\\0&2&2&2&4\\0&4&2&-2&0\end{pmatrix}$$

$$\xrightarrow[4r_2+r_4]{2r_2+r_3}\begin{pmatrix}1&0&-1&1&0\\0&-1&-1&-1&-2\\0&0&0&0&0\\0&0&-2&-6&-8\end{pmatrix}\xrightarrow{r_3\leftrightarrow r_4}\begin{pmatrix}1&0&-1&1&0\\0&-1&-1&-1&-2\\0&0&-2&-6&-8\\0&0&0&0&0\end{pmatrix}.$$

因此 $\boldsymbol{R}(\boldsymbol{A})=3$.

定义 4 满足下列两个条件的阶梯形矩阵矩阵称为行简化阶梯形矩阵：

(1)每个非零行的首非零元都是 1；

(2)每个首非零元所在的列的其余元素全是零.

例如，矩阵

$$\begin{pmatrix}1&2&0&4\\0&0&1&5\\0&0&0&0\end{pmatrix},\quad\begin{pmatrix}1&0&-1&0&0\\0&1&-1&0&-2\\0&0&0&1&-8\\0&0&0&0&0\end{pmatrix}$$

就是行简化阶梯形矩阵.

【同步练习】下列矩阵中哪些矩阵是阶梯形矩阵？

$$\begin{pmatrix}2&3&0&4\\0&1&1&5\\0&0&0&0\end{pmatrix},\quad\begin{pmatrix}3&-2&0&1\\0&1&1&4\\0&2&-4&3\end{pmatrix},\quad\begin{pmatrix}-1&-5&7&6\\0&0&0&0\\0&3&-7&5\end{pmatrix},$$

$$\begin{pmatrix}5&0&8&3\\1&1&2&0\\0&0&-3&3\\0&0&0&0\end{pmatrix},\quad\begin{pmatrix}1&2&-1&0&6&6&0\\0&0&-5&3&2&-7&3\\0&0&0&2&1&2&0\\0&0&0&0&0&0&0\\0&0&0&0&0&0&0\end{pmatrix}.$$

习 题 8-5

求下列矩阵的秩：

(1) $\begin{bmatrix}3&1\\6&2\end{bmatrix}$；(2) $\begin{bmatrix}1&-3&2\\2&0&3\\4&-6&7\end{bmatrix}$；(3) $\begin{bmatrix}1&1&1\\1&1&1\\1&1&1\end{bmatrix}$；(4) $\begin{bmatrix}3&1&0&2\\1&-1&2&-1\\1&3&-4&4\end{bmatrix}$；

(5) $\begin{bmatrix}3&2&-1&-3&-2\\2&-1&3&1&-3\\7&0&5&-1&-8\end{bmatrix}$；(6) $\begin{bmatrix}1&1&2&2&1\\0&2&1&5&-1\\2&0&3&-1&3\\1&1&0&4&-1\end{bmatrix}$.

8.6 n 维向量的概念

8.6.1 n 维向量的定义

定义 1 由 n 个数组成的一个有序数组

$$\boldsymbol{\alpha}=(a_1,a_2,\cdots,a_n)$$

称为一个 n 维向量. 其中 $a_1,a_2,\cdots,a_n$ 称为向量 $\boldsymbol{\alpha}$ 的分量(或坐标)，a_j 称为向量 $\boldsymbol{\alpha}$ 的第 j 个分量. n 维向量一般用 $\boldsymbol{\alpha},\boldsymbol{\beta},\boldsymbol{\gamma}$ 等希腊字母表示.

分量全为实数的向量称为实向量，分量是复数的向量称为复向量(这里仅讨论实向量). 根据讨论问题的需要，向量 $\boldsymbol{\alpha}$ 也可以竖起来写成

$$\boldsymbol{\alpha}=\begin{pmatrix}a_1\\a_2\\\vdots\\a_n\end{pmatrix}.$$

为了区别，前者称为行向量，后者称为列向量. 它们的区别只是写法上的不同. 行向量 $\boldsymbol{\alpha}=(a_1,a_2,\cdots,a_n)$ 用转置记号表示，就成列向量，即有

$$(a_1,a_2,\cdots,a_n)^{\mathrm{T}}=\begin{pmatrix}a_1\\a_2\\\vdots\\a_n\end{pmatrix}.$$

n 维向量是解析几何中向量的推广．当 $n=3$ 时，它是三维空间中的向量．但当 $n>3$ 时，n 维向量没有直观的几何意义，只是沿用了几何上向量的术语．

还规定：

分量全为零的向量，称为零向量，记作 $\boldsymbol{0}=(0,0,\cdots,0)$．

向量 $\boldsymbol{\alpha}=(a_1,a_2,\cdots,a_n)$ 的各分量的相反数所组成的向量，称为 $\boldsymbol{\alpha}$ 的负向量，记作 $-\boldsymbol{\alpha}$．即：

$$-\boldsymbol{\alpha}=(-a_1,-a_2,\cdots,-a_n).$$

设向量 $\boldsymbol{\alpha}=(a_1,a_2,\cdots,a_n)$，$\boldsymbol{\beta}=(b_1,b_2,\cdots,b_n)$，当这两个向量的各个对应分量相等，即当 $a_i=b_i(i=1,2,\cdots,n)$ 时，称这两个向量相等，记作 $\boldsymbol{\alpha}=\boldsymbol{\beta}$．

设矩阵

$$\boldsymbol{A}=\begin{pmatrix}a_{11}&a_{12}&\cdots&a_{1n}\\a_{21}&a_{22}&\cdots&a_{2n}\\\cdots&\cdots&\cdots&\cdots\\a_{m1}&a_{m2}&\cdots&a_{mn}\end{pmatrix},$$

则每一行

$$\boldsymbol{\alpha}_i=(a_{i1},a_{i2},\cdots,a_{in})\ (i=1,2,\cdots,m)$$

都是 n 维行向量；每一列

$$\boldsymbol{\beta}_j=\begin{pmatrix}a_{1j}\\a_{2j}\\\vdots\\a_{mj}\end{pmatrix}(j=1,2,\cdots,n)$$

都是 m 维列向量．因此，用分块矩阵和向量形式矩阵 $\boldsymbol{A}$ 可表示为

$$A=(\boldsymbol{\alpha}_1,\boldsymbol{\alpha}_2,\cdots,\boldsymbol{\alpha}_m)^{\mathrm{T}}\text{或}A=(\boldsymbol{\beta}_1,\boldsymbol{\beta}_2,\cdots,\boldsymbol{\beta}_n).$$

8.6.2 n 维向量的加法和数乘运算

定义 2 设两个 n 维向量 $\boldsymbol{\alpha}=(a_1,a_2,\cdots,a_n)$ 和 $\boldsymbol{\beta}=(b_1,b_2,\cdots,b_n)$，它们的各对应分量之和所组成的向量，称为向量 $\boldsymbol{\alpha}$ 与 $\boldsymbol{\beta}$ 的和，记为 $\boldsymbol{\alpha}+\boldsymbol{\beta}$．即

$$\boldsymbol{\alpha}+\boldsymbol{\beta}=(a_1+b_1,a_2+b_2,\cdots,a_n+b_n).$$

由向量的加法及负向量的定义，可定义向量的减法，有

$$\boldsymbol{\alpha}-\boldsymbol{\beta}=\boldsymbol{\alpha}+(-\boldsymbol{\beta})=(a_1-b_1,a_2-b_2,\cdots,a_n-b_n).$$

定义 3 设 n 维向量 $\boldsymbol{\alpha}=(a_1,a_2,\cdots,a_n)$，它的各个分量都乘以 $k(k\in\mathbf{R})$ 所组成的向量，称为数 k 与向量 $\boldsymbol{\alpha}$ 的乘积，记为 $k\boldsymbol{\alpha}$．即

$$k\boldsymbol{\alpha}=(ka_1,ka_2,\cdots,ka_n).$$

向量的加减法及数乘运算统称为向量的线性运算．

8.6.3 向量的线性运算的性质

同几何向量的加法和数乘运算一样，n 维向量的加法和数乘运算满足以下八条基本性质：

(1)$\boldsymbol{\alpha}+\boldsymbol{\beta}=\boldsymbol{\beta}+\boldsymbol{\alpha}$；加法交换律

(2)$(\boldsymbol{\alpha}+\boldsymbol{\beta})+\boldsymbol{\gamma}=\boldsymbol{\alpha}+(\boldsymbol{\beta}+\boldsymbol{\gamma})$；加法结合律

(3)$\boldsymbol{\alpha}+\boldsymbol{0}=\boldsymbol{\alpha}$；

(4)$\boldsymbol{\alpha}+(-\boldsymbol{\alpha})=\boldsymbol{0}$；

(5)$k(\boldsymbol{\alpha}+\boldsymbol{\beta})=k\boldsymbol{\alpha}+k\boldsymbol{\beta}$；分配律

(6)$(k+l)\boldsymbol{\alpha}=k\boldsymbol{\alpha}+l\boldsymbol{\alpha}$；

(7)$(kl)\boldsymbol{\alpha}=k(l\boldsymbol{\alpha})$；

(8)$1\cdot\boldsymbol{\alpha}=\boldsymbol{\alpha}$.

其中$\boldsymbol{\alpha},\boldsymbol{\beta},\boldsymbol{\gamma}$表示$n$维向量,$k,l$表示实数.

【例 1】 设$\boldsymbol{\alpha}=(2,4,0,-8)$,$\boldsymbol{\beta}=(3,1,4,-3)$,求$3\boldsymbol{\alpha}+7\boldsymbol{\beta}$.

解
$$\begin{aligned}3\boldsymbol{\alpha}+7\boldsymbol{\beta}&=3(2,4,0,-8)+7(3,1,4,-3)\\&=(6,12,0,-24)+(21,7,28,-21)\\&=(27,19,28,-45).\end{aligned}$$

【同步练习】设向量$\boldsymbol{\alpha}=(2,-3,2,8)$,$\boldsymbol{\beta}=(-2,-4,2,5)$.
计算$2\boldsymbol{\alpha}+5\boldsymbol{\beta}$及$\boldsymbol{\alpha}-3\boldsymbol{\beta}$.

习 题 8-6

1. 设向量$\boldsymbol{\alpha}=(3,5,7,9)$,$\boldsymbol{\beta}=(-1,5,2,0)$. 计算$2\boldsymbol{\alpha}+3\boldsymbol{\beta}$及$-\boldsymbol{\alpha}+2\boldsymbol{\beta}$.
2. 设向量$\boldsymbol{\alpha}=(2,1,-2,4)$,$\boldsymbol{\beta}=(-3,3,2,1)$.

(1)若$2\boldsymbol{\alpha}-\boldsymbol{\gamma}=3\boldsymbol{\beta}$,求$\boldsymbol{\gamma}$；(2)若$2\boldsymbol{\alpha}+3\boldsymbol{\gamma}=\boldsymbol{\beta}$,求$\boldsymbol{\gamma}$.

8.7 向量组的线性相关性

8.7.1 线性组合

向量之间的最简单的关系,就是两个向量成比例. 向量$\boldsymbol{\alpha}$和$\boldsymbol{\beta}$成比例,即存在一个数k,使
$$\boldsymbol{\alpha}=k\boldsymbol{\beta}.$$
例如,(1,2,3,-5)和(2,4,6,-10)是成比例的. 这是因为
$$(1,2,3,-5)=\frac{1}{2}(2,4,6,-10).$$
在多个向量之间,这种关系表现在多个向量之间时为线性组合.

定义 1 设有n维向量$\boldsymbol{\beta},\boldsymbol{\alpha}_1,\boldsymbol{\alpha}_2,\cdots,\boldsymbol{\alpha}_s$,如果存在一组数$k_1,k_2,\cdots,k_s$,使得
$$\boldsymbol{\beta}=k_1\boldsymbol{\alpha}_1+k_2\boldsymbol{\alpha}_2+\cdots+k_s\boldsymbol{\alpha}_s$$
成立,则称向量$\boldsymbol{\beta}$是向量组$\boldsymbol{\alpha}_1,\boldsymbol{\alpha}_2,\cdots,\boldsymbol{\alpha}_s$的线性组合,或称$\boldsymbol{\beta}$能由向量组$\boldsymbol{\alpha}_1,\boldsymbol{\alpha}_2,\cdots,\boldsymbol{\alpha}_s$线性表示.

【例 1】 已知向量

$\boldsymbol{\beta}=(2,-1,6,2)$,$\boldsymbol{\alpha}_1=(1,0,0,0)$,$\boldsymbol{\alpha}_2=(0,1,0,0)$,$\boldsymbol{\alpha}_3=(0,0,1,0)$,$\boldsymbol{\alpha}_4=(0,0,0,1)$,显然有

$$\boldsymbol{\beta}=2\boldsymbol{\alpha}_1-\boldsymbol{\alpha}_2+6\boldsymbol{\alpha}_3+2\boldsymbol{\alpha}_4.$$

即 $\boldsymbol{\beta}$ 是向量组 $\boldsymbol{\alpha}_1,\boldsymbol{\alpha}_2,\boldsymbol{\alpha}_3,\boldsymbol{\alpha}_4$ 的线性组合.

向量组

$$\boldsymbol{\varepsilon}_1=(1,0,\cdots,0)$$
$$\boldsymbol{\varepsilon}_2=(0,1,\cdots,0)$$
$$\cdots$$
$$\boldsymbol{\varepsilon}_n=(0,0,\cdots,1)$$

称为标准单位向量组.

显然,任何一个 n 维向量 $\boldsymbol{\alpha}=(a_1,a_2,\cdots,a_n)$ 都可由 $\boldsymbol{\varepsilon}_1,\boldsymbol{\varepsilon}_2,\cdots,\boldsymbol{\varepsilon}_n$ 线性表示.

【例 2】 设有向量 $\boldsymbol{0}=(0,0,0)$,$\boldsymbol{\alpha}_1=(1,2,3)$,$\boldsymbol{\alpha}_2=(2,3,4)$,$\boldsymbol{\alpha}_3=(4,5,6)$,因为

$$\boldsymbol{0}=0\cdot\boldsymbol{\alpha}_1+0\cdot\boldsymbol{\alpha}_2+0\cdot\boldsymbol{\alpha}_3,$$

所以零向量 $\boldsymbol{0}$ 是向量组 $\boldsymbol{\alpha}_1,\boldsymbol{\alpha}_2,\boldsymbol{\alpha}_3$ 的线性组合.

实际上,n 维零向量是任何 n 维向量组 $\boldsymbol{\alpha}_1,\boldsymbol{\alpha}_2,\cdots,\boldsymbol{\alpha}_s$ 的线性组合,即

$$\boldsymbol{0}=0\cdot\boldsymbol{\alpha}_1+0\cdot\boldsymbol{\alpha}_2+\cdots+0\cdot\boldsymbol{\alpha}_s.$$

【例 3】 向量组 $\boldsymbol{\alpha}_1,\boldsymbol{\alpha}_2,\cdots,\boldsymbol{\alpha}_s$ 中的任一向量 $\boldsymbol{\alpha}_j(1\leqslant j\leqslant s)$ 都是此向量组的线性组合.

因为

$$\boldsymbol{\alpha}_j=0\cdot\boldsymbol{\alpha}_1+0\cdot\boldsymbol{\alpha}_2+\cdots+1\cdot\boldsymbol{\alpha}_j+\cdots+0\cdot\boldsymbol{\alpha}_s.$$

【例 4】 设有 $\boldsymbol{\alpha}_1=(1,2,3)$,$\boldsymbol{\alpha}_2=(1,3,1)$,$\boldsymbol{\alpha}_3=(1,1,2)$,$\boldsymbol{\beta}=(-2,3,4)$,试问 $\boldsymbol{\beta}$ 能否表成 $\boldsymbol{\alpha}_1,\boldsymbol{\alpha}_2,\boldsymbol{\alpha}_3$ 的线性组合?若能,写出具体表示式.

解 令

$$\boldsymbol{\beta}=k_1\boldsymbol{\alpha}_1+k_2\boldsymbol{\alpha}_2+k_3\boldsymbol{\alpha}_3,$$

即

$$\begin{pmatrix}-2\\3\\4\end{pmatrix}=k_1\begin{pmatrix}1\\2\\3\end{pmatrix}+k_2\begin{pmatrix}1\\3\\1\end{pmatrix}+k_3\begin{pmatrix}1\\1\\2\end{pmatrix}.$$

根据向量的线性运算和向量相等的定义,有

$$\begin{cases}k_1+k_2+k_3=-2\\2k_1+3k_2+k_3=3.\\3k_1+k_2+2k_3=4\end{cases}$$

因为系数行列式

$$D=\begin{vmatrix}1&1&1\\2&3&1\\3&1&2\end{vmatrix}=-3\neq0,$$

由克莱姆法则,可求得

$$k_1=7,k_2=-1,k_3=-8.$$
$$\boldsymbol{\beta}=7\boldsymbol{\alpha}_1-\boldsymbol{\alpha}_2-8\boldsymbol{\alpha}_3.$$

即 $\boldsymbol{\beta}$ 是 $\boldsymbol{\alpha}_1,\boldsymbol{\alpha}_2,\boldsymbol{\alpha}_3$ 的线性组合.

【例 5】 设有 $\boldsymbol{\alpha}=(2,-3,0)$,$\boldsymbol{\beta}=(0,-1,2)$,$\boldsymbol{\gamma}=(0,2,-1)$,试问 $\boldsymbol{\gamma}$ 能否表示成 $\boldsymbol{\alpha},\boldsymbol{\beta}$ 的线

性组合.

解 设 $k_1\boldsymbol{\alpha}+k_2\boldsymbol{\beta}=\boldsymbol{\gamma}$,即

$$k_1\begin{pmatrix}2\\-3\\0\end{pmatrix}+k_2\begin{pmatrix}0\\-1\\2\end{pmatrix}=\begin{pmatrix}0\\2\\-1\end{pmatrix},$$

于是

$$\begin{cases}2k_1=0\\-3k_1-k_2=2,\\2k_2=-1\end{cases}$$

由第一个方程,得 $k_1=0$;由第三个方程,得 $k_2=-\frac{1}{2}$;但 $k_1=0,k_2=-\frac{1}{2}$ 不满足第二个方程,即方程组无解.

所以,$\boldsymbol{\gamma}$ 不能表示成 $\boldsymbol{\alpha},\boldsymbol{\beta}$ 的线性组合.

【同步练习】设有 $\boldsymbol{\alpha}=(1,-2,1),\boldsymbol{\beta}=(2,-1,3),\boldsymbol{\gamma}=(3,-3,4)$,
试问 $\boldsymbol{\gamma}$ 能否表示成 $\boldsymbol{\alpha},\boldsymbol{\beta}$ 的线性组合.

8.7.2 线性相关与线性无关

由向量知识,齐次线性方程组

$$\begin{cases}a_{11}x_1+a_{12}x_2+\cdots+a_{1n}x_n=0\\a_{21}x_1+a_{22}x_2+\cdots+a_{2n}x_n=0\\\cdots\\a_{m1}x_1+a_{m2}x_2+\cdots+a_{mn}x_n=0\end{cases}$$

可以写成向量形式

$$\boldsymbol{\alpha}_1x_1+\boldsymbol{\alpha}_2x_2+\cdots+\boldsymbol{\alpha}_nx_n=\boldsymbol{0}.$$

其中

$$\boldsymbol{\alpha}_1=\begin{pmatrix}a_{11}\\a_{21}\\\cdots\\a_{m1}\end{pmatrix},\boldsymbol{\alpha}_2=\begin{pmatrix}a_{12}\\a_{22}\\\cdots\\a_{m2}\end{pmatrix},\cdots,\boldsymbol{\alpha}_n=\begin{pmatrix}a_{1n}\\a_{2n}\\\cdots\\a_{mn}\end{pmatrix},\boldsymbol{0}=\begin{pmatrix}0\\0\\\vdots\\0\end{pmatrix}.$$

由于零向量是任意向量组的线性组合,所以齐次线性方程组一定有零解,即

$$0\cdot\boldsymbol{\alpha}_1+0\cdot\boldsymbol{\alpha}_2+\cdots+0\cdot\boldsymbol{\alpha}_n=\boldsymbol{0}.$$

而齐次线性方程组是否有非零解,只要讨论是否存在一组不全为零的数 $k_1,k_2,\cdots,\ k_n$,使关系式 $k_1\boldsymbol{\alpha}_1+k_2\boldsymbol{\alpha}_2+\cdots+k_n\boldsymbol{\alpha}_n=0$ 成立即可.

又由线性组合知识可知,$\boldsymbol{\beta}$ 能用向量组 $\boldsymbol{\alpha}_1,\boldsymbol{\alpha}_2,\cdots,\boldsymbol{\alpha}_n$ 线性表示,即存在一组数 $k_1,k_2,\cdots,k_n$,使 $\boldsymbol{\beta}=k_1\boldsymbol{\alpha}_1+k_2\boldsymbol{\alpha}_2+\cdots+k_n\boldsymbol{\alpha}_n$ 成立.而对于向量组 $\boldsymbol{\beta},\boldsymbol{\alpha}_1,\boldsymbol{\alpha}_2,\cdots,\boldsymbol{\alpha}_n$ 来说,有一组不全为 0 的数 $k,k_1,k_2,\cdots,k_n$,使

$$k\boldsymbol{\beta}+k_1\boldsymbol{\alpha}_1+k_2\boldsymbol{\alpha}_2+\cdots+k_n\boldsymbol{\alpha}_n=\boldsymbol{0}.$$

为此,引入以下概念.

定义 2 设 $\boldsymbol{\alpha}_1,\boldsymbol{\alpha}_2,\cdots,\boldsymbol{\alpha}_s$ 为 s 个 n 维向量,如果存在一组不全为 0 的数 $k_1,k_2,\cdots,k_s$,使得

$$k_1\boldsymbol{\alpha}_1+k_2\boldsymbol{\alpha}_2+\cdots+k_s\boldsymbol{\alpha}_s=0$$

成立，则称向量组 $\boldsymbol{\alpha}_1,\boldsymbol{\alpha}_2,\cdots,\boldsymbol{\alpha}_s$ 线性相关. 如果当且仅当 $k_1=k_2=\cdots=k_s=0$ 时，上述等式

$$k_1\boldsymbol{\alpha}_1+k_2\boldsymbol{\alpha}_2+\cdots+k_s\boldsymbol{\alpha}_s=0$$

才成立，则称向量组 $\boldsymbol{\alpha}_1,\boldsymbol{\alpha}_2,\cdots,\boldsymbol{\alpha}_s$ 线性无关. 由定义 2 立即可知：

(1)单独一个零向量线性相关；

(2)单独一个非零向量 $\boldsymbol{\alpha}$ 线性无关；

(3)含有零向量的向量组线性相关；

(4)由 n 个 n 维标准单位向量 $\boldsymbol{\varepsilon}_1,\boldsymbol{\varepsilon}_2,\cdots,\boldsymbol{\varepsilon}_n$ 组成的向量组是线性无关的.

因为

$$k_1\boldsymbol{\varepsilon}_1+k_2\boldsymbol{\varepsilon}_2+\cdots+k_n\boldsymbol{\varepsilon}_n=\boldsymbol{0},$$

即

$$\begin{aligned}&k_1(1,0,\cdots,0)+k_2(0,1,\cdots,0)+\cdots+k_n(0,0,\cdots,1)\\&=(k_1,k_2,\cdots,k_n)=(0,0,\cdots,0).\end{aligned}$$

所以 $k_1=k_2=\cdots=k_n=0$.

这就是说 $\boldsymbol{\varepsilon}_1,\boldsymbol{\varepsilon}_2,\cdots,\boldsymbol{\varepsilon}_n$ 线性无关.

一般地，判别一个向量组 $\boldsymbol{\alpha}_1,\boldsymbol{\alpha}_2,\cdots,\boldsymbol{\alpha}_s$ 的线性相关性的基本方法和步骤如下：

(1)假设存在一组数 $k_1,k_2,\cdots,k_s$，使

$$k_1\boldsymbol{\alpha}_1+k_2\boldsymbol{\alpha}_2+\cdots+k_s\boldsymbol{\alpha}_s=0$$

成立；

(2)应用向量的线性运算和向量相等的定义，找出未知数 $k_1,k_2,\cdots,k_s$ 的齐次线性方程组；

(3)判断方程组有无非零解；

(4)如有非零解，则 $\boldsymbol{\alpha}_1,\boldsymbol{\alpha}_2,\cdots,\boldsymbol{\alpha}_s$ 线性相关. 如仅有零解，则 $\boldsymbol{\alpha}_1,\boldsymbol{\alpha}_2,\cdots,\boldsymbol{\alpha}_s$ 线性无关.

【例 6】 讨论向量组

$$\boldsymbol{\alpha}_1=(2,1,0),\boldsymbol{\alpha}_2=(1,2,1),\boldsymbol{\alpha}_3=(0,1,2)$$

的线性相关性.

解 设有三个数 k_1,k_2,k_3，使

$$k_1\boldsymbol{\alpha}_1+k_2\boldsymbol{\alpha}_2+k_3\boldsymbol{\alpha}_3=0,$$

即

$$k_1\begin{pmatrix}2\\1\\0\end{pmatrix}+k_2\begin{pmatrix}1\\2\\1\end{pmatrix}+k_3\begin{pmatrix}0\\1\\2\end{pmatrix}=\begin{pmatrix}0\\0\\0\end{pmatrix}.$$

所以 $\begin{cases}2k_1+k_2=0\\k_1+2k_2+k_3=0\\k_2+2k_3=0\end{cases}$.

因为方程组的系数行列式

$$D=\begin{vmatrix}2&1&0\\1&2&1\\0&1&2\end{vmatrix}=4\neq0\ .$$

所以方程组只有零解，即 $k_1=k_2=k_3=0$，

从而向量组 $\boldsymbol{\alpha}_1,\boldsymbol{\alpha}_2,\boldsymbol{\alpha}_3$ 线性无关.

【例 7】 设向量组 $\boldsymbol{\alpha}$、$\boldsymbol{\beta}$、$\boldsymbol{\gamma}$ 线性无关，求证：$\boldsymbol{\alpha}+\boldsymbol{\beta}$、$\boldsymbol{\beta}+\boldsymbol{\gamma}$、$\boldsymbol{\alpha}+\boldsymbol{\gamma}$ 线性无关.

证 设有三个数 k_1,k_2,k_3，使

$$k_1(\boldsymbol{\alpha}+\boldsymbol{\beta})+k_2(\boldsymbol{\beta}+\boldsymbol{\gamma})+k_3(\boldsymbol{\alpha}+\boldsymbol{\gamma})=0,$$

则

$$(k_1+k_3)\boldsymbol{\alpha}+(k_1+k_2)\boldsymbol{\beta}+(k_2+k_3)\boldsymbol{\gamma}=0,$$

因为 $\boldsymbol{\alpha}$、$\boldsymbol{\beta}$、$\boldsymbol{\gamma}$ 线性无关，故有

$$\begin{cases}k_1+k_3=0\\k_1+k_2=0,\\k_2+k_3=0\end{cases}$$

此方程组的系数行列式

$$\begin{vmatrix}1&0&1\\1&1&0\\0&1&1\end{vmatrix}=2\neq0,$$

所以方程组只有零解，即

$$k_1=k_2=k_3=0,$$

也就是说，向量组 $\boldsymbol{\alpha}+\boldsymbol{\beta}$、$\boldsymbol{\beta}+\boldsymbol{\gamma}$、$\boldsymbol{\alpha}+\boldsymbol{\gamma}$ 是线性无关的.

【同步练习】讨论下列向量组的线性相关性：

(1) $\boldsymbol{\alpha}_1=(1,1,1),\boldsymbol{\alpha}_2=(0,1,1),\boldsymbol{\alpha}_3=(0,0,1)$；

(2) $\boldsymbol{\alpha}_1=(1,2,1),\boldsymbol{\alpha}_2=(3,1,1),\boldsymbol{\alpha}_3=(7,4,3)$.

8.7.3 向量组线性相关性的几个重要结论

为了判别向量组的线性相关性，下面再给出几个重要结论.

定理 1 n 个 n 维向量

$$\boldsymbol{\alpha}_i=(a_{i1},a_{i2},\cdots,a_{in})\quad(i=1,2,\cdots,n)$$

线性无关的充要条件是

$$\begin{vmatrix}a_{11}&a_{12}&\cdots&a_{1n}\\a_{21}&a_{22}&\cdots&a_{2n}\\\cdots&\cdots&\cdots&\cdots\\a_{n1}&a_{n2}&\cdots&a_{nn}\end{vmatrix}\neq0.$$

由此还可推出：n 个 n 维向量

$$\boldsymbol{\alpha}_i=(a_{i1},a_{i2},\cdots,a_{in})\quad(i=1,2,\cdots,n)$$

线性相关的充要条件是

$$\begin{vmatrix}a_{11}&a_{12}&\cdots&a_{1n}\\a_{21}&a_{22}&\cdots&a_{2n}\\\cdots&\cdots&\cdots&\cdots\\a_{n1}&a_{n2}&\cdots&a_{nn}\end{vmatrix}=0.$$

定理 2 $n+1$ 个 n 维向量

$$\boldsymbol{\alpha}_i=(a_{i1},a_{i2},\cdots,a_{in})\quad(i=1,2,\cdots,n+1)$$

一定线性相关.

推论 一个向量组所含向量的个数大于向量的维数时,这个向量组一定线性相关.

定理 3 如果一个向量组的一部分向量线性相关,那么这个向量组线性相关.

定理 4 如果一个向量组线性无关,那么它的任何一部分向量也线性无关.

定理 5 如果向量组

$$\boldsymbol{\alpha}_i=(a_{i1},a_{i2},\cdots,a_{in})\quad(i=1,2,\cdots,s)$$

线性无关,那么在每个向量上添一个分量所得到的 $n+1$ 维向量组

$$\boldsymbol{\beta}_i=(a_{i1},a_{i2},\cdots,a_{in},a_{i,n+1})\quad(i=1,2,\cdots,s)$$

也线性无关.

这个结论可以推广到添加几个分量的情况:

如果向量组

$$\boldsymbol{\alpha}_i=(a_{i1},a_{i2},\cdots,a_{in})\quad(i=1,2,\cdots,s)$$

线性无关,那么在每个向量上添 l 个分量所得到的 $n+l$ 维向量组

$$\boldsymbol{\beta}_i=(a_{i1},a_{i2},\cdots,a_{in},a_{i,n+1},\cdots,a_{i,n+l})\quad(i=1,2,\cdots,s)$$

也线性无关.

定理 6 向量组 $\boldsymbol{\alpha}_1,\boldsymbol{\alpha}_2,\cdots,\boldsymbol{\alpha}_s(s\geqslant 2)$ 线性相关的充要条件是其中有一个向量可由其余向量线性表示.

定理 7 如果向量组 $\boldsymbol{\alpha}_1,\boldsymbol{\alpha}_2,\cdots,\boldsymbol{\alpha}_s$ 线性无关,而 $\boldsymbol{\beta},\boldsymbol{\alpha}_1,\boldsymbol{\alpha}_2,\cdots,\boldsymbol{\alpha}_s$ 线性相关,则 $\boldsymbol{\beta}$ 可由 $\boldsymbol{\alpha}_1,\boldsymbol{\alpha}_2,\cdots,\boldsymbol{\alpha}_s$ 线性表示,而且表示式是唯一的.

【同步练习】讨论下列向量组的线性相关性:

(1) $\boldsymbol{\alpha}_1=(1,-5,1),\boldsymbol{\alpha}_2=(-3,1,1),\boldsymbol{\alpha}_3=(2,0,1),\boldsymbol{\alpha}_4=(6,5,1)$;

(2) $\boldsymbol{\alpha}_1=(0,0,0),\boldsymbol{\alpha}_2=(2,-5,1),\boldsymbol{\alpha}_3=(3,-2,1)$.

习 题 8-7

1. 试问向量 $\boldsymbol{\beta}$ 能否由其余向量线性表示,若能写出线性表示式:

(1) $\boldsymbol{\beta}=(3,-5),\boldsymbol{\alpha}_1=(1,-2),\boldsymbol{\alpha}_2=(2,-3)$;

(2) $\boldsymbol{\beta}=(2,-6),\boldsymbol{\alpha}_1=(3,2),\boldsymbol{\alpha}_2=(6,4)$;

(3) $\boldsymbol{\beta}=(2,6),\boldsymbol{\alpha}_1=(1,0),\boldsymbol{\alpha}_2=(0,1),\boldsymbol{\alpha}_3=(6,5)$;

(4) $\boldsymbol{\beta}=(-1,2,3),\boldsymbol{\alpha}_1=(-1,1,0),\boldsymbol{\alpha}_2=(1,1,0),\boldsymbol{\alpha}_3=(0,1,1)$;

(5) $\boldsymbol{\beta}=(2,2,-1),\boldsymbol{\alpha}_1=(2,1,0),\boldsymbol{\alpha}_2=(-1,1,2)$.

2. 判断下列向量组的线性相关性:

(1) $\boldsymbol{\alpha}_1=(5,2),\boldsymbol{\alpha}_2=(2,3)$;

(2) $\boldsymbol{\alpha}_1=(-3,1),\boldsymbol{\alpha}_2=(6,-2)$;

(3) $\boldsymbol{\alpha}_1=(1,0),\boldsymbol{\alpha}_2=(2,1),\boldsymbol{\alpha}_3=(6,5)$;

(4) $\boldsymbol{\alpha}_1=(-1,1,0),\boldsymbol{\alpha}_2=(1,1,1),\boldsymbol{\alpha}_3=(0,-1,1)$;

(5) $\boldsymbol{\alpha}_1=(-3,1,2),\boldsymbol{\alpha}_2=(1,2,1),\boldsymbol{\alpha}_3=(-3,8,7)$.

3. 试证:若 $\boldsymbol{\alpha}_1,\boldsymbol{\alpha}_2,\boldsymbol{\alpha}_3$ 线性无关,则 $\boldsymbol{\alpha}_1-2\boldsymbol{\alpha}_2,\boldsymbol{\alpha}_2+\boldsymbol{\alpha}_3,\boldsymbol{\alpha}_3+3\boldsymbol{\alpha}_1$ 线性无关.

8.8 极大线性无关组与向量组的秩

一个向量组所含向量的个数可能很多，有时甚至有无穷多个，能不能通过它的一部分向量来进行研究整个向量组呢？下面引入极大线性无关组的概念.

定义1 设有向量组

$$\boldsymbol{\alpha}_1,\boldsymbol{\alpha}_2,\cdots,\boldsymbol{\alpha}_s, \tag{8-9}$$

而

$$\boldsymbol{\alpha}_{i_1},\boldsymbol{\alpha}_{i_2},\cdots,\boldsymbol{\alpha}_{i_t}\ (t\leqslant s) \tag{8-10}$$

是向量组(8-9)的一个部分向量组. 如果向量组(8-10)满足：

(1) 向量组(8-10)线性无关.

(2) 向量组 (8-9)中的每一个向量都可由向量组(8-10)线性表示.

则称向量组(8-10)是向量组(8-9)的一个极大线性无关组，简称极大无关组.

【例1】 设向量组为

$$\boldsymbol{\alpha}_1=(1,0,0),\boldsymbol{\alpha}_2=(0,1,0),\boldsymbol{\alpha}_3=(0,0,1),$$
$$\boldsymbol{\alpha}_4=(2,1,3),\boldsymbol{\alpha}_5=(1,-2,0).$$

求向量组的极大线性无关组.

解 因为

(1) $\boldsymbol{\alpha}_1,\boldsymbol{\alpha}_2,\boldsymbol{\alpha}_3$线性无关；

(2) $\boldsymbol{\alpha}_1=1\cdot\boldsymbol{\alpha}_1+0\cdot\boldsymbol{\alpha}_2+0\cdot\boldsymbol{\alpha}_3$,

$\boldsymbol{\alpha}_2=0\cdot\boldsymbol{\alpha}_1+1\cdot\boldsymbol{\alpha}_2+0\cdot\boldsymbol{\alpha}_3$,

$\boldsymbol{\alpha}_3=0\cdot\boldsymbol{\alpha}_1+0\cdot\boldsymbol{\alpha}_2+1\cdot\boldsymbol{\alpha}_3$,

$\boldsymbol{\alpha}_4=2\cdot\boldsymbol{\alpha}_1+1\cdot\boldsymbol{\alpha}_2+3\cdot\boldsymbol{\alpha}_3$,

$\boldsymbol{\alpha}_5=1\cdot\boldsymbol{\alpha}_1+(-2)\cdot\boldsymbol{\alpha}_2+0\cdot\boldsymbol{\alpha}_3$.

即$\boldsymbol{\alpha}_1,\boldsymbol{\alpha}_2,\boldsymbol{\alpha}_3,\boldsymbol{\alpha}_4,\boldsymbol{\alpha}_5$都可由$\boldsymbol{\alpha}_1,\boldsymbol{\alpha}_2,\boldsymbol{\alpha}_3$线性表示. 由定义可知，$\boldsymbol{\alpha}_1,\boldsymbol{\alpha}_2,\boldsymbol{\alpha}_3$是$\boldsymbol{\alpha}_1,\boldsymbol{\alpha}_2,\boldsymbol{\alpha}_3,\boldsymbol{\alpha}_4,\boldsymbol{\alpha}_5$的一个极大线性无关组.

容易证明n维单位向量组

$$\boldsymbol{\varepsilon}_1=(1,0,\cdots,0),\boldsymbol{\varepsilon}_2=(0,1,\cdots,0),\cdots,\boldsymbol{\varepsilon}_n=(0,0,\cdots,1)$$

是全体n维向量组成的向量组$\boldsymbol{T}$的一个极大线性无关组.

【例2】 设向量组为

$$\boldsymbol{\alpha}_1=(1,1,1),\boldsymbol{\alpha}_2=(2,3,4),\boldsymbol{\alpha}_3=(1,2,3).$$

求向量组的极大线性无关组.

解 因为

(1) $\boldsymbol{\alpha}_1,\boldsymbol{\alpha}_2$线性无关；

(2) $\boldsymbol{\alpha}_1=1\cdot\boldsymbol{\alpha}_1+0\cdot\boldsymbol{\alpha}_2,\boldsymbol{\alpha}_2=0\cdot\boldsymbol{\alpha}_1+1\cdot\boldsymbol{\alpha}_2,\boldsymbol{\alpha}_3=(-1)\cdot\boldsymbol{\alpha}_1+\boldsymbol{\alpha}_2$. 由定义可知，$\boldsymbol{\alpha}_1,\boldsymbol{\alpha}_2$是$\boldsymbol{\alpha}_1,\boldsymbol{\alpha}_2,\boldsymbol{\alpha}_3$的一个极大线性无关组. 又因为$\boldsymbol{\alpha}_1,\boldsymbol{\alpha}_3$线性无关，向量组$\boldsymbol{\alpha}_1,\boldsymbol{\alpha}_2,\boldsymbol{\alpha}_3$的每一向量可由$\boldsymbol{\alpha}_1,\boldsymbol{\alpha}_3$线性表示. 从而$\boldsymbol{\alpha}_1,\boldsymbol{\alpha}_3$是$\boldsymbol{\alpha}_1,\boldsymbol{\alpha}_2,\boldsymbol{\alpha}_3$的一个极大线性无关组.

上面例子说明，一个向量组的极大线性无关组可能不只一个，于是就产生了一个问题，当一个向量组的极大线性无关组不只一个时，这些极大线性无关组含有的向量个数是不是相等呢？解决这个问题，要用到向量组等价的概念.

定义 2 设两个向量组

$$\boldsymbol{\alpha}_1,\boldsymbol{\alpha}_2,\cdots,\boldsymbol{\alpha}_\gamma \tag{8-11}$$

和

$$\boldsymbol{\beta}_1,\boldsymbol{\beta}_2,\cdots,\boldsymbol{\beta}_s, \tag{8-12}$$

如果式(8-11)中的每个向量都能用式(8-12)线性表示，则称式(8-11)能被式(8-12)线性表示.

定义 3 若有两个向量组(8-11)和向量组(8-12)，向量组(8-11)能被向量组(8-12)线性表示，向量组(8-12)也能被向量组(8-11)线性表示，则称向量组(8-11)和向量组(8-12)等价.

【例 3】 设向量组：

(1)$\boldsymbol{\alpha}_1=(1,1,1),\boldsymbol{\alpha}_2=(1,2,3),\boldsymbol{\alpha}_3=(1,3,6)$.

(2)$\boldsymbol{\beta}_1=(2,5,9),\boldsymbol{\beta}_2=(3,6,10)$.

因为 $\boldsymbol{\beta}_1=\boldsymbol{\alpha}_2+\boldsymbol{\alpha}_3,\boldsymbol{\beta}_2=\boldsymbol{\alpha}_1+\boldsymbol{\alpha}_2+\boldsymbol{\alpha}_3$.

所以 向量组(2)能被向量组(1)线性表示.

【例 4】 设向量组：

(1)$\boldsymbol{\alpha}_1=(1,1),\boldsymbol{\alpha}_2=(0,1)$；

(2)$\boldsymbol{\beta}_1=(1,2),\boldsymbol{\beta}_2=(1,0),\boldsymbol{\beta}_3=(1,-1)$.

求证向量组(1)和向量组(2)等价.

证 由于 $\boldsymbol{\alpha}_1=\boldsymbol{\beta}_1-\boldsymbol{\beta}_2+\boldsymbol{\beta}_3,\boldsymbol{\alpha}_2=\boldsymbol{\beta}_2-\boldsymbol{\beta}_3$；

又 $\boldsymbol{\beta}_1=\boldsymbol{\alpha}_1+\boldsymbol{\alpha}_2,\boldsymbol{\beta}_2=\boldsymbol{\alpha}_1-\boldsymbol{\alpha}_2,\boldsymbol{\beta}_3=\boldsymbol{\alpha}_1-2\boldsymbol{\alpha}_2$.

从而 $\boldsymbol{\alpha}_1,\boldsymbol{\alpha}_2$ 和 $\boldsymbol{\beta}_1,\boldsymbol{\beta}_2,\boldsymbol{\beta}_3$ 等价.

向量组之间的等价关系具有下面的三条基本性质：

(1)反身性：$\boldsymbol{\alpha}_1,\boldsymbol{\alpha}_2,\cdots,\boldsymbol{\alpha}_m$ 与 $\boldsymbol{\alpha}_1,\boldsymbol{\alpha}_2,\cdots,\boldsymbol{\alpha}_m$ 等价.

(2)对称性：若 $\boldsymbol{\alpha}_1,\boldsymbol{\alpha}_2,\cdots,\boldsymbol{\alpha}_m$ 与 $\boldsymbol{\beta}_1,\boldsymbol{\beta}_2,\cdots,\boldsymbol{\beta}_s$ 等价，则 $\boldsymbol{\beta}_1,\boldsymbol{\beta}_2,\cdots,\boldsymbol{\beta}_s$ 与 $\boldsymbol{\alpha}_1,\boldsymbol{\alpha}_2,\cdots,\boldsymbol{\alpha}_m$ 等价.

(3)传递性：若 $\boldsymbol{\alpha}_1,\boldsymbol{\alpha}_2,\cdots,\boldsymbol{\alpha}_m$ 与 $\boldsymbol{\beta}_1,\boldsymbol{\beta}_2,\cdots,\boldsymbol{\beta}_s$ 等价，$\boldsymbol{\beta}_1,\boldsymbol{\beta}_2,\cdots,\boldsymbol{\beta}_s$ 与 $\boldsymbol{\gamma}_1,\boldsymbol{\gamma}_2,\cdots,\boldsymbol{\gamma}_t$ 等价，则 $\boldsymbol{\alpha}_1,\boldsymbol{\alpha}_2,\cdots,\boldsymbol{\alpha}_m$ 与 $\boldsymbol{\gamma}_1,\boldsymbol{\gamma}_2,\cdots,\boldsymbol{\gamma}_t$ 等价.

由等价定义容易得出：向量组和它的极大线性无关组是等价的. 一个向量组的所有极大线性无关组都是等价的.

定理 1 设向量组 $\boldsymbol{A}$ 和 $\boldsymbol{B}$，如果向量组 $\boldsymbol{B}:\boldsymbol{\beta}_1,\boldsymbol{\beta}_2,\cdots,\boldsymbol{\beta}_r$ 线性无关，而且向量组 $\boldsymbol{B}$ 可由向量组 $\boldsymbol{A}:\boldsymbol{\alpha}_1,\boldsymbol{\alpha}_2,\cdots,\boldsymbol{\alpha}_s$ 线性表示，则向量组 $\boldsymbol{B}$ 的个数 r 必不大于 $\boldsymbol{A}$ 组的向量的个数 s，即 $r\leqslant s$.

由此可以导出：

结论 1 两个等价的线性无关向量组所含向量个数一定相等.

结论 2 一个向量组中的所有极大线性无关组所含的向量个数一定相等.

由以上讨论可知，一个向量组的极大无关组所含向量个数是确定的. 于是给出向量组的秩的概念.

定义 4 一个向量组的极大线性无关组所含向量的个数称为向量组的秩.

由定义可知：

(1)如果一个向量组的秩为 r，则其中的任何 r 个线性无关的部分向量组都是它的一个极大线性无关组。

(2)一个线性无关的向量组，它的极大线性无关组是它本身，即向量组线性无关的充要条件是该向量组的秩等于它所含向量个数.

(3)向量组线性相关的充要条件是该向量组的秩小于它所含向量个数.

(4)完全由零向量组成的向量组,则其中任何部分向量组都是线性相关的,即没有极大线性无关组,所以它的秩为0.

求向量组的极大线性无关组及秩,可以借助于矩阵. 含有 m 个 n 维向量的向量组 $\boldsymbol{\alpha}_1,\boldsymbol{\alpha}_2,\cdots,\boldsymbol{\alpha}_m$ 可以构成一个 $m\times n$ 矩阵 $\boldsymbol{A}$,则该矩阵的秩与向量组的秩之间有如下关系.

定理2 $m\times n$ 矩阵 $\boldsymbol{A}$ 的秩为 r 的充要条件是 $\boldsymbol{A}$ 的行向量(或列向量)组的秩为 r.(证明略)

也可以说成:矩阵 $\boldsymbol{A}$ 的秩等于它的行向量组的秩,也等于它的列向量组的秩.

定理3 矩阵的初等行变换不改变矩阵列向量之间的线性关系.

根据这两个定理,我们以给定向量为列向量作成矩阵 $\boldsymbol{A}$,然后施行矩阵的初等行变换,将它化为阶梯形矩阵 $\boldsymbol{B}$,若阶梯形矩阵 $\boldsymbol{B}$ 的非零行个数为 r,而 $\boldsymbol{B}$ 的首非零元所在列的序号是 $j_1,j_2,\cdots,j_r$,则矩阵 $\boldsymbol{A}$ 的第 $j_1,j_2,\cdots,j_r$ 列就是 $\boldsymbol{A}$ 的列向量组的一个极大线性无关组. 向量组的秩为 r;并且 $\boldsymbol{A}$ 的列向量组的线性关系式与 $\boldsymbol{B}$ 的列向量组的线性关系式完全对应一致.

【例5】 求向量组 $\boldsymbol{\alpha}_1=(1,4,1,0)$,$\boldsymbol{\alpha}_2=(2,1,-1,-3)$,$\boldsymbol{\alpha}_3=(1,0,-3,-1)$,$\boldsymbol{\alpha}_4=(0,2,-6,3)$ 的秩,并指出它的一个极大无关组.

解 将 $\boldsymbol{\alpha}_1,\boldsymbol{\alpha}_2,\boldsymbol{\alpha}_3,\boldsymbol{\alpha}_4$ 写成

$$(\boldsymbol{\alpha}_1^{\mathrm{T}},\boldsymbol{\alpha}_2^{\mathrm{T}},\boldsymbol{\alpha}_3^{\mathrm{T}},\boldsymbol{\alpha}_4^{\mathrm{T}})=\begin{pmatrix}1&2&1&0\\4&1&0&2\\1&-1&-3&-6\\0&-3&-1&3\end{pmatrix}\xrightarrow[-r_1+r_3]{-4r_1+r_2}\begin{pmatrix}1&2&1&0\\0&-7&-4&2\\0&-3&-4&-6\\0&-3&-1&3\end{pmatrix}$$

$$\xrightarrow{-r_3+r_4}\begin{pmatrix}1&2&1&0\\0&-7&-4&2\\0&-3&-4&-6\\0&0&3&9\end{pmatrix}\xrightarrow{-2r_3+r_2}\begin{pmatrix}1&2&1&0\\0&-1&4&14\\0&-3&-4&-6\\0&0&3&9\end{pmatrix}$$

$$\xrightarrow{-3r_2+r_3}\begin{pmatrix}1&2&1&0\\0&-1&4&14\\0&0&-16&-48\\0&0&3&9\end{pmatrix}\xrightarrow{-\frac{1}{16}r_3}\begin{pmatrix}1&2&1&0\\0&-1&4&14\\0&0&1&3\\0&0&3&9\end{pmatrix}$$

$$\xrightarrow{-3r_3+r_4}\begin{pmatrix}1&2&1&0\\0&-1&4&14\\0&0&1&3\\0&0&0&0\end{pmatrix}=\boldsymbol{B}_1.$$

$\boldsymbol{B}_1$ 已是阶梯形矩阵,$\boldsymbol{B}_1$ 的首非零元所在列的序号是1,2,3,按前面的说明,矩阵 $\boldsymbol{A}$ 的1,2,3列就是 $\boldsymbol{A}$ 的列向量组的一个极大线性无关组,即 $\boldsymbol{\alpha}_1,\boldsymbol{\alpha}_2,\boldsymbol{\alpha}_3$ 是向量组 $\boldsymbol{\alpha}_1,\boldsymbol{\alpha}_2,\boldsymbol{\alpha}_3,\boldsymbol{\alpha}_4$ 的一个极大线性无关组.

【例6】 在【例5】中,写出 $\boldsymbol{\alpha}_4$ 由极大线性无关组 $\boldsymbol{\alpha}_1,\boldsymbol{\alpha}_2,\boldsymbol{\alpha}_3$ 线性表示的式子.

解 在【例5】中,进一步通过初等行变换将 $\boldsymbol{B}_1$ 化为行简化阶梯形矩阵

$$\boldsymbol{B}_1=\begin{pmatrix}1&2&1&0\\0&-1&4&14\\0&0&1&3\\0&0&0&0\end{pmatrix}\xrightarrow{2r_2+r_1}\begin{pmatrix}1&0&9&28\\0&-1&4&14\\0&0&1&3\\0&0&0&0\end{pmatrix}\xrightarrow[-4r_3+r_2]{-9r_3+r_1}\begin{pmatrix}1&0&0&1\\0&-1&0&2\\0&0&1&3\\0&0&0&0\end{pmatrix}$$

$$\xrightarrow{-r_2}\begin{bmatrix}1&0&0&1\\0&1&0&-2\\0&0&1&3\\0&0&0&0\end{bmatrix}=[\beta_1\quad\beta_2\quad\beta_3\quad\beta_4]=\boldsymbol{B}.$$

在 $\boldsymbol{B}$ 中可得 $\beta_4=\beta_1-2\beta_1+3\beta_3$，按前面的说明，$\boldsymbol{\alpha}_4^{\mathrm{T}}=\boldsymbol{\alpha}_1^{\mathrm{T}}-2\boldsymbol{\alpha}_2^{\mathrm{T}}+3\boldsymbol{\alpha}_3^{\mathrm{T}}$，于是有

$$\boldsymbol{\alpha}_4=\boldsymbol{\alpha}_1-2\boldsymbol{\alpha}_2+3\boldsymbol{\alpha}_3.$$

【同步练习】求向量组 $\boldsymbol{\alpha}_1=(1,1,-1,2)$，$\boldsymbol{\alpha}_2=(2,1,0,-3)$，$\boldsymbol{\alpha}_3=(2,0,2,-10)$，$\boldsymbol{\alpha}_4=(3,2,-1,-1)$的秩，并指出它的一个极大无关组.

习 题 8-8

1. 求下列向量组的秩和它的一个极大无关组：

(1)$\boldsymbol{\alpha}_1=(-1,1,2)$，$\boldsymbol{\alpha}_2=(1,1,3)$，$\boldsymbol{\alpha}_3=(0,3,2)$；

(2)$\boldsymbol{\alpha}_1=(1,2,-2,1)$，$\boldsymbol{\alpha}_2=(-2,-1,-5,1)$，$\boldsymbol{\alpha}_3=(3,1,8,-1)$，$\boldsymbol{\alpha}_4=(-1,0,-4,1)$；

(3)$\boldsymbol{\alpha}_1=(1,2,3,4)$，$\boldsymbol{\alpha}_2=(1,1,4,2)$，$\boldsymbol{\alpha}_3=(3,4,11,8)$.

2. 求下列向量组的秩及其一个极大无关组，并把其余向量用极大无关组表示：

(1)$\boldsymbol{\alpha}_1=(1,-1,2,4)$，$\boldsymbol{\alpha}_2=(0,3,1,2)$，$\boldsymbol{\alpha}_3=(3,0,7,14)$，$\boldsymbol{\alpha}_4=(1,-1,2,0)$；

(2)$\boldsymbol{\alpha}_1=(1,2,1,3)$，$\boldsymbol{\alpha}_2=(4,-1,-5,-6)$，$\boldsymbol{\alpha}_3=(1,-3,-4,-7)$，$\boldsymbol{\alpha}_4=(2,1,-1,0)$.

8.9 齐次线性方程组

齐次线性方程组

$$\begin{cases}a_{11}x_1+a_{12}x_2+\cdots+a_{1n}x_n=0\\a_{21}x_1+a_{22}x_2+\cdots+a_{2n}x_n=0\\\qquad\cdots\\a_{m1}x_1+a_{m2}x_2+\cdots+a_{mn}x_n=0\end{cases}\tag{8-13}$$

可写成矩阵形式为

$$\boldsymbol{AX}=\boldsymbol{O}.\tag{8-14}$$

其中 $\boldsymbol{A}=\begin{pmatrix}a_{11}\,a_{12}\cdots a_{1n}\\a_{21}\,a_{22}\cdots a_{2n}\\\cdots\\a_{m1}\,a_{m2}\cdots a_{mn}\end{pmatrix}$，$\boldsymbol{A}$ 称为齐次线性方程组(8-13)的系数矩阵.

$$\boldsymbol{X}=\begin{pmatrix}\boldsymbol{x}_1\\\boldsymbol{x}_2\\\vdots\\\boldsymbol{x}_n\end{pmatrix},\boldsymbol{O}=\begin{pmatrix}0\\0\\\vdots\\0\end{pmatrix}.$$

若 $x_1, x_2, \cdots, x_n$ 是式(8-13)的解，则称 $\boldsymbol{X}=\begin{pmatrix} x_1 \\ x_2 \\ \vdots \\ x_n \end{pmatrix}$ 为式(8-13)[或式(8-14)]的解向量.

齐次线性方程组(8-13)的解向量具有下列性质.

性质 设 α_1, α_2 是式(8-13)的两个解向量，则 α_1, α_2 的任一线性组合 $\alpha=k_1\alpha_1+k_2\alpha_2$ 仍为式(8-13)的解向量.

证 将 $\alpha=k_1\alpha_1+k_2\alpha_2$ 代入式(8-14)左边，得

$$\boldsymbol{AX}=\boldsymbol{A}(k_1\alpha_1+k_2\alpha_2)=k_1\boldsymbol{A}\alpha_1+k_2\boldsymbol{A}\alpha_2=0.$$

定义 1 设 $\alpha_1, \alpha_2, \cdots, \alpha_r$ 是齐次线性方程组(8-13)的 r 个解向量，如果

(1) $\alpha_1, \alpha_2, \cdots, \alpha_r$ 线性无关；

(2)式(8-13)的任一解向量 α 是 $\alpha_1, \alpha_2, \cdots, \alpha_r$ 的线性组合.

则称 $\alpha_1, \alpha_2, \cdots, \alpha_r$ 为式(8-13)的一个基础解系.

由定义，如果式(8-13)只有零解向量，则式(8-13)不存在基础解系；如果式(8-13)有非零解向量，则式(8-13)有无穷多个解向量，把这无穷多个解向量看成一个向量组，那么基础解系就是它的一个极大线性无关组. 因此，只要求出式(8-13)的基础解系，式(8-13)的全部解向量就能由基础解系的全部向量线性表示出来.

$$\alpha=\sum_{i=1}^{r}k_i\alpha_i \quad (k_i \text{ 为任意常数}),$$

称它为齐次线性方程组(8-13)的通解.

定理 如果齐次线性方程组(8-13)的系数矩阵 $\boldsymbol{A}$ 的秩 $\boldsymbol{R}(\boldsymbol{A})=r<n$，那么齐次线性方程组基础解系存在，而且基础解系含有 $n-r$ 个解向量.

证 由于 $\boldsymbol{R}(\boldsymbol{A})=r$，不妨设 $\boldsymbol{A}$ 的左上角的 r 阶子式

$$\begin{vmatrix} a_{11} & \cdots & a_{1r} \\ \cdots & \cdots & \cdots \\ a_{r1} & \cdots & a_{rr} \end{vmatrix} \neq 0,$$

对 $\boldsymbol{A}$ 进行初等行变换，一定可化为下列行简化阶梯形矩阵：

$$\boldsymbol{A}\to\begin{pmatrix} 1 & 0 & \cdots & 0 & c_{1,r+1} & \cdots & c_{1n} \\ 0 & 1 & \cdots & 0 & c_{2,r+1} & \cdots & c_{2n} \\ \vdots & \vdots & & \vdots & \vdots & & \vdots \\ 0 & 0 & \cdots & 1 & c_{r,r+1} & \cdots & c_{rn} \\ 0 & 0 & \cdots & 0 & 0 & \cdots & 0 \\ \vdots & \vdots & & \vdots & \vdots & & \vdots \\ 0 & 0 & \cdots & 0 & 0 & \cdots & 0 \end{pmatrix}.$$

则易知式(8-13)的同解方程组为

$$\begin{cases} x_1=-c_{1,r+1}x_{r+1}-\cdots-c_{1n}x_n \\ x_2=-c_{2,r+1}x_{r+1}-\cdots-c_{2n}x_n \\ \cdots \\ x_r=-c_{r,r+1}x_{r+1}-\cdots-c_{rn}x_n \end{cases}. \tag{8-15}$$

其中 $x_{r+1},x_{r+2},\cdots,x_n$ 为自由未知量. 现在分别取

$$\begin{pmatrix}x_{r+1}\\x_{r+2}\\\vdots\\x_n\end{pmatrix}=\begin{pmatrix}1\\0\\\vdots\\0\end{pmatrix},\begin{pmatrix}0\\1\\\vdots\\0\end{pmatrix},\cdots,\begin{pmatrix}0\\0\\\vdots\\1\end{pmatrix}. \tag{8-16}$$

为 $n-r$ 个线性无关的单位向量. 由此,可求得式(8-15)的 $n-r$ 个解向量,设依次为

$$\begin{pmatrix}x_1\\x_2\\\vdots\\x_r\end{pmatrix}=\begin{pmatrix}b_{11}\\b_{21}\\\vdots\\b_{r1}\end{pmatrix},\begin{pmatrix}b_{12}\\b_{22}\\\vdots\\b_{r2}\end{pmatrix},\cdots,\begin{pmatrix}b_{1,n-r}\\b_{2,n-r}\\\vdots\\b_{r,n-r}\end{pmatrix}. \tag{8-17}$$

将式(8-16)、式(8-17)合在一起,得到式(8-13)的 $n-r$ 个线性无关的解向量

$$\alpha_1=\begin{pmatrix}b_{11}\\b_{21}\\\vdots\\b_{r1}\\0\\\vdots\\0\end{pmatrix},\alpha_2=\begin{pmatrix}b_{12}\\b_{22}\\\vdots\\b_{r2}\\0\\\vdots\\0\end{pmatrix}\cdots,\alpha_{n-r}=\begin{pmatrix}b_{1,n-r}\\b_{2,n-r}\\\vdots\\b_{r,n-r}\\0\\\vdots\\1\end{pmatrix}. \tag{8-18}$$

上式中的 $\alpha_1,\alpha_2,\cdots,\alpha_{n-r}$ 就是式(8-13)的一个基础解系. 齐次线性方程组(8-13)的通解为

$$\alpha=\sum_{i=1}^{n-r}k_i\alpha_i.$$

由定理的证明可得:

(1)当 $\boldsymbol{R}(\boldsymbol{A})=n$ 时,式(8-13)仅有零解,无基础解系.

(2)当 $\boldsymbol{R}(\boldsymbol{A})=r<n$ 时,式(8-13)有基础解系式(8-18),式(8-13)的任一解可表示为

$$\alpha=k_1\alpha_1+k_2\alpha_2+\cdots+k_{n-r}\alpha_{n-r}. \tag{8-19}$$

其中 $k_1,\cdots,k_{n-r}$ 为任意实数. 式(8-19)称为式(8-13)的通解(一般解).

【例 1】 求齐次线性方程组 $\begin{cases}x_1-x_2+5x_3-x_4=0\\x_1+x_2-2x_3+3x_4=0\\3x_1-x_2+8x_3+x_4=0\\x_1+3x_2-9x_3+7x_4=0\end{cases}$ 的一个基础解系和通解.

解 用初等行变换将系数矩阵化为行简化阶梯形矩阵

$$A=\begin{pmatrix}1&-1&5&-1\\1&1&-2&3\\3&-1&8&1\\1&3&-9&7\end{pmatrix}\xrightarrow[-r_1+r_4]{\substack{-r_1+r_2\\-3r_1+r_3}}\begin{pmatrix}1&-1&5&-1\\0&2&-7&4\\0&2&-7&4\\0&4&-14&8\end{pmatrix}$$

$$\xrightarrow[-2r_2+r_4]{-r_2+r_3}\begin{pmatrix}1&-1&5&-1\\0&2&-7&4\\0&0&0&0\\0&0&0&0\end{pmatrix}\xrightarrow{\frac{1}{2}r_2}\begin{pmatrix}1&-1&5&-1\\0&1&\frac{-7}{2}&2\\0&0&0&0\\0&0&0&0\end{pmatrix}$$

$$\xrightarrow{r_2+r_1}\begin{pmatrix}1&0&\frac{3}{2}&1\\0&1&\frac{-7}{2}&2\\0&0&0&0\\0&0&0&0\end{pmatrix}.$$

原方程组同解于

$$\begin{cases}x_1=-\dfrac{3}{2}x_3-x_4\\x_2=\dfrac{7}{2}x_3-2x_4\end{cases}(x_3,x_4\text{为自由未知量}).$$

分别取$\begin{pmatrix}x_3\\x_4\end{pmatrix}=\begin{pmatrix}1\\0\end{pmatrix},\begin{pmatrix}0\\1\end{pmatrix}$，得$\begin{pmatrix}x_1\\x_2\end{pmatrix}=\begin{pmatrix}-\frac{3}{2}\\\frac{7}{2}\end{pmatrix},\begin{pmatrix}-1\\-2\end{pmatrix}$.

于是$\alpha_1=\begin{pmatrix}-\frac{3}{2}\\\frac{7}{2}\\1\\0\end{pmatrix}$ $\alpha_2=\begin{pmatrix}-1\\-2\\0\\1\end{pmatrix}$为原方程组的一个基础解系，所以原方程的通解为

$$\alpha=k_1\alpha_1+k_2\alpha_2=k_1\begin{pmatrix}-\frac{3}{2}\\\frac{7}{2}\\1\\0\end{pmatrix}+k_2\begin{pmatrix}-1\\-2\\0\\1\end{pmatrix}.\text{(其中 }k_1,k_2\text{为任意常数)}$$

【例 2】 求齐次线性方程组$\begin{cases}x_1+x_2+x_3+x_4+x_5=0\\3x_1+2x_2+x_3-3x_5=0\\x_2+2x_3+3x_4+6x_5=0\\5x_1+4x_2+3x_3+2x_4-x_5=0\end{cases}$的一个基础解系.

解 用初等行变换将系数矩阵化为行简化阶梯形矩阵

$$\begin{pmatrix}1&1&1&1&1\\3&2&1&0&-3\\0&1&2&3&6\\5&4&3&2&-1\end{pmatrix}\xrightarrow[-5r_1+r_4]{-3r_1+r_2}\begin{pmatrix}1&1&1&1&1\\0&-1&-2&-3&-6\\0&1&2&3&6\\0&-1&-2&-3&-6\end{pmatrix}$$

$$\xrightarrow[-r_2+r_4]{r_2+r_3}\begin{pmatrix}1&1&1&1&1\\0&-1&-2&-3&-6\\0&0&0&0&0\\0&0&0&0&0\end{pmatrix}\xrightarrow{r_2+r_1}\begin{pmatrix}1&0&-1&-2&-5\\0&-1&-2&-3&-6\\0&0&0&0&0\\0&0&0&0&0\end{pmatrix}$$

$$\xrightarrow{-r_2}\begin{pmatrix}1&0&-1&-2&-5\\0&1&2&3&6\\0&0&0&0&0\\0&0&0&0&0\end{pmatrix}.$$

原方程组同解于 $\begin{cases}x_1=x_3+2x_4+5x_5\\x_2=-2x_3-3x_4-6x_5\end{cases}$，$x_3,x_4,x_5$为自由变量.

分别取 $\begin{pmatrix}x_3\\x_4\\x_5\end{pmatrix}=\begin{pmatrix}1\\0\\0\end{pmatrix},\begin{pmatrix}0\\1\\0\end{pmatrix},\begin{pmatrix}0\\0\\1\end{pmatrix}$， 得 $\begin{pmatrix}x_1\\x_2\end{pmatrix}=\begin{pmatrix}1\\-2\end{pmatrix},\begin{pmatrix}2\\-3\end{pmatrix},\begin{pmatrix}5\\-6\end{pmatrix}$，

于是 $\alpha_1=\begin{pmatrix}1\\-2\\1\\0\\0\end{pmatrix}$，$\alpha_2=\begin{pmatrix}2\\-3\\0\\1\\0\end{pmatrix}$，$\alpha_3=\begin{pmatrix}5\\-6\\0\\0\\1\end{pmatrix}$为原方程组的一个基础解系.

【同步练习】求齐次线性方程组$\begin{cases}x_1+2x_2+4x_3-3x_4=0\\3x_1+5x_2+6x_3-4x_4=0\\4x_1+5x_2-2x_3+3x_4=0\\3x_1+8x_2+24x_3-19x_4=0\end{cases}$的通解.

习 题 8-9

1. 求下列齐次线性方程组的通解：

(1)$\begin{cases}x_1+2x_2-x_3-3x_4=0\\2x_1-x_2-x_3+x_4=0\\3x_1+x_2-2x_3-2x_4=0\end{cases}$；

(2)$\begin{cases}x_1-4x_2+5x_3+3x_4=0\\3x_1-6x_2+3x_3+2x_4=0\\4x_1-4x_2+9x_3+11x_4=0\end{cases}$；

(3)$\begin{cases}2x_1-5x_2+x_3-3x_4=0\\-3x_1+4x_2-2x_3+x_4=0\\x_1+2x_2-x_3+3x_4=0\\-2x_1+15x_2-6x_3+13x_4=0\end{cases}$；

(4)$\begin{cases}x_1-5x_2-6x_3+8x_4-6x_5=0\\3x_1+x_2-6x_3-4x_4+2x_5=0\\2x_1+2x_2-3x_3-5x_4+3x_5=0\end{cases}$.

2. λ 取何值时，齐次线性方程组

$$\begin{cases}2x_1-x_2+3x_3=0\\3x_1-4x_2+7x_3=0\\-x_1+2x_2+\lambda x_3=0\end{cases}$$

有非零解？并求此非零解.

8.10 非齐次线性方程组

若一般线性方程组

$$\begin{cases}a_{11}x_1+a_{12}x_2+\cdots+a_{1n}x_n=b_1\\a_{21}x_1+a_{22}x_2+\cdots+a_{2n}x_n=b_2\\\cdots\\a_{m1}x_1+a_{m2}x_2+\cdots+a_{mn}x_n=b_m\end{cases}\tag{8-20}$$

中的 $b_1,b_2,\cdots,b_m$ 不全为 0，式(8-20)称为非齐次线性方程组.

若 $b_1=b_2=\cdots=b_m=0$，即

$$\begin{cases}a_{11}x_1+a_{12}x_2+\cdots+a_{1n}x_n=0\\a_{21}x_1+a_{22}x_2+\cdots+a_{2n}x_n=0\\\cdots\\a_{m1}x_1+a_{m2}x_2+\cdots+a_{mn}x_n=0\end{cases}.\tag{8-21}$$

称式(8-21)为与式(8-20)对应的齐次线性方程组(或导出组).

式(8-20)、式(8-21)分别用向量式写为

$$\boldsymbol{AX}=\boldsymbol{B}\tag{8-22}$$

和

$$\boldsymbol{AX}=\boldsymbol{O},\tag{8-23}$$

其中 $\boldsymbol{A}=\begin{pmatrix}a_{11}a_{12}\cdots a_{1n}\\a_{21}a_{22}\cdots a_{2n}\\\cdots\\a_{m1}a_{m2}\cdots a_{mn}\end{pmatrix}$，$\boldsymbol{X}=\begin{pmatrix}x_1\\x_2\\\vdots\\x_n\end{pmatrix}$，$\boldsymbol{B}=\begin{pmatrix}b_1\\b_2\\\vdots\\b_m\end{pmatrix}$，$\boldsymbol{O}=\begin{pmatrix}0\\0\\\vdots\\0\end{pmatrix}$. 称 $\widetilde{\boldsymbol{A}}=\begin{pmatrix}a_{11}a_{12}\cdots a_{1n}b\\a_{21}a_{22}\cdots a_{2n}b_2\\\cdots\\a_{m1}a_{m2}\cdots a_{mn}bm\end{pmatrix}$ 为非齐次线性方程组(8-24)的增广矩阵.

关于非齐次线性方程组解的结构有以下定理.

定理1 设 α_0 是式(8-20)的某一特定解向量(称为特解)，$\alpha_1,\cdots,\alpha_{n-r}$ 是导出式(8-21)的一个基础解系，则式(8-20)的通解(一般解或全部解)为

$$\alpha=\alpha_0+k_1\alpha_1+k_2\alpha_2+\cdots+k_{n-r}\alpha_{n-r}.\tag{8-24}$$

其中 $r=\boldsymbol{R}(\boldsymbol{A})$.

证 首先
$$\begin{aligned}\boldsymbol{A}\alpha&=\boldsymbol{A}(\alpha_0+k_1\alpha_1+k_2\alpha_2+\cdots+k_{n-r}\alpha_{n-r})\\&=\boldsymbol{A}\alpha_0+k_1\boldsymbol{A}\alpha_1+k_2\boldsymbol{A}\alpha_2+\cdots+k_{n-r}\boldsymbol{A}\alpha_{n-r}\\&=\boldsymbol{B}+k_1\boldsymbol{O}+\cdots k_{n-r}\boldsymbol{O}=\boldsymbol{B}.\end{aligned}$$

所以，式(8-24)是式(8-22)的解，即式(8-20)的解向量。

反之，对于式(8-20)的任一解向量 α，易知 $\alpha-\alpha_0$ 是式(8-21)的解，又知 $\alpha_1,\alpha_2,\cdots,\alpha_{n-r}$ 是式(8-21)的一个基础解系，所以，存在数 $k_1,k_2\cdots\cdots k_n$，使

$$\alpha-\alpha_0=k_1\alpha_1+k_2\alpha_2+\cdots+k_{n-r}\alpha_{n-r},$$

即
$$\alpha=\alpha_0+k_1\alpha_1+k_2\alpha_2+\cdots+k_{n-r}\alpha_{n-r}.$$

推论 在式(8-20)有解的前提下,解为唯一的充要条件是它的导出式(8-21)只有零解.

定理2 非齐次线性方程组(8-20)有解的充要条件是它的系数矩阵 $\boldsymbol{A}$ 和增广矩阵 $\widetilde{\boldsymbol{A}}$ 的秩相同,即 $\boldsymbol{R}(\boldsymbol{A})=\boldsymbol{R}(\widetilde{\boldsymbol{A}})$.

证 设 $\boldsymbol{R}(\boldsymbol{A})=r$,不妨设 $\boldsymbol{A}$ 的左上角的 r 阶子式不为零,

对 $\widetilde{\boldsymbol{A}}$ 进行初等行变换,一定可化为下列行简化阶梯形矩阵:

$$\widetilde{\boldsymbol{A}}\to\left(\begin{array}{cccccccc|c} 1 & 0 & \cdots & 0 & c_{1,r+1} & \cdots & c_{1,n} & d_1 \\ 0 & 1 & \cdots & 0 & c_{2,r+1} & \cdots & c_{2,n} & d_2 \\ \vdots & \vdots & & \vdots & \vdots & & \vdots & \vdots \\ 0 & 0 & \cdots & 1 & c_{r,r+1} & \cdots & c_{r,n} & d_r \\ 0 & 0 & \cdots & 0 & 0 & \cdots & 0 & d_{r+1} \\ 0 & 0 & & 0 & 0 & \cdots & 0 & 0 \\ \vdots & \vdots & & & \vdots & & \vdots & \vdots \\ 0 & 0 & & 0 & 0 & \cdots & 0 & 0 \end{array}\right),$$

对应的同解方程组为

$$\begin{cases} x_1=-c_{1,r+1}x_{r+1}-\cdots-c_{1n}x_n+d_1 \\ x_2=-c_{2,r+1}x_{r+1}-\cdots-c_{2n}x_n+d_2 \\ \qquad\cdots \\ x_r=-c_{r,r+1}x_{r+1}-\cdots-c_{rn}x_n+d_r \\ \qquad 0=d_{r+1} \end{cases}.$$

于是非齐次线性方程组(10−1)有解的充要条件 $d_{r+1}=0$,也就是 $\boldsymbol{R}(\boldsymbol{A})=\boldsymbol{R}(\widetilde{\boldsymbol{A}})$.

【例1】 求方程组 $\begin{cases} x_1-x_2-x_3+x_4=1 \\ x_1+3x_2+x_3-3x_4=5 \\ x_1+x_2-x_4=3 \end{cases}$ 的通解.

解 利用矩阵的初等行变换将增广矩阵化成行简化阶梯形矩阵

$$\widetilde{A}=\left[\begin{array}{cccc|c} 1 & -1 & -1 & 1 & 1 \\ 1 & 3 & 1 & -3 & 5 \\ 1 & 1 & 0 & -1 & 3 \end{array}\right]\xrightarrow[-r_1+r_3]{-r_1+r_2}\left[\begin{array}{cccc|c} 1 & -1 & -1 & 1 & 1 \\ 0 & 4 & 2 & -4 & 4 \\ 0 & 2 & 1 & -2 & 2 \end{array}\right]$$

$$\xrightarrow{\frac{1}{2}r_2}\left[\begin{array}{cccc|c} 1 & -1 & -1 & 1 & 1 \\ 0 & 2 & 1 & -2 & 2 \\ 0 & 2 & 1 & -2 & 2 \end{array}\right]\xrightarrow{-r_2+r_3}\left[\begin{array}{cccc|c} 1 & -1 & -1 & 1 & 1 \\ 0 & 2 & 1 & -2 & 2 \\ 0 & 0 & 0 & 0 & 0 \end{array}\right]$$

$$\xrightarrow{\frac{1}{2}r_2}\left[\begin{array}{cccc|c} 1 & -1 & -1 & 1 & 1 \\ 0 & 1 & \frac{1}{2} & -1 & 1 \\ 0 & 0 & 0 & 0 & 0 \end{array}\right]\xrightarrow{r_2+r_1}\left[\begin{array}{cccc|c} 1 & 0 & -\frac{1}{2} & 0 & 2 \\ 0 & 1 & \frac{1}{2} & -1 & 1 \\ 0 & 0 & 0 & 0 & 0 \end{array}\right].$$

$\boldsymbol{R}(\boldsymbol{A})=\boldsymbol{R}(\widetilde{\boldsymbol{A}})=2$,故线性方程组有解.原方程组对应的等价方程组为

$$\begin{cases}x_1=2+\frac{1}{2}x_3\\x_2=1-\frac{1}{2}x_3+x_4\end{cases},$$

取 $x_3=0,x_4=0$ 得特解 $\alpha_0=\begin{bmatrix}2\\1\\0\\0\end{bmatrix}$.

导出组(对应的齐次线性方程组)对应一个等价方程组

$$\begin{cases}x_1=\frac{1}{2}x_3\\x_2=-\frac{1}{2}x_3+x_4\end{cases}\quad(\text{其中 } x_3,x_4 \text{ 为自由未知量}).$$

分别取 $x_3=1,x_4=0$ ；$x_3=0,x_4=1$ 得对应齐次线性方程组(导出组)的基础解系

$$\alpha_1=\begin{bmatrix}\frac{1}{2}\\-\frac{1}{2}\\1\\0\end{bmatrix},\alpha_2=\begin{bmatrix}0\\1\\0\\1\end{bmatrix}.$$

原方程组的通解为

$$\begin{bmatrix}x_1\\x_2\\x_3\\x_4\end{bmatrix}=\begin{bmatrix}2\\1\\0\\0\end{bmatrix}+k_1\begin{bmatrix}\frac{1}{2}\\-\frac{1}{2}\\1\\0\end{bmatrix}+k_2\begin{bmatrix}0\\1\\0\\1\end{bmatrix}\quad(k_1,k_2\in R).$$

【例 2】 求方程组 $\begin{cases}x_1+x_2+x_3+x_4+x_5=2\\2x_1+3x_2+x_3+x_4-3x_5=-6\\x_1+2x_3+2x_4+6x_5=12\\4x_1+5x_2+3x_3+3x_4-x_5=2\end{cases}$ 的通解.

解 利用矩阵的初等行变换将增广矩阵化成行简化阶梯形矩阵

$$\begin{pmatrix}1&1&1&1&1&2\\2&3&1&1&-3&-6\\1&0&2&2&6&12\\4&5&3&3&-1&-2\end{pmatrix}\xrightarrow[-4r_1+r_4]{\substack{-2r_1+r_2\\-r_1+r_3}}\begin{pmatrix}1&1&1&1&1&2\\0&1&-1&-1&-5&-10\\0&-1&1&1&5&10\\0&1&-1&-1&-5&-10\end{pmatrix}$$

$$\xrightarrow[-r_2+r_4]{r_2+r_3}\begin{pmatrix}1&1&1&1&1&2\\0&1&-1&-1&-5&-10\\0&0&0&0&0&0\\0&0&0&0&0&0\end{pmatrix}\xrightarrow{-r_2+r_1}\begin{pmatrix}1&0&2&2&6&12\\0&1&-1&-1&-5&-10\\0&0&0&0&0&0\\0&0&0&0&0&0\end{pmatrix}.$$

$\boldsymbol{R}(\boldsymbol{A})=\boldsymbol{R}(\widetilde{\boldsymbol{A}})=2$,故线性方程组有解.原方程组对应的等价方程组为

$$\begin{cases}x_1=12-2x_3-2x_4-6x_5\\x_2=-10+x_3+x_4+5x_5\end{cases},$$

取 $x_3=0,x_4=0,x_4=0$. 得特解 $\alpha_0=\begin{bmatrix}12\\-10\\0\\0\\0\end{bmatrix}$,

导出组(对应的齐次线性方程组)对应一个等价方程组

$$\begin{cases}x_1=-2x_3-2x_4-6x_5\\x_2=x_3+x_4+5x_5\end{cases}$$(其中 x_3,x_4 为自由未知量),

分别取 $x_3=1,x_4=0,x_5=0;x_3=0,x_4=1,x_5=0;x_3=0,x_4=1,x_5=1$. 得对应齐次线性方程组(导出组)的基础解系

$$\alpha_1=\begin{bmatrix}-2\\1\\1\\0\\0\end{bmatrix},\alpha_2=\begin{bmatrix}-2\\1\\0\\1\\0\end{bmatrix},\alpha_3=\begin{bmatrix}-6\\5\\0\\0\\1\end{bmatrix}.$$

原方程组的通解为

$$\begin{pmatrix}x_1\\x_2\\x_3\\x_4\\x_5\end{pmatrix}=\begin{pmatrix}12\\-10\\0\\0\\0\end{pmatrix}+k_1\begin{pmatrix}-2\\1\\1\\0\\0\end{pmatrix}+k_2\begin{pmatrix}-2\\1\\0\\1\\0\end{pmatrix}+k_3\begin{pmatrix}-6\\5\\0\\0\\1\end{pmatrix}.$$

【同步练习】求方程组 $\begin{cases}x_1+x_2+4x_3+x_4+2x_5=3\\x_1+x_2-2x_3+x_4=-7\\2x_1+2x_2+5x_3+2x_4+3x_5=1\\3x_1+3x_2+x_3+3x_4+2x_5=2\end{cases}$ 的通解.

习　题　8-10

1. 求下列非齐次线性方程组的通解:

(1) $\begin{cases}x_1-5x_2+2x_3-3x_4=11\\5x_1+3x_2+6x_3-x_4=-1;\\2x_1+4x_2+2x_3+x_4=-6\end{cases}$

(2) $\begin{cases}2x_1+3x_2+x_3=4\\x_1-2x_2+4x_3=-5\\3x_1+8x_2-2x_3=13\\4x_1-x_2+9x_3=-6\end{cases}$;

(3) $\begin{cases}2x_1+x_2+2x_3+x_4=10\\x_1+2x_2+x_3-x_4=2\\x_1+x_2+2x_3+x_4=5\end{cases}$;

(4) $\begin{cases}x_1-2x_2+4x_3-x_4=2\\-3x_1+x_2-3x_3-11x_4=-12\\2x_1+5x_2+7x_3+8x_4=30\\x_1+8x_2+8x_3+5x_4=36\end{cases}$.

2. λ 取何值时，非齐次线性方程组

$$\begin{cases}x_1+x_2+x_3=1\\x_1+\lambda x_2+2x_3=\lambda\\x_1+2x_2+\lambda x_3=\lambda+2\end{cases}$$

有唯一解？无解？有无穷多个解？

第8章　自测题A(基础)

1. 填空题

(1)三阶行列式 $\begin{vmatrix}5&0&1\\7&2&0\\3&0&0\end{vmatrix}=$________.

(2)矩阵 $\boldsymbol{A}=\begin{bmatrix}1&-1&3\\2&1&2\\1&2&-1\end{bmatrix}$ 的秩为________.

(3)已知向量组 $\boldsymbol{\alpha}_1=(1,3,-2)$，$\boldsymbol{\alpha}_2=(2,0,t)$，$\boldsymbol{\alpha}_3=(0,-6,5)$ 线性相关，则数 $t=$________.

(4) $\begin{bmatrix}2&3\\-1&5\end{bmatrix}^{-1}=$________.

(5)设方程组 $\begin{cases}x_1+\lambda x_2+x_3=0\\\lambda x_1+x_2+x_3=0\\x_1+x_2+\lambda x_3=0\end{cases}$ 有非零解，且数 $\lambda<0$，则 $\lambda=$________.

2. 选择题

(1) $\begin{vmatrix}2&-1&0\\1&x&-2\\3&-1&2\end{vmatrix}=0$，则 $x=$(　　).

(A) -2；　　(B) 2；

(C) -1；　　(D) 1.

(2)设 3 阶方阵 $\boldsymbol{A}$ 的行列式为 2,则 $\left|-\frac{1}{2}\boldsymbol{A}\right|=$(　　).

(A)-1;　　(B)$-\frac{1}{4}$;

(C)$\frac{1}{4}$;　　(D)-1.

(3)设 $\begin{vmatrix} a_{11} & a_{12} & a_{13} \\ a_{21} & a_{22} & a_{23} \\ a_{31} & a_{32} & a_{33} \end{vmatrix}=x$, 则 $\begin{vmatrix} 3a_{21} & 3a_{22} & 3a_{23} \\ a_{11} & a_{12} & a_{13} \\ a_{31} & a_{32} & a_{33} \end{vmatrix}=$(　　).

(A)0;　　(B)$3x$;

(C)$-3x$;　　(D)x.

(4)设 $\boldsymbol{A}$ 为 $m\times n$ 矩阵,且非齐次线性方程组 $\boldsymbol{AX}=b$ 有唯一解,则必有(　　).

(A)$m=n$;　　(B)秩$(\boldsymbol{A})=m$;

(C)秩$(\boldsymbol{A})=n$;　　(D)秩$(\boldsymbol{A})<n$.

(5)若向量组 $\boldsymbol{\beta}_1,\boldsymbol{\beta}_2$ 线性无关,则向量组 $\boldsymbol{\beta}_1-\boldsymbol{\beta}_2,\boldsymbol{\beta}_2$(　　).

(A)线性无关;　　(B)线性相关;

(C)有可能线性相关;　　(D)以上结论都不对.

3. 计算题

(1)计算四阶行列式 $\begin{vmatrix} 1 & -2 & 3 & 0 \\ -2 & -1 & 2 & 3 \\ 0 & 5 & 2 & -1 \\ 1 & 0 & 5 & 1 \end{vmatrix}$ 的值.

(2)求矩阵 $\boldsymbol{A}=\begin{pmatrix} -1 & 3 & 1 \\ 1 & -6 & 0 \\ 0 & 1 & -1 \end{pmatrix}$ 的逆矩阵 $\boldsymbol{A}^{-1}$.

(3)设 $\boldsymbol{A}=\begin{pmatrix} 1 & 2 & 3 \\ 0 & 1 & 2 \\ 0 & 1 & 4 \end{pmatrix}$, $\boldsymbol{B}=\begin{pmatrix} 1 & -1 \\ 2 & -1 \\ 2 & 6 \end{pmatrix}$,求矩阵方程:$\boldsymbol{AX}=\boldsymbol{B}$ 的解.

(4)求矩阵 $\boldsymbol{A}=\begin{bmatrix} 1 & -2 & 4 & -1 & 2 \\ -3 & 1 & -3 & -11 & -12 \\ 2 & 5 & 7 & 8 & 30 \\ -1 & 3 & 1 & -3 & 6 \end{bmatrix}$ 的秩.

(5)求向量组 $\boldsymbol{\alpha}_1=(2,1,3,-1)$,$\boldsymbol{\alpha}_2=(3,-1,2,0)$,$\boldsymbol{\alpha}_3=(1,3,4,-2)$,$\boldsymbol{\alpha}_4=(4,-3,1,1)$ 的秩和它的一个极大无关组.

(6)求线性方程组 $\begin{cases} x_1+x_2+3x_3+2x_4=3 \\ x_1+3x_2+x_3+6x_4=5 \\ x_1-5x_2+10x_3-8x_4=1 \\ 3x_1-x_2+15x_3+2x_4=13 \end{cases}$ 的通解.

4. 证明题

已知方阵 $\boldsymbol{A}$ 满足：$\boldsymbol{A}^2-\boldsymbol{A}-3\boldsymbol{E}=\boldsymbol{O}$，证明：$\boldsymbol{A}$ 及 $\boldsymbol{A}+3\boldsymbol{E}$ 都可逆. 并求 $\boldsymbol{A}^{-1}$ 及 $(\boldsymbol{A}+3\boldsymbol{E})^{-1}$.

第 8 章　自测题 B(提高)

1. 填空题

(1)矩阵 $\boldsymbol{A}=\begin{bmatrix}3 & 5\\ -2 & -4\end{bmatrix}$，则 $|\boldsymbol{A}^*|=$________.

(2)矩阵 $\boldsymbol{A}=\begin{bmatrix}2 & -1 & 3\\ 2 & 1 & a\\ 1 & 2 & -1\end{bmatrix}$ 的秩为 2，则 $a=$________.

(3)已知向量组 $\boldsymbol{\alpha}_1=(1,1,-2)$，$\boldsymbol{\alpha}_2=(1,4,t)$，$\boldsymbol{\alpha}_3=(0,-3,5)$ 的秩为 2，则数 $t=$________.

(4) $\begin{bmatrix}2 & 0 & 0\\ 0 & 1 & 0\\ 0 & 0 & -1\end{bmatrix}^{-1}=$________.

(5)设方程组 $\begin{cases}x_1+x_2+kx_3=0\\ -x_1+kx_2+x_3=0\\ x_1-x_2+2x_3=0\end{cases}$ 有非零解，且数 $k>0$，则 $k=$________.

2. 选择题

(1)对于向量组 $\boldsymbol{\alpha}_1,\boldsymbol{\alpha}_2,\boldsymbol{\alpha}_3,\boldsymbol{\alpha}_4$，向量组 $\boldsymbol{\alpha}_1,\boldsymbol{\alpha}_2,\boldsymbol{\alpha}_3$ 线性相关. 则(　　).

(A) $\boldsymbol{\alpha}_1,\boldsymbol{\alpha}_2,\boldsymbol{\alpha}_3$ 中必有零向量；　　(B) $\boldsymbol{\alpha}_1,\boldsymbol{\alpha}_2$ 必线性相关；

(C) $\boldsymbol{\alpha}_1,\boldsymbol{\alpha}_3$ 必线性无关；　　(D) $\boldsymbol{\alpha}_1,\boldsymbol{\alpha}_2,\boldsymbol{\alpha}_3,\boldsymbol{\alpha}_4$ 必线性相关.

(2)设 $\boldsymbol{A},\boldsymbol{B},\boldsymbol{C}$ 都是 n 阶矩阵，且 $\boldsymbol{A}$ 可逆，则必成立(　　).

(A)若 $\boldsymbol{AC}=\boldsymbol{BC}$，则有 $\boldsymbol{A}=\boldsymbol{B}$；　　(B)若 $\boldsymbol{BC}=\boldsymbol{O}$，则 $\boldsymbol{B}=\boldsymbol{O}$；

(C)若 $\boldsymbol{BA}=\boldsymbol{CA}$，则 $\boldsymbol{B}=\boldsymbol{C}$；　　(D)若 $\boldsymbol{A}^{-1}\boldsymbol{B}=\boldsymbol{CA}^{-1}$，则 $\boldsymbol{B}=\boldsymbol{C}$.

(3)设 $\begin{vmatrix}a_{11} & a_{12} & a_{13}\\ a_{21} & a_{22} & a_{23}\\ a_{31} & a_{32} & a_{33}\end{vmatrix}=x$，则 $\begin{vmatrix}3a_{21} & 3a_{22} & 3a_{23}\\ -2a_{11} & -2a_{12} & -2a_{13}\\ a_{31} & a_{32} & a_{33}\end{vmatrix}=$(　　).

(A) $-6x$；　　(B) $3x$；

(C) $-3x$；　　(D) $6x$.

(4)矩阵 $\boldsymbol{A}=\begin{bmatrix}-5 & 1\\ 6 & 2\end{bmatrix}$ 的逆矩阵 $\boldsymbol{A}^{-1}$ 是(　　).

(A) $\begin{bmatrix}-5 & 1\\ 6 & 2\end{bmatrix}$；　　(B) $-\frac{1}{16}\begin{bmatrix}5 & 1\\ 6 & -2\end{bmatrix}$；

(C) $-\frac{1}{16}\begin{bmatrix}2 & -6\\ -1 & -5\end{bmatrix}$；　　(D) $-\frac{1}{16}\begin{bmatrix}2 & -1\\ -6 & -5\end{bmatrix}$.

(5)矩阵 $\boldsymbol{A}=[1\quad 6]$，$\boldsymbol{B}=\begin{bmatrix}5 & 1\\ 3 & 2\end{bmatrix}$，$\boldsymbol{C}=\begin{bmatrix}1 & 3 & 5\\ 2 & 4 & 2\end{bmatrix}$. 则下列矩阵运算中有意义的是(　　).

(A)ACB; (B)ABC;

(C)BAC; (D)CBA.

3. 计算题

(1)计算四阶行列式$\begin{vmatrix} 1 & 1 & -1 & 2 \\ -3 & 1 & 3 & -2 \\ 2 & 3 & 1 & -1 \\ 1 & -5 & 3 & -5 \end{vmatrix}$的值.

(2)求矩阵$A=\begin{pmatrix} 1 & 3 & 4 \\ 2 & -1 & 5 \\ 2 & 1 & 5 \end{pmatrix}$的逆矩阵$A^{-1}$.

(3)设$A=\begin{pmatrix} 1 & 2 & 1 \\ -1 & 1 & 2 \\ 0 & 1 & 3 \end{pmatrix}$,$B=\begin{pmatrix} 2 & -1 & 3 \\ 3 & 0 & 1 \end{pmatrix}$,求矩阵方程:$XA=B$的解.

(4)如果矩阵$\begin{bmatrix} 1 & -2 & 0 & 0 & 2 & 6 \\ 0 & 0 & 1 & 0 & -7 & -8 \\ 0 & 0 & 0 & 1 & 3 & -5 \\ 0 & 0 & 0 & 0 & 0 & 0 \end{bmatrix}$是非齐次线性方程组的增广矩阵经初等行变换化成的,试求对应线性方程组的解.

(5)求向量组$\alpha_1=(1,3,-1,1)$,$\alpha_2=(1,7,3,9)$,$\alpha_3=(1,4,0,3)$,$\alpha_4=(4,13,-3,6)$的秩和它的一个极大无关组,并把其余向量用极大无关组线性表示.

(6)a,b取何值时,线性方程组$\begin{cases} x_1+2x_2+3x_3+3x_4=1 \\ x_2+2x_3+2x_4=1 \\ -x_2+(a-3)x_3-2x_4=b \\ 3x_1+2x_2+x_3+ax_4=-1 \end{cases}$有解?有解时求出线性方程组的全部解.

4. 证明题

设向量组$\alpha_1,\alpha_2,\alpha_3$线性无关,证明向量组$\beta_1=\alpha_1-2\alpha_2+3\alpha_3$,$\beta_2=-2\alpha_1+\alpha_2+4\alpha_3$,$\beta_3=\alpha_2-\alpha_3$也线性无关.

习题参考答案

习 题 1-1

1. (1) 不相同;　(2) 不相同.
2. $f(0)=2, f(4)=22, f(a)=2a^2-3a+2, f(x+1)=2x^2+x+1$.
3. $f(-2)=3, f(-1)=2, f(0)=1, f(1)=2$.
4. $f(-3)=2, f(0)=1, f(2)=4, f(5)=25$.
5. (1)$(-\infty,+\infty)$;　(2)$(-2,0]\cup[1,+\infty)$;
(3)$(-\infty,1)\cup(1,2)\cup(2,+\infty)$;　(4)$[-1,0)\cup(0,1]$;
(5)$[-1,3]$;　(6)$(-\infty,+\infty)$;
(7)$[-3,1)$;　(8)$[2k\pi-\frac{\pi}{2},2k\pi+\frac{\pi}{2}](k\in\mathbf{Z})$;
(9)$(1,+\infty)$;　(10)$(1,2)\cup(2,4]$.
6. $(1,\mathrm{e})$.
7. (1) 非奇非偶函数;　(2) 偶函数;　(3) 偶函数;
(4) 奇函数;　(5) 偶函数;　(6) 偶函数;
(7) 奇函数;　(8) 非奇非偶函数.
8. (1)$y=\sqrt{x},(x\geqslant 0)$;　(2)$y=\lg(x+5),(x>-5)$;
(3)$y=\dfrac{2x}{x-1},(x\neq 1)$;　(4)$y=2+\mathrm{e}^{x-1},(x\in\mathbf{R})$.
9. $\dfrac{x}{1-2x}$.
10. $y=(\log_3 x)^2$.
11. (1)$y=\sqrt{u}, u=3x-1$;　(2)$y=\ln u, u=1+3x$;
(3)$y=\sqrt{u}, u=\lg v, v=x^2+1$;　(4)$y=\mathrm{e}^u, u=\sqrt{v}, v=x+1$;
(5)$y=\sin u, u=5x$;　(6)$y=\lg u, u=\arcsin v, v=x^5$;
(7)$y=u^3, u=\cos v, v=2x+1$;　(8)$y=2^u, u=v^2, v=x+1$.
12. $C=f(x)=\begin{cases}0.538x, & 0\leqslant x\leqslant 50\\ 0.568x-1.5, & 50<x\leqslant 200.\\ 0.638x-15.5, & x>200\end{cases}$

习 题 1-2

1. (1)1;　(2)2;　(3)0;　(4)1;　(5) 不存在;　(6) 不存在.
2. (1)0;　(2)0,3,12;　(3) 不存在.
3. 不存在.

习 题 1-3

1. (1)0； (2)∞； (3)0； (4)∞； (5)0； (6)∞； (7)∞； (8)0.
2. $x\to -1$ 时，$f(x)$ 为无穷大量；$x\to 1$ 时，$f(x)$ 为无穷小量.
3. (1)0； (2)0； (3)0； (4)0.
4. (1)3； (2)∞； (3)0； (4)0； (5) $\frac{1}{2}$；

   (6) $\frac{2}{3}$； (7) $\frac{1}{8}$； (8) $\frac{2^{10}\times 3^{20}}{5^{30}}$； (9) $-\frac{1}{2}$； (10) $-\frac{1}{2}$；

   (11)0； (12)1； (13) $\frac{1}{2}$； (14) $\frac{\sqrt{3}}{6}$.
5. (1) $\frac{5}{3}$； (2) $\frac{2}{3}$； (3)x； (4) $\frac{3}{2}$； (5)1； (6)1.
6. (1)e^3；(2)e^{-4}；(3)e^{-2}；(4)$e^{\frac{1}{4}}$；(5)$e^{-\frac{1}{2}}$；(6)e^{-2}；(7)e；(8)e^2.

习 题 1-4

1. 当 $x\to 0$ 时，$e^{x^2}-1$ 是比 x^2+x 高阶的无穷小量.
2. 当 $x\to 0$ 时，x 是比 $1-\cos x$ 低阶的无穷小量.
3. 当 $x\to 1$ 时，$x-1$ 与 x^2-1 同阶无穷小量，但不是等价无穷小量；$x-1$ 与 $\frac{1}{3}(x^3-1)$ 是同阶无穷小量，且是等价无穷小量.
4. (1) $\frac{3}{2}$； (2)4； (3)2； (4) $\frac{2}{3}$； (5) -2； (6) $\frac{1}{2}$.

习 题 1-5

1. -0.4.
2. (1)$x=3$，无穷间断点(第二类)

   (2)$x=1$，可去间断点(第一类)；$x=2$，无穷间断点(第二类)

   (3)$x=0$，可去间断点(第一类)

   (4)$x=-1$，第二类间断点

   (5)$x=0$，可去间断点(第一类)；$x=k\pi(k\in\mathbf{Z},k\neq 0)$，无穷间断点(第二类)

   (6)$x=-\frac{1}{2}$，可去间断点(第一类)；$x=\frac{1}{2}$，无穷间断点(第二类)
3. (1)$(-\infty,-1)$，$(1,+\infty)$； (2)(6,4).
4. 在 $x=\frac{1}{2}$ 和 $x=2$ 处连续；$x=1$ 为跳跃间断点(第一类)(图略).
5. $a=1,b=3$.
6. (1)1； (2)csc2； (3) $\frac{1}{2}\ln 3$； (4) $\frac{1}{6}$.
7. 略. 8. 略. 9. 略.

第1章自测题A(基础)

1. (1)$\sin(\ln x)$； (2)2； (3)0； (4)e^3； (5)0.

2. (1)C； (2)D； (3)A； (4)C； (5)B.

3. (1)$-\frac{1}{2}$； (2)e^2； (3)2； (4)$\frac{1}{4}$；

(5) 连续区间$(-\infty,-1),(-1,1),(1,+\infty)$；$x=-1$为可去间断点，$x=1$为第二类间断点.

(6)$a=1,b=1-\frac{\pi}{2}$.

4. 证略.

第1章自测题B(提高)

1. (1)x^2+1； (2)$\frac{1}{2}$； (3)0； (4)$[2,4)\cup(4,+\infty)$； (5)$x=0$.

2. (1)B； (2)C； (3)B； (4)C； (5)D.

3. (1)-3； (2)e^2； (3)$\frac{2}{5}$； (4)$\frac{27}{8}$；

(5)$a=4,b=4$； (6)0,不存在,$(-\infty,1)\cup(1,10]$.

4. 证略.

习　题　2-1

1. (1)$3x^2$； (2)$-\frac{1}{x^2}$； (3)$-\sin x$.

2. (1)$\frac{1}{x\ln 10}$； (2)$-\frac{\sqrt{x}}{2x^2}$； (3)0； (4)$\frac{7}{6}\sqrt[6]{x}$.

3. $2\pi r_0^2 a(1+at)$.

4. (1)1.25m/s^2；(2)5m/s；(3)10m/s.

5. 12.

6. 切线方程：$x-4y+4=0$，法线方程：$4x+y-18=0$.

7. 连续，不可导.　　8. 连续，可导.

9. (1)$-f'(x_0)$； (2)$(\alpha-\beta)f'(x_0)$.

习　题　2-2

1. (1)$x(4-\frac{5}{2}\sqrt{x})$； (2)$2(x-3)$；

(3)$2x-\frac{5}{2}x^{-\frac{7}{2}}-3x^{-4}$； (4)$6x+3\sin x+3^x\ln 3$；

(5)$3x^2\cos x-x^3\sin x$； (6)$\frac{1}{2\sqrt{\varphi}}\arcsin\varphi+\frac{\sqrt{\varphi}}{\sqrt{1-\varphi^2}}$；

(7) $\tan x + x\sec^2 x - 2\sec x\tan x$；

(8) $-\dfrac{x\sin x + 2\cos x}{x^3}$；

(9) $\dfrac{1-2\ln x}{x^3}$；

(10) $\sin x\ln x + x\cos x\ln x + \sin x$；

(11) $\dfrac{2}{(x+1)^2}$；

(12) $-\dfrac{1+\sin t+\cos t}{(1+\sin t)^2}$；

(13) $\dfrac{e^x(\sin x+\sin x\cos x+\cos x+1)}{(1+\cos x)^2}$；

(14) $\dfrac{1}{2}\sqrt{x}\cos x - x\sqrt{x}\sin x - \dfrac{1}{2\sqrt{x}}\sin x$；

(15) $-\dfrac{2x}{(1+x^2)^2}$；

(16) $-\dfrac{1}{2\sqrt{t}(1+\sqrt{t})^2}$.

2. (1) $1+\dfrac{\pi}{2}-\dfrac{\sqrt{2}}{4}$；

(2) $\dfrac{1}{12}$.

3. 略.

4. 0m/s，−10m/s.

习　题　2-3

1. (1) $8(2x+5)^3$；

(2) $2\tan x\sec^2 x$；

(3) $5\cos\left(5x-\dfrac{\pi}{4}\right)$；

(4) $-\dfrac{1}{2\sqrt{x}}\csc^2\sqrt{x}$；

(5) $\dfrac{\sin x}{3\sqrt[3]{(1-\cos x)^2}}$；

(6) $e^{x^2}(1+2x^2)$；

(7) $\dfrac{2}{2x-1}$；

(8) $-\dfrac{1}{2x\sqrt{x-1}}$；

(9) $\dfrac{x-\sqrt{x^2+1}}{\sqrt{x^2+1}}$；

(10) $\dfrac{2x^3}{\sqrt{x^4+1}}\cos\sqrt{x^4+1}$；

(11) $\dfrac{1}{x\ln x\cdot\ln(\ln x)}$；

(12) $\dfrac{1}{2x}\left(1+\dfrac{1}{\sqrt{\ln x}}\right)$；

(13) $\dfrac{4x^2-4x+1}{\sqrt{2x^2+1}}$；

(14) $\sin x$.

2. $CU_m\omega\cos\omega t$.

3. $\dfrac{t}{12}-1$.

习　题　2-4

1. (1) $20x^3+12x$；

(2) $\dfrac{1}{x}$；

(3) $2e^{x^2}(1+2x^2)$；

(4) $2\csc^2 x\cot x$；

(5) $4e^{2x}+6x$；

(6) $2\sin 2x+8x\cos 2x-4x^2\sin 2x$；

(7) $-2e^x\sin x$；

(8) $-\dfrac{x}{(1+x^2)\sqrt{1+x^2}}$.

2. 0.

3. (1)$\cos(x+\frac{n\pi}{2})$；　　(2)$(-1)^{n+1}\frac{(n-1)!}{(1+x)^n}$；

(3)$a^x(\ln a)^n$；　　(4)$(-1)^{n-1}e^{-x}(n-x)$.

4. -2πcm/s，0cm/s^2.

5. 速度 $v(t)=24-1.6t$(m/s)；加速度 $a(t)=-1.6$(m/s^2).

习　题　2-5

1. (1)$\Delta y=1,dy|_{\substack{x=1\\ \Delta x=1}}=0$；　　(2)$\Delta y=0.01,dy|_{\substack{x=1\\ \Delta x=0.1}}=0$；

(3)$\Delta y=0.0001,dy|_{\substack{x=1\\ \Delta x=0.01}}=0$.

2. (1)$(3x^2-3+\frac{1}{2\sqrt{x}}-\frac{1}{x^2})dx$；　　(2)$(\cos x-3\sin 3x)dx$；

(3)$(\sin 2x+2x\cos 2x)dx$；　　(4)$\frac{2}{(x+1)^2}dx$；

(5)$2\ln 3\cdot 3^{x^2}xdx$；　　(6)$-6x^2(1-x^3)dx$；

(7)$\frac{1}{2\sqrt{x(1-x)}}dx$；　　(8)$\sec x dx$.

3. (1)$\sin x+C$；　　(2)$\frac{2}{3}x^{\frac{3}{2}}+C$；

(3)$2\sqrt{x}+C$；　　(4)$\ln|x|+C$；

(5)$-\frac{1}{x}+C$；　　(6)$\arctan x+C$；

(7)$\ln|1+x|+C$；　　(8)$-\frac{1}{3}e^{-3x}+C$.

4. 30.301m^3，30m^3.　　5. 1.1178g.

习　题　2-6

1. (1)$\frac{y-x^2}{y^2-x}$；　　(2)$\frac{y}{y-1}$；　　(3)$\frac{x+y}{x-y}$；

(4)$\frac{\cos y-\cos(x+y)}{x\sin y+\cos(x+y)}$；　　(5)$\frac{1}{1+\cos y}$；　　(6)$\frac{e^y}{1-xe^y}$.

2. $y=\frac{1}{e}x+1$.

3. 切线方程：$2x+9y-20=0$；法线方程：$9x-2y-5=0$.

4. (1)$1+3t$；　　(2)$-t$；　　(3)$\frac{t}{2}$；　　(4)$\frac{\cos t-t\sin t}{1-\sin t-t\cos t}$.

5. (1)$x\sqrt{\frac{x-1}{x+1}}\left(\frac{1}{x}+\frac{1}{x^2-1}\right)$；

(2)$\sqrt{\frac{x+1}{(x-2)(x+3)^2}}\left[\frac{1}{2(x+1)}-\frac{1}{2(x-2)}-\frac{1}{x+3}\right]$；

(3)$\frac{1}{2}\sqrt{\frac{(x-1)(x-2)}{(x-3)(x-4)}}\left(\frac{1}{x-1}+\frac{1}{x-2}-\frac{1}{x-3}-\frac{1}{x-4}\right)$；

(4) $\frac{1}{3}\sqrt[3]{\frac{(x-1)^2(x+2)}{2x-1}}\left(\frac{2}{x-1}+\frac{1}{x+2}-\frac{2}{2x-1}\right)$;

(5) $x^{\sin x}\left(\cos x\ln x+\frac{\sin x}{x}\right)$; (6) $x^{x^2}(2x\ln x+x)$.

第 2 章自测题 A(基础)

1. (1) 7; (2) $(2\cos x+4\sin 4x)\mathrm{d}x$; (3) $2x-y-1=0$; (4) ± 1; (5) $-\frac{1}{x^2}$.

2. (1) B; (2) C; (3) A; (4) D; (5) C.

3. (1) $y'=\mathrm{e}^x(x^2+5)$; (2) $y''=2\sin x+4x\cos x-x^2\sin x$; (3) $\mathrm{d}y=\frac{2}{2x+1}\mathrm{d}x$;

(4) $\mathrm{d}y=3(\sin^2 x\cos x-\cos 3x)\mathrm{d}x$; (5) $\frac{\mathrm{d}y}{\mathrm{d}x}=\frac{6x+5y}{6y^2-5x+\mathrm{e}^y}$; (6) $a=1,b=3$.

4. 1.1cm.

第 2 章自测题 B(提高)

1. (1) $\frac{2}{3}$; (2) $\mathrm{e}^x(\arctan x+\frac{1}{1+x^2})\mathrm{d}x$; (3) $-\frac{1}{2}\tan x\mathrm{d}x$; (4) $2k\pi(k\in\mathbf{Z})$; (5) 1.

2. (1) D; (2) A; (3) C; (4) D; (5) C.

3. (1) $\mathrm{d}y=12\sin(2x-1)\cos(2x-1)\mathrm{d}x$; (2) $y''=2\arctan x+\frac{2x}{1+x^2}$;

(3) $\frac{\mathrm{d}y}{\mathrm{d}x}=\frac{2x-y\mathrm{e}^{xy}}{10y^4-1+x\mathrm{e}^{xy}}$; (4) $\frac{5}{2}$;

(5) $\mathrm{d}y=\sqrt{\frac{\mathrm{e}^x}{1+x^2}}(\frac{1}{2}-\frac{x}{1+x^2})\mathrm{d}x$; (6) $a=1,b=0$.

4. 2.23cm.

习　题　3-1

1. $\xi=\frac{4}{3}$. 2. $\xi=\frac{\sqrt{3}}{3}$. 3. 略. 4. 有 3 个实根,分别位于区间(1,2),(2,3),(3,4)内.

5. 略. 6. 略.

习　题　3-2

1. (1) 2; (2) $\frac{m}{n}a^{m-n}$; (3) $\frac{2}{5}$; (4) 0; (5) $\frac{2}{\pi}$; (6) $\frac{1}{2}$; (7) 0;

(8) 0; (9) $\frac{1}{2}$; (10) $\frac{1}{12}$; (11) 2; (12) $-\frac{1}{3}$; (13) 1; (14) e^{-1}.

2. 略.

习　题　3-3

1. 单调增加.

2. (1) 在$(-\infty,1]$和$[2,+\infty)$单调增加；在$[1,2]$单调减少.

(2) 在$\left(-\infty,\frac{7}{4}\right]$单调增加；在$\left[\frac{7}{4},2\right]$单调减少.

(3) 在$(-\infty,1]$单调增加；在$[1,+\infty)$单调减少.

(4) 在$(0,\frac{\sqrt{2}}{4}]$单调减少；在$[\frac{\sqrt{2}}{4},+\infty)$单调增加.

(5) 在$(-\infty,0]$和$[\frac{4}{5},+\infty)$单调增加；在$[0,\frac{4}{5}]$单调减少.

3. 略.

4. 略.

5. (1) 极大值点$x=-1$，极大值13；极小值点$x=3$，极小值-19.

(2) 极小值点$x=e^{-\frac{1}{4}}$，极小值为$-\frac{1}{4e}$.

(3) 极小值点$x=-1$，极小值为$-\frac{1}{2}$；极大值点$x=1$，极大值为$\frac{1}{2}$.

(4) 极大值点$x=0$，极大值为0；极小值点$x=\frac{2}{5}$，极小值为$-\frac{3}{5}\sqrt[3]{\frac{4}{25}}$.

(5) 极小值点$x=0$，极小值为0.

(6) 极大值点$x=\frac{3}{4}$，极大值为$\frac{5}{4}$.

6. (1) 最大值点$x=-1$，最大值为$f(-1)=\frac{26}{3}$；

最小值点$x=2$，最小值为$f(2)=-\frac{1}{3}$.

(2) 最小值点$x=0$，最小值为$f(0)=0$；

最大值点$x=2$，最大值为$f(2)=\frac{4}{3}$.

(3) 最小值点$x=1$，最小值为$f(1)=1$；

最大值点$x=-1$，最大值为$f(-1)=\sqrt{5}$.

7. $x=-1$处取到最小值3.

8. 底圆半径$r=\left(\frac{V}{6\pi}\right)^{\frac{1}{3}}$，高为$h=6\left(\frac{V}{6\pi}\right)^{\frac{1}{3}}$时总造价最低.

9. $x=\frac{a}{2}$.

10. 2cm；128cm^3.

11. $x=15$，$y=5$.

12. 球半径$x=\left(\frac{3V}{8\pi}\right)^{\frac{1}{3}}$，圆柱高$y=\left(\frac{3V}{\pi}\right)^{\frac{1}{3}}$.

习　题　3-4

1. (1) 在$(-\infty,1]$内是凹的；在$(1,+\infty)$内是凸的.

(2) 在$(-\infty,0]$内是凹的;在$(0,+\infty)$内是凸的.

(3) 在$(-\infty,1]$内是凸的.

2. (1)$(-\infty,0)\cup\left[\frac{1}{3},+\infty\right)$为凹区间,$\left[0,\frac{1}{3}\right]$为凸区间,拐点为$(0,6)$,$\left(\frac{1}{3},\frac{161}{27}\right)$.

(2)$(-\infty,-2)$为凸区间,$[-2,+\infty)$为凹区间,拐点为$\left(-2,-\frac{2}{e^2}\right)$.

(3)$\left(-\infty,-\frac{1}{\sqrt{3}}\right)\cup\left[\frac{1}{\sqrt{3}},+\infty\right)$为凸区间,$\left[-\frac{1}{\sqrt{3}},\frac{1}{\sqrt{3}}\right]$为凹区间,拐点为$\left(-\frac{1}{\sqrt{3}},\frac{23}{18}\right)$,$\left(\frac{1}{\sqrt{3}},\frac{23}{18}\right)$.

3. 略.

4. (1) 水平渐近线$y=2$;垂直渐近线$x=2,x=3$.

(2) 水平渐近线$y=3$;垂直渐近线$x=0$.

第3章自测题A(基础)

1. (1)$\frac{7}{4}$; (2)-54; (3)1; (4)$[0,+\infty)$; (5)$y=\frac{1}{2}$.

2. (1)C; (2)B; (3)A; (4)A.

3. (1)0; (2)$\frac{1}{3}$; (3)0;

(4) 单调增加区间$(-\infty,2]$,单调减少区间$[2,3]$,有极大值$y(2)=2$;

(5)凸区间$(-\infty,-\sqrt{3})\cup(0,\sqrt{3})$,凹区间$(-\sqrt{3},0)\cup(\sqrt{3},+\infty)$,拐点$(-\sqrt{3},-\frac{\sqrt{3}}{4})$,$(0,0)$,$(\sqrt{3},\frac{\sqrt{3}}{4})$.

第3章自测题B(提高)

1. (1)$\frac{5}{2}$; (2)$(1,-3)$; (3)2; (4)$(0,e]$; (5)$y=-3$.

2. (1)B; (2)B; (3)A; (4)B.

3. (1)$\frac{1}{3}$; (2)$-\frac{3}{2}$; (3)e^3;

(4) 单调减少区间$(0,\frac{1}{2}]$,单调增加区间$[\frac{1}{2},+\infty)$,有极小值$y(\frac{1}{2})=\frac{1}{2}+\ln 2$;

(5)凸区间$(-\infty,2)$. 凹区间$(2,+\infty)$,拐点$(2,\frac{2}{e^2})$.

4. 证略.

习 题 4-1

1. 略.

2. (1)$-\frac{2}{3}x^{-\frac{3}{2}}+C$; (2)$-\frac{1}{x}+4x+\frac{4}{3}x^3+C$; (3)$2\arcsin x+5\arctan x+C$;

(4) $-\frac{1}{x}+\arctan x+C$； (5) $2\sin x+C$； (6) $e^x+\frac{1}{2x^2}+C$；

(7) $9x-3x^2+\frac{1}{3}x^3+C$； (8) $2\sqrt{x}-\frac{2}{3}x\sqrt{x}+C$； (9) $\frac{x}{2}-\frac{1}{2}\sin x+C$；

(10) $\tan x-x+C$.

3. $y=x^3+3$.

4. (1)16m； (2)5s.

习 题 4-2

1. (1) -1； (2) $\frac{1}{12}$； (3) $\frac{1}{x}+C$； (4) $\ln|x-1|+C$； (5) $-\frac{2}{\sqrt{x}}+C$； (6) -1；

(7) $\frac{1}{2}\sin 2x+C$； (8) $\frac{1}{3}\arctan 3x+C$； (9) -2； (10) $\frac{1}{2}$.

2. (1) $\sqrt{3+2x}+C$； (2) $\frac{1}{20}(5x-6)^4+C$； (3) $-\frac{1}{3}(1-x^2)^{\frac{3}{2}}+C$；

(4) $\sqrt{4+x^2}+C$； (5) $\frac{2}{27}(2+3x^3)^{\frac{3}{2}}+C$； (6) $\frac{1}{24}(x^6+1)^4+C$； (7) $\cos\frac{1}{x}+C$；

(8) $\frac{1}{3}e^{x^3}+C$； (9) $\frac{1}{5}\ln^5 x+C$； (10) $\frac{1}{6}\sin^6 x+C$； (11) $\frac{2}{3}(3+\ln x)^{\frac{3}{2}}+C$；

(12) $\frac{2}{3}(e^x+2)^{\frac{3}{2}}+C$； (13) $\frac{1}{2}\arctan\frac{x}{2}+C$； (14) $\frac{1}{3}\arcsin\frac{3x}{2}+C$；

(15) $\ln(3+\sin x)+C$； (16) $\arctan(\sin x)+C$； (17) $\frac{1}{2}x+\frac{1}{12}\sin 6x+C$；

(18) $\frac{1}{2}\tan 2x-x+C$； (19) $\frac{1}{5}(\arctan x)^5+C$； (20) $-\ln(e^{-x}+1)+C$；

(21) $\ln\left|\frac{x}{1+x}\right|+C$； (22) $\ln\frac{|x|}{\sqrt{1+x^2}}+C$.

3. (1) $2\sqrt{x}-2\ln(1+\sqrt{x})+C$； (2) $6(\sqrt[6]{x}-\arctan\sqrt[6]{x})+C$；

(3) $\sqrt{2x-3}-\ln(1+\sqrt{2x-3})+C$； (4) $\frac{2}{5}(x+1)^{\frac{5}{2}}-\frac{2}{3}(x+1)^{\frac{3}{2}}+C$；

(5) $2\arcsin\frac{x}{2}-\frac{x}{2}\sqrt{4-x^2}+C$； (6) $-\frac{\sqrt{9-x^2}}{9x}+C$；

(7) $\sqrt{x^2-9}-3\arctan\frac{\sqrt{x^2-9}}{3}+C$； (8) $-\frac{\sqrt{1+x^2}}{x}+C$；

(9) $\ln(x+\sqrt{x^2+1})+C$； (10) $-\arcsin\frac{1}{x}+C$.

习 题 4-3

1. (1) $\frac{1}{3}xe^{3x}-\frac{1}{9}e^{3x}+C$；

(2) $\frac{1}{2}x\sin 2x+\frac{1}{4}\cos 2x+C$；

(3) $-\frac{1}{3}x\cos3x+\frac{1}{9}\sin3x+C$;

(4) $-xe^{-x}-e^{-x}+C$;

(5) $\frac{1}{4}x^4\ln x-\frac{1}{16}x^4+C$;

(6) $2\sqrt{x}\ln x-4\sqrt{x}+C$;

(7) $x^2\sin x-2\sin x+2x\cos x+C$;

(8) $x\ln(x+\sqrt{1+x^2})-\sqrt{x^2+1}+C$;

(9) $\frac{1}{2}x^2\operatorname{arccot}x+\frac{1}{2}x-\frac{1}{2}\arctan x+C$;

(10) $x(\arcsin x)^2+2\sqrt{1-x^2}\arcsin x-2x+C$;

(11) $\left(\frac{2}{5}\sin x-\frac{1}{5}\cos x\right)e^{2x}+C$;

(12) $x\left(\frac{1}{3}\cos^3x-\cos x\right)+\frac{2}{3}\sin x+\frac{1}{9}\sin^3x+C$.

2. $(2x^2-1)e^{x^2}+C$.

3. 略.

第 4 章自测题 A (基础)

1. (1)C; (2)D; (3)D; (4)B.

2. (1) $\frac{1}{2}\ln(1+x^2)$;

(2) $\frac{1}{2}\ln(3+2\sin x)$;

(3) $\frac{2}{3}(2+\ln x)^{\frac{3}{2}}$;

(4) $2\sqrt{x}-2\arctan\sqrt{x}+C$;

(5) $-\frac{1}{3}xe^{-3x}-\frac{1}{9}e^{-3x}+C$;

(6) $-\frac{1}{x}\ln x-\frac{1}{x}+C$;

(7) $2\sqrt{e^x+1}+\ln\frac{\sqrt{e^x+1}-1}{\sqrt{e^x+1}+1}+C$;

(8) $-\cos x+\frac{2}{3}\cos^3x-\frac{1}{5}\cos^5x+C$;

(9) $\ln\left|\frac{x+2}{x+3}\right|+C$;

(10) $\frac{1}{4}(2x^2-1)\arcsin x+\frac{1}{4}x\sqrt{1-x^2}+C$.

第 4 章自测题 B (提高)

1. (1)A; (2)D; (3)A; (4)B.

2. (1) $x-\arctan x+C$;

(2) $\frac{1}{2}\ln|3+2\ln x|$;

(3) $-\frac{\sqrt{4-x^2}}{x}-\arcsin\frac{x}{2}+C$;

(4) $x-2\sqrt{x}+2\ln(\sqrt{x}+1)+C$;

(5) $-\frac{1}{3}x\cos3x+\frac{1}{9}\sin3x+C$;

(6) $\sqrt{x}\ln(1+x)-2\sqrt{x}+2\arctan\sqrt{x}+C$;

(7) $e^x-\ln(e^x+1)+C$;

(8) $\frac{3}{8}x+\frac{1}{4}\sin2x+\frac{1}{32}\sin4x+C$;

(9) $\frac{5}{2}\ln|x^2+4x+6|-\frac{7\sqrt{2}}{2}\arctan\frac{x+2}{\sqrt{2}}+C$； (10) $x\arctan x-\frac{1}{2}\ln(1+x^2)+C$.

习 题 5-1

1. $M=\int_0^l \rho(x)\mathrm{d}x$.

2. (1) $\frac{1}{2}$； (2) 0； (3) 0； (4) $\frac{\pi}{4}a^2$.

3. (1) $\int_0^1 x^3\mathrm{d}x\leqslant\int_0^1 x^2\mathrm{d}x$； (2) $\int_4^5 \ln x\mathrm{d}x\leqslant\int_4^5 \ln^2 x\mathrm{d}x$；

(3) $\int_0^1 \frac{1}{1+x}\mathrm{d}x\leqslant\int_0^1 \frac{1}{1+x^2}\mathrm{d}x$； (4) $\int_0^{\frac{\pi}{2}} x\mathrm{d}x\geqslant\int_0^{\frac{\pi}{2}} \sin x\mathrm{d}x$.

习 题 5-2

1. $x\sin x$； 2. $(2-x)\ln x$； 3. $-\frac{1}{\sqrt{1+x^2}}$； 4. $2x^3\mathrm{e}^{-x^6}-x\mathrm{e}^{-x^3}$.

5. (1) $\frac{1}{3}$； (2) $\frac{1}{2}$. 6. $-\frac{1+\mathrm{e}^{(2-t)^2}}{\ln t}$.

7. (1) $3\mathrm{e}^2-3\mathrm{e}-10$； (2) $\ln 3-26$； (3) $\frac{3-\sqrt{3}}{3}+\frac{\pi}{12}$； (4) $\frac{\pi}{4}-\frac{1}{2}$；

(5) $\mathrm{e}^5-\mathrm{e}^4$； (6) $\ln\frac{5}{4}$； (7) $\frac{1}{2}$； (8) $\frac{1}{3}\ln 2$； (9) 5； (10) 1.

8. $5-\frac{1}{\mathrm{e}}$； 9. $\frac{5}{2}+\ln 2$.

习 题 5-3

1. (1) $\ln\frac{3}{2}$； (2) $\frac{1}{2}\mathrm{e}-\frac{1}{2}$； (3) $\frac{\pi}{4}$； (4) $2\sqrt{3}-\frac{4}{3}\sqrt{2}$； (5) $\frac{\pi}{8}$；

(6) $\frac{\pi}{8}-\frac{1}{4}$； (7) $\frac{\sqrt{3}}{8}$； (8) $\frac{2}{3}$.

2. (1) $-\frac{4}{3}$； (2) $2-2\ln\frac{3}{2}$； (3) π； (4) $\sqrt{2}-\frac{2}{3}\sqrt{3}$； (5) $1-\frac{\pi}{4}$；

(6) $\ln(2+\sqrt{3})-\ln(1+\sqrt{2})$.

3. (1) 0； (2) 0； (3) $\frac{\pi}{2}$； (4) 0.

4. (1) $-\frac{\pi}{2}$； (2) $\ln 2-\frac{3}{8}$； (3) $\frac{\pi}{2}-1$； (4) $\frac{3}{4}\mathrm{e}^2-\frac{1}{4}$；

(5) $2-\frac{2}{\mathrm{e}}$； (6) $\frac{\pi}{4}-\frac{1}{2}\ln 2$； (7) $\frac{\pi}{4}-\frac{1}{2}\ln 2$； (8) $\mathrm{e}-2$.

5. 略.

6. 证明略. $\frac{\pi}{4}$.

7. 略.
8. 略.

习　题　5-4

1. (1) 收敛,$\frac{1}{3}$；(2) 发散；(3) 发散；(4) 收敛,$\frac{1}{\ln 3}$；(5) 收敛,$\frac{1}{64}$；

(6) 收敛,$\frac{1}{6}e^{-3}$；(7) 发散；(8) 收敛,-1；(9) 收敛,$2\sqrt{3}$；(10) 收敛,$\frac{\pi}{2}$.

2. $\lambda>1$ 时收敛,$\lambda\leqslant 1$ 时发散.

习　题　5-5

1. (1) $\frac{32}{3}$；(2) $\frac{32}{3}$；(3) $\frac{1}{6}$；(4)1；(5)e^2-e；(6) $\frac{3}{2}-\ln 2$；(7) $\frac{3}{2}-\ln 2$；

(8) $\frac{32}{3}$.

2. (1)$y=-4x+8$；(2) $\frac{8}{3}$；(3) $\frac{128}{5}\pi$.

3. $\frac{1088}{15}\pi$.

4. (1) $\frac{3}{4}$；(2) $\frac{10}{21}\pi$；(3) $\frac{26}{15}\pi$.

习　题　5-6

1. 3.6(J).　2. $2kca^2$.　3. 8.3×10^5(J).　4. 1.176(J).

第 5 章自测题 A (基础)

1. (1)0；(2)1；(3)0；(4)4；(5)ln2.
2. (1)C；(2)C；(3)C；(4)D；(5)D.
3. (1)$\frac{2}{3}$；(2)1；(3)2ln3；(4)1；(5)$\frac{\pi}{2}-1$；(6)$\frac{58}{9}$；(7)1；(8)$\frac{36}{5}$.
4. (1)$\int_1^2\left(x-\frac{1}{x}\right)dx=\frac{3}{2}-\ln 2$；(2)$\pi\int_0^1(x^2)^2dx+\pi\int_1^2(2-x)^2dx=\frac{8}{15}\pi$.

第 5 章自测题 B (提高)

1. (1)$\ln\frac{3}{2}$；(2)-3；(3)$\sin(3x)$；(4)2；(5)0.
2. (1)A；(2)C；(3)D；(4)B；(5)D.
3. (1)$\frac{1}{4}$；(2)$-\frac{1}{2}+\ln 2$；(3)-2；(4)2；

(5)$1-\frac{2}{e}$；(6)$8\ln 2-4$；(7)1；(8)$\frac{5\pi^2}{2}+2$.

4. (1)$\int_0^2(e^x-e^{-x})dx=e^2+e^{-2}-2$；(2)$\pi\int_{-3}^1(3-2x)^2dx-\pi\int_{-3}^1(x^2)^2dx=\frac{1088}{15}\pi$.

习　题　6-1

1. (1) 是,一阶； (2) 不是； (3) 是,二阶； (4) 是,一阶； (5) 是,二阶； (6) 是,四阶.

2. (1) 是； (2) 不是； (3) 是； (4) 是.

3. (1)$y=4e^x-2x-2$；　(2)$y=e^{2x}(6\cos 3x-5\sin 3x)$.

习　题　6-2

1. (1) $y=-\dfrac{2}{3\ln x+\dfrac{3}{2}x^2+C}$；　(2)$y=\sin(C+\arcsin x)$；

(3)$2^{-y}=-2^x+C$；　(4)$\arctan y=\dfrac{1}{2}(1+x)^2+C$；

(5)$\sin y=\dfrac{c}{\cos x}$；　(6)$y^2=2\ln(1+e^x)+C$.

2. (1)$y=ce^{\frac{1}{x}}+x^4e^{\frac{1}{x}}$；　(2)$y=ce^{-x}+\dfrac{1}{4}e^{3x}$；

(3)$y=e^{\cos x}(C+x^2)$；　(4)$x=cye^{\frac{1}{y}}-y$

3. (1)$y^2=\dfrac{9}{1-6x^3}$；　(2)$y=x^2(e^x-e)$；　(3)$y=\dfrac{1}{2}e^{3x}-e^{-5x}$.

4. $y=\dfrac{2}{9}e^{3x}-\dfrac{2}{3}x-\dfrac{2}{9}$.

习　题　6-3

1. (1) $y=C_1e^{5x}+C_2e^{-x}$；　(2)$y=(C_1+C_2x)e^{3x}$；

(3)$y=C_1+C_2e^{4x}$；　(4)$y=C_1e^{-x}+C_2e^{-3x}$；

(5)$y=e^{-\frac{1}{2}x}\left(C_1\cos\dfrac{\sqrt{3}}{2}x+C_2\sin\dfrac{\sqrt{3}}{2}x\right)$；

(6)$y=C_1e^{-2x}+C_2e^x$；

(7)$y=C_1e^{2x}+C_2e^{-2x}-\dfrac{1}{4}x-\dfrac{1}{4}$；

(8)$y=(C_1+C_2x)e^{-x}+\dfrac{1}{4}(x-1)e^x$；

(9)$y=C_1e^{-x}+C_2e^{-2x}+\dfrac{1}{2}e^{-x}(-\cos x+\sin x)$；

(10)$y=C_1e^x+C_2e^{6x}+\dfrac{1}{74}(7\cos x+5\sin x)$.

2. (1) $y=2\cos\sqrt{3}x+\sin\sqrt{3}x$；　(2) $y=e^{-x}-e^{4x}$；

(3) $y=(2+2x)e^{-\frac{x}{2}}$；　(4) $y=-3e^x+4e^{2x}+2$.

习　题　6-4

1. $5e^{-\frac{t}{60}\ln 2}$.

2. 60min.

3. $x=\frac{mg}{k}t-\frac{m^2g}{k^2}(1-e^{-\frac{k}{m}t})$.

4. 559.8kg.

5. 2.393 天.

第 6 章自测题 A(基础)

1. (1) $y=-\frac{1}{2\ln x+C}$； (2) $y=(c_1+c_2x)e^{-3x}$； (3) $(1-x)y''+xy'-y=0$；

(4) $y=ce^{-3x}$； (5) $y=\frac{1}{6}x^3+\frac{1}{2}x^2+c_1x+c_2$.

2. (1)D； (2)A； (3)A； (4)D； (5)C.

3. (1) $y=-1+ce^{\tan x}$； (2) $y=cx^2-\frac{1}{2}x^2\cos 2x$； (3) $y=3e^x-2e^{2x}$；

(4) $y=c_1e^x+c_2e^{2x}+e^{3x}$； (5) $y=\frac{1}{1-2\sin x}$.

4. 44.24min.

第 6 章自测题 B(提高)

1. (1) $y=\frac{c}{\sqrt{1+x^2}}$； (2) $y=e^{-2x}(c_1\cos x+c_2\sin x)$； (3) $y''+y'-2y=0$；

(4) $y=ce^{-2x}+\frac{1}{2}x-\frac{1}{4}$； (5) $y=\frac{1}{6}x^3+e^x+c_1x+c_2$.

2. (1)A； (2)A； (3)B； (4)D； (5)B.

3. (1) $x+y+e^{-x}-e^{-y}=c$； (2) $y=(x^2-1)(c+x+\frac{1}{2}\ln(x^2-1))$； (3) $y=2xe^{2x}$；

(4) $y=c_1e^{2x}+c_2e^{3x}+\frac{1}{6}x-\frac{13}{36}$； (5) $y=\frac{1}{2-e^{2x}}$.

4. $y=\frac{1000}{1+9e^{-0.37t}}$.

习　题　7-1

1. $8+2\sqrt{11}$.　　2. 证略.

3. $P(\pm 1,0,0)$.

4. (1) 椭圆柱面； (2) 旋转抛物面； (3) 球面；

(4) 抛物柱面； (5) 圆锥面； (6) 旋转椭球面.

5. (1) $x^2+y^2+z^2=3$； (2) $x^2+y^2+z=1$； (3) $x^2-2y+xy-3x+2=0$.

6. (1) 平面 $x=3$ 上的圆； (2) 平面 $y=2$ 上的椭圆；

(3) 平面 $x=3$ 上的双曲线； (4) 平面 $y=4$ 上的抛物线.

习　题　7-2

1. (1) $D=\{(x,y)\mid y\geqslant -3x^2\}$，图略.

(2)$D=\{(x,y)\mid x>-1$ 且 $y\in \mathbf{R}\}$,图略.

(3)$D=\{(x,y)\mid 1\leqslant x^2+y^2\leqslant 4\}$,图略.

2. (1) $\frac{5}{12}$; (2)$f(x,y)$.

3. (1)2; (2) $\frac{1}{2}$.

习　题　7-3

1. (1) $\frac{\partial z}{\partial x}=4x,\frac{\partial z}{\partial y}=-5y^4$;

(2) $\frac{\partial z}{\partial x}=2y\cos 2x,\frac{\partial z}{\partial y}=\mathrm{e}^y+\sin 2x$;

(3) $\frac{\partial z}{\partial x}=1+\ln(xy),\frac{\partial z}{\partial y}=\frac{x}{y}$;

(4) $\frac{\partial z}{\partial x}=\frac{2x}{x^2+2y^3},\frac{\partial z}{\partial y}=\frac{6y^2}{x^2+2y^3}$;

(5) $\frac{\partial z}{\partial x}=2xy^5\cos(x^2y^5+4),\frac{\partial z}{\partial y}=5x^2y^4\cos(x^2y^5+4)$;

(6) $\frac{\partial z}{\partial x}=\sin(3y),\frac{\partial z}{\partial y}=1+3x\cos(3y)$;

(7) $\frac{\partial z}{\partial x}=3x^2\mathrm{e}^y,\frac{\partial z}{\partial y}=x^3\mathrm{e}^y+2y$;

(8) $\frac{\partial z}{\partial x}=-3y(1-xy)^2,\frac{\partial z}{\partial y}=-3x(1-xy)^2$;

(9) $\frac{\partial z}{\partial x}=\frac{x}{\sqrt{x^2+y^2}},\frac{\partial z}{\partial y}=\frac{y}{\sqrt{x^2+y^2}}$;

(10) $\frac{\partial z}{\partial x}=-\frac{y}{x^2}\cos\frac{y}{x},\frac{\partial z}{\partial y}=\frac{1}{x}\cos\frac{y}{x}$.

2. $f'_x(0,2)=2,f'_y(0,2)=4$.

3. $f''_{xx}(x,y)=4\mathrm{e}^{2x+y},f''_{xy}(x,y)=2\mathrm{e}^{2x+y},f''_{yx}(x,y)=2\mathrm{e}^{2x+y},f''_{yy}(x,y)=\mathrm{e}^{2x+y}$.

4. $\frac{\partial^2 z}{\partial x^2}=-y^3\sin xy+2,\frac{\partial^2 z}{\partial x\partial y}=2y\cos xy-xy^2\sin xy$,

$\frac{\partial^2 z}{\partial y\partial x}=2y\cos xy-xy^2\sin xy,\frac{\partial^2 z}{\partial y^2}=2x\cos xy-x^2y\sin xy$.

5. (1)$\mathrm{d}z=-3\mathrm{e}^y\sin 3x\mathrm{d}x+\mathrm{e}^y\cos 3x\mathrm{d}y$; (2)$\mathrm{d}z=(2x-y^2)\mathrm{d}x+(-2xy+5y^4)\mathrm{d}y$;

(3)$\mathrm{d}z=\frac{4x}{2x^2+3y^2}\mathrm{d}x+\frac{6y}{2x^2+3y^2}\mathrm{d}y$; (4)$\mathrm{d}z=3\mathrm{e}^{3x+y}\mathrm{d}x+\mathrm{e}^{3x+y}\mathrm{d}y$.

6. $\frac{\mathrm{d}z}{\mathrm{d}t}=2\sin^2 t+\tan^2 t+\mathrm{e}^{\sin t+\tan t}(\cos t+\sec^2 t)$.

7. $\frac{\partial z}{\partial x}=3x^2\sin y\cos y(\cos y-\sin y)$;

$\frac{\partial z}{\partial y}=x^3(\sin y+\cos y)(1-3\cos y\sin y)$.

8. $\dfrac{\partial z}{\partial x}=\dfrac{2x}{y^2}\ln(3x-2y)+\dfrac{3x^2}{y^2(3x-2y)}$,

$\dfrac{\partial z}{\partial y}=-\dfrac{2x^2}{y^3}\ln(3x-2y)-\dfrac{2x^2}{y^2(3x-2y)}$.

9. $\dfrac{\mathrm{d}y}{\mathrm{d}x}=\dfrac{3x^2-2\cos x}{2y}$.

10. (1) $\dfrac{\partial z}{\partial x}=\dfrac{\mathrm{e}^x+y^3z}{1-xy^3}, \dfrac{\partial z}{\partial y}=\dfrac{3xy^2z}{1-xy^3}$;

(2) $\dfrac{\partial z}{\partial x}=\dfrac{yz}{z-xy}, \dfrac{\partial z}{\partial y}=\dfrac{xz}{z-xy}$;

(3) $\dfrac{\partial z}{\partial x}=\dfrac{3x^2y^2}{3-2z}, \dfrac{\partial z}{\partial y}=\dfrac{2x^3y}{3-2z}$.

11. $\dfrac{9}{25}$;$\dfrac{4}{25}$.

12. (1) 在$(-3,-2)$处有极大值 $z=25$； (2) 在$(\dfrac{1}{2},-1)$有极小值 $z=-\dfrac{1}{2}\mathrm{e}$.

13. 在点$(\dfrac{3}{2},\dfrac{3}{2})$处有极小值 $f(\dfrac{3}{2},\dfrac{3}{2})=5.5$.

习　题　7-4

1. (1) -1； (2) $\mathrm{e}-2$； (3) $\dfrac{1}{4}\mathrm{e}^2+\dfrac{1}{4}$； (4) $\dfrac{1}{2}\mathrm{e}^4-\dfrac{3}{2}\mathrm{e}^2+\mathrm{e}$.

2. (1) $\dfrac{26}{3}(\mathrm{e}^4-\mathrm{e}^2)$； (2) $5\dfrac{5}{8}$； (3) $\dfrac{3}{2}$； (4) $\dfrac{1}{4}\mathrm{e}^2+\dfrac{1}{4}$.

3. (1) $\int_0^2\mathrm{d}y\int_{y^2}^{2y}f(x,y)\mathrm{d}x$； (2) $\int_0^1\mathrm{d}y\int_{\mathrm{e}^y}^{\mathrm{e}}f(x,y)\mathrm{d}x$.

4. (1) $\dfrac{9}{2}\pi$； (2) $\dfrac{32}{15}$； (3) $\dfrac{2\pi}{3}(125-21\sqrt{21})$.

5. $\dfrac{9}{2}\pi$.

第7章自测题A(基础)

1. (1) 球心$(1,0,0)$，半径1； (2) 31； (3) $\{(x,y)\mid y\geqslant 0,x\in \boldsymbol{R}\}$；

(4) $3x^2y+y^3,x^3+3xy^2$； (5) $\int_1^2\mathrm{d}y\int_y^2 f(x,y)\mathrm{d}x$.

2. (1)D； (2)B； (3)C； (4)C； (5)A.

3. (1) $x^2-6y^2+2x-7y+6=0$；

(2) $\dfrac{\partial^2 z}{\partial x^2}=12x+2y^5, \dfrac{\partial^2 z}{\partial x\partial y}=10xy^4, \dfrac{\partial^2 z}{\partial y\partial x}=10xy^4, \dfrac{\partial^2 z}{\partial y^2}=20x^2y^3-12y^2$；

(3) $\dfrac{x(y^2-2x^2)}{y(2y^2-x^2)}$；

(4) $\dfrac{\partial z}{\partial x}=3y(y\sin x+\cos x)\mathrm{e}^{xy}+y^2\sin 2x, \dfrac{\partial z}{\partial y}=3(xy+1)\mathrm{e}^{xy}\sin x+2y\sin^2 x$；

(5) 极大值 $f(0,0)=0$;极小值 $f(2,2)=-8$;(6) $\frac{2}{9}$.

4. (1) 当 $x=y=\frac{10}{3}\sqrt{3}$ 米时,水池容积最大; (2)π.

第7章自测题B(提高)

1. (1) $\frac{x^2}{9}+\frac{y^2}{9}-\frac{z^2}{4}=1$; (2)$\{(x,y)\mid x<2,y\geqslant -x\}$; (3) 椭圆;

(4)$y^2\cos(xy^2)\mathrm{d}x+2xy\cos(xy^2)\mathrm{d}y$;(5)$4xy$.

2. (1)B; (2)D; (3)C; (4)B; (5)A.

3. (1)$-\mathrm{e}^{-t}-\mathrm{e}^{t}$; (2) $\frac{\partial z}{\partial x}=\frac{\mathrm{e}^x(1+x)}{x\mathrm{e}^x+\mathrm{e}^y},\frac{\partial z}{\partial y}=\frac{\mathrm{e}^y}{x\mathrm{e}^x+\mathrm{e}^y}$;

(3)$\mathrm{d}u=\mathrm{e}^{x+y^2+z^3}\mathrm{d}x+2y\mathrm{e}^{x+y^2+z^3}\mathrm{d}y+3z^2\mathrm{e}^{x+y^2+z^3}\mathrm{d}z$;

(4) $\frac{\partial z}{\partial x}=\frac{z}{x+z},\frac{\partial z}{\partial y}=\frac{z^2}{y(x+z)}$;

(5) $f'_x(1,2)=\frac{4}{7},f'_y(1,2)=\frac{5}{7},f''_{xy}(1,2)=-\frac{13}{49},f''_{xx}(1,2)=-\frac{2}{49}$,

$f''_{yy}(1,2)=-\frac{11}{49}$; (6) $\frac{1}{2}\mathrm{e}^4+\frac{5}{2}\mathrm{e}$.

4. (1) $(\frac{5}{3},\frac{5}{6},-\frac{5}{6})$;

(2) 当长方体的长、宽、高均为$\frac{\sqrt{6}}{6}a$ 时,有最大体积$\frac{\sqrt{6}}{36}a^3$;

(3) 8π.

习　题　8-1

1. (1)-2; (2)12; (3)1; (4)0.

2. (1)28; (2)0; (3)$\mathrm{e}(ad-bc)$; (4)$z(x_1y_2-x_2y_1)$;

(5)270; (6)-2; (7)0; (8)60.

3. (1)30; (2)-69; (3)120; (4)$(1+ab)(1+cd)+ad$; (5)-160; (6)726;

(7)$(a-1)^2(a-10)$.

4. 证略.

习　题　8-2

1. $x_1=-3,x_2=3$.

2. $\boldsymbol{A}+\boldsymbol{B}=\begin{bmatrix}1&4&4&7\\9&0&5&3\\3&0&3&3\end{bmatrix},2\boldsymbol{A}-3\boldsymbol{B}=\begin{bmatrix}2&-2&3&-1\\-2&-5&10&1\\6&15&-4&-9\end{bmatrix}$.

3. $\begin{bmatrix}8&7&3\\-7&8&8\end{bmatrix}$.

4. $3A^{T}-2B=\begin{bmatrix}11 & -3\\ -10 & 9\\ -10 & 10\end{bmatrix}$, $AB=\begin{bmatrix}-7 & -6\\ 31 & 19\end{bmatrix}$,

$(AB)^{T}=\begin{bmatrix}-7 & 31\\ -6 & 19\end{bmatrix}$, $B^{T}A^{T}=\begin{bmatrix}-7 & 31\\ -6 & 19\end{bmatrix}$.

5. (1) $\begin{bmatrix}0\\ 11\\ -11\end{bmatrix}$; (2) $[10]$; (3) $\begin{bmatrix}-2 & 4\\ -1 & 2\\ -3 & 6\end{bmatrix}$; (4) $\begin{bmatrix}3 & 2 & 5\\ 8 & -5 & 4\end{bmatrix}$.

6. (1) $AB-2B=\begin{bmatrix}2 & -4 & 0\\ 0 & 0 & 2\\ -2 & 4 & 0\end{bmatrix}$; (2) $AB-BA=\begin{bmatrix}5 & -1 & -3\\ 0 & -4 & 2\\ -1 & 5 & -1\end{bmatrix}$;

(3) $(A+B)(A-B)=\begin{bmatrix}-10 & 4 & 6\\ 2 & -3 & -2\\ -3 & -12 & -3\end{bmatrix}$; (4) $A^{2}-B^{2}=\begin{bmatrix}-5 & 3 & 3\\ 2 & -7 & 0\\ -4 & -7 & -4\end{bmatrix}$.

7. (1) -30; (2) -744.

习 题 8-3

1. (1) $A^{-1}=\frac{1}{10}\begin{bmatrix}1 & -3\\ 2 & 4\end{bmatrix}$; (2) $A^{-1}=-\frac{1}{2}\begin{bmatrix}2 & -4\\ 2 & -5\end{bmatrix}$;

(3) $A^{-1}=-\frac{1}{7}\begin{bmatrix}1 & -2 & 1\\ 1 & -9 & -13\\ 2 & -4 & -5\end{bmatrix}$;

(4) $A^{-1}=-\frac{1}{7}\begin{bmatrix}0 & 1 & -1\\ 7 & -8 & -13\\ -7 & 5 & 9\end{bmatrix}$;

(5) $A^{-1}=\frac{1}{12}\begin{bmatrix}0 & 0 & 2\\ 0 & -6 & 0\\ 12 & 0 & 0\end{bmatrix}=\begin{bmatrix}0 & 0 & \frac{1}{6}\\ 0 & -\frac{1}{2} & 0\\ 1 & 0 & 0\end{bmatrix}$;

(6) $A^{-1}=-\frac{1}{85}\begin{bmatrix}3 & 7 & -28\\ 17 & -17 & -17\\ -13 & -2 & 8\end{bmatrix}$.

2. (1) $X=-\frac{1}{2}\begin{bmatrix}7 & 1\\ -4 & 2\end{bmatrix}$; (2) $X=\begin{bmatrix}-6 & -3\\ -5 & -5\end{bmatrix}$;

(3) $X=\frac{1}{3}\begin{bmatrix}-48 & 35\\ -27 & 20\\ 0 & 1\end{bmatrix}$; (4) $X=\frac{1}{2}\begin{bmatrix}7 & 7\\ 3 & 3\end{bmatrix}$.

3. (1) $\begin{cases} x_1 = -3 \\ x_2 = 14 \\ x_3 = 6 \end{cases}$；(2) $\begin{cases} x_1 = -1 \\ x_2 = 2 \\ x_3 = -2. \end{cases}$

4. $\boldsymbol{B} = \begin{bmatrix} -5 & -3 \\ -3 & 1 \end{bmatrix}$.

5. $\boldsymbol{B} = \frac{1}{9}\begin{bmatrix} 2 & -1 \\ 1 & 4 \end{bmatrix}$.

6. $\boldsymbol{A}^{-1} = \frac{1}{3}(\boldsymbol{A} - 3\boldsymbol{E}),(2\boldsymbol{A} + 3\boldsymbol{E})^{-1} = (\boldsymbol{A}^2)^{-1} = (\boldsymbol{A}^{-1})^2 = \frac{1}{9}(\boldsymbol{A} - 3\boldsymbol{E})^2$.

习 题 8-4

1. (1) $\begin{bmatrix} -7 & -3 \\ 5 & 2 \end{bmatrix}$；(2) $\begin{bmatrix} 1 & 1 & 3 \\ 2 & 3 & 7 \\ 3 & 4 & 9 \end{bmatrix}$；(3) $\begin{bmatrix} \frac{9}{5} & \frac{1}{5} & -\frac{3}{5} \\ \frac{4}{3} & \frac{1}{3} & -\frac{1}{3} \\ \frac{8}{5} & \frac{2}{5} & -\frac{1}{5} \end{bmatrix}$.

2. (1) $\begin{bmatrix} 1 & -1 & 6 & 4 \\ 0 & 1 & -3 & -3 \\ 0 & 0 & 1 & 2 \\ 0 & 0 & 0 & 1 \end{bmatrix}$；(2) $\begin{bmatrix} -1 & \frac{1}{2} & 4 & \frac{11}{2} \\ -2 & \frac{1}{2} & 6 & \frac{17}{2} \\ 1 & -\frac{1}{2} & -3 & -\frac{7}{2} \\ 0 & \frac{1}{2} & 0 & -\frac{1}{2} \end{bmatrix}$.

3. (1) $\begin{cases} x_1 = -9 \\ x_2 = 1 \\ x_3 = -8 \end{cases}$；(2) $\begin{cases} x_1 = \frac{2}{3} \\ x_2 = \frac{1}{3} \\ x_3 = 1 \end{cases}$.

习 题 8-5

(1)1； (2)2； (3)1； (4)2； (5)2； (6)3.

习 题 8-6

1. (3,25,20,18)， (−5,5,−3,−9).

2. (1)(13,−7,−10,5)；(2) $\frac{1}{3}(-7,1,6,-7)$.

习 题 8-7

1. (1)$\beta = 1 \cdot \alpha_1 + 1 \cdot \alpha_2$； (2)$\beta$不能由$\alpha_1,\alpha_2$线性表示；

(3)$\beta = 2 \cdot \alpha_1 + 6 \cdot \alpha_2 + 0 \cdot \alpha_3$； (4)$\beta = 0 \cdot \alpha_1 + (-1) \cdot \alpha_2 + 3 \cdot \alpha_3$；

(5)β不能由α_1,α_2线性表示.

2.(1)线性无关；(2)线性相关；(3)线性相关；(4)线性无关；(5)线性相关.

3.证略.

习 题 8-8

1.(1)3,$\alpha_1,\alpha_2,\alpha_3$；(2)3,$\alpha_1,\alpha_2,\alpha_3$；(3)2,$\alpha_1,\alpha_2$.

2.(1)3;$\alpha_1,\alpha_2,\alpha_4$;$\alpha_3=3\alpha_1+\alpha_2$；(2)2;$\alpha_1,\alpha_2$;$\alpha_3=-\frac{11}{9}\alpha_1+\frac{5}{9}\alpha_2$,$\alpha_4=\frac{2}{3}\alpha_1+\frac{1}{3}\alpha_2$.

习 题 8-9

1.(1)$\begin{pmatrix}x_1\\x_2\\x_3\\x_4\end{pmatrix}=k_1\begin{pmatrix}\frac{3}{5}\\\frac{1}{5}\\1\\0\end{pmatrix}+k_2\begin{pmatrix}\frac{1}{5}\\\frac{7}{5}\\0\\1\end{pmatrix}$；(2)$\begin{pmatrix}x_1\\x_2\\x_3\\x_4\end{pmatrix}=k\begin{pmatrix}-\frac{4}{3}\\\frac{5}{6}\\-1\\1\end{pmatrix}$；(3)$\begin{pmatrix}x_1\\x_2\\x_3\\x_4\end{pmatrix}=k\begin{pmatrix}-1\\-1\\0\\1\end{pmatrix}$；

(4)$\begin{pmatrix}x_1\\x_2\\x_3\\x_4\\x_5\end{pmatrix}=k_1\begin{pmatrix}\frac{9}{4}\\\frac{-3}{4}\\1\\0\\0\end{pmatrix}+k_2\begin{pmatrix}\frac{3}{4}\\\frac{7}{4}\\0\\1\\0\end{pmatrix}+k_3\begin{pmatrix}\frac{-1}{4}\\\frac{-5}{4}\\0\\0\\1\end{pmatrix}$.

2.$\lambda=-3$;$\begin{pmatrix}x_1\\x_2\\x_3\end{pmatrix}=c\begin{pmatrix}-1\\1\\1\end{pmatrix}$,$c$为任意常数.

习 题 8-10

1.(1)$\begin{bmatrix}x_1\\x_2\\x_3\\x_4\end{bmatrix}=\begin{bmatrix}1\\-2\\0\\0\end{bmatrix}+k_1\begin{bmatrix}\frac{-9}{7}\\\frac{1}{7}\\1\\0\end{bmatrix}+k_2\begin{bmatrix}\frac{1}{2}\\\frac{-1}{2}\\0\\1\end{bmatrix}$；

(2)$\begin{pmatrix}x_1\\x_2\\x_5\end{pmatrix}=\begin{pmatrix}-1\\2\\0\end{pmatrix}+\begin{pmatrix}-2\\1\\1\end{pmatrix}k$；

(3)$\begin{bmatrix}x_1\\x_2\\x_3\\x_4\end{bmatrix}=\begin{bmatrix}5\\-2\\1\\0\end{bmatrix}+k\begin{bmatrix}0\\1\\-1\\1\end{bmatrix}$；(4)$\begin{bmatrix}x_1\\x_2\\x_3\\x_4\end{bmatrix}=\begin{bmatrix}4\\3\\1\\0\end{bmatrix}+k\begin{bmatrix}-5\\-1\\1\\1\end{bmatrix}$.

2.$\lambda\neq0$且$\lambda\neq2$时有唯一解；$\lambda=2$时无解；$\lambda=0$时有无穷多个解.

第 8 章自测题 A (基础)

1. (1) -6；(2) 2；(3) 1；(4) $\frac{1}{13}\begin{bmatrix}5 & -3\\1 & 2\end{bmatrix}$；(5) -2.

2. (1) C；(2) B；(3) C；(4) C；(5) A.

3. (1) -58；(2) $A^{-1}=-\frac{1}{2}\begin{bmatrix}6 & 4 & 6\\1 & 1 & 1\\1 & 1 & 3\end{bmatrix}$；(3) $X=\frac{1}{2}\begin{bmatrix}-6 & 9\\4 & -16\\0 & 7\end{bmatrix}$；(4) 3；

(5) 2，α_1,α_2；(6) $\begin{bmatrix}x_1\\x_2\\x_3\\x_4\end{bmatrix}=\begin{bmatrix}-14\\5\\4\\0\end{bmatrix}+k\begin{bmatrix}8\\-4\\-2\\1\end{bmatrix}$.

4. $A^{-1}=\frac{1}{3}(A-E)$，$(A+3E)^{-1}=(A^2)^{-1}=(A^{-1})^2=\frac{1}{9}(A-E)^2$.

第 8 章自测题 B(提高)

1. (1) -2；(2) 1；(3) -7；(4) $\begin{bmatrix}\frac{1}{2} & 0 & 0\\0 & 1 & 0\\0 & 0 & -1\end{bmatrix}$；(5) 4.

2. (1) D；(2) C；(3) D；(4) D；(5) B.

3. (1) 84；(2) $A^{-1}=\frac{1}{6}\begin{bmatrix}-10 & -11 & 19\\0 & -3 & 3\\4 & 5 & -7\end{bmatrix}$；(3) $X=\frac{1}{3}\begin{bmatrix}-2 & -8 & 9\\1 & -8 & 6\end{bmatrix}$；

(4) $\begin{cases}x_1=6+2k_1-2k_2\\x_2=k_1\\x_3=-8+7k_2\\x_4=-5-3k_2\\x_5=k_2\end{cases}$

(5) 2，α_1,α_2；$\alpha_3=\frac{3}{4}\alpha_1+\frac{1}{4}\alpha_2$；$\alpha_4=\frac{15}{4}\alpha_1+\frac{1}{4}\alpha_2$

(6) $a\neq 1$ 时有唯一解 $\begin{cases}x_1=-1+\frac{b+1}{a-1}\\x_2=1-\frac{2(b+1)}{a-1}\\x_3=\frac{b+1}{a-1}\\x_4=0\end{cases}$；$a=1$ 且 $b\neq -1$ 时无解；

$a=1$ 且 $b=-1$ 时有无穷多组解 $\begin{cases}x_1=-1+k_1+k_2\\x_2=1-2k_1-2k_2\\x_3=k_1\\x_4=k_2\end{cases}$.

4. 证略.

参 考 文 献

[1] 吴迪光．高等数学教程[M]．杭州:浙江大学出版社,2000.

[2] 同济大学数学教研室．高等数学[M]．4 版．北京:高等教育出版社,1996.

[3] 盛祥耀．高等数学[M]．2 版．北京:高等教育出版社,2003.

[4] 李晓．高等数学[M]．杭州:浙江大学出版社,2000.

[5] 李心灿．高等数学应用 205 例[M]．北京:高等教育出版社,1999.

[6] 云连英．微积分应用基础[M]．北京:高等教育出版社,2006.

[7] 邱筝．高等数学[M]．苏州:苏州大学出版社,2006.

[8] Finney,叶其孝等译．托马斯微积分[M]．北京:高等教育出版社,2003.

[9] 侯风波.高等数学[M].北京:高等教育出版社,2010.

[10] 陈笑缘.经济数学[M].北京:高等教育出版社,2009.

[11] 刘莹.高等数学[M].南京:东南大学出版社,2011.

[12] 孔亚仙.应用高等数学(上册)[M].杭州:浙江科学技术出版社,2005.

[13] 彭玉芳,尹福源,沈亦一.线性代数[M].2 版.北京:高等教育出版社,1999.

[14] 史美华.线性代数[M].北京:科学出版社,2009.